2017
科学发展报告
Science Development Report

中国科学院

科学出版社

北京

图书在版编目(CIP)数据

2017科学发展报告/中国科学院编 . —北京:科学出版社,2017.10
(中国科学院年度报告系列)
ISBN 978-7-03-053769-0

Ⅰ. ①2… Ⅱ. ①中… Ⅲ. ①科学技术-发展战略-研究报告-中国- 2017
Ⅳ. ①N12②G322

中国版本图书馆 CIP 数据核字(2017)第 138770 号

责任编辑:侯俊琳 牛 玲 朱萍萍/责任校对:何艳萍
责任印制:张 倩/封面设计:有道文化
编辑部电话:010-64035853
E-mail:houjunlin@mail. sciencep. com

科 学 出 版 社 出版
北京东黄城根北街 16 号
邮政编码: 100717
http://www. sciencep. com
北京汇瑞嘉合文化发展有限公司 印刷
科学出版社发行 各地新华书店经销
*
2017 年 10 月第 一 版 开本:787×1092 1/16
2017 年 10 月第一次印刷 印张:26 1/2 插页:2
字数:480 000
定价:98. 00 元
(如有印装质量问题,我社负责调换)

专家委员会

总 体 策 划

课 题 组

审 稿 专 家

科学谋划和加快建设世界科技强国

（代序）

白春礼

在 2016 年 5 月 30 日召开的全国科技创新大会、两院院士大会、中国科学技术协会第九次全国代表大会上，习近平同志发表重要讲话，发出了建设世界科技强国的号召。建设世界科技强国，是党中央立足国家发展全局，在奋力实现"两个一百年"奋斗目标的关键时期、在我国科技创新发展的关键阶段作出的重大战略决策，是我国创新发展的必由之路。建设世界科技强国目标宏伟、任务艰巨，需要全党全社会持续不懈地努力奋斗。

一、 深刻认识建设世界科技强国的重大战略意义

当前，我国已成为世界第二大经济体，单纯靠资源投入和投资驱动，难以从根本上保证经济持续健康发展。而且，从长远来看，预计到 2028 年左右我国人口将达到峰值，老龄人口比例将超过 1/4，老龄化将成为影响我国经济社会发展的一个关键问题，同时能源资源瓶颈制约也会更加凸显。这些都决定了我们只有牢固树立新发展理念，科学谋划和加快建设世界科技强国，将创新作为引领发展的第一动力，不断提升自主创新能力，才能为经济发展注入新动能、创造新动力，真正实现科技强、产业强、经济强、国家强。

从世界科技发展态势来看，随着经济全球化、社会信息化深入发展，各类创新要素充分流动和优化配置，国际科技创新合作更加广泛深入，大大加快了新一轮科技革命和产业变革的步伐。宇宙起源、物质结构、生命起源、脑与认知等一些基本科学问题孕育着革命性突破，先进制造、清洁

能源、人口健康、生态环境等重大创新领域加速发展，深空深海深地深蓝成为各国竞争的焦点，人工智能、大数据、虚拟现实等成为竞相发展的重点。这些领域将持续涌现一批颠覆性技术，有可能从根本上改变现有的技术路径、产品形态、产业模式、生活方式，成为重塑世界格局、创造人类未来的关键变量。当前，发达国家都在深入研究并积极应对未来二三十年内可能出现的这一重大变革。面对世界科技发展的新形势，我们要有全球视野，站在长远发展的战略高度，紧紧把握难得的战略机遇，科学谋划和加快建设世界科技强国，使我国在未来国际科技竞争中赢得先机、占据主动。

二、 准确把握建设世界科技强国面临的新形势

近现代以来，以两次科学革命和三次技术革命为标志，重大科学发现、重大技术突破层出不穷，推动了新兴产业的兴起和发展，催生了以英国、法国、德国、美国、日本等国为代表的科技强国，其主要特征是科技创新综合实力处于全球领先地位，主要产业处于高端水平，劳动生产率位居世界前列。目前，美国的科技创新实力依然处于全面领先地位，德国、日本、英国、法国处于第二方阵并在一些重点领域保持国际领先水平，我国的排名大致在第 20 至 30 位之间。但随着我国在科技创新方面的迅速崛起，这一格局正在发生新变化，东亚在全球科技创新中的竞争力、影响力、吸引力不断提升，北美、欧洲、东亚三足鼎立之势将在未来一个时期重塑全球创新格局。

经过多年的积累和发展，尤其是《国家中长期科学和技术发展规划纲要（2006—2020 年）》实施以来，我国科技创新能力和水平快速提升，产出数量位居世界前列，产出质量大幅提高，已成为具有重要影响力的科技大国，科技创新能力正处于从量的积累向质的飞跃、从点的突破向系统提升转变的重要时期。我国与世界科技强国的差距主要表现为：创新基础比较薄弱、重大原创成果不多、很多高端技术仍然受制于人、中低端产出占比过大、创新体制政策不够健全等。虽然差距明显，但我国的发展潜力不可低估：我国已经形成了持续、高强度的研发投入能力，目前已超过日本、

德国，位居世界第二，这是未来我国科技跨越式发展的重要基础；我国拥有完整的工业体系和创新链条，还有源源不断的人才队伍，这是建设世界科技强国的关键保障；我国经济规模、人口规模为科技创新提供了强劲需求动力；新科技革命的战略机遇为我国在更高起点上实现弯道超车创造了有利条件。

三、 科学确立建设世界科技强国的目标任务和方式路径

习近平同志关于建设世界科技强国的重要讲话，指明了我国科技创新的前进道路和努力方向，赋予广大科技工作者新的使命和任务。中国科学院深入学习贯彻讲话精神，积极发挥国家高端科技智库作用，组织一批科技专家和科技政策与管理专家，对建设世界科技强国的深刻内涵、战略目标、重大任务、发展路径以及重点领域等进行深入研究，进一步深化了对建设世界科技强国的认识。在谋划和建设世界科技强国的过程中，我们既不能急于求成，也不能犹豫不前，需要搞好顶层设计，找准关键问题和薄弱环节，制定分阶段实施的目标任务和路线图。

习近平同志提出的建设世界科技强国"三步走"战略，是立足我国科技发展实际、着眼国家全局和长远发展的战略安排。近中期建设创新型国家的目标，就是要从整体上提升创新能力、提高创新效率、优化创新体制，为建设世界科技强国打下坚实基础。在此基础上，再经过 20 年的努力，在若干重大创新领域产出一批代表国家水平、在国际上领先的重大成果，培育若干新兴产业，综合科技实力进入世界前列。从现在起，我们就要按照建设世界科技强国的战略目标要求，在全面贯彻落实《国家创新驱动发展战略纲要》基础上，组织动员全国科技专家和相关力量，研究制定面向2030 年的科技中长期发展规划，进一步明确细化近中期的目标任务和战略举措。同时，要对 2050 年我国经济社会发展需求进行深入系统的情景分析，尤其要科学把握新科技革命可能突破的重大方向，组织制定面向 2050 年的科技发展远景规划，有力指导和加快推进世界科技强国建设。

四、 走出一条中国特色科技强国建设之路

建设世界科技强国，国际上的成功经验可以学习借鉴，但决不能简单

模仿和照搬。我们要发挥自身的优势特色，找准突破口，抓住关键问题，扬长避短、趋利避害，走出一条中国特色科技强国建设之路。为此，要牢牢把握以下几个方面。

1. 坚持集中力量办大事

这是我国独特的制度优势，"两弹一星"工程、载人航天与探月工程等的成功经验充分证明了这一点。坚持集中力量办大事，就是在事关国家全局和长远发展的重大创新领域，集中全国优势科技资源，组织力量开展协同创新和科技攻关，着力解决一批战略性科技问题；按照择优择重的原则，进一步调整科技投入结构和重点方向，创新资源应更多向创新能力强、创新产出高、创新效益好的科研院所、研究团队聚集，做优做强国家战略科技力量。把国家实验室建设作为体制机制改革的突破口，进一步加强政策设计、完善体制机制，充分发挥国家战略科技力量的率先引领和关键核心作用，加快带动我国科技创新实现整体跨越。把北京、上海科技创新中心建设以及合肥综合性国家科学中心建设作为重要抓手，特别是要发挥雄安新区建设这一有利条件，高起点、高标准建设若干具有全球影响力的国家创新高地，有效集聚全球优质创新资源，辐射和带动我国创新能力的整体跃升。

2. 树立重大创新产出导向

过去我们强调"原始创新、集成创新、引进消化吸收再创新"，主要是基于当时我国科技创新水平总体不高、创新能力整体不强的现实。新形势下，我们要按照建设世界科技强国的总目标、总要求，在更高起点上进一步明确与我国科技创新转型发展相适应的创新政策、创新体制、创新文化，引导科技界在思想观念、组织体制和科技评价上实现根本转变，强调增强创新自信，强化重大创新产出导向，在基础和前沿方向上努力取得具有前瞻性的原创成果，在重大创新领域开发有效满足国家战略需求的技术与产品，在产业创新上发展具有颠覆性的引领性关键核心技术，加快推动自主创新能力的整体跃升，推动科技与经济深度融合，大幅提升高端科技供给，从根本上解决低水平重复、低端低效产出过多等问题。

3. 打牢基础、补齐短板、紧抓尖端

从科技创新规律出发，加快建设一批世界一流的科研院所、研究型大学，加强产学研用深度合作，紧密结合国家需求和区域发展战略，进一步优化学科布局，加强专业学科基础建设，构建高效完善的中国特色国家创新体系，筑牢发展的科技根基。抓住发展基础薄弱、需求迫切、关键核心技术受制于人的战略领域（如信息技术、先进制造、医药健康、能源资源等），创新组织管理模式，加快突破，缩小差距，迎头赶上。积极开展重大创新领域发展战略研究，准确研判新一轮科技革命和产业变革可能突破的重大前沿方向（如人工智能、神经科学、量子计算等），及时进行重点布局，力争率先取得新突破、孕育新优势，抢占未来科技竞争的制高点。

4. 加快建设一支高水平创新人才队伍

充分利用全球人才流动的有利机遇，以优化人才结构、提升人才质量为重点，强化需求导向，进一步完善人才政策体系，培养造就一支"高精尖缺"创新人才队伍。建立健全人才竞争择优、有序流动机制，打破围墙、拆除栅栏，激发各类人才创新活力和潜力，逐步提高人才队伍水平。赋予科研院所和科研团队更大的用人自主权，以创新质量、贡献、绩效分类评价各类人才，进一步规范既有效激励又公平合理的分配政策，充分激发科研人员的积极性、主动性和创造性，营造良好的创新环境，实现人尽其才、才尽其用。

（本文刊发于 2017 年 5 月 31 日《人民日报》，收入本书时略作修改）

前　　言

　　当今时代，科学技术发展正呈现出前所未有的涌现性突破性发展态势，各种颠覆性技术的发展和应用正在全面塑造着新的发展业态、改变着社会思潮、引领着社会进步、深刻改变世界发展格局。科学技术的迅猛发展及其对经济与社会发展的超常规巨大推动作用，已成为当今社会的主要时代特征之一。科学作为技术的源泉和先导，作为现代人类文明的基石，它的发展已成为政府和全社会共同关注的焦点之一。习近平总书记在 2016 年 5 月 30 日召开的全国科技创新大会上指出，"不创新不行，创新慢了也不行""创新是引领发展的第一动力"，因此，准确把握全球科技创新竞争发展态势并作出适当的决策就显得至关重要。中国科学院作为我国科学技术方面的最高学术机构和国家高端科技智库，有责任也有义务向国家最高决策层和社会全面系统地报告世界和中国科学的发展情况，这将有助于把握世界科学技术的整体竞争发展态势和趋势，对科学技术与经济社会的未来发展进行前瞻性思考和布局，促进和提高国家发展决策的科学化水平。同时，也有助于先进科学文化的传播和提高全民族的科学素养。1997 年 9 月，中国科学院决定发布年度系列报告《科学发展报告》，按年度连续全景式综述分析国际科学研究进展与发展趋势，评述科学前沿动态与重大科学问题，报道介绍我国科学家取得的代表性突破性科研成果，系统介绍科学发展和应用在我国实施"科教兴国"与"可持续发展"战略中所起的关键作用，并向国家提出有关中国科学的发展战略和政策建议，特别是向全国人大和全国政协会议提供科学发展的背景材料，供国家宏观科学决策参考。随着党的十八大以来国家确立并深入实施"创新驱动发展"战略和持续推进创新型国家建设，《科学发展报告》将致力于连续系统揭示国际科学发展态势和我国科学发展状况，服务国家发展的科学决策。

从 1997 年开始，各年度的《科学发展报告》采取了报告框架相对稳定的逻辑结构，以期连续反映国际科学发展的整体态势和总体趋势，以及我国科学发展的状态和水平在其中的位置。为了进一步提高《科学发展报告》的科学性、前沿性、系统性和指导性等，报告在 2015 年进行了升级改版，重点是增加了"科技领域发展观察"栏目，以期更系统、全面地观察和揭示国际重要科学领域的研究进展、发展战略和研究布局。

《2017 科学发展报告》是该系列报告的第二十部，主要包括科学展望、科学前沿、2016 年中国科研代表性成果、科技领域发展观察、中国科学发展概览和中国科学发展建议等六大部分。受篇幅所限，报告所呈现的内容不一定能体现科学发展的全貌，重点是从当年受关注度最高的科学前沿领域和中外科学家所取得的重大成果中，择要进行介绍与评述。

本报告的撰写与出版是在中国科学院白春礼院长的关心和指导下完成的，得到了中国科学院发展规划局、中国科学院学部工作局的直接指导和支持。中国科学院科技战略咨询研究院为主承担本报告的组织、研究与撰写工作。丁仲礼、杨福愉、解思深、陈凯先、姚建年、郭雷、曹效业、汪克强、潘教峰、夏建白、邹振隆、李喜先、聂玉昕、吴学兵、习复、王东、叶成、刘国诠、吴善超、龚旭、张利华、邱举良、朱敏、吕厚远、白登海、顾兆炎、吴乃琴、郭兴华、黄有国、章静波、程光胜、卫涛涛、王新泉等专家参与了本年度报告的咨询与审稿工作，本年度报告的部分作者也参与了审稿工作，中国科学院发展规划局战略研究处甘泉处长和蒋芳同志对本报告的工作也给予了帮助。在此一并致以衷心感谢。

中国科学院《科学发展报告》课题组

目　　录

CONTENTS

第一章

科学展望

An Outlook on Science

1.1 量子信息科学发展展望

郭光灿 韩永建 史保森

（中国科学院量子信息重点实验室；中国科学技术大学）

一、引 言

量子信息学是量子力学与信息学等学科相结合而产生的新兴交叉学科。量子信息的信息载体是微观量子态，量子态本身的操控满足量子力学基本原理，因而量子信息的编码、操控、传输和解码都与传统的经典信息学存在巨大差异。在经典信息学中，信息的操作依然满足经典力学的规律。利用量子力学的特殊性质，量子信息技术可以拥有比相应经典技术更强大的能力。基于量子信息技术可以实现绝对安全的量子通信，也可以解决经典计算机难以完成的计算难题。量子信息技术代表了未来信息技术发展的战略方向，是世界各国展开激烈竞争的下一代安全通信体系的焦点，并极有可能对人类社会的经济发展产生难以估量的影响。

尽管在 20 世纪七八十年代，包括费曼（R. Feynman）、贝内特（C. H. Bennet）、多伊奇（D. Deutch）等就提出了有关量子信息的设想，但量子信息学作为一个重要学科方向引起学术界和各国政府高度重视是在 1993 年著名的 Shor 算法提出之后[1]。基于量子力学基本原理，采用 Shor 算法可以在多项式时间内实现大数因式分解（而在经典算法中迄今未能发现多项式算法，甚至有人认为这样的算法根本不存在），这直接威胁到了人们广泛使用的 RSA 公钥密码体系的安全性，从那之后人们开始致力于构建量子计算机和开展新型密码系统的研究。随着 20 多年的深入研究，量子信息科学已经发展成为一个多学科交叉，对国家安全、国防军事、产业经济等领域都具有潜在颠覆性作用的研究方向。

二、量子信息学研究进展

迄今，量子信息学的研究范畴已经被极大地扩展，目前主要包括如下几个重要研究方向[2]。

（1）量子密码与量子通信：利用量子态实现信息的编码、传输、处理和解码，特别是利用量子态（单光子态和纠缠态）实现量子密钥的分配。

（2）量子计算：利用多比特系统量子态的叠加性质，设计合理的量子并行算法，并通过合适的物理体系加以实现（通用量子计算）。

（3）量子模拟：在通用的量子计算机无法实现的前提下，利用现阶段已经可以很好控制的小规模的量子系统来实现一些在其他系统中难以实现的物理现象演示（专用量子计算）。

（4）量子传感：利用量子系统状态对环境的高度敏感性，对我们感兴趣的特定参数进行高灵敏度探测。

（5）量子计量：利用特定量子态（如 NooN 态、GHZ 态、压缩态等）的强关联性质将噪声对系统的影响降低，进而实现系统的高精度度量。

近年来人们在以上研究方向均实现突破，取得了重要的成果，下面我们分别阐述以下几个重要研究方向的问题和进展。

1. 实用化的量子密码系统研究

常用密码体系的安全性由数学复杂性决定（如 RSA 公钥密码体系就是基于大数因式分解这一数学难题构建的），这种密码体系存在被破译的可能，并非绝对安全可靠。而量子密码体系的安全性由基本物理原理保证，因而可以实现绝对安全的信息传递。量子密钥分发是量子密码体系的核心，是目前量子通信研究最成熟、也是最接近实用化的一个研究方向。近年来世界各国开展了面向实用化的示范性局域网、广域网的构建研究，取得了许多重大进展。

光子是天然的量子信息载体，特别适合于远距离的量子信息传输。因而，实现量子通信的关键问题是如何把加载信息（或用于建立密钥）的光子从一个地方高速地传输到足够远的另一个地方。由于传输信道（如光纤或大气）本身的特性，光子将不可避免地因各种原因（如散射、吸收等）丢失，且随着传输距离的增加，这种衰减呈指数增长。因而单光子的有效传输距离受到极大的限制。解决这个问题的关键就是引入量子中继[3]，这是当前量子通信和量子密码系统研究的核心问题。

为了解决单光子随距离指数衰减的问题，量子中继方案的核心思想是将建立长程量子纠缠对的难题改为先建立一系列短程量子纠缠对，然后再利用纠缠交换的方法来拓展距离，进而达到建立远距离量子纠缠对的目的。要实现量子中继的方案并不容易，首先要能够快速建立短距离的量子纠缠对，这需要迅速产生大量的纠缠对；其次，短距离量子纠缠对的建立是概率性成功的，而纠缠交换时需要两对纠缠对要同时存在，为此必须需要一个按需（on-demand）的量子存储器。而且纠缠交换的操作对量子探测器的效率也有极高的要求，量子中继的成功概率强烈地依赖于它。再者由于操作误差和环境影响，建立的短程纠缠对可能并不纯，下一步使用之前需要对其进行提纯，这需要消耗大量纠缠对。由此可见，要研制成功可实用化的量子中继对一些核心量子器件（如量子存储器、量子探测器等）的关键指标（如效率）都有极高的要求。近年来，在相关的关键技术方面都取得了长足的进展：量子存储在不同的物理系统中都取得了重要进展，如固体存储系统中的量子相干性已可以保持 6 小时[4]，而冷原子系综中量子态的存储时间也已达到百毫秒量级[5]。这些重要进展为最终实现可用的量子中继，进而实现远距离的量子通信打下了坚实基础。在未来相当长的时间内，实现量子中继都将是一个具有挑战性的目标。

如果可以实现这类相对简单的量子中继方案，那么如何提高量子通信的传输速率是另一个重要的问题。这类中继方案中涉及的纠缠纯化、信息的来回传输都将极大地限制信息的传输速率。为了达到较高信息传输速率，如 1 兆比特/秒（M/s）以上，这时通常的量子中继方案将不再适用，而基于量子纠错的量子中继方案将起着关键性的作用。因此，基于量子纠错的量子中继在未来也是一个研究重点。

尽管目前还没有可用的量子中继方案，但利用现阶段的量子通信技术已经可以实现城域网量子保密通信（如合肥、芜湖等地构建的政务网）。量子密钥可以通过单光子的量子态来传输（量子纠缠并非不可或缺）。在这一方案中，单光子源的品质对量子通信的传输有重要影响。到目前为止，提取效率 66%、单光子性优于 99% 的单光子源也已实现[6]，这已经能够满足城域网范围内的量子通信要求。我国在实用化的量子密钥分配方面引领了国际水平。在局域网构建方面，中国科学技术大学潘建伟院士团队于 2012 年在合肥实现了由 6 个节点构成的城域量子网络。该网络使用光纤约 1700 千米，通过 6 个接入交换和集控站连接 40 组"量子电话"用户和 16 组"量子视频"用户。由郭光灿院士领衔的中国科学院量子信息重点实验室团队在 2005 年就已经在商用的光纤上实现了北京与天津之间 125 千米的量子密钥传输实验，并于 2012 年在标准电信光纤中完成了 260 千米量子密钥分发实验[7]（系统工作频率为 2 吉赫），2014 年建设了合（肥）-巢（湖）-芜（湖）量子广域示范网[8]。该网络通过中国移动的商用光纤连接合肥、巢湖、芜湖三个城市，其中合肥局域网由 5 个节点组成，巢湖 1 个节点，芜湖 3 个节点。实地光纤总长超过 200 千米，全网运行时间超过 5000 小时，是目前有公开学术报道的国际同类网络中规模最大、距离最长、测试时间最长的网络之一，也是首个广域量子密钥分配网络。发展更高传输率、更稳定的城域量子通信网络，以及更长距离广域网，仍是量子通信实用化的重要问题。现阶段，我国正在建立北京—上海的京沪量子通信总干线。这套系统目前是基于可信中继建立的：在京沪之间设置多个可信中继站点，在每个站点将量子信息转变为经典信息，再重新编码为量子信息并传输到下一个站点，从而实现远程量子态传输。基于诱骗态的量子密钥分配可以实现百千米量级的传输距离且无需单光子源或纠缠光源，但是这种密钥分配方案与量子中继不兼容，故进一步提升其传输距离的方案仍不明确。

在没有量子中继可用的前提下，实现远程量子通信的另一个可能方案是基于自由空间传输的量子通信，这也是一个非常重要的研究方向。德国慕尼黑大学的科研小组开展了飞行物体与固定基站之间的量子通信研究，于 2013 年首次实现了一架盘旋飞行中的飞机与地面站之间的量子密钥分发[9]。飞机的飞行速度为 290 千米/时，与地面站之间的距离为 20 千米。2012 年，奥地利维也纳大学的研究团队在加那利群岛中相距 147 千米的两个小岛之间（特内里费岛和拉帕尔马岛）实现了量子隐形传态，两个节点之间的空间距离与地球近地轨道和地面站之间的距离相比拟[10]。近年来，我国在此领域也取得了一系列重要进展，处于世界领先水平。例如，2012 年在青海湖利月地基实验模拟星地之间的通信，实现了百千米级的量子隐形传态和双向纠缠分发[11]；2016 年，中国发射了量子科学实验卫星"墨子号"，为星地之间自由空间的密钥分配（量子通信）打下了基础。卫星和地面之间量子通信的原理性验证也正在进行当中。

2. 可扩展的容错量子计算

实现大规模的量子计算是量子信息技术最重要的目标，同时也是巨大的技术挑战。在过去的 10 年中，人们在理论方面做了大量的工作，提出了很多新的理论和方法，提高了实现量子计算的可能性，特别是容错量子计算的证明极大地提高了量子计算的可行性。在理论上实现量子计算已没有原则性的障碍，人们甚至已经开始设计大规模量子计算的芯片构型。

理论上人们已经证明了阈值定理。只要我们对量子系统操作的精度超过一定的限制（比如误差低于 10^{-5}）[12]，即使存在噪声的影响和操作误差，也能通过量子编码和纠错操作得到正确的计算结果。当然，在具体的计算中，根据计算规模和编码的不同，需要的阈值也不同，对某个具体问题的操作精度没有阈值定理设定的要求那么高。一般来说，计算的时间越长、计算规模越大、编码层数越多，对阈值的要求也越高。人们总是希望通过改进编码的方式以获得更高的阈值，进而降低实验实现的难度。人们发现通过引入拓扑编码可以有效降低操作的难度，提高阈值。利用表面码（surface code）编码[13]（这是平面码，对微纳加工有好处），计算的阈值可以提高到 1% 的量级。如果使用拓扑保护的马约拉纳（Majorana）零模作为编码方式，容错的阈值甚至可以提高到 14%[14]。寻找阈值更高、更便于实现、更高效的量子编码仍然是未来一段时间内量子计算理论中的重要问题，特别是针对特定的实验系统的编码。

满足量子操作的阈值条件是实现普适量子计算的核心前提。在过去的若干年中，基于不同物理体系的实验都取得了长足的进步，特别是在离子阱系统[15]和约瑟夫森结超导系统[16]中。在这两个系统中，单比特操作和两比特操作的精度都已经达到和超过了实现容错量子计算的阈值要求（逻辑门的保真度都超过了 99.9%）[17]。实验研究的下一步目标是看到量子编码的容错性。基于离子阱系统的实验中已经看到了量子容错的迹象[18]，这是迈向普适容错量子计算的关键步骤。

目前，量子计算机的实现存在两个不同的路径。大部分物理系统（离子阱、部分超导系统、量子点、金刚石色心系统等）都是在先保障量子性的基础上逐渐扩大系统，进而实现普适的量子计算。如何在保障纠缠的基础上实现可扩展是当前遇到的主要问题。可扩展性涉及计算模型（比如分布式计算）以及物理构型设计等一系列的问题。另一条是以加拿大 D-Wave 公司为代表的超导系统，首先考虑实现系统的可扩展。现在该公司已经能够控制 512 个量子比特（甚至更多）[19]，并能利用它实现绝热算法。虽然这个系统的量子性以及它是否能超越经典的计算机还存在巨大的争议，但其无疑提高了人们对实现可扩展量子计算的信心。需要指出的是 D-Wave 公司的计算机并不是普适的量子计算机，它是为特定算法而设计的。

实验方面还特别值得一提的是有关马约拉纳零模的实验进展，目前大量的实验证据都支持它的存在[20]。具有非阿贝尔交换特性的马约拉纳零模是实现拓扑量子计算的理想载体，利用它来做量子比特可以获得极高的阈值，不同比特之间的操作只需要实现不同马约拉纳零模的交换即可。然而在固态系统中实现可控的马约拉纳零模交换是一件很困难的事情，这需要发展新的实验技术[21]。

针对某些特定问题的研究对量子操控的要求并没有对普适量子计算的要求高。为了体现量子系统在解决问题方面相对于经典系统的优越性，人们正在尝试解决一些特殊的问题，虽然解决这些问题要求的技术难度相对低，但可以表明量子卓越的潜力。这方面最著名的例子是玻色取样问题[22]。玻色取样本身是一个 #P 困难问题（这是一类比 NP 完全问题更难的问题），用经典的计算机很难处理（即使用我国运算能力最强的"天河二号"超级计算机，在光子数超过 50 后都无法计算）。但利用量子器件，人们可以有效地求解。尽管求解此问题不需要复杂的门操作，也不需要编码，相对容易实现，但它对单光子光源有很高的要求，人们正在为实现这一目标而努力。另一个很重要的例子是所谓的量子霸权（quantum supremacy）问题[23]，这是为超导系统量身定做的问题。在量子比特超过 50 的情况下，超导系统的计算能力将超过现有的超级计算机，D-Wave 公司和谷歌公司正在为实现这一目标而努力。

3. 量子模拟

在现阶段普适的量子计算机还无法实现的情况下，量子模拟利用较小规模的可控量子系统来实现一些我们用常规的方法无法或很难实现的物理现象，进而达到研究它们的目的。特别是在离子阱系统和光晶格系统中，量子模拟都取得了巨大的成功。量子模拟搭建了物理理论和物理现象之间的桥梁。

量子多体关联系统是物理学中最重要也是最困难的问题之一。对于这样的问题，我们没有办法进行解析求解，甚至不能进行数值求解，已知的数值方法（如密度矩阵重整化方法、蒙特卡罗方法）对很多问题都无法给出可靠的结果。然而很多很重要的物理现象（如高温超导）与多体强关联有密切的关系，量子模拟提供了研究这种系统的一个新的工具。特别是基于光晶格系统的量子模拟。在此系统中，人们通过操控实现一些特定的强关联系统的哈密顿量（如 Bose-Hubbard 系统的哈密顿量），进而研究这个哈密顿量控制下的物理过程。目前，这个方法已取得了巨大的成功。除了模拟在凝聚态物理系统中已有的物理系统外，量子模拟还可以研究在常见的凝聚态中无法或很难研究的系统，比如自旋-轨道耦合带来的新现象[24]、二维多体局域化[25]等。

除了凝聚态物理中的问题，量子模拟还可以用来对量子力学基础、黑洞物理和量子场论中的一些问题进行模拟。在离子阱系统中，人们模拟了规范场中的物理；在光学系统中，人们模拟了 PT 对称世界[26]，研究了 PT 理论与信息不超光速传播的相容问题[27]；在光学系统中，人们还研究了黑洞中的光传播行为。对这些问题的研究极大地扩展了量子模拟的应用范围。

随着量子操控技术的进步，人们将能够设计并模拟各种不同的哈密顿量，进而研究其中的物理。

4. 量子传感和精密测量

对物理量的精确测量不仅有助于更深层次的物理学规律的发现（比如微波背景辐射的各向异性），更有其应用上的需求。量子技术的发展使得人们可以对很多物理量的测量获得比经典方法更高的精度。在理论上，人们已经提出了一系列提高量子测量精度的新方法。

时间是最重要的物理量，人类对时间精度的提高贯穿整个人类史。利用量子新技术人们可以将时间的测量标准达到前所未有的新高度。瓦恩兰（Wineland）等[28]在实验上利用离子阱中两个纠缠的离子，将时钟标准的精度提高到了 10^{-18}。利用因禁的原子阵列，时间测量精度还可以进一步提高，甚至可以利用它来直接探测引力波和暗物质。如果利用多个因禁在不同离子阱中的离子，假设它们处于 GHZ 态，并把不同的离子阱分布到空间中不同的地方，就可以极大地提高 GPS 的精度。

一般来说，物理系统总是受到噪声的影响，因而，我们对物理量的测量精度总是受到噪声的限制。量子技术表明，我们可以利用 NooN 态来压缩噪声的影响，进而达到海森堡极限。

另一方面，量子态本身是很脆弱的，它极易受到环境的影响。基于量子态对环境的敏感性，可以利用量子系统来对某些变化进行探测，这种应用就是量子传感。利用金刚石色心已经实现了对微小磁场的测量[29]，并达到了极高的精度。量子传感和精密测量已经处于应用的前夜。

我国在量子信息领域的研究起步较早，基本能做到与国际同步，并且在某些方面能够领先国际水平，但各个方向发展不平衡。具体地说，我们在量子通信方面的技术代表了国际最高的水平，特别是在实用化的量子密钥分配方面。但在核心的量子中继方面还需要有新的技术突破。在量子模拟方面近来也能与国际水平同步，特别是光学系统的量子模拟、NMR 系统和冷原子光晶格系统中的工作。在金刚石色心的量子传感研究中也处于领先水平。然而，在量子计算和量子精密测量方面我们与国际最高水平之间有不小的差距，这两方面都需要长期的资金支持，需要有一个积累的过程。这些年，国内这两方面的研究水平也在迅速提高，已开展离子阱系统、约瑟夫森结系统、金刚石色心和量子点系统的量子计算研究。离子阱、金刚石色心和超冷原子中的精密测量工作也正在开展。

三、量子信息科学的发展前景

经过对量子信息科学 20 多年的投入和研究，目前量子信息技术处于取得巨大突破的前夜，某些单元技术已处于实际应用的初始阶段。未来若干年，量子信息技术研究触发的相关技术和科学进步将不断涌现。下面我们按不同的方向来阐述可能的突破和发展前景。

1. 量子密码

随着单光子源技术的不断完善、设备无关通信方案的提出、通信安全性的进一步研究及光子探测效率的提高，量子密钥传输的速率和系统的可靠性都已满足基本的应用要求。量子密钥分配在城域网范围（100 千米）内已处于商业化应用阶段，正在迅速地完善其相关的设备。

对远程的地面量子密码，可信中继方案并不令人满意。为实现绝对安全的信息传输，量子中继将不可或缺，可实用化的量子中继器研究将成为量子通信研究的核心问题。作为量子中继的关键问题之一的量子存储也会是竞争最激烈的方向。随着新的存储方案（多模式）和实验技术的进一步发展，未来 5 年有可能实现第一代的量子中继。为进一步提高传输效率，未来几年人们将开始研究基于容错的二代和三代量子中继，进而提供可实用化的量子中继。

另一个可能的长程量子通信方案基于自由空间中的星地传输。我国已发射了"墨子"卫星，建立了相关的实验平台，未来这方面的研究将会进一步推进，人们将更清楚这两种不同的方案的优缺点，并能混合这两种方案构建全球性的量子密码网络。

2. 量子计算

量子计算在不同的几个物理系统中已取得了巨大的进展，已处于取得重大突破的前夜。量子计算的研制已经吸引了大量的商业化公司（谷歌、IBM、微软等公司）的投入，各国政府也针对量子计算机研究推出了各种计划，加大投入。可以预见，量子计算机研制的竞争将更加白热化。随着研究投入和更多的科学家的加入，不同量子系统在量子计算中的优缺点将进一步明确，实现量子计算的物理系统将进一步明确、集中。

可扩展问题是量子计算机现阶段面临的主要障碍。固体系统（如超导系统和量子点系统）在这方面具有天然的优势。离子阱系统和芯片技术相结合，也为可扩展性的解决提供了可能。就现阶段的实验操控技术水平而言，离子阱系统和超导系统处于领先地位，量子门操作精度均已超过普适量子计算所需的阈值。基于这两个系统的可扩展的量子计算机架构原型也已经提出来了（大小堪比足球场）。研究更经济和易于实现的架构，如何利用物理系统本身特性而设计更高效、阈值更高的编码等，都是未来重要的研究课题。

在拓扑量子计算方面，通过模拟，人们在未来几年能够对拓扑计算的基本性质进行深入的研究。通过进一步设计和优化基于马约拉纳零模的设计，解决准粒子污染（quasiparticle poisoning）问题，提高其操作性能。未来 5 年有可能实现基于拓扑比特的各种门操作。人们将研制新的制备和实现拓扑量子比特的方法，特别是能进行普适量子计算的拓扑态（如 Fibonacci 任意子）。

在未来 5 年，人们将实现超过 50 个量子比特的量子设备，进而在玻色取样和量子霸权问题上验证量子计算的优越性，其性能在这些特定问题上完全超越现有的所有经典计算设备。

3. 量子模拟

量子模拟将用于解决更多特定的问题，其强大的模拟能力将会被进一步展示。在冷原子光晶格系统和离子阱系统中会有更多在凝聚态系统中无法求解的问题被模拟研究，量子模拟器会成为研究物理问题的强大工具。

4. 量子传感和精密测量

量子传感技术逐渐成熟并商业化。利用量子技术提高各种探测的精度，例如人们将利用提高的时钟标准来提高 GPS 的定位精度。利用量子技术来测量其他物理现象，比如相对论效应。

基于量子信息带来的颠覆性，而且现在这些技术都处于应用或取得重大突破的前夜，各国政府和商业界都积极参与其中。美国国防部和国家科学基金会都对量子信息技术给予了特别支持；欧盟发表了《量子宣言》，推动量子通信、量子模拟、量子传感和量子计算这四方面的中长期发展，以实现原子量子时钟、量子传感器、城际量子网络、量子模拟器、量子互联网和通用量子计算机等重大技术的突破与应用；英国先后发布《量子技术国家战略——英国的一个新时代》和《量子技术路线图》，为国家的量子技术发展提供了蓝图；日本、澳大利亚、加拿大等国也在量子信息技术方面有重大布局。IBM、微软和谷歌公司很早就在量子信息技术方面布局，近来更是加大了这方面的投入。在各国政府和企业的支持下，近来量子信息技术取得了巨大的进展，各方面都显示出有新的突破迹象。我国在量子信息方面也有长期的投入，但总体规划还需要进一步加强。

四、对我国量子信息科学发展的建议

对我国量子信息未来的发展有如下的建议。

1. 加强量子信息技术发展的规划性

由于国家对量子信息技术发展的高度重视，各个学校和地方政府都在新建各种量子中心和研究所，这造成了大量的重复建设。现阶段量子信息技术，特别是量子计算机仍然处于基础研究的阶段，而且高度专业化，需要有长时间的积累才有可能做出创新型成果。很多学校和机构并不具有相关的经验和能力，盲目重复建设势必会造成资源的极大浪费。此外，量子信息技术各个方面发展的不均衡性也应在规划中得到体现。

2. 加大对量子力学基础研究的投入

虽然量子力学基础本身不会直接产生颠覆性的技术，但它是量子信息的基础，没有对量子力学的深入认识，量子信息技术就是无根之木、无源之水。现阶段，大家的目光都集中在量子力学所带来的技术上，对量子力学基础研究并不重视，希望对此能有必要的投入支持。

3. 对量子计算的研究需要稳定持续的投入支持

如前文所述，量子计算仍然处于基础研究的阶段，而且我国在这方面的研究积累较少，无论在理论还是实验方面与国际最好水平都有较大的差距。而这方面的发展需要潜心的长时间积累，可能很长时间内无法获得重要的原创性成果，因此长期稳定的支持对量子计算的发展至关重要。

4. 改革完善考核评价机制

如前所说，我国在量子信息各个方面的发展并不均衡，有的方面已进入实用化阶段，有的还处于基础研究阶段。需要用不同的考核和评价机制来有效地调动不同研究方向的积极性。

5. 完善协同机制

量子信息科学已经涵盖了从基础研究到商业产品的整个链条，因此需要不同专业、不同领域的人才协同合作才有可能取得突破性进展。完善的协同机制是合作成功的重要前提。

参考文献

[1] Shor P W. Scheme for reducing decoherence in quantum computer memory. Physical Review A，1995，52(4)：R2493-R2496.

[2] Nielsen M A，Chuang I. Quantum Computation and Quantum Information. New York：Cambridge University Press，2000.

[3] Sangouard N，Simon C，De Riedmatten H，et al. Quantum repeaters based on atomic ensembles and linear optic. Reviews of Modern Physics，2011，83(1)：33.

[4] Zhong M，Hedges M，Ahlefeldt R，et al. Optically addressable nuclear spins in a solid with a six-hour coherence time. Nature，2015，517：177-180.

[5] Yang S J，Wang X J，Bao X H，et al. An efficient quantum light-matter interface with sub-second lifetime. Nature Photonics，2016.

[6] Ding X，He Y，Duan Z C，et al. On-demand single photons with high extraction efficiency and near-unity indistinguishability from a resonantly driven quantum dot in a micropillar. Physical Review Letters，2016，116：020401.

[7] Wang S，Chen W，Guo J F，et al. 2-GHz clock quantum key distribution over 260 km of standard telecom fiber. Optics Letters，2012，37：1008-1010.

［8］ Wang S,Chen W,Yin Z Q,et al. Field and long-term demonstration of a wide area quantum key distribution network. Optics Express,2014,22:21739-21756.

［9］ Nauerth S,Moll F,Rau M,et. Al. Air-to-ground quantum communication. Nature Photonics,2013,7:382-386.

［10］ Ma X S,Herbst T,Scheidl T,et al. Quantum teleportation over 143 kilometres using active feedforward. Nature,2012,489:269-273.

［11］ Yin J,Ren J G,Lu H,et al. Quantum teleportation and entanglement distribution over 100-kilometre free-space channels. Nature,2012,488:185-188.

［12］ Knill E,Laflamme R,Zurek W H. Resilient quantum computation. Science,1998,279(5349):342-345.

［13］ Bravyi S B,Kitaev A Y. Quantum codes on a lattice with boundary. Physics,1998,arXiv preprint quant-ph/9811052.

［14］ Bravyi S. Universal quantum computation with the $\nu=$ 5/2 fractional quantum Hall state. Physical Review A,2006,73(4):042313.

［15］ Schindler P,Barreiro J T,Monz T,et al. Experimental repetitive quantum error correction. Science,2011,332(6033):1059-1061.

［16］ Reed M D,Di Carlo L,Nigg S E,et al. Realization of three-qubit quantum error correction with superconducting circuits. Nature,2012,482(7385):382-385.

［17］ Ballance C J,Harty T P,Linke N M,et al. High-fidelity quantum logic gates using trapped-ion hyperfine qubits. Physical Review Letters,2016,117(6):060504.

［18］ Linke N M,Gutierrez M,Landsman K A,et al. Experimental demonstration of quantum fault tolerance. 2016,arXiv preprint arXiv:1611.06946.

［19］ Choi,Charles (May 16,2013). "Google and NASA Launch Quantum Computing AI Lab". MIT Technology Review;"D-Wave Systems Announces the General Availability of the 1000＋ Qubit D-Wave 2X Quantum Computer | D-Wave Systems". www. dwavesys. com. Retrieved 2015-10-14.

［20］ Nadj-Perge S,Drozdov I K,Li J,et al. Observation of Majorana fermions in ferromagnetic atomic chains on a superconductor. Science,2014,346(6209):602-607.

［21］ Xu J S,Sun K,Han Y J,et al. Simulating the exchange of Majorana zero modes with a photonic system. Nature Communications,2016,7(2):13194.

［22］ Aaronson S,Arkhipov A. Proceedings of the ACM Symposium on Theory of Computing. ACM,NY,2011.

［23］ Preskill J. Quantum computing and the entanglement frontier. Physics,2012,arXiv preprint arXiv:1203.5813.

［24］ Wu Z,Zhang L,Sun W,et al. Realization of two-dimensional spin-orbit coupling for Bose-Einstein condensates. Science,2016,354(6308):83-88.

［25］ Schreiber M,Hodgman S S,Bordia P,et al. Observation of many-body localization of interacting fermions in a quasirandom optical lattice. Science,2015,349(6250):842-845.

[26] Chang L,Jiang X,Hua S,et al. Parity-time symmetry and variable optical isolation in active-passive-coupled microresonators. Nature Photonics,2014,8(7):524-529.

[27] Tang J S,Wang Y T,Yu S,et al. Experimental investigation of the no-signalling principle in parity-time symmetric theory using an open quantum system. Nature Photonics, 2016, 10 (10): 642-646.

[28] Leibrandt D,Brewer S,Chen J S,et al. The NIST 27 Al$^+$ quantum-logic clock//APS Division of Atomic. Molecular and Optical Physics Meeting Abstracts. 2016.

[29] Wang P,Yuan Z,Huang P,et al. High-resolution vector microwave magnetometry based on solid-state spins in diamond. Nature Communications,2015,6:6631.

Prospect of Quantum Information Science

Guo Guangcan, Han Yongjian, Shi Baosen

Quantum information technology can not only provide people information exchange with the principle of absolute security,but also help people solve the hard problem that is very difficult for a classic computer. It represents the future strategic direction of the development of information technology,and is likely to have immeasurable impact on the economic development of human society. This paper briefly reviews the important progresses made in several important research directions at home and abroad in the field of quantum information in recent years,prospects the development of quantum information science,and puts forward some suggestions on how to promote the development of our country in this field.

1.2　生命分析化学发展展望

鞠熀先

（南京大学生命分析化学国家重点实验室）

一、引　言

生命分析化学是分析化学向生命科学渗透，并与生物学、临床医学、物理学和材料科学等学科深入交叉过程中形成的一个新的学科分支。该学科是研究生命体系中各种生命物质的成分、结构单元及相互作用过程中的变化，建立生命活动过程中生物分子检测和示踪新原理、新方法与新技术，对生命物质进行准确、特异、灵敏、快速地定量、定性监控，实现分子识别和生物信息提取的一个新兴交叉领域。它可解决生命科学研究和生物高技术研发过程中的关键测试问题，为生命科学研究和人类健康相关领域的定性、定量需求提供有力的研究手段和测试方法，为分析化学及其交叉学科提供源头创新的动力，已成为生命科学及其相关领域原始性创新的重要基础，并为新器件、装置和仪器研制提供重要的科学支撑。

生命分析化学的发展使分析化学学科研究方向从原来的二维界面分析推进到多维度时空分辨分析，研究层面从原来的微量分析拓展到纳量级，甚至单分子、单细胞水平，研究对象从简单的生化样品发展到复杂生物样品中关键生物分子的分析。目前，我国生命分析化学研究得到蓬勃发展，在生物分子检测与示踪新原理、新方法等研究方面取得举世瞩目的成就，逐渐形成独特的战略思路，壮大了研究队伍。2016 年在南京召开的全国生命分析化学学术会议有 2300 多人参加，展现了我国生命分析化学研究领域欣欣向荣的局面，该领域基本实现了以"跟踪为主"向"原创为主"的转变。

二、生命分析化学的重点研究方向、 进展与趋势

1. 纳米生物分析

纳米材料具有与宏观物质迥异的表面效应、体积效应、量子效应及优良的光、

电、磁及生物化学特性，在生命分析中得到广泛应用。

首先，通过在其表面修饰核酸适配体、抗体及亲和配体，可实现复杂样品中靶分子的高效富集与分离。例如，在四氧化三铁（Fe_3O_4）纳米材料表面修饰金属-配体复合物已实现复杂蛋白质组中磷酸化蛋白质组的直接分离与分析[1]；在二氧化硅（SiO_2）纳米材料表面进行硼酸功能化可实现糖及其衍生物的富集与分离[2]；在介孔SiO_2的大孔内部固定蛋白水解酶，利用小孔选择性富集小分子量的蛋白质，实现了复杂蛋白质混合样品中小分子量蛋白质的同步富集、水解与分离[3]。通过在Fe_3O_4纳米团簇表面包裹细胞膜并修饰抗体，可实现外周血中大量正常细胞背景下微量循环肿瘤细胞的特异性识别、捕获与检测，对癌症的早期诊断、治疗监控与愈后评估具有重要意义[4]。

其次，通过在传感界面上构建纳米颗粒进行信号放大，可实现目标待测物信号的$1:N$或$1:N^n$的高效放大，实现靶标物质的高灵敏检测。近年来，基于纳米颗粒表面修饰核酸分子并利用核酸扩增及循环酶切技术进行信号放大的技术得到快速发展[5]。在金纳米颗粒上修饰功能性DNA探针分子和可识别靶核酸序列的DNA纳米机器，靶标核酸启动纳米机器与DNA探针杂交，借助核酸切刻酶循环切离DNA探针，实现了靶标信号成百上千倍的放大和高灵敏荧光或显色定量测定[6]。在未来研究中，靶标分子可进一步由核酸分子扩展至多肽、蛋白质，通过荧光、电化学、化学发光、颜色变化等多种测量手段，实现生命过程相关的重要生物物质的多模式高灵敏检测。

近年来，研究者将反应物限制在纳米材料构建的局域空间内，增加反应物局域浓度，提高了反应速度与效率[7,8]。通过DNA折纸术构建DNA纳米笼，在笼内局域空间封装多种酶可制备酶级联反应器。局域空间有助于提高酶稳定性，增加酶与底物浓度，并促进中间产物的转运，使酶催化效率提高 4～10 倍[9]。进一步工作可将局域空间加速反应应用于生物小分子多步反应或核酸扩增反应，实现生物分子的高效、高灵敏检测，为生命过程的相关研究与重大疾病的早期诊断奠定基础。

2. 生物光谱分析

光谱特性包含生物分子自身振动、转动、电子跃迁、能量含量等丰富的分子信息，是研究生命过程最重要的基础工具之一，包括拉曼光谱、红外光谱、荧光光谱、紫外-可见吸收光谱等技术。传统的生物光谱分析将生物分子从生命体中提取出来，在各类光谱仪器下进行测量，不仅需样量大，而且破坏了分子在生物体中的天然环境，丧失了其空间分布、动态变化等重要的生物信息。近年来，生物光谱分析更加注重从生物体微区内原位、实时采集光谱信号，从而获得更丰富的分子与生物信息。

（1）纳米分辨率的红外光谱技术。红外光谱能够提供化学键种类与含量等重要分子信息。由于衍射极限的限制，很难对微区内的分子进行原位红外光谱分析。将可调红外激光器与原子力显微镜相结合，利用原子级尺寸的探针，用不同波长的激光对样品加热推动探针（光热诱导法）或使分子与探针间的偶极力发生改变（光诱导力法），可将红外光谱的空间分辨率从数微米降低到约 10 纳米范围，提高红外光谱原位探测生物分子的能力。

（2）纳米分辨率的拉曼光谱和受激拉曼技术。近年来，结合原子力显微镜与拉曼技术发展了纳米探针增强的针尖增强拉曼散射光谱，能同时提供生物样品表面形貌与化学组成信息。受激拉曼是直接利用激光特性实现拉曼光谱信号增强的一类拉曼光谱新方法。相比表面增强拉曼，受激拉曼不需要金属基底，因此非常适合于对生物体的直接监测。利用受激拉曼技术已能直接观察动物表皮不同深度的碳氢键分布。

（3）荧光偏振与暂态荧光技术。荧光方法是进行生物成像的重要手段，但往往受生物体自身荧光的干扰。因此，从荧光的偏振特性、荧光寿命等暂态光学特征进行生物分子特性或结合状态的研究在生物荧光光谱研究中占有重要地位。通过荧光偏振特性的变化，能探测抗原-抗体分子间的结合作用；通过生物反应前后的荧光寿命变化，也可对生物反应中的分子结构、特性变化进行探测。

（4）单颗粒散射光谱。除了以上进展，一些金属纳米颗粒特有的局域化表面等离子共振特性使其产生的特征散射光谱也被用于生命分析。由于纳米粒子的散射光谱随其表面的介电常数变化而有规律地变化，单纳米粒子的散射光谱可用于探测生物体纳米区域内的反应。

3. 生物质谱分析

质谱分析技术无需特殊的信号探针标记，可提供更为直接可信的定性分析依据，并具有多组分同时分析的能力，因而促进了蛋白质组学、多肽组学、代谢组学等生命组学研究的迅速发展[10]。随着新型电离源的出现、质谱成像技术的发展以及芯片技术和纳米技术的引入，质谱技术在生命分析研究中的应用也日趋多样化。其中，单细胞质谱分析、生物质谱成像分析以及高通量质谱定量已成为当前生物质谱分析的研究热点。

（1）单细胞质谱分析。相比于光学探针的单细胞分析策略，单细胞质谱分析可满足细胞中多组分分析的需求，并对细胞生物事件中的未知成分进行鉴定。斯坦福大学的诺兰（Nolan）研究组提出一种基于稀土稳定同位素标记、电感耦合等离子体质谱进行流式细胞检测的方法，可对细胞实施分型[11]。伊利诺伊大学香槟分校斯威德勒（Sweedler）研究组[12]采用膜片钳吸管技术实施单细胞内容物采样，研究了单个神经细胞中多种神经递质的种类与含量。最近，研究者利用类似技术监测单个神经细胞中活性组分的浓度变化，成功地识别小分子代谢途径[13]。目前，单细胞质谱分析大多专注于细胞质内丰度较高的脂类和代谢物，对于细胞内蛋白质的分析仍然是挑战性的技术难题。同时，单个细胞皮升级的样品量也限制了各组分的鉴定和定量分析。开发新型质谱仪器和分析方法以满足单细胞"组学"分析需求，是当前单细胞质谱分析的重要目标。

（2）质谱生物成像分析。质谱成像技术主要利用二维移动控制平台对样品不同位置进行质谱信号采集，在样品区域产生任意指定质荷比化合物的二维离子密度图，最终分别呈现出各目标分子在样品表面的空间分布信息。最早出现的基于基质辅助激光解吸电离源（MALDI）的质谱成像技术由于要引入有机物基质，在低分子量区域产生严重的信号干扰。基于二次离子质谱（SIMS）的质谱成像技术由于离子化过程导致的分子裂解，无法得到完整分子的信息。以解吸电喷雾电离（DESI）为代表的常压电离源质谱成像技术可对生物组织切片实施快速质谱成像，有望实现质谱成像手术导航[14,15]。质谱成像的空间分辨率一直是限制其在亚细胞层面分子信息读取的技术短板。开发兼具高空间分辨能力和高离子解吸效率的质谱成像技术，将为亚细胞水平多组分分子成像提供重要的技术手段。此外，如何获取低丰度多肽、蛋白质等生物大分子在组织、细胞中的空间分布信息，也将成为质谱成像技术开发中亟待解决的关键问题。

（3）高通量质谱分析。近年来，生物质谱技术已成功用于临床样本中蛋白质（如抗原、酶）的快速高灵敏检测。利用二抗修饰可切割离子探针发展起来的纸基电喷雾质谱免疫分析方法，可对疟疾抗原、癌症标志物实施高灵敏高通量检测[16]。南京大学鞠熀先教授研究组发展了一种可用于多种酶活性可视化分析的质谱成像分析方法，实现了生物样品中天冬氨酸蛋白水解酶家族酶活性的高通量定量检测[17]。

近年发展起来的常压电离质谱技术可在敞开体系下无需预处理而实现生物样本的直接快速检测，为开发针对临床样本的高通量快速分析技术提供了契机。同时，针对质谱技术本身存在的定量能力不足的问题，开发可用于临床应用的定量级质谱仪及配套方法也将成为生物质谱研究的重要方向。

4. 生物成像分析

生物成像技术具有优良的时间和空间分辨率，以及原位无损等独特优势，是开展生命分析化学研究所不可或缺的技术手段之一。当前的几个重要趋势包括：从生物大分子成像到化学小分子成像、突破衍射极限的超分辨成像、从标记成像到免标记成像等。

（1）从生物大分子到化学小分子。长期以来，生物成像技术的空间分辨特性使其被广泛用于阐释生物体系（如细胞、组织等）的结构特征，用于获取细胞及细胞器的形态、位置等结构信息。荧光标记技术的发展实现了对重要生物大分子（如核酸、蛋白质等）空间分布信息的获取，揭示各种化学小分子和无机离子在生命体系中扮演的重要角色已成为生命分析化学的重要研究内容。例如，细胞膜电势[18]和钙离子[19]的生物成像技术对脑科学研究具有重要意义。对活性氧物种[20]、H^+[21]、H_2S等与生命过程密切相关的重要化学小分子的成像分析也得到蓬勃发展。

（2）突破衍射极限的超分辨成像。以 2014 年诺贝尔化学奖授予超分辨荧光成像技术为标志，各种超分辨显微成像技术在生物成像分析中发挥重要的作用。商业的超分辨荧光显微镜已能稳定实现约 20 纳米的空间分辨率，实验室报道的成像分辨率更已达到 5 纳米[22]。利用这一技术，研究人员可开展生理条件下染色质折叠过程[23]以及肌动蛋白的三维超结构研究[24]。

（3）从标记成像到免标记成像。在基于显色和荧光染色技术的生物成像中，分子标记过程不可避免地影响甚至改变研究对象的行为。近年来，免标记生物成像技术正成为该领域最具活力的发展方向。哈佛大学谢晓亮研究组先后发展了相干反斯托克斯拉曼散射（CARS）和受激拉曼散射显微镜（SRS），利用不同化学键的特征拉曼散射对细胞核、蛋白质和细胞膜进行化学成像。平面表面等离子体共振（SPRM）[25]和定量相位成像（QPI）[26]等基于折射率的免标记成像技术也在细胞水平的分子相互作用研究方面发挥独特作用。

5. DNA 纳米组装

DNA 分子具有自识别和自组装的优异特性，使其成为一种备受青睐的纳米结构组装的原材料。1983 年，美国纽约大学的希曼（Seeman）教授首次用 DNA 分子构建了核酸纳米结构，开创了 DNA 纳米组装技术。DNA 纳米组装经过 DNA 瓦片（DNA tile），DNA 折纸术（DNA origami）和单链 DNA 瓦片自主装[27]三个发展阶段。尤其是在 2006 年，美国加州理工大学的罗特蒙德（P. Rothemund）博士提出里程碑意义的 DNA 折纸术，证明 DNA 分子可在确定的范围内合成任何一个二维图形。2012 年，哈佛大学尹鹏教授提出一种类似于"拼积木"的 DNA 纳米组装方法，成功组装了二维、三维图形。目前，DNA 已广泛用于二维、三维纳米结构的构建。2016 年，美国科学家开发出一个 DNA 纳米结构的软件平台，可计算和输出必要的 DNA 链，在以分钟为单位的时间里设计出所需 DNA 结构，解决了 DNA 折纸术设计需要太多人力的问题[28]，有助于 DNA 折纸技术在更多的领域得到应用。

DNA 纳米组装技术的应用已成为这一领域的前沿核心问题。DNA 纳米结构的三维构型可控、空间可寻址性、易修饰、生物兼容性良好等特点，使其成为一个强有力的平台。例如，DNA 纳米结构具备理想的药物运输系统的条件，其空间可寻址性和机械操作可重构性，可用于疾病的诊断和协同治疗，已逐渐成为纳米医学研究的热点。哈佛大学尹鹏博士开发的纳米尺度点积累成像技术（DNA-PAINT），获得比超分辨率显微镜更高的分辨率，能分析 DNA 折纸结构在 0.2 纳米精度范围的偏移，在复杂生物系统中准确定位分子组件，具有良好的单分子敏感性和目标分辨能力[29]。

2016 年的诺贝尔化学奖授予了"分子机器的设计和合成"的工作。其实，DNA 纳米结构作为"机器人"已得到了广泛研究。通过精确的设计，科学家们已能操纵 DNA 纳米结构实现纳米尺度的可控运动。

DNA 纳米组装技术所构建的纳米结构越来越多样化和复杂化，与其他领域的结合也越来越紧密，如在生物检测、细胞成像、药物运输、纳米光电子学等领域都显示出很大的潜力。然而，DNA 组装目前还在纳米尺度（1~100 纳米），更大尺寸 DNA 结构的组装是一个挑战性的问题；DNA 纳米结构设计复杂，需要计算机辅助设计。此外，DNA 纳米结构成本昂贵也是一个需要解决的问题。尽管大量的 DNA 纳米机器已经证实具有各种功能，但离实际应用还任重而道远，将 DNA 纳米机器人用于疾病的在体治疗已是这一领域翘首以待的结果。

6. 纳米孔生物分析

由于细胞跨膜蛋白的研究需要，膜片钳技术得到发展，成为人类历史上第一个单分子分析手段。纳米孔分析技术正是起源于膜片钳这个分析平台，只是将分析对象由膜蛋白变成了能够穿越膜蛋白的分析物分子（如 DNA、RNA、蛋白质、多糖、金属离子等）。由于制备成本低廉、重现性好、单分子检测精度高、检测速度快等优势，纳米孔技术自问世以来吸引了广泛关注。同时，由于纳米孔形态与单链 DNA 的高度匹配，它也是最有希望的第三代（单分子）测序技术[30]。

以英国牛津纳米孔公司（Oxford Nanopore Technologies Inc.）所研发的 Minion 便携式测序仪为代表的纳米孔测序技术，已实现对小型基因组（病毒、细菌等）的全基因测序，且检测成本远低于 1000 美元，检测速度在 30 分钟之内。虽然单次检测正确率较低（约为 80%），但经过多次重复可达到 99% 以上，符合商用化测序的基本要求，已在非洲埃博拉病毒疫区用于病毒检测[31]。由于 Minion 便携式测序仪的高度便携性，美国国家航空航天局（NASA）与牛津纳米孔公司还合作实现了人类首次的太空环境的 DNA 测序。

纳米孔测序技术看似已经非常成熟，但其检测通量小、正确率低、检测模式单一的天然劣势仍然无法被突破。更多的研发思路聚焦在更大平行检测优势的光学纳米孔技术。最新的光学纳米孔技术借助一个荧光倒置成像平台实现纳米孔传感器的定位，并将荧光强度转化为对应的过孔电流，从而获得分析物的过孔信息，实现了过孔分子的碱基成分判断，因而可实现更大基因组的单分子测序[32]。光学纳米孔技术可同时进行多种模态检测，诸如单分子力谱、光谱、离子流的同时实时检测。因而，纳米孔检测能从单一的商用化检测平台变为信息量更加丰富、应用面更广阔的科研武器。

纳米孔测序技术的成功极大地鼓舞了该技术在测序以外领域的应用，目前研究者已经着力于诸如固态纳米孔技术、复合纳米孔技术、大尺寸纳米孔等新型纳米孔材料和制备技术的研发，力争将其推广为消费级的、可大规模工业生产的常规临床检测手段[33]，并在诸如蛋白质测序、蛋白质折叠、多糖检测、核小体构型异常等领域都有了积极的尝试[34]，力争将其推广为常规检测手段。

7. 单细胞分析

组成生物体和体内不同组织的细胞具有异质性，对单个细胞开展基因表达、蛋白质水平或小分子分布的生物学研究，对于精确理解细胞的组成和功能具有重要意义。然而，很多生物学研究在细胞群体层面开展，忽略了群体中的异质性。因而，单细胞分析近年来发展非常迅速。

单细胞基因组学为人类揭示了复杂生物学体系的许多重要线索，如微生物群落的生物多样性和人体癌症的基因组。2014 年，单细胞测序的应用被列为《自然·方法学》（Nature Methods）年度最重要的方法学进展。单细胞基因组测序最大的困难在于某些 DNA 片段的扩增效率要远远高过另外一些 DNA 片段。谢晓亮等在 2012 年发明了一种多重退火环状扩增循环技术（MALBAC），仅需 5 轮多重置换（MDA）预扩增，就可使新获得的扩增产物形成闭合的环状分子[35]，获得的人类基因组扩增产物能够达到 93% 的覆盖度，在单个肿瘤细胞中检出了检测数突变（CNV）。

在单细胞水平实现蛋白和小分子分析的技术难点在于，无论是针对一个特异性大分子，还是在组学水平上进行分子分析，都存在单细胞提取物数量少的困难，因此增加灵敏度势在必行。此外，高通量分析也是一个瓶颈。传统的荧光显微技术在探索单细胞信号通路方面是一个有力工具。但这种技术存在时空分辨率有限、荧光基团光谱重叠的不足，限制了其在细胞微区同时观察多种分子种类。目前，超分辨率显微镜能看到比过去小一个数量级的细胞元件，可挖掘从前无法触及的信息，解答新的生物学问题[36]。同时，纳米电化学和质谱技术在单细胞分析方面也不断取得突破，在胞内几十纳米区间内实现对分子活性和结构的研究[37]。

在单细胞层面的研究工作仍需进一步提升分析技术的时空分辨率、检测灵敏度、特异性及检测通量，进一步满足生物学研究的需求。同时，单细胞分析主要体现在基础研究。目前，临床上唯一被使用的单细胞检测法是胚胎植入前遗传学诊断。开发适用于临床应用的单细胞分析技术还有一段路要走。

8. 细胞功能分子原位检测

细胞功能分子的原位检测可为揭示细胞和分子层面的生命过程提供第一手信息。鞠熀先研究组以实现细胞精准分析为目标，首先发展了细胞表面糖基的电化学原位检测方法[38]，随后他们发展了一系列细胞表面聚糖的单细胞原位检测策略，是这一方面工作的奠基者。同时，该研究组也实现了细胞内糖相关酶、microRNA、端粒酶、Caspase 家族等功能分子的原位定量。

对靶分子的高选择性识别和标记是实现活细胞中生物分子检测的关键步骤，通过对探针结构、组成、表面性质和尺寸的优化，可对识别/标记过程进行精准设计和操控。例如，帕克（Park）等[39]通过优化亲油性、水溶性和带电范德瓦耳斯表面面积，结合高通量筛选和化学信息学技术，得到了两种特异性结合细胞器、蛋白的"无背景"BODIPY 活细胞荧光探针。为了实现纳米探针的精准修饰，约翰尼斯（Johannes）等[40]利用 DNA 二十面体笼包裹量子点，构建了单个受体（如叶酸、半乳凝素等）功能化的量子点探针，用于内吞受体动力学的定量成像。

实现细胞内功能分子的定位和细胞过程的动态监测，是当前的一个重要研究趋势。虽然对细胞内蛋白类功能分子的数量、定位和动力学研究的方法很多，但对于细胞内 RNA 的定位和跟踪一直缺乏适用于活细胞的工具。杨（Yeo）等[41]构建了可以靶向细胞内 RNA 的 CRISPR/Cas9 策略，具有比 RNA 荧光原位杂交（RNA FISH）技术更高的灵敏度，可监测细胞内 RNA 向应激颗粒的穿行。这个方法对于靶 RNA 的数量、稳定性和功能没有任何影响。此外，活细胞内小分子（如一氧化氮、谷胱甘肽等）的快速、高灵敏检测和定位技术也是当前生命分析化学的一个研究热点。

通常的细胞功能分子检测都是对细胞进行"快照式"成像，这会导致细胞生理过程中或药物刺激下的动态响应信息收集不全。发展可长期（甚至达到数周）对细胞进行连续分析的方法是未来的研究方向之一。布维尔（Bouvier）等[42]构建了生物发光共振能量转移传感器，无需外部光源，可以对 G 蛋白偶联受体和 β-抑制蛋白在活细胞内的穿行进行长时间跟踪，并定量检测给体标记的蛋白相对于受体标记的细胞器的浓度变化。

细胞通信和信号转导过程依赖于细胞膜上表达的生物分子，特别是蛋白质和脂类。细胞功能分子原位检测的一个重要发展方向就是监测分子之间的相互作用，获得它们在时空层面的动态变化信息。为了研究细胞表面脂类的成簇过程，谭等[43]报道了一种基于 DNA 的新型步行探测探针，可实现膜脂分子动态瞬时相互作用的检测。细胞间蛋白的相互作用检测也是一个广泛关注的焦点，可为细胞增殖、免疫应答、传染研究提供有力的工具。例如，萨内斯（Sanes）等[44]将通常用于细胞内蛋白相互作用检测的蛋白片段互补技术进行改造，通过两个酶分子片段的互补来报告细胞间的蛋白-蛋白相互作用，利用酶的信号放大提高了灵敏度，可用于对神经元间轴突的成像。

9. 生物医学影像与活体分析

探测生命过程中的不同物质及其变化，需要综合考虑生命体本身的整体性和复杂性，以满足在活体生物体内获取实时、原位的生物学信息。生物医学影像技术正是迎合活体分析的要求而发展起来的分析方法。早期的活体成像技术，包括 X 射线计算机体层成像（CT）和超声成像（US）等，只能提供相对定性的解剖结构成像，无法在分子层面上进行功能成像研究。分子影像（molecular imaging）是由美国哈佛大学的维斯里德（Weissleder）等在 1999 年提出的活体成像分析新方法，可对生物体内细胞或分子水平的生物过程进行定量和定性分析，是连接分子生物学与临床医学的桥梁，被美国医学会评为未来最具有发展潜力的十个医学科学前沿领域之一。

分子成像技术可使人们可在动物或人体上实时、原位地检测化学物质及生物过程，在基础研究、临床疾病诊断及药物开发中被广泛应用[45]。例如，可实时探测活体内某种特定细胞或基因表达的时空分布，从而研究其相关的生物学过程、特异基因功能及其相互作用；可在无创的条件下对研究个体（动物或人体）进行长时间地反复跟踪成像，有助于疾病的诊断、监控及疗效实时评价，为个性化医疗提供关键技术支撑；可为新药研发包括疾病作用靶标确证、药物分子作用效果评价、适用人群以及临床评估等提供有效的支撑，大大缩短药物研发及市场转化的时间，降低了研发风险。

目前，活体成像分析主要集中在三个方向：一是发展适合于活体的成像技术，包括光学成像、核素成像、磁共振成像、CT 成像和超声成像等；二是针对相应的成像技术发展能够特异性作用于生物靶标分子的分子影像探针，主要包括小分子化学探针、纳米探针以及荧光蛋白等；三是发展多模态融合的影像探针和影像技术，通过集合多种模态的成像信号以获取更丰富、更准确的生物信息，从而真正在活体分析中实现高灵敏度、高分辨率和高准确性的多功能成像，促进疾病诊断的精准度。

10. 蛋白质组分析新方法

蛋白质组学是以生物体系整体蛋白质为研究对象的新领域，是后基因组时代中生命科学最重要研究方向之一。近年来，蛋白质组学研究的一系列新技术与新方法得到了迅猛发展和改进。

在高效样品预处理方面，张丽华等[46]建立了离子液体（氯化-1-十二烷基-3-甲基咪唑）辅助增溶的膜蛋白质样品预处理方法，将鉴定到的整合膜蛋白和跨膜肽段数分别提高了 40% 和 250%。邓春晖[47]利用核酸适配体和激光辅助酶解技术在 30 秒内实现了靶蛋白的快速高效酶解。在低丰度蛋白质的高选择性富集方面，卡普里奥蒂（Capriotti）团队[48]将石墨化炭黑- TiO_2 复合纳米材料用于磷酸化修饰蛋白质/多肽的高选择性富集，尤其是分子量 <3000 道尔顿（Da）的亲水磷酸化肽段的富集。邹汉法团队[49]发展了磷酸酯钛固定金属离子亲和色谱材料（Ti-IMAC），其磷酸肽富集特异性达到 98% 以上，在人肝癌样品中鉴定到 22 446 个磷酸化位点。徐平等[50]构建了串联杂合泛素结合结构域（ThUBD），实现了不同泛素化蛋白的高效富集，并从 MHCC 97H 细胞中鉴定到 3145 个泛素化蛋白，其鉴定蛋白数目较前期文献提高了 5 倍以上。

在高准确度高序列覆盖的蛋白质定性与定量分析方面，张祥民团队[51]构建了活细胞在线裂解-酶解-分离鉴定系统，可从 100 个细胞中分离鉴定出 800 多个蛋白，能够鉴定到含量为 2.0×10^{-19} 摩的蛋白。在蛋白质组深度覆盖分析方面，三个国际小组先后于 2004 年和 2005 年在《自然》和《科学》杂志上公布了三张人类蛋白质组草图[52~54]，基本覆盖了人类基因编码蛋白质的 85%，这一里程碑性的成果有助于我们了解各个组织、细胞中的蛋白质及其与基因表达的关系等，进一步揭开人体的奥秘。为实现对转录因子的高效富集，秦钧团队[55]开发了包含转录因子 DNA 结合序列串联阵列的亲和试剂，从单个细胞系样品中鉴定到了 400 多个转录因子，而从 11 个不同类型的细胞中共鉴定到 878 个转录因子，涵盖了细胞内近 1/2 的基因组编码的转录因子产物，实现了转录因子的高覆盖鉴定。

不同生理和病理条件下蛋白质表达变化的研究已成为当前蛋白质科学的关键问题之一。张丽华团队[56]提出基于特征碎片离子定量的准等重二甲基化标记（pIDL）策略，使蛋白质组定量覆盖率达到 99% 以上，定量范围达 4 个数量级。虽然现有的蛋白质组定量方法种类繁多，这些方法的大部分实验过程都是离线操作。如何减少人为操作，实现样品定量分析的在线化、集成化，进而提高定量的通量、准确度和精密度是该领域的发展方向之一。

在蛋白质相互作用组分析方面，董梦秋团队[57]开发的 Leiker 交联剂不仅能实现交联肽段的高效富集，还能避免富集基团对后续分析的不利影响，可高效鉴定大肠杆菌中 3130 对交联肽。针对交联肽段的数据检索空间随肽段数目呈平方级增长的问题，贺思敏等[58]开发了 pLink 软件，可同时对两条肽段的碎片离子进行匹配打分，实现对复杂样品的交联数据鉴定。此外，赫克（Heck）[59]采用质谱气相碎裂型交联试剂进行蛋白质复合体解析，将交联肽段的质谱图和数据解析简化为普通肽段分析，降低了质谱图的复杂程度，使搜索更容易。

蛋白质组学技术已被广泛用于生命科学领域的基础研究以及临床医学等的应用研

究。随着分析对象的日益普遍，对蛋白质组学技术也提出了新的挑战，尤其在低丰度样品的高灵敏度检测、复杂生物样品的高覆盖度、高通量分析，以及蛋白质-蛋白质相互作用的动态高效表征等方面研究对蛋白质组学新技术提出了新的挑战。同时，蛋白质组学与其他学科的交叉研究也日益显著和重要，尤其是蛋白质组学与基因组学、代谢组学、生物信息学等领域的交叉学科，高效展现了系统生物学的优势，必将成为未来生命研究领域最令人激动的科学新前沿。

11. 代谢组学分析新方法

代谢组学是研究生物体受刺激或扰动前后内源性代谢物的组成及其动态变化规律的科学。由于代谢物数目众多、理化性质各异、浓度差异巨大，代谢组学分析十分困难，多平台集成是唯一解决方案。许国旺课题组发展了以多维色谱-质谱联用技术为核心的集成分析技术，包括 10 多个非靶向、靶向代谢组分析方法，满足不同层次代谢组学研究的需要。他们构建了包括停留模式的二维液相色谱-质谱系统[60]、在线三维液相色谱-质谱系统[61]等，用于提高分析的分辨率，实现复杂代谢组的高效分离。该课题组在国际上首次提出拟靶向代谢组学方法[62]，兼具非靶向方法无偏向性分析的优点和靶向方法灵敏度高、重现性好等特点，且不需峰匹配，可实现代谢物的高精度测定与（半）定量分析。在此基础上发展了大规模、多批次样本分析的质控及数据校准[63]，实现了上千例大规模样本的代谢组学分析。为了规模化解析未知代谢物的结构，该团队提出修饰代谢组（modification-specific metabolomics）的概念[64]，一次分析可实现上千种修饰代谢物的检测。为在全局水平获取代谢网络动态变化信息，他们发展了一种稳定同位素标记辅助的脂质组学分析策略用于脂毒性研究，可更好地理解特定背景下的脂质代谢扰动[65]。

低丰度、强极性和难离子化的代谢物分析十分困难，开发新型富集材料、样品前处理技术和检测方法是提高检测灵敏度的关键。李等[66]发展了一种集化学选择性富集和固相衍生为一体的氨基代谢物分析方法，有效地改善了氨基代谢物的反相保留，提高了其质谱灵敏度（提高 $10\sim10^4$ 倍），使多数氨基代谢物的检测限降低至 10^{-12} 克/毫升级。

代谢组学技术是重大疾病研究的重要手段，许国旺团队[67]在肿瘤代谢和代谢性疾病标志物的发现和分子机制研究方面开展了深入研究，发现了十多种与肿瘤（肝癌、前列腺癌和卵巢癌）和糖尿病等相关的代谢标志物[68]，提供了改善 2 型糖尿病患者血糖和氨基酸代谢新机制的证据[69]，证实亚牛磺酸是继 2-HG 后在胶质瘤内发现的具有促癌特征的代谢物[70]。

尽管代谢组学分析技术近年来取得了长足的进步，但由于生物样本的复杂性，提高代谢组分析的覆盖度、通量、重复性及对低丰度代谢物的检测灵敏度和对未知代谢物的规模化结构鉴定仍是未来关注的重点。此外，重要代谢物原位、实时定量检测方法，以及单细胞、亚细胞水平的代谢组分析方法也是今后重点发展的方向。

12. 生命分析仪器发展

仪器作为科学研究的工具，在人类认识生命的过程中发挥至关重要的作用。从细胞的发现到 DNA 双螺旋结构的解析，几乎每一次生命科学的重要突破都伴随着新仪器的创造和使用。新型仪器装置的研制也是生命分析化学研究的重要任务之一，生命分析仪器的发展，体现出"更小、更快、更深、更广"的发展趋势。

（1）空间分辨"更小"。仪器的空间分辨能力体现在可对样品的微观结构或微区信号进行分析，随着生命分析不断向微观尺度推进，对仪器的空间分辨能力提出更高的要求。光学显微镜的空间分辨能力已突破光学衍射的极限，从"显微镜"迈入到"显纳镜"时代。随着新原理、新技术的应用，未来光学显微镜的空间分辨能力有望达到几个纳米（如 2～5 纳米）。使用超微电极的电化学分析可对生物样品微米尺度区域实现采样、分析。近年来，电极制造技术的进步，尤其是同微电子及集成电路技术相结合，已实现微电极阵列的批量制造，可同时获取多个纳米微区的电化学信号[71]。对于质谱分析，目前基质辅助激光解吸电离质谱成像的空间分辨能力一般在 5～10 微米，主要受限于基质结晶的晶畴尺寸[72]。新型基质的使用，以及极紫外电离技术等免基质的新型电离技术的发明，有望将激光解吸电离质谱的空间分辨能力拓展到亚微米尺度[73]。

（2）时间分辨"更快"。生命分析的特殊性是生命体系本身的动态过程。对生命体系的认知，不仅需要开展生命体系中"有什么、有多少"的状态函数分析，而且要对生命过程中"干什么、怎么干"进行过程函数分析。在微观尺度上，最原初的生物化学过程大多发生在毫微秒以下时间尺度。动态解析这些生命过程，对生命分析仪器的时间分辨能力提出了更高的要求。对仪器而言，空间分辨与时间分辨是一对相互制约的矛盾。以光学显微镜为例，从共聚焦到超分辨，空间分辨提升的同时也伴随着时间分辨的损失。近年来，由于光学显微镜空间分辨能力的提升，可对毫秒时间发生的生物过程进行动态分析[74]。进一步提高仪器的时间分辨能力，是未来仪器发展的一个重要方向。随着仪器的时间分辨能力向微秒以下（甚至是纳秒、皮秒乃至飞秒）迈进，有望对细胞内发生的"瞬态"物理、化学和生物过程实现动态解析。

（3）信息挖掘"更深"。信息技术在仪器中的应用，为海量数据的高通量处理和数据的深度挖掘提供了有力手段，也进一步丰富了仪器的功能。从以现象和形态为主的分析，逐渐拓展到对化学结构等多参量、高内涵分析[75,76]。

（4）原理应用"更广"。在生命分析仪器研制中，新原理和新技术不断得到应用。在传统的光、电、力、磁原理的基础上，量子力学原理和量子效应也逐步应用于生命分析仪器的研制[77]。如利用自旋探针及单量子态探测技术，可获得单个蛋白分子的自旋共振谱[78]。量子力学的应用，将为未来量子态分辨生命分析仪器的创制掀开新的篇章。

三、结　语

诸多科学领域的快速发展为生命分析化学提供了广阔的发展空间和机遇，生命科学与生物医药的发展也不断向生命分析化学提出新的要求与挑战。生命分析化学需要从分析化学本身的发展规律和相关学科的基本原理出发，以解决生命科学研究中重大科学问题为核心，开展检测原理、方法、技术、仪器装置的创新研究，重点发展动态、实时、无损、高灵敏、高分辨等特征的检测新方法与生命分析仪器，为人类从细胞和分子层次上深刻认识生命的本质与基本过程提供最重要的手段与基础。

生命分析化学是跨学科的研究领域，必然要广泛吸纳和应用相关自然科学技术领域的新成就，利用物质间和物质与各种力场间相互作用的原理和规律，最大限度地获取信息和数据。科技发展和时代进步是生命分析化学发展的永恒原动力。

致谢：本文由南京大学生命分析化学国家重点实验室刘颖教授、王康副教授、闵乾昊副教授、王伟教授、周俊副教授、黄硕教授、江德臣副教授、丁霖副教授、叶德举教授、康斌副教授和中国科学院大连化学物理研究所张丽华教授、许国旺教授提供相关领域的素材，并得到南京大学陈洪渊院士、中国科学院大连化学物理研究所张玉奎院士的支持，在此一并表示衷心感谢！

参考文献

[1] Hwang L, Ayaz-Guner S, Gregorich Z R, et al. Specific enrichment of phosphoproteins using functionalized multivalent nanoparticles. Journal of the American Chemical Society, 2015, 137: 2432-2435.

[2] Pan X H, Chen Y, Zhao P X, et al. Highly efficient solid-phase labeling of saccharides within boronic acid functionalized mesoporous silica nanoparticles. Angewandte Chemie International Edition, 2015, 54: 6173-6176.

[3] Yue Q, Li J L, Luo W, et al. An interface coassembly in biliquid phase: toward core-shell magnetic mesoporous silica microspheres with tunable pore size. Journal of the American Chemical Society, 2015, 137: 13282-13289.

［4］ Xiong K,Wei W,Jin Y J,et al. Biomimetic immuno-magnetosomes for high-performance enrichment of circulating tumor cells. Advanced Materials,2016,28：7929-7935.

［5］ Duan R X,Lou X D,Xia F. The development of nanostructure assisted isothermal amplification in biosensors. Chemical Society Reviews,2016,45：1738-1749.

［6］ Yu T,Dai P P,Xu J J,et al. Highly sensitive colorimetric cancer cell detection based on dual signal amplification. ACS Applied Materials & Interfaces,2016,8：4434-4441.

［7］ Kuchler A,Yoshimoto M,Luginbuhl S,et al. Enzymatic reactions in confined environments. Nature Nanotechnology,2016,11：409-420.

［8］ Wheeldon I,Minteer S D,Banta S,et al. Substrate channelling as an approach to cascade reactions. Nature Chemistry,2016,8：299-309.

［9］ Zhao Z,Fu J L,Dhaka S. et al. Nanocaged enzymes with enhanced catalytic activity and increased stability against protease digestion. Nature Communications,2016,7：10619-10627.

［10］ Aebersold R,Mann M. Mass spectrometry-based proteomics,Nature,2003,422(6928)：198-207.

［11］ Bendall S C,Simonds E F,Qiu P,et al. Single-cell mass cytometry of differential immune and drug responses across a human hematopoietic continuum. Science,2011,332(6030)：687-696.

［12］ Comi T J,Do T D,Rubakhin S S,et al. Categorizing cells on the basis of their chemical profiles：progress in single-cell mass spectrometry. Journal of the American Chemical Society,2017,139：3920-3929.

［13］ Zhu H Y,Zou G C,Wang N,et al. Single-neuron identification of chemical constituents,physiological changes,and metabolism using mass spectrometry. PNAS,2017,114：2586-2591.

［14］ Eberlin L S,Norton I,Orringer D,et al. Ambient mass spectrometry for the intraoperative molecular diagnosis of human brain tumors. PNAS,2013,110：1611-1616.

［15］ Ifa D R,Eberlin L S. Ambient ionization mass spectrometry for cancer diagnosis and surgical margin evaluation. Clinical Chemistry,2016,62：111-123.

［16］ Chen S,Wan Q,Badu-Tawiah A K. Mass spectrometry for paper-based immunoassays：Toward on-demand diagnosis. Journal of the American Chemical Society,2016,138：6356-6359.

［17］ Hu J J,Liu F,Ju H X. MALDI-MS patterning of caspase activities and its application in the assessment of drug resistance. Angewandte Chemie International Edition,2016,55：6667-6670.

［18］ Chen T W,Wardill T J,Sun Y,et al. Ultrasensitive fluorescent proteins for imaging neuronal activity. Nature,2013,499,295-300.

［19］ Lecoq J,Savall J,Vucinic D,et al. Visualizing mammalian brain area interactions by dual-axis two-photon calcium imaging. Nature Neuroscience,2014,17：1825-1829.

［20］ Shuhendler A J,Pu K Y,Cui L,et al. Real-time imaging of oxidative and nitrosative stress in the liver of live animals for drug-toxicity testing. Nature Biotechnology,2014,32：373-U240.

［21］ Maeda H,Kowada T,Kikuta J,et al. Real-time intravital imaging of pH variation associated with osteoclast activity. Nature Chemical Biology,2016,12：579.

[22] Kasper R,Harke B,Forthmann C,et al. Single-molecule Sted microscopy with photostable organic fluorophores. Small,2010,6：1379-1384.

[23] Boettiger A N,Bintu B,Moffitt J R,et al. Super-resolution imaging reveals distinct chromatin folding for different epigenetic states. Nature. 2016,529：418-422.

[24] Xu K, Babcock H P, Zhuang X W. Dual-objective Storm reveals three-dimensional filament organization in the actin cytoskeleton. Nature Methods,2012,9：185-188.

[25] Wang W,Yang Y,Wang S,et al. Label-free measuring and mapping of binding kinetics of membrane proteins in single living cells. Nature Chemistry,2012,4：846-853.

[26] Kim T,Zhou R,Mir M,et al. White-light diffraction tomography of unlabelled live cells. Nature Photonics. 2014,8：256-263.

[27] Wei B,Dai M,Yin P. Complex shapes self-assembled from single-stranded DNA tiles. Nature, 2012,485(7400)：623-626.

[28] Veneziano R,Ratanalert S,Zhang K,et al. Designer nanoscale DNA assemblies programmed from the top down. Science,2016,352(6293)：aaf4388.

[29] Dai M,Jungmann R,Yin P. Optical imaging of individual biomolecules in densely packed clusters. Nature Nanotechnology,2016,11：798-807.

[30] Laszlo A H. Decoding long nanopore sequencing reads of natural DNA. Nature Biotechnology, 2014,32：829-833.

[31] Quick J,Loman N J,DuraffourS,et al. Real-time,portable genome sequencing for Ebola surveillance. Nature,2016,530(7589)：228-232.

[32] Huang S,Romero-Ruiz M,Castell O K,et al. High-throughput optical sensing of nucleic acids in a nanopore array. Nature Nanotechnology,2015,10：986-991.

[33] Langecker M,Arnaut V,Martin T G,et al. Synthetic lipid membrane channels formed by designed DNA nanostructures. Science,2012,338(6109)：932-936.

[34] Rodriguez-Larrea D,Bayley H. Multistep protein unfolding during nanopore translocation. Nature Nanotechnology,2013,8：288-295.

[35] Zong C,Lu S,Chapman A R,et al. Genome-wide detection of single-nucleotide and copy-number variations of a single human cell. Science,2012,338：1622-1626.

[36] Chen K H,Boettiger A N,Moffitt J R,et al. Spatially resolved,highly multiplexed RNA profiling in single cells. Science,2015,348：aaa60901-60914.

[37] Pan R,Xu M,Jiang D,et al. Nanokit for single-cell electrochemical analyses. PNAS,2016,113：11436-11440.

[38] Ding L W,Cheng X J. Wang,et al. Carbohydrate monolayer strategy for electrochemical assay of cell surface carbohydrate. Journal of the American Chemical Society,2008,130：7224-7225.

[39] Alamudi S H,Satapathy R,Kim J,et al. Development of background-free tame fluorescent probes for intracellular live cell imaging. Nature Communications,2016,7：11964.

［40］ Bhatia D，Arumugam S，Nasilowski M，et al. Quantum dot-loaded monofunctionalized DNA icosahedra for single-particle tracking of endocytic pathways. Nature Nanotechnology，2016，11：1112-1119.

［41］ Nelles D A，Fang M Y，O'Connell M R，et al. Programmable RNA tracking in live cells with CRISPR/Cas9. Cell，2016，165：488-496.

［42］ Namkung Y，Gouill C L，Lukashova V，et al. Monitoring G protein-coupled receptor and beta-arrestin trafficking in live cells using enhanced bystander BRET. Nature Communications，2016，7：12178.

［43］ You M，Lyu Y，Han D，et al. DNA probes for monitoring dynamic and transient molecular encounters on live cell membranes. Nature Nanotechnology，2017，doi：10. 1038/nnano. 2017. 23.

［44］ Martell J D，Yamagata M，Deerinck T J，et al. A split horseradish peroxidase for the detection of intercellular protein-protein interactions and sensitive visualization of synapses. Nature Biotechnology，2016，34：774-780.

［45］ Conway J R，Carragher N O，Timpson P. Developments in preclinical cancer imaging：Innovating the discovery of therapeutics. Nature Reviews Cancer，2014，14：314-328.

［46］ Zhao Q，Fang F，Liang Y，et al. 1-dodecyl-3-methylimidazolium chloride-assisted sample preparation method for efficient integral membrane proteome analysis. Analytical Chemistry，2014，86(15)：7544-7550.

［47］ Zhang X，Zhu S，Xiong Y，et al. Development of a MALDI-TOF MS strategy for the high-throughput analysis of biomarkers：On-target aptamer immobilization and laser-accelerated proteolysis. Angewandte Chemie International Edition，2013，52：6055-6058.

［48］ Piovesana S，Capriotti A L，Cavaliere C，et al. New magnetic graphitized carbon black TiO₂ composite for phosphopeptide selective enrichment in shotgun phosphoproteomics. Analytical Chemistry，2016，88：12043-12050.

［49］ Zhou H J，Ye M L，J. Dong，et al. Robust phosphoproteome enrichment using monodisperse microsphere-based immobilized titanium（Ⅳ）ion affinity chromatography. Nature Protocols，2013，8：461-480.

［50］ Gao Y，Li Y C，Zhang C P，et al. Enhanced purification of ubiquitinated proteins by engineered tandem hybrid ubiquitin-binding domains（ThUBDs）. Molecular & Cellular Proteomics，2016，15：1381-1396.

［51］ Chen Q，Yan G，Gao M，et al. Ultrasensitive proteome profiling for 100 living cells by direct cell injection，online digestion and nano-LC-MS/MS analysis. Analytical Chemistry，2015，87：6674-6680.

［52］ Kim M S，Pinto S M，Getnet D，et al. A draft map of the human proteome. Nature，2014，509（7502）：575-581.

［53］ Wilhelm M，Schlegl J，Hahne H，et al. Mass-spectrometry-based draft of the human proteome. Nature,2014,509(7502): 582-587.

[54] Uhlen M,Fagerberg L,Hallstroem B M,et al. Tissue-based map of the human proteome. Science, 2015,347(6220): 394-404.

[55] Ding C,Chan D W,Liu W,et al. Proteome-wide profiling of activated transcription factors with a concatenated tandem array of transcription factor response elements. PNAS,2013,110: 6771-6776.

[56] Zhou Y,Shan Y,Wu Q,et al. Mass defect-based pseudo-isobaric dimethyl labeling for proteome quantification. Analytical Chemistry,2013,85: 10658-10663.

[57] Tan D,Li Q,Zhang M J,et al. Trifunctional cross-linker for mapping protein-protein interaction networks and comparing protein conformational states. eLIFE. 2016,doi: 10.7554/eLife. 12509.

[58] Ding Y H,Fan S B,Li S,et al. Increasing the depth of mass-spectrometry-based structural analysis of protein complexes through the use of multiple cross-linkers. Analytical Chemistry, 2016,88: 4461-4469.

[59] Liu F,Rijkers D T S,Post H,et al. Proteome-wide profiling of protein assemblies by cross-linking mass spectrometry. Nature Methods,2015,12: 1179-1184.

[60] Wang S,Li J,Shi X,et al. A novel stop-flow two-dimensional liquid chromatography-mass spectrometry method for lipid analysis. Journal of Chromatography A,2013,1321: 65-72.

[61] Wang S,Shi X,Xu G. Online three dimensional liquid chromatography/mass spectrometry method for the separation of complex samples. Analytical Chemistry,2017,89: 1433-1438.

[62] Chen S,Kong H,Lu X,et al. Pseudotargeted metabolomics method and its application in serum biomarker discovery for hepatocellular carcinoma based on ultra high-performance liquid chromatography/triple quadrupole mass spectrometry. Analytical Chemistry,2013,85: 8326-8333.

[63] Zhao Y,Hao Z,Zhao C,et al. A novel strategy for large-scale metabolomics study by calibrating gross and systematic errors in gas chromatography-mass spectrometry. Analytical Chemistry, 2016,88: 2234-2242.

[64] Dai W,Yin P,Zeng Z,et al. Nontargeted modification-specific metabolomics study based on liquid chromatography high-resolution mass spectrometry. Analytical Chemistry,2014,86: 9146-9153.

[65] Li J,Hoene M,Zhao X,et al. Stable lsotope-assisted lipidomics combined with nontargeted lsotopomer filtering,a tool to unravel the complex dynamics of lipid metabolism. Analytical Chemistry, 2013,85: 4651-4657.

[66] Fu Y,Zhou Z,Kong H,et al. Nontargeted screening method for illegal additives based on ultra-high-performance liquid chromatography-high-resolution mass spectrometry. Analytical Chemistry,2016,88: 8870-8877.

[67] Ren S,Shao Y,Zhao X,et al. Integration of metabolomics and transcriptomics reveals major metabolic pathways and potential biomarker involved in prostate cancer. Molecular&Cellular Proteomics,2016,15: 154-163.

[68] Huang Q,Tan Y,Yin P,et al. Metabolic characterization of hepatocellular carcinoma using nontar-

geted tissue metabolomics. Cancer Research,2013,73：4992-5002.

[69] Hansen J S,Zhao X,Irmler M,et al. Type 2 diabetes alters metabolic and transcriptional signatures of glucose and amino acid metabolism during exercise and recovery. Diabetologia,2015,58：1845-1854.

[70] Gao P,Yang C,Nesvick C L,et al. Hypotaurine evokes a malignant phenotype in glioma through aberrant hypoxic signaling. Oncotarget,2016,7：15200-15214.

[71] Rabieh N,Ojovan S M,Shmoel N,et al. On-chip,multisite extracellular and intracellular recordings from primary cultured skeletal myotubes. Scientific Reports,2016,6：36498.

[72] Ly A,Buck A,Balluff B,et al. High-mass-resolution MALDI mass spectrometry imaging cf metabolites from formalin-fixed paraffin-embedded tissue. Nature Protocols,2016,11：1428-1443.

[73] Palmer A,Phapale P,Chernyavsky I,et al. FDR-controlled metabolite annotation for high-resolution imaging mass spectrometry. Nature Methods,2017,14：57-60.

[74] Chen B C,Legant W R,Wang K,et al. Lattice light-sheet microscopy：imaging molecules to embryos at high spatiotemporal resolution. Science,2014,346（6208）：1257998.

[75] Wang K,Cai L H,Lan B,et al. Hidden in the mist no more：physical force in cell biology. Nature Methods,2016,13：124-125.

[76] Huang P,Zhou J,Zhang L,et al. Generating giant and tunable nonlinearity in a macroscopic mechanical resonator from a single chemical bond. Nature Communications,2016,7：11517.

[77] Glenn D R,Lee K,Park H,et al. Single-cell magnetic imaging using a quantum diamond microscope. Nature Methods,2015,12：736-U161.

[78] DeVience S J,Pham L M,Lovchinsky I,et al. Nanoscale NMR spectroscopy and imaging of multiple nuclear species. Nature Nanotechnology,2015,10：129.

Development Prospects of Life Analytical Chemistry

Ju Huangxian

Life analytical chemistry is a new branch of analytical chemistry discipline and has been formed since the late 90s of last century through the permeation of analytical chemistry into life science,and the combination with life science,clinical medicine,physics and material science. It is an emerging cross cutting area to investigate various compositions and structure units of substances in life systems as well as their changes in the interaction processes,to establish new principles,new methods and new techniques for detection and tracing of biomolecules in biological processes, to quantitatively and qualitativelymonitor the biological matters with rapid rate, high sensitivity, good specificity and high accuracy, and to realize the molecular recognition and biological information extraction. At present, the research of life analytical chemistry in China has been flourishing. It has made great achievements in developing new principles and new methods for biological detection and tracing. A unique strategic thinking has gradually been formed, and the research team has been expanded. This chapter introduces the key research directions of life analytical chemistry. The research progress and tendency in life analytical chemistry are summarizedin brief, and its development prospects are also discussed.

第二章

科学前沿

Frontiers in Sciences

2.1 宇宙学研究进展与趋势

黄庆国

（中国科学院理论物理研究所）

　　狭义相对论、广义相对论和量子力学构成现代物理学的三大基石。这三个基本理论在过去的一个多世纪里深刻地推进了人们对从微观世界到宇观世界的理解和认识。20 世纪初，爱因斯坦在提出广义相对论后进一步提出：宇宙在大尺度上是均匀且各向同性的，并且宇宙演化的动力学遵循广义相对论。以此标志现代宇宙学的诞生。哈勃定律的发现表明，宇宙正处在不断膨胀的状态。沿着时间的方向回溯，宇宙在极早期处于极度高温炽热的状态，即大爆炸。宇宙早期大爆炸的余晖——微波背景辐射的发现强有力地支持了宇宙大爆炸模型。正因如此，宇宙微波背景辐射的发现者彭齐亚斯（Arno A. Penzias）和威尔逊（Robert W. Wilson）分享了 1978 年诺贝尔物理学奖。现在的大爆炸宇宙学模型也被称为宇宙学标准模型，大爆炸宇宙学将微观和宇观的基本物理紧密地联系在一起，很可能提供了一条通向这三个基本理论大统一之路。

　　由于光速和宇宙年龄的有限性，可观测宇宙的大小是有限的，大约为几百亿光年。宇宙是人类所研究的最大客体。面对如此浩瀚的宇宙时空，宇宙学研究面临三个基本的问题：宇宙的基本组成成分是什么？这些基本组成成分在宇宙中是如何分布的（即宇宙的结构）？既然宇宙不是静止不动的，那么宇宙又是如何随时间演化的？在宇观尺度上，引力发挥着至关重要的主导作用。在广义相对论的理论框架下，这三个问题并不是孤立的，而是交织在一起的。比如，宇宙不同基本组成成分的物性可以影响宇宙结构的形成过程，同时又能影响宇宙演化。特别需要强调的一点是，宇宙学研究与在实验室里进行研究的一个最大的不同在于：宇宙学是探索在不断随时间演化的时空背景下的物理规律。

　　尽管现代宇宙学已经诞生约一百年，但是在很长一段时间里，宇宙学并没有被公认为是足够严肃的科学。其中一个最主要的原因是缺乏精确的宇宙学观测。伴随着观测技术的突飞猛进，宇宙学观测［特别是以威尔金森微波背景辐射各向异性探测卫星（WMAP）为代表］取得突破性进展（图1）。最近 20 年以来，精确的宇宙学观测可以精准地测定宇宙学基本参数，开启了精确宇宙学的黄金时代。正因如此，过去 20 年宇宙学的发展对基础科学研究产生了十分广泛的影响。

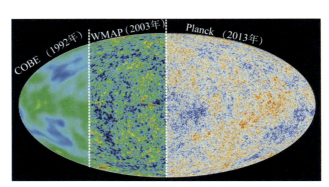

图 1　宇宙微波背景辐射各向异性天图

第一代宇宙背景探测卫星 COBE，第二代威尔金森微波背景辐射各向异性探测卫星 WMAP，
第三代普朗克（Planck）卫星

图片来源：https：//www. kosmonautix. CZ/wp-content/uploads/2-Cobe-WMAP-Planck. jpg

早在 20 世纪初，人们通过对银河系内恒星运动的观测就开始提出银河系中似乎存在某种暗的物体的设想。1933 年，瑞士天文学家茨维基（F. Zwicky）通过对星系团中星系运动的观测发现宇宙空间中存在不发光的物体，并将之称为暗物质。到 20 世纪六七十年代，美国天文学家鲁宾（V. Rubin）和弗德（K. Ford）通过精确测量星系的旋转曲线发现大多数星系都存在这种看不见的物体。之后，暗物质逐渐被广泛确认为宇宙不可或缺的组成成分之一（图 2）。随后的很多宇宙学观测，包括引力透镜、微波背景辐射及宇宙大尺度结构等，都一致确证宇宙中确实存在暗物质，而且暗物质约占全部物质的 85%！然而，暗物质是常规物体或者粒子的可能性在很早以前就被排除了。那么暗物质是什么？一种理论认为暗物质可能是一种新奇的粒子，它只能和常规物质发生极为微弱的相互作用，因此也被称为弱相互作用大质量粒子。这些暗物质粒子弥漫在整个宇宙，并且可能无时无刻不在穿过地球。为了捕捉这些粒子，科学家们在很深的地下建造实验室，试图以此摒除常规粒子的影响，从而搜寻到暗物质粒子通过这种微弱的相互作用所产生的微小的反冲信号。但遗憾的是，虽然经过了十余年的不懈努力，无论是美国南达科他州一座废弃的金矿坑里安装的实验装置还是我国的锦屏地下实验室都一无所获[1,2]。尽管弱相互作用大质量粒子的假设在理论上有奇迹般的优点，但是这些零结果迅速压缩了它们可能存在的理论空间。弱相互作用大质量粒子作为暗物质的基础开始出现动摇。因此探讨其他可能的物理解释显得越来越有必要。修改引力理论是其中的一种可能，但是通过修改引力来解释暗物质相关的观测现象总是显得有些捉襟见肘。近年来，轴子或者类轴子作为暗物质的候选者正越来越受到关注。此外，或许暗物质根本就不是基本粒子，而是大质量致密天体，如原初黑洞

等。原初黑洞作为暗物质候选者的假设随着 2016 年观测到双黑洞并合的引力波事件而备受瞩目。总之，暗物质仍然是基础物理研究中的一大谜团，需要以更开放的态度来继续探索。

图 2　银河系及周围的暗物质晕示意图

图片来源：欧洲南方天文台（ESO），https://www.shao.ac.cn/kpyd/ywkd/201206/t20120626_3604682.html

　　在热大爆炸宇宙学中，宇宙早期处于辐射为主时期。随着宇宙的膨胀，宇宙慢慢冷却下来。当宇宙的温度远低于其中粒子的质量，这些粒子的运动速度远小于光速，因而大致可看成是静止的，宇宙渐渐进入物质为主时期。但是无论是辐射或者是物质为主时期，由于引力的吸引作用，宇宙膨胀的速度应当越来越慢。然而，20 世纪末，通过将 Ia 型超新星标定为"标准烛光"，人们可以精确地测量宇宙的膨胀历史，发现宇宙现阶段并不处于减速膨胀，而是处于加速膨胀的状态[3,4]（图 3）。此发现完全改变了人们对宇宙的认识，天体物理学家萨尔·波尔马特（S. Perlmutter）、布莱恩·施密特（B. P. Schmidt）和亚当·里斯（Adam G. Riess）也因此发现获得了 2011 年诺贝尔物理学奖。暗能量具有负的压强，提供等效的斥力，从而推动宇宙现阶段的加速膨胀。爱因斯坦提出的宇宙学常数是暗能量最简单的候选者，它的状态参数为 -1（即它对应的压强和能量密度之比）。受益于精确的宇宙学观测，目前的观测数据显示暗能量状态参数相对于 -1 的偏离不超过 10%，因此至少在领头阶（leading order）水平上暗能量可以看成是宇宙学常数。宇宙学常数的自然起源是真空能。随着宇宙的膨胀，真空不发生变化，那么真空的能量密度就保持不变。狭义相对论和量子力学相结合得到的量子场论是研究微观世界最强有力的工具。不幸的是，基于现有对量子场论的认识，人们估计真空能的大小比实际观测到的宇宙学常数大了约 120 个数量级！

这就是宇宙学常数问题（或者暗能量问题）[5]。暗能量真的就是宇宙学常数吗？暗能量有没有动力学？现有的一些观测数据暗示暗能量有稍稍偏离宇宙学常数的迹象，但是这些数据的可靠性依然存在较大的争议。增加数据的统计量并提升对系统误差的理解和认识成为未来相关领域发展的一个关键。预计在未来十年左右的时间里，通过宇宙大尺度结构的观测等方法可以较现有的测量精度提高约一个数量级，届时我们将对暗能量的性质有更进一步的认识。如果发现确凿的证据证实暗能量偏离宇宙学常数，那将是下一个诺贝尔奖的有力竞争者。

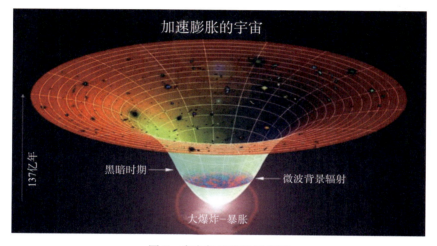

图 3　宇宙加速膨胀示意图

图片来源：https://www.scienceforums.com/uploads/gallery/album_166/med_gallery_1369_166_645658.jpg

　　尽管一个包含有暗能量和暗物质的热大爆炸理论几乎可以完全解释现在所有的观测数据，但是这个理论本身存在着一些不可克服的困难。比如，在标准的热大爆炸理论中，现在观测到的几乎完全各向同性的微波背景辐射天图其实是由数万个在宇宙早期没有因果联系的区域组成，那么这些没有因果联系的区域为什么具有几乎完全相同的温度？这个问题也被称为"视界问题"。艾伦·古斯（A. H. Guth）、安德烈·林德（A. Linde）以及阿列克谢·斯特罗宾斯基（A. Starobinsky）在20世纪80年代初先后提出，在热大爆炸之前宇宙应当历经一段近指数的加速膨胀过程，这个过程被称为暴胀[6~8]。宇宙暴胀可以自然地将宇宙早期的不均匀性和各向异性给抹匀了。与此同时，暴胀还自然地拉直了宇宙的空间曲率。因此，空间平直的宇宙可以看成是暴胀模型的一个自然预言。最新的宇宙学观测发现在千分之五误差水平上强烈支持一个空间平直的宇宙模型。另一方面，暴胀发生在宇宙极早期，那个时候宇宙尺度极为微小，因此量子效应不可忽略。正是这些不可忽略的量子效应给几乎被暴胀完全抹匀的背景带来微小的密度涨落。暴胀结束后这些微小的密度涨落在引力的吸引作用下逐渐演化出今天所观测到的宇宙结构。由于暴胀期间哈勃参数几乎不随时间演化，因此暴胀所产生的密度扰动功率谱几乎不随扰动的尺度变化。这一特性也被称为近标度不变性。近标度不变的原初密度涨落是宇宙暴胀模型的又一个自然预言。现有的精确宇宙学观测在很高的置信水平上支持暴胀的这一预言。可以说，早期宇宙暴胀模型不仅可以自然地解决热大爆炸宇宙的所有困难，而且它所预言的宇宙空间平直性和近标度不变的原初密度涨落都已经得到精确宇宙学观测的强烈支持。鉴于古斯、林德和斯特罗宾斯基对暴胀宇宙学的巨大贡献，他们三位荣获了 2014 年卡弗里奖（Kavli Prizes）。然而，如何从基本理论出发构造自然的暴胀模型？暴胀发生的能标和它的动力学过程到底如何？暴胀的动力学依具体模型而定。然而，基于引力的普适性，暴胀期间通过量子效应从真空中产生的引力波对暴胀的动力学并不敏感，只由暴胀的能标决定。为区别于天体物理过程产生的引力波，暴胀期间产生的引力波也被称为原初引力波。一旦探测到原初引力波就可以确定暴胀的能标。暴胀可以产生原初引力波，但是暴胀对原初引力波的强度并没有一般性的预言。为了更进一步揭示早期宇宙暴胀的物理过程，包括我国的阿里原初引力波探测计划及在南极的宇宙微波背景偏振成像望远镜等，都竞相加入到搜寻原初引力波信号的国际竞争中来。

此外，过去人们对宇宙的观测基本上都是基于电磁信号。2016 年 2 月，激光干涉引力波天文台（LIGO）观测组宣布发现双黑洞并合产生的引力波[9]，从此打开了一扇观测宇宙的新窗口。从大爆炸到宇宙年满 38 万年，宇宙中充斥着各种带电的粒子。这些带电的粒子和光发生强烈的相互作用，使得光无法在宇宙间自由地传播。然而由于引力是万有的，引力波可以轻易地穿透这些带电的介质将早期宇宙的信息携带出来。可以预见引力波宇宙学将逐渐成为宇宙学研究的一个不可或缺的组成部分。

宇宙学从根本上来说是一门实验科学，宇宙学的未来有赖于更精确的宇宙学观测。暗物质和宇宙加速膨胀（包括宇宙现阶段的加速膨胀和宇宙早期暴胀）被誉为现代基础物理学的两朵乌云。这两个问题的解决很可能会引发新的基础物理学革命。此外，宇宙学的发展还会对测量中微子绝对质量、确定中微子质量排序，以及揭示宇宙正反物质不对称的奥秘等起到关键的推动作用。总之，随着精确宇宙学的进一步深入发展，宇宙学的每一次进步都必将对基础物理学产生深远的影响。

参考文献

[1] Tan A，Xiao M，Cui X，et al. Dark matter results from first 98.7 days of data from the PandaⅫ experiment. Physical Review Letters，2016，117：121303.

[2] Akerib D S，Araújo H M，Bai X，et al. Improved limits on scattering of weakly interacting massive

particles from reanalysis of 2013 LUX data. Physical Review Letters,2016,116：161301.

[3] Riess A G, Filippenko A V, Challis P, et al. Observational evidence from supernovae for an accelerating universe and a cosmological constant. The Astronomical Journal,1998,116：1009-1038.

[4] Perlmutter S,Aldering G,Goldhaber G,et al. Measurements of omega and lambda from 42 high-redshift supernovae. The Astrophysical Journal,1999,517：565-586.

[5] Weinberg S. The cosmological constant problem. Reviews of Modern Physics,1989,61：1-23.

[6] Guth A . Inflationary universe：A possible solution to the horizon and flatness problems. Physical Review D,1981,23：347.

[7] Linde A. A new inflationary universe scenario：A possible solution of the horizon,flatness,homoge-neity,isotropy and primordial monopole problems. Physics Letters B,1982,108：389.

[8] Starobinsky A. A new type of isotropic cosmological models without singularity. Physics Letters B,1980,91：99.

[9] Abbot B P, Abbott R, Abbott T D, et al. Observation of gravitational waves from a binary black hole merger. Physical Review Letters,2016,116（6）：061102.

The Current State and Future of Cosmology

Huang Qingguo

The discovery of dark matter and cosmic acceleration has deep impacts on the fundamental physics. How to understand the nature of dark matter, dark energy and cosmic inflation is the key question in modern cosmology. The discovery of gravitational waves by LIGO in last year opens a new window for us to explore our Universe. In addition, the precise cosmological data may also help us to measure the neutrino mass and determine the mass hierarchy etc.

2.2　量子材料中的新奇电子态
——拓扑与超导研究前沿

王　健

（北京大学物理学院量子材料科学中心）

通常而言，我们生活的宏观世界近似地由经典物理规律支配。但当深入到微观粒子时，经典力学将让位于量子力学——自由电子的行为不再简单地由牛顿力学三定律描述，取而代之的是薛定谔方程。而当电子束缚于周期性势场——即晶体中时，错综复杂的多体相互作用使其具有与自由电子不同的电子结构，使得洛伦兹不变性破缺、"磁单极子"、非阿贝尔任意子等新奇的物理效应在凝聚态材料中成为可能。我们把具有宏观量子效应的材料统称为量子材料，譬如磁性材料、超流、超导体和近年来引起广泛关注的拓扑物质（包括拓扑绝缘体、拓扑半金属、拓扑超导体）等。

2016 年，诺贝尔物理学奖颁给了三位理论物理学家——戴维·索利斯（D. J. Thouless）、邓肯·霍尔丹（D. Haldane）和迈克尔·科斯特利茨（M. Kosterlitz），以表彰他们在物质的拓扑相与拓扑相变中的先驱性贡献。而此前，作为量子材料家族的另一重要成员——超导体，与其相关研究已陆续获得过五次诺贝尔奖。目前，量子材料已经广泛应用于信息产业、医疗、军事、大型科研设备等各个行业，并将来有望在量子计算机、无耗散电子器件、低功耗集成电路、高速电子器件、能源及太空技术等领域产生重要应用前景。本文简要回顾了两种典型的量子材料——拓扑材料和二维超导的重要进展，并对其未来的发展进行展望。

一、拓扑材料与准相对论粒子

拓扑是数学中描述几何形体连续变化过程中某些性质不变的概念，相应的拓扑不变量为陈数。粗略地讲，陈数可直观理解为几何形体"洞"的数目（图1）。拓扑的概念最早是在解释整数量子霍尔效应和研究一维整数自旋反铁磁链时引入凝聚态物理中的。在凝聚态物理中，动量空间也可类似地定义陈数，而具有非零陈数或其他非平庸拓扑不变量的拓扑非平庸材料即为拓扑材料。

图1 生活中随处可见的物体可用陈数描述

在拓扑分类上，左边的橙子与碗为一类，右边的面包圈与杯子为另一类

近年来，拓扑材料已发展成为包含拓扑绝缘体、拓扑安德森绝缘体、拓扑近藤绝缘体、拓扑晶体绝缘体、狄拉克半金属、外尔半金属、拓扑节线半金属、拓扑超导体等在内的国际瞩目的重要研究领域。在拓扑材料中，一些电子具有类似光子的线性能量－动量关系（色散关系），在动量空间中，其能带呈狄拉克锥结构，被称为无质量狄拉克费米子，这种准相对论粒子在拓扑材料中引起许多新奇的物理效应。

1. 拓扑绝缘体

不同于普通绝缘体，拓扑绝缘体内部绝缘，边缘或表面导电。但拓扑绝缘体导电的边缘或表面有别于普通导体：其电子不受背散射影响，且表现出准相对论粒子行为。"量子自旋霍尔绝缘体"被视为二维拓扑绝缘体，实验上首次在 HgTe/(Hg,Cd)Te量子阱薄膜中实现［图2(a)］[1]。之后，拓扑绝缘体从理论上被推广到三维，并在 $Bi_{1-x}Sb_x$、Bi_2Se_3 等材料中得到证实［图2(b)］[2,3]。除量子自旋霍尔效应外，薛其坤、何珂、王亚愚等在磁掺杂拓扑绝缘体薄膜中首次发现了量子反常霍尔效应[4]。在拓扑绝缘体强自旋－轨道耦合的边界态中，不同自旋方向的电子可以各行其道、互不干扰。因此，将来拓扑绝缘体或可用于低功耗电子器件的研发。

2. 狄拉克半金属

通常按照导电性的强弱，物质材料可分为金属、半导体和绝缘体。而从能带论的角度，如果某种材料导带和价带接触或交叠，该材料被称为半金属。如果导带和价带交于某些孤立的点，并表现出无质量狄拉克费米子行为，这种特殊的半金属即为狄拉克半金属。目前，国际上研究最多的狄拉克半金属主要包括 Na_3Bi 和 Cd_3As_2，最初均为方忠、翁红明等通过第一性原理计算从理论上预言[5,6]，随后角分辨光电子能谱（ARPES）实验观测到三维动量空间的线性色散关系，证实了 Na_3Bi[7] 和 Cd_3As_2[8] 为三维狄拉克半金属 ［图 2(c)］。狄拉克半金属具有极高的载流子迁移率和磁阻，为狄拉克半金属在高速电子器件和信息存储等领域提供了广阔的应用前景。

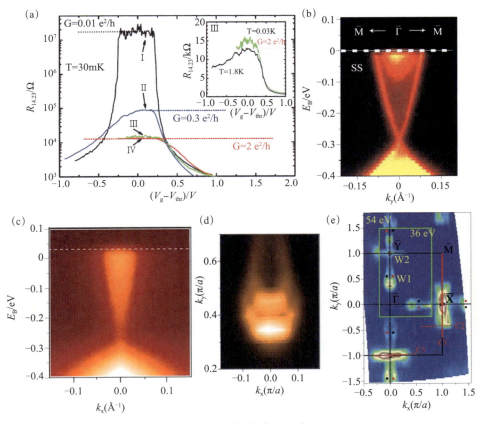

图 2　拓扑材料的实验证实

（a）不同厚度 Ⅰ - Ⅳ HgTe/（Hg, Cd）Te 量子阱薄膜的纵向电阻 $R_{14,23}$ 随栅极电压（V_g）—栅极电压临界值（V_{thr}）的调制，可明显看出量子化的电阻平台[1]；ARPES 测得的 Bi_2Se_3 表面态（b）[3] 和 Cd_3As_2 体态（c）[8] 的线性色散关系；ARPES 测得的 TaAs 的费米弧(d) 和外尔点(e)[9]；k_x 和 k_y 分别代表布里渊区的两个正交基

3. 外尔半金属

狄拉克半金属若时间或空间反演对称性破缺，则会转变为外尔半金属，相应的狄拉克费米子"分裂"为两个手性相反的外尔费米子。如果把贝利曲率类比作磁场，那么外尔费米子可看作动量空间中的"磁单极子"。在粒子物理中，外尔费米子迄今尚未发现，而凝聚态物理中电子的集体行为可用准粒子描述，这为寻找外尔费米子提供了新的契机。因此，外尔半金属的研究具有重要的科学意义。

中国科学家率先从理论[9]和实验[10]上在 TaAs 中预言并发现了外尔费米子［图 2 (d)、图 2(e)］，承载外尔费米子的体系 TaAs 即为外尔半金属。与此同时，美国科学家也独立地在 TaAs 中预言并发现了外尔费米子[11]，由此引起了外尔半金属的研究热潮，外尔费米子相继在类似的体系 TaP、NbAs、NbP 等 TaAs 家族中发现。随后，理论预言了一类新的外尔半金属——第Ⅱ类外尔半金属 WTe_2[12] 和 $MoTe_2$[13]。与第Ⅰ类外尔半金属不同的是，第Ⅱ类外尔半金属的外尔锥在动量空间"倾斜"，打破了粒子物理中普适的洛伦兹不变性[12]。值得一提的是，手征反常是粒子手征荷不守恒的现象，最初是粒子物理的研究范畴。而电输运实验发现，当电流和磁场方向相同时，拓扑绝缘体 Bi_2Se_3[14] 和包括 Cd_3As_2[15]、$TaAs$[16]、WTe_2[17] 等在内的多数拓扑半金属中出现可能由手征反常引起的负磁阻效应，进一步揭示出基本粒子与量子材料领域间物理本质是相通的。

二、二 维 超 导

超导有两个基本特征，零电阻和完全抗磁性（图 3）。在金兹堡－朗道超导唯象理论中，超导相干长度描述在受到外界扰动后超导恢复所需的空间尺度。超导在某一维度低于相干长度时即为二维超导。早期理论认为，二维极限下，热涨落和量子涨落会破坏超导，因此二维超导不能稳定存在。但 2016 年诺贝尔物理学奖的工作——科斯特利茨－索利斯（Kosterlitz-Thouless，KT）相变理论及随后的一系列理论发展指出，二维体系中涡旋与反涡旋的配对，可形成超导的准长程序。因为量子效应在低维体系中会起主导作用，同时已知的高温超导体均为二维层状结构，所以二维超导的研究不仅有望发现新的量子物性，也有助于最终揭示高温超导机理。近年来，随着分子束外延（MBE）等高质量单晶薄膜生长工艺的发展，使得二维极限下单晶薄膜的制备成为可能。通过原位扫描隧道谱（STS）、非原位电输运等测量手段，单原子层或单晶胞层晶体中的二维超导已得到了实验证实。

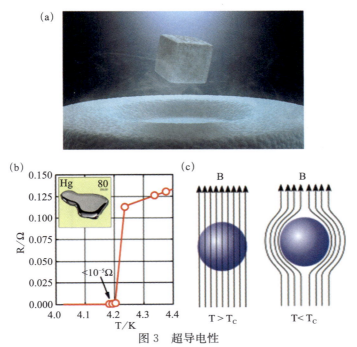

图 3 超导电性

（a）超导现象；（b）零电阻效应；（c）迈斯纳效应

单晶金属薄膜是研究二维超导的首选材料。王健、马旭村等发现 Ga 膜在 2 原子层（ML）厚度时显示出增强的超导特性[18]。进一步，王健、马旭村、林熙、谢心澄等研究了 3 ML Ga 膜的超导－金属相变行为，通过最低至 25 毫开（mK）的极低温精密测量和量子相变标度理论分析证实，在接近绝对零度时，动力学临界指数发散［图4(a)］。这是首次在低维体系以及超导体系中发现了一种新的量子相变——量子格里菲斯奇异性，并可能是对超导-金属相变的普适性物理解释[19]，具有重要的科学意义。

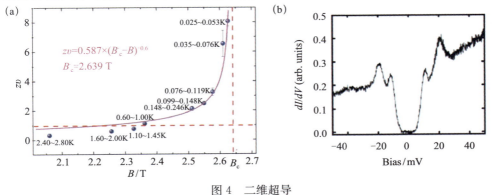

图 4 二维超导

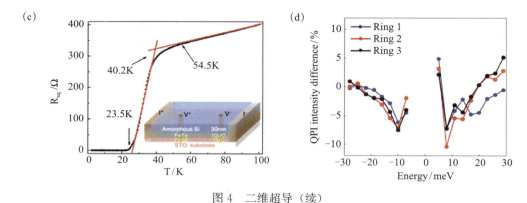

图 4   二维超导（续）

（a）3 ML Ga 膜的动力学临界指数在接近相变临界点 B_c 时发散[19]；（b）单晶胞层 FeSe/SrTiO$_3$ 的 STS 谱显示其具有高达 20.1 毫电子伏的超导能隙，若假设单晶胞层 FeSe 和块材 FeSe 具有相同的超导机制，则单晶胞层 FeSe 的超导临界温度约为 80 开，超过液氮温度[20]；（c）单晶胞层 FeSe/SrTiO$_3$ 的电输运测量结果[21]；（d）单晶胞层 FeSe/SrTiO$_3$ 施加磁场后不同散射矢量 Q1-Q3 的 QPI 强度变化量随偏压的变化曲线，Q1-Q3 对应曲线行为基本一致[22]

　　FeSe 块材超导临界温度在 8 开左右。而薛其坤、马旭村等利用 MBE 在 SrTiO$_3$ 衬底上生长出的单晶胞层 FeSe 膜，原位 STS 谱测量显示其超导临界温度可能超过液氮温度 ［图 4(b)］[20]，这为探索高温超导开辟了新的方向。因生长于 SiC 衬底上的 FeSe 膜具有和 FeSe 块材相近的超导临界温度[23]，意味着单原胞层 FeSe/SrTiO$_3$ 是界面增强的高温超导体。王健、王立莉、薛其坤等利用 FeTe 膜作保护层，成功实现对单原胞层 FeSe/SrTiO$_3$ 的电输运和迈斯纳效应测量，直接证实了单晶胞层 FeSe 具有临界温度最高达 54.5 开的高温超导特性 ［图 4(c)］[21]。贾金峰、薛其坤、刘灿华等的原位电输运测量更是发现了或将超过 100 开的超导转变[24]。在理解其超导机理方面，沈志勋等通过角分辨光电子能谱（ARPES）发现了和超导密切相关的"克隆"能带，认为电子 - 声子耦合是单原胞层 FeSe/SrTiO$_3$ 电子配对的媒介[25]。更进一步地，封东来、张童等通过对准粒子干涉谱（QPI）和 STS 谱的分析，有力证实了单原胞层 FeSe/SrTiO$_3$ 是经典的 s 波超导 ［图 4(d)］[22]，但随后引起部分理论物理学家的质疑[26]。当前，单原胞层 FeSe/SrTiO$_3$ 已经成为探索和理解高温超导的重要平台。

三、拓扑超导与马约拉纳零模

　　拓扑超导体是体态超导、边缘或表面态呈现无能隙马约拉纳费米子或马约拉纳零能束缚态的新型量子体系。马约拉纳费米子是自身的反粒子，服从费米统计；其在一维拓扑边界态或二维拓扑超导的磁通涡旋中心表现为马约拉纳束缚态或马约拉纳零模，服从非阿贝尔统计。实验上，入射至拓扑超导边界态的电子当且仅当处于零能时，将发生自旋方向不变的安德烈夫反射（Andreev reflection），即等自旋安德烈夫共振反射。理想条件下，等自旋安德烈夫共振在实验信号上表现为尖锐的零压电导峰，可作为马约拉纳零模存在的实验证据（图 5）。马约拉纳零模本征的空间非局域特性使其不受量子退相干影响，克服了普通量子计算中量子态易退相干的缺点。在理论上，马约拉纳零模在相空间的准粒子轨迹天然受拓扑保护，通过编辫操作，非局域的马约拉纳零模可实现通用量子计算所需的三种基本逻辑门电路。因此，马约拉纳零模有望用于可容错的拓扑量子计算机。

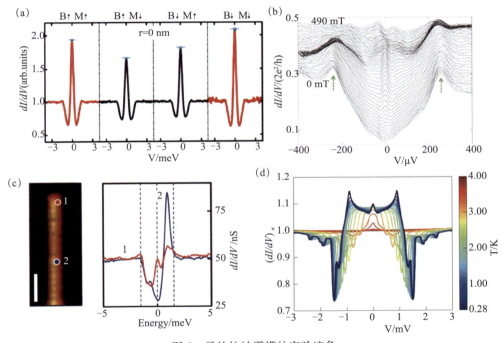

图 5　马约拉纳零模的实验迹象

（a）针尖自旋极化方向 M 平行和反平行于外加磁场方向 B 即马约拉纳零模自旋方向时，5 晶胞层
$Bi_2Te_3/NbSe_2$ 异质结磁通涡旋中心的 STS 谱[27]；（b）70 毫开时不同磁场下半导体 InAs 纳米线的微分电导谱，
在大约 100～400 毫特斯拉出现零压电导峰[28]；（c）沉积于强自旋 - 轨道耦合 s 波超导体 Pb 上的 Fe 原子链
（左图）和相应位点的 STS 谱[29]；（d）零场下 0.28～0.38 开温区内狄拉克半金属
Cd_3As_2 的归一化点接触谱[30]

　　基于超导近邻效应实现拓扑超导是目前寻找马约拉纳零模的主流方法。凯恩（Kane）和傅亮理论预测拓扑绝缘体- s 波超导异质结界面呈现类似无自旋的 $p_x + ip_y$

波超导，在磁通涡旋中心存在马约拉纳零模[31]。实验上，贾金峰、张富春、李绍春等采用自旋极化的扫描隧道显微镜铁磁针尖在 5 晶胞层 $Bi_2Te_3/NbSe_2$ 异质结的磁通涡旋中心处观测到了自旋选择的等自旋安德烈夫反射，或是马约拉纳零模存在的实验证据。具体地，在磁通涡旋中 STS 谱显示尖锐的零压电导峰，且仅在磁通涡旋中心处磁性针尖极化方向平行于马约拉纳零模自旋方向时的零压电导峰值明显高于反平行情形 [图 5(a)][27]。这一选择性等自旋安德列耶夫反射在一定程度上证明了 Kane 和傅亮的理论方案。然而，拓扑绝缘体并非实现拓扑超导的必要元素。萨尔马（S. Sarma）等提出基于置于 s 波超导体之上的一维强自旋－轨道耦合半导体纳米线异质结构的理论方案，在面内磁场和栅极电压调制下可发生拓扑量子相变，进而在纳米线两端产生马约拉纳零模[32]。不久后，柯文采（Kouwenhoven）等在沉积有正常和超导电极的半导体 InAs 纳米线中通过电学测量发现了不随磁场和栅极电压能移的零压电导峰 [图 5(b)]。其控制实验表明，垂直自旋－轨道耦合磁场方向的外加磁场分量和超导的存在是零压电导峰出现的必需要素，所以在一定程度上提供了马约拉纳零模存在的实验证据[28]。徐洪起、哈布拉姆（Heiblum）等在类似体系中同样观测到了疑似源于马约拉纳零模的零压电导峰信号[33,34]。此外，雅兹达尼（Yazdani）等利用 STS 谱在沉积于 s 波超导体 Pb 上的 Fe 原子链两端观测到了局域的零压电导峰信号，且偏离原子链两端点时零压电导峰消失 [图 5(e)][29]。这意味着局域分布于原子链末端的零压电导峰可能来自马约拉纳零模。

不同于前文介绍的采用超导近邻效应探寻拓扑超导或马约拉纳零模的传统方法，王健等发现硬点接触实验中针尖会在拓扑材料表面微米或亚微米量级的接触区域产生压力、掺杂等效果，在接触区域调制出非常规超导，为寻找拓扑超导提供了新的思路和实验手段[30,35]。具体地，王健、危健、刘雄军等在非超导的狄拉克半金属 Cd_3As_2 和外尔半金属 TaAs 单晶表面的硬点接触区域观测到了金属针尖诱导的零压电导峰和对称的双电导峰、双电导谷等超导信号 [图 5(d)]，这一新奇的非常规超导谱形或起源于无能隙的马约拉纳费米子等拓扑超导特性。

四、展　　望

近期，伯纳维格（Bernevig）等通过理论计算系统研究了 230 种空间群的拓扑性质，预言除以往的狄拉克、外尔和马约拉纳费米子之外，凝聚态系统中还存在三重、六重和八重等多重费米子，而狄拉克和外尔费米子则为四重和两重费米子特例[36]。由此，拓扑材料被纳入统一的理论框架，预言、寻找和证实新的多重费米子材料或主导未来 5～10 年拓扑材料的研究。

关于高温超导机制，最近薛其坤、马旭村、宋灿立等在高温超导 $Bi_2Sr_2CaCu_2O_{8+\delta}$ 衬底上生长的单层 CuO_2 膜上发现了具有巴丁－库珀－施里弗超导特征的 U 形超导能隙，推测铜氧化物是经典的 s 波超导[37]。可以预见，未来 10 年甚至 20 年内，利用二维或界面超导寻找常压下更高超导转变温度的高温超导体与提出普适的高温超导理论或将主导超导领域的研究。此外，限制当前计算机发展的瓶颈主要是芯片中大规模集成电路工作时的发热问题。二维超导的研究有望将来构筑无耗散或低耗散的超导电子电路，克服集成电路的发热难题，进一步提高电子器件的集成度和计算机的运算能力。

将拓扑材料和超导体结合可形成承载马约拉纳费米子或马约拉纳零模的拓扑超导体。虽然已经有报道称观测到马约拉纳零模的信号，但学界对此还未形成共识。即便观测到马约拉纳零模，如何实现编辫操作，进而实现通用量子计算机所需的三种基本逻辑门电路，还会面临重重挑战。寻找新的拓扑超导和更确凿的马约拉纳零能束缚态证据以及实现编辫操作是未来十年亟待解决的重大科学问题。中国物理学家已经在通往拓扑量子计算之路上做出了标志性贡献。在可预见的未来，拓扑超导仍将是国际上重要的竞争性学术前沿领域，而中国科学家必将在这一领域取得更加瞩目的成果。

参考文献

[1] König M, Wiedmann S, Brüne C, et al. Quantum spin Hall insulator state in HgTe quantum wells. Science, 2007, 318(5851)：766-770.

[2] Hsieh D, Qian D, Wray L, et al. A topological Dirac insulator in a quantum spin Hall phase. Nature, 2008, 452(7190)：970-974.

[3] Xia Y, Qian D, Hsienh D, et al. Observation of a large-gap topological-insulator class with a single Dirac cone on the surface. Nature Physics, 2009, 5(6)：398-402.

[4] Chang C Z, Zhang J, Feng X, et al. Experimental observation of the quantum anomalous Hall effect in a magnetic topological insulator. Science, 2013, 340(6129)：167-170.

[5] Wang Z, Weng H, Wu Q, et al. Three-dimensional Dirac semimetal and quantum transport in Cd_3As_2. Physical Review B, 2013, 88(12)：125427.

[6] Wang Z, Sun Y, Chen X Q, et al. Dirac semimetal and topological phase transitions in A_3Bi（A＝Na, K, Rb）. Physical Review B, 2012, 85(19)：195320.

[7] Liu Z, Zhou B, Zhang Y, et al. Discovery of a three-dimensional topological Dirac semimetal, Na_3Bi. Science, 2014, 343(6173)：864-867.

[8] Neupane M, Xu S Y, Sankar R, et al. Observation of a three-dimensional topological Dirac semimetal phase in high-mobility Cd_3As_2. Nature Communications, 2014, 5：3786

[9] Lv B Q, Weng H M, Fu B B, et al. Experimental discovery of Weyl semimetal TaAs. Physical Review X, 2015, 5(3)：031013.

[10] Weng H, Fang C, Fang Z, et al. Weyl semimetal phase in noncentrosymmetric transition-metal

monophosphides. Physical Review X,2015,5(1)：011029.

[11] Xu S Y,Belopolski I,Alidoust N,et al. Discovery of a Weyl fermion semimetal and topological Fermi arcs. Science,2015,349(6248)：613-617.

[12] Soluyanov A A,Gresch D,Wang Z,et al. Type-II Weyl semimetals. Nature,2015,527(7579)：495-498.

[13] Su Y,Wu S C,Ali M N,et al. Prediction of Weyl semimetal in orthorhombic $MoTe_2$. Physical Review B,2015,92(16)：161107.

[14] Wang J,Li H,Chang C,et al. Anomalous anisotropic magnetoresistance in topological insulator films. Nano Research,2012,5(10)：739-746.

[15] Li C Z,Wang L X,Liu H,et al. Giant negative magnetoresistance induced by the chiral anomaly in individual Cd_3As_2 nanowires. Nature Communications,2015,6：10137.

[16] Huang X,ZhaoL,Long Y,et al. Observation of the chiral-anomaly-induced negative magnetoresistance in 3D Weyl semimetal TaAs. Physical Review X,2015,5(3)：031023.

[17] Wang Y,Liu E,Liu H,et al. Gate-tunable negative longitudinal magnetoresistance in the predicted type-II Weyl semimetal WTe_2. Nature Communications,2016,7：13142.

[18] Zhang H M,Sun Y,Li W,et al. Detection of a superconducting phase in a two-atom layer of hexagonal Ga film grown on semiconducting GaN(0001). Physical Review Letters,2015,114(10)：107003.

[19] XingY,Zhang H M,Fu H L,et al. Quantum Griffiths singularity of superconductor-metal transition in Ga thin films. Science,2015,350(6260)：542-545.

[20] Wnag Q Y,Li Z,Zhang W H,et al. Interface-induced high-temperature superconductivity in single unit-cell FeSe Films on $SrTiO_3$. Chinese Physics Letters,2012,29(3)：037402.

[21] Zhang W H,Sun Y,Zhang J S,et al. Direct observation of high-temperature superconductivity in one-unit-cell FeSe Films. Chinese Physics Letters,2014,31(1)：017401.

[22] Fan Q,Zhang W H,Liu X,et al. Plain s-wave superconductivity in single-layer FeSe on $SrTiO_3$ probed by scanning tunnelling microscopy. Nature Physics,2015,11(11)：946-952.

[23] Song C L,Wang Y L,Jing Y P,et al. Molecular-beam epitaxy and robust superconductivity of stoichiometric FeSe crystalline films on bilayer graphene. Physical Review B,2011,84(2)：020503.

[24] Ge J F,Liu Z L,Liu C,et al. Superconductivity above 100 K in single-layer FeSe films on doped $SrTiO_3$. Nature Materials,2015,14(3)：285-289.

[25] Lee J J,Schmitt F T,Moore R G,et al. Interfacial mode coupling as the origin of the enhancement of Tc in FeSe films on $SrTiO_3$. Nature,2014,515(7526)：245-248.

[26] Chen X,Mishra V,Maiti S,et al. Effect of nonmagnetic impurities ons± superconductivity in the presence of incipient bands. Physical Review B,2016,94(5)：054524.

[27] Sun H H,Zhang K W,Hu L H,et al. Majorana zero mode detected with spin selective Andreev reflection in the vortex of a topological superconductor. Physical Review Letters,2016,116

(25)：257003.

[28] Mourik V,ZUO K,FROLOV S M,et al. Signatures of Majorana fermions in hybrid superconductor-semiconductor nanowire devices. Science,2012,336(6084)：1003-1007.

[29] Nadj-Perge S,Drozdov I K,Li J,et al. Observation of Majorana fermions in ferromagnetic atomic chains on a superconductor. Science,2014,346(6209)：602-607.

[30] Wang H,Wang H,Liu H,et al. Observation of superconductivity induced by a point contact on 3D Dirac semimetal Cd$_3$As$_2$ crystals. Nature Materials,2016,15(1)：38-42.

[31] Fu L,Kane C L. Superconducting proximity effect and majorana fermions at the surface of a topological insulator. Physical Review Letters,2008,100(9)：096407.

[32] Lutchyn R M,Sau J D,Das Sarma S. Majorana fermions and a topological phase transition in semiconductor-superconductor heterostructures. Physical Review Letters,2010,105(7)：077001.

[33] Deng M T,Yu C L,Huang G Y,et al. Anomalous zero-bias conductance peak in a Nb-InSb nanowire-Nb hybrid device. Nano Letters,2012,12(12)：6414-6419.

[34] Das A,Ronen Y,Most Y,et al. Zero-bias peaks and splitting in an Al – InAs nanowire topological superconductor as a signature of Majorana fermions. Nature Physics,2012,8(12)：887-895.

[35] Wang H,Wang H,Chen Y,et al. Discovery of tip induced unconventional superconductivity on Weyl semimetal. Science Bulletin,2017 ,62(6)：1-6.

[36] BradlynB,Cano J,Wang Z,et al. Beyond Dirac and Weyl fermions：Unconventional quasiparticles in conventional crystals. Science,2016,353(6299)：aaf5037.

[37] Zhong Y,Wang Y,Han S,et al. Nodeless pairing in superconducting copper-oxide monolayer films on Bi$_2$Sr$_2$CaCu$_2$O$_{8+\delta}$. Science Bulletin,2016,61(16)：1239-1247.

The Novel Electronic States in Quantum Materials：The Research Frontier of Topological Materials and Superconductors

Wang Jian

Quantum materials,the materials showing macroscopic quantum effect,have been widely studied and applied in lots of important industries,such as information technology and health care. Furthermore,quantum materials are expected to greatly affect various fields in future,including quantum computation,energy and so on. This review aims to summarize the most impressive progresses in two representative quantum materials,topological materials and superconductors,concluding with an outlook for the research perspective in the near future.

2.3　钙钛矿太阳能电池研究进展与展望

韩礼元　杨旭东

（上海交通大学）

2009 年，宫坂（Miyasaka）[1]等首次将有机无机杂化钙钛矿 $CH_3NH_3PbX_3$（X＝ Br^-，I^-）引入染料敏化太阳能电池替换染料分子作为光吸收材料，获得了 3.1% 的光电转换效率。随后，在 2011 年，帕克（Park）[2]等将光电转换效率提高到 6.5%。但是，这些基于电解液的电池稳定性非常差。因此，帕克[3]等用固态空穴传输材料 spiro-MeOTAD 替代电解液。从此，基于钙钛矿的固态太阳能电池被称为钙钛矿太阳能电池。不久之后，斯奈思（Snaith）[4]等提出了非敏化介观超结构。格兰泽尔（Graetzel）[5]等介绍了顺序沉积法形成钙钛矿薄膜，减轻了一步沉积中存在的形态不均的问题。接下来，斯奈思[6]研究团队提出了移除二氧化钛（TiO_2）介孔层的平面异质结；郭宗枋[7]研究团队报道了反式的平面异质结钙钛矿太阳能电池。之后，一系列光电转换效率的里程碑竖立了起来，迄今，22.1% 被认证为最高光电转换效率。

一、钙钛矿太阳能电池研究进展

1. 钛矿结构太阳能电池器件结构

基于染料敏化太阳能电池的概念，钙钛矿电池获得了 9.7% 的效率[3]。随着时间的流逝，TiO_2 电子注入层的必要性受到质疑，斯奈思[4]等成功制备了一个介观超结构钙钛矿太阳能电池，取得了 10.9% 的效率。目前，介孔结构仍被大量用于钙钛矿太阳能电池，被认为是实现未来产业化的典型结构之一。

自从斯奈思和他的同事发现多孔结构电子注入层并不是必要的组成结构之后[4]，他们便进一步去除介孔层制备平面异质结结构[8]。其高效率和简易的过程引起了科学界的极大的兴趣，使平面异质结结构成为最流行的太阳能电池结构之一。

反式结构分为平面异质结、体异质结、渐变异质结三种结构。郭宗枋[7]和他的同事首次报道了反式平面异质结这一结构太阳能电池，近来，韩礼元[9]等以此结构制造出一种面积为 1 平方厘米的钙钛矿太阳能电池，其认证的光电转换效率为 15%。2015 年，巩雄（Gong）[10]等人首先制备了反式体异质结钙钛矿太阳电池。2016 年，韩礼元[11]等人首先提出了反式渐变异质结的概念，制备了面积为 1.022 平方厘米的器件，其认证的光电转换效率可以达到 18.21%。

2. 钙钛矿光吸收层的制备

钙钛矿光吸收层薄膜的性质受溶剂种类、反应过程等因素的影响。比如湿法制备时，最初选用纯二甲基甲酰胺（DMF）或纯 γ-丁内酯（GBL）作溶剂，然而薄膜十分不均匀。若使用纯二甲基亚砜（DMSO）可以得到十分均匀的薄膜。石（Seok）[12]和他的同事提出了溶剂工程的方法，采用混合溶剂 DMSO 和 GBL，结合甲苯冲洗的方法，制备得到致密和均一的钙钛矿薄膜。格兰泽尔[5]和他的同事首次报道了两步法制作钙钛矿薄膜，有效的提升了结晶程度。黄劲松[13]等人报道了两步旋涂的方法来制备无孔洞的钙钛矿薄膜。韩礼元[14]和他的同事将非化学计量比中间相 $FAI_{1-x}-PbI_2$ 引入这个过程，提高了结晶相的纯度。石[15]等人通过 FAI 和 DMSO 分子内交换的方法，成功制备高性能钙钛矿层。

钙钛矿成膜后，通常要进行一些后处理以增强钙钛矿结晶性。最常用的后处理手段是加热退火，此外，莫西特（Mohite）[16]等提出了一种热涂布技术来制备毫米级晶粒尺寸的钙钛矿薄膜。最近，格兰泽尔[17]等人报道了真空辅助的方法制备钙钛矿薄膜。基于两步旋涂法，黄劲松[18]等人提出了溶剂退火后处理来增加结晶度和晶粒大小。崔光磊[19]等人提出了一种称为 MA 气体诱导缺陷愈合的方法来对 $MAPbI_3$ 钙钛矿薄膜进行后处理。赵一新[20]等人在旋涂 $MAPbI_3$ 钙钛矿溶液过程中滴加一定量的 MABr 的异丙醇溶液，得到高质量的 $MAPbI_{3-x}Br_x$ 薄膜。

在薄膜制备方法方面，宫坂[1]等在第一个使用钙钛矿吸光层的太阳电池中使用了旋涂法。斯奈思[6]等人采用一步双源气相沉积方法制备了十分均一的钙钛矿薄膜。里得赛（Lidzey）[21]等报道了一种超声喷涂技术，可在大气环境中沉积钙钛矿薄膜。黄劲松[22]等人将刮刀涂布工艺引入高效钙钛矿太阳电池的制备中。瓦克（Vak）[23]等人成功制备了全狭缝型挤压式涂布（slot-die）制备的钙钛矿太阳电池。

二、未 来 展 望

1. 大面积、高效率模块制备问题

尽管小面积钙钛矿太阳能电池被广泛研究，但是还缺乏大面积光伏模块的研究，

当前模块研究现状详见表1。

表1 钙钛矿太阳能电池光伏模块研究部分工作

钙钛矿	测试面积/厘米²	测试面积下的效率/%	有效工作面积/厘米²	有效工作面积下的效率/%
MAPbI$_{3-x}$Cl$_x$[24]	4	11.9	—	—
MAPbI$_{3-x}$Cl$_x$[25]	4	13.6	3.64	14.95
MAPbI$_3$[26]	14.4	9.1	10.08	13.0
MAPbI$_{3-x}$Cl$_x$[27]	—	—	7.92	3.1
MAPbI$_3$[28]	—	—	10.1	10.3
CH$_3$NH$_3$PbI$_{2.2}$Br$_{0.3}$Cl$_{0.5}$[29]	25.2	14.3%	—	—
MAPbI$_3$[30]	—	—	60	8.7
MAPbI$_3$[28]	—	—	100	4.3

从表1中可以看出，大面积器件和模块效率远远低于小面积器件的效率，是未来亟待解决的问题之一。这一方面的深入研究，需要突破对旋涂法的依赖性，从机理上阐明大面积均匀薄膜制备中的结晶过程，进而提出有效的实现方法。通过这一研究，相信不远的将来即可以在100平方厘米的模块上实现15%的光电转换效率，达到产业化要求。

需注意的是，由于效率的计算方法上，有效工作面积计算结果超过光照面积计算结果，导致高估，因此有必要坚持使用光照面积计算结果，即利用单一孔径大小来定义光照面积。

2. 稳定性问题

为了描述ABX$_3$钙钛矿的结构稳定性，戈尔德施米特（Goldschmidt）在1927年提出了容忍因子（t）的概念，它被定义为：$t = +\dfrac{rA+rX}{\sqrt{2}\,(rB+rX)}$，其中$rA$为一价阳离子的有效离子半径，$rB$是二价金属离子的有效离子半径，$rX$为一价阴离子的有效离子半径。只有$t$的值是在一定范围内，晶体才会呈现钙钛矿结构，而只有t在0.8~1，才会得到稳定的钙钛矿结构。

钙钛矿薄膜易受外界环境因素影响，包括水分、氧气、热和紫外线等。为了改善水稳定性，王立铎[31]等人引入了一种后修饰技术，在钙钛矿薄膜和空穴传输层材料之间插入一层薄薄的氧化铝。石[32]等发现，Br的引入将明显改善水稳定性。此外，很多无需掺杂的材料被开发出来，如TTF-1[33]和PCBTDPP[34]。无机化合物也被用作空穴传输层材料，可以提高器件的稳定性如 CuI[35] 和 $CuSCN$[36]。

在热稳定性方面，存在两种热降解过程：一个是内在钙钛矿材料本身的热不稳定性，另一个是空穴传输层材料等其他层的热不稳定性。为了提高内在热稳定性，最简单的方法之一是更换或混合阳离子。斯奈思[37]等人发现基于 FA 的钙钛矿分解温度比基于 MA 的钙钛矿高 50℃。格兰泽尔[38]和他的同事将 Cs 引入 MA/FA 系统进一步消除黄色 δ 相，同时提高了热稳定性。至于第二种热降解过程，已经报道热稳定性较高的新型空穴传输层材料如三聚茚（truxene）基[39]的材料和 P3HT/SWNT-PMMA[40] 等材料。

在光稳定性方面，紫外线会导致二氧化钛表面的光催化，产生光生空穴，捕获碘离子（I^-）中的电子触发反应。为了提高钙钛矿太阳能电池在紫外线照射下的稳定性，斯奈思[41]等人用介孔氧化铝替换二氧化钛。伊托（Ito）[42]等人在钙钛矿和二氧化钛之间插入 Sb_2S_3 来减缓表面催化。

目前，钙钛矿太阳能电池在光照下工作的稳定性可以达到 4000 小时，在长期的稳定性上仍然与硅电池有很大的差距。这需要从材料开发、微观结构设计和电池制备等多个方面深入研究，最终实现高效率高稳定性的大面积模块的制备。

3. 毒性问题

除了稳定性问题，使用铅而引发的毒性问题是另一个关键问题。解决这一问题的一个方法是寻找其他环保元素部分或完全取代铅元素。表 2 中列出了大部分相关工作。

表 2　非铅钙钛矿太阳能电池研究部分工作

钙钛矿	短路电流/ （毫安/厘米²)	开路电压 /伏	填充因子	效率/%	带隙/电子伏	稳定性
$MASnI_3$[43]	16.8	0.88	0.42	6.4	1.23	封装后的器件经四个月的光照几乎保持原有的吸收
$MASnI_3$[44]	16.3	0.68	0.48	5.23	1.3	氮气环境下，封装后的器件 12 小时后保有初始效率的 80%
$MASnIBr_2$[44]	12.30	0.82	0.57	5.73	1.75	—
$MASn_{0.25}Pb_{0.75}I_3$[45]	15.82	0.728	0.64	7.37	1.24	—
$CsSnI_3$[46]	0.19	0.01	0.21	3×10^{-4}	—	—
20% SnF_2-$CsSnI_3$[46]	22.70	0.24	0.37	2.02	—	—
$MASn_{0.15}Pb_{0.85}I_3$[47]	19.1	0.76	0.66	9.77	NA	—
$MASnI_3$[48]	21.4	0.32	0.46	3.15	1.3	—
$MASn_{0.1}Pb_{0.9}I_3$[49]	19.0	0.78	0.67	10.25	—	—
$FASnI_3$[50]	23.7	0.32	0.63	4.8	1.4	封装后 100 天，保有 98% 初始效率

从表 2 中可以看出，非铅钙钛矿太阳能电池的效率还很低，需要在理论、材料、器件等方面进一步深入研究。

三、总结与建议

上文总结了常用的钙钛矿太阳能电池器件结构、钙钛矿薄膜沉积方法、钙钛矿光伏模块制备的最新进展，以及电池在不同情况下的稳定性和非铅电池的发展。建议：

（1）加大新结构钙钛矿太阳能电池的研究，从结构入手实现效率的进一步提升。

（2）研究薄膜生长原理和开发新方法，制备大面积高质量钙钛矿薄膜和电荷传输层薄膜，实现 100 平方厘米模块效率 15% 以上，这对未来大规模生产至关重要。

（3）加强研究钙钛矿太阳能电池的退化机制，实现长期稳定性达到 15 年以上。

（4）寻找新的合适的和环境友好的元素来代替 Pb、Sn 等毒性较高的元素。

参考文献

[1] Kojima A,Teshima K,Shirai Y,et al. Organometal halide perovskites as visible-light sensitizers for photovoltaic cells. Journal of the American Chemical Society,2009,131 (17)：6050-6051.

[2] Im J H,Lee C R,Lee J W,et al. 6.5% efficient perovskite quantum-dot-sensitized solar cell. Nanoscale,2011,3 (10)：4088-4093.

[3] Kim H S,Lee C R,Im J H,et al. Lead iodide perovskite sensitized all-solid-state submicron thin film mesoscopic solar cell with efficiency exceeding 9%. Scientific Reports,2012,2：591.

[4] Lee M M,Teuscher J,Miyasaka T,et al. Efficient hybrid solar cells based on meso-superstructured organometal halide perovskites. Science,2012,338 (6107)：643-647.

[5] Burschka J,Pellet N,Moon S J,et al. Sequential deposition as a route to high-performance perovskite-sensitized solar cells. Nature,2013,499 (7458)：316-319.

[6] Liu M Z,Johnston M B,Snaith H J. Efficient planar heterojunction perovskite solar cells by vapour deposition. Nature,2013,501 (7467)：395.

[7] Jeng J Y,Chiang Y F,Lee M H,et al. $CH_3NH_3PbI_3$ perovskite/fullerene planar-heterojunction hybrid solar cells. Advanced Materials,2013,25 (27)：3727-3732.

[8] Ball J M,Lee M M,Hey A,et al. Low-temperature processed meso-superstructured to thin-film perovskite solar cells. Energy & Environmental Science,2013,6 (6)：1739-1743.

[9] Chen W,Wu Y,Yue Y,et al. Efficient and stable large-area perovskite solar cells with inorganic charge extraction layers. Science,2015,350 (6263)：944-948.

[10] Wang K,Liu C,Du P C,et al. Bulk heterojunction perovskite hybrid solar cells with large fill factor. Energy & Environmental Science,2015,8 (4)：1245-1255.

[11] Wu Y,Yang X,Chen W,et al. Perovskite solar cells with 18.21% efficiency and area over $1cm^2$ fabricated by heterojunction engineering. Nature Energy,2016,1 16148.

[12] Jeon N J,Noh J H,Kim Y C,et al. Solvent engineering for high-performance inorganic-organic hy-

brid perovskite solar cells. Nature Materials,2014,13（9）：897-903.

[13] Xiao Z G,Bi C,ShaoY C,et al. Efficient,high yield perovskite photovoltaic devices grown by inter-diffusion of solution-processed precursor stacking layers. Energy & Environmental Science,2014, 7（8）：2619-2623.

[14] Liu J,Shirai Y,Yang X,et al. High-quality mixed-organic-cation perovskites from a phase-pure non-stoichiometric intermediate （FAI）$_{1-x}$-PbI$_2$ for solar cells. Advanced Materials,2015,27（33）：4918-4923.

[15] Yang W S,Noh J H,Jeon N J,et al. High-performance photovoltaic perovskite layers fabricated through intramolecular exchang. Science,2015,348（6240）：1234-1237.

[16] Nie W Y,Tsai H H,Asadpour R,et al. High-efficiency solution-processed perovskite solar cells with millimeter-scale grains. Science,2015,347（6221）：522-525.

[17] Li X,Bi D Q,Yi C Y,et al. A vacuum flash-assisted solution process for high-efficiency large-area perovskite solar cells. Science,2016,353（6294）：58-62.

[18] Xiao Z G,Dong Q F,Bi C,et al. Solvent annealing of perovskite-induced crystal growth for photo-voltaic-device efficiency enhancement. Advanced Material,2014,26（37）：6503-6509.

[19] Zhou Z,Wang Z,Zhou Y,et al. Methylamine-gas-induced defect-healing behavior of CH$_3$NH$_3$PbI$_3$ thin films for perovskite solar cells. Angewandte Chemie International Edition,2015,54（33）：9705-9709.

[20] Yang M J,Zhang T Y,Schulz P,et al. Facile fabrication of large-grain CH$_3$NH$_3$PbI$_3$-xBrx films for high-efficiency solar cells via CH$_3$NH$_3$Br-selective Ostwald ripening. Nature Communications, 2016,7：12305.

[21] Barrows A T,Pearson A J,Kwak C K,et al. Efficient planar heterojunction mixed-halide perovskite solar cells deposited via spray-deposition. Energy&Environmental Science 2014,7（9）：2944-2950.

[22] Deng Y H,Peng E,Shao Y C,et al. Scalable fabrication of efficient organolead trihalide perovskite solar cells with doctor-bladed active layers. Energy & Environmental Science,2015,8（5）：1544-1550.

[23] Wang K H,Jung Y S,Heo Y J,et al. Toward large scale roll-to-roll production of fully printed perovskite solar cells. Advanced Materials,2015,27（7）：1241-1247.

[24] Gardner K L,Tait J G,Merckx T,et al. Nonhazardous solvent systems for processing perovskite photovoltaics. Advanced Energy Materials,2016,6（14）：1600386.

[25] Qiu W,Merckx T,Jaysankar M,et al. Pinhole-free perovskite films for efficient solar modules. Energy & Environmental Science,2016,9（2）：484-489.

[26] Matteocci F,Cina L,Giacomo F D,et al. High efficiency photovoltaic module based on mesoscopic organometal halide perovskite. Progress in Photovoltaics,2016,24（4）：436-445.

[27] Giacomo F D,Zardetto V,D'Epifanio A,et al. Flexible perovskite photovoltaic modules and solar cells based on atomic layer deposited compact layers and UV-irradiated TiO$_2$ scaffolds on plastic substrates. Advanced Energy Materials,2015,5（8）：9.

[28] Razza S,Giacomo F D,Matteocci F,et al. Perovskite solar cells and large area modules（100 cm (2)) based on an air flow-assisted PbI₂ blade coating deposition process. Journal of Power Sources,2015,277 286-291.

[29] Chiang C H,Lin J W,Wu C G. One-step fabrication of a mixed-halide perovskite film for a high-efficiency inverted solar cell and module. Journal of Materials Chemistry A,2016,4 (35)：13525-13533.

[30] Seo J,Park S,Kim Y C,et al. Benefits of very thin PCBM and LiF layers for solution-processed p-i-n perovskite solar cells. Energy & Environmental Science,2014,7 (8)：2642-2646.

[31] Niu G D,Li W Z,Meng F Q,et al. Study on the stability of $CH_3NH_3PbI_3$ films and the effect of post-modification by aluminum oxide in all-solid-state hybrid solar cells. Journal of Materials Chemistry A,2014,2 (3)：705-710.

[32] Noh J H,Im S H,Heo J H,et al. Chemical management for colorful,efficient,and stable inorganic-organic hybrid nanostructured solar cells. Nano Letters,2013,13 (4)：1764-1769.

[33] Liu J,Wu Y Z,Qin C J,et al. A dopant-free hole-transporting material for efficient and stable perovskite solar cells. Energy & Environmental Science,2014,7 (9)：2963-2967.

[34] Cai B,Xing Y D,Yang Z,et al. High performance hybrid solar cells sensitized by organolead halide perovskites. Energy & Environmental Science,2013,6 (5)：1480-1485.

[35] Christians J A,Fung R C M,Kamat P V. An inorganic hole conductor for organo-lead halide perovskite solar cells：Improved hole conductivity with copper iodide. Journal of American Chemical Society,2014,136 (2)：758-764.

[36] Chavhan S,Miguel O,Grande H J,et al. Organo-metal halide perovskite-based solar cells with CuSCN as the inorganic hole selective contact. Journal of Materials Chemistry A,2014,2 (32)：12754-12760.

[37] Eperon G E,Stranks S D,Menelaou C,et al. Formamidinium lead trihalide：A broadly tunable perovskite for efficient planar heterojunction solar cells. Energy & Environmental Science,2014,7(3)：982-988.

[38] Saliba M,Matsui T,Seo J Y,et al. Cesium-containing triple cation perovskite solar cells：improved stability,reproducibility and high efficiency. Energy & Environmental Science, 2016, 9 (6)：1989-1997.

[39] Wang J,Chen Y,Liang M,et al. A new thermal-stable truxene-based hole-transporting material for perovskite solar cells. Dyes and Pigments,2016,125：399-406.

[40] Habisreutinger S N ,Leijtens T,Eperon G E,et al. Carbon nanotube/polymer composites as a highly stable hole collection layer in perovskite solar cells. Nano Letters,2014,14 (10)：5561-5568.

[41] Leijtens T,Eperon G E,Pathak S,et al. Overcoming ultraviolet light instability of sensitized TiO_2 with meso-superstructured organometal tri-halide perovskite solar cells. Nature Communications,2013,4：2885.

[42] Ito S,Tanaka S,Manabe K,et al. Effects of surface blocking layer of Sb_2S_3 on nanocrystalline TiO_2 for

CH₃NH₃PbI₃ perovskite solar cells. Journal of Physical Chemistry C,2014,118 (30): 16995-17000.

[43] Noel N K,Stranks S D,Abate A ,et al. Lead-free organic-inorganic tin halide perovskites for photovoltaic applications. Energy & Environmental Science,2014,7 (9): 3061-3068.

[44] Hao F,Stoumpos C C,Cao D H,et al. Lead-free solid-state organic-inorganic halide perovskite solar cells. Nature Photonics,2014,8 (6): 489-494.

[45] Hao F,Stoumpos C C,Chang R P H,et al. Anomalous band gap behavior in mixed Sn and Pb perovskites enables broadening of absorption spectrum in solar cells. Journal of American Chemical Society,2014,136 (22): 8094-8099.

[46] Kumar M H,Dharani S,Leong W L,et al. Lead-free halide perovskite solar cells with high photocurrents realized through vacancy modulation. Advanced Materials,2014,26 (41): 7122.

[47] Zuo F,Williams S T,Liang P W,et al. Binary-metal perovskites toward high-performance planar-heterojunction hybrid solar cells. Advanced Materials,2014,26 (37): 6454-6460.

[48] Hao F,Stoumpos C C,Guo P,et al. Solvent-mediated crystallization of CH₃NH₃SnI₃ films for heterojunction depleted perovskite solar cells. Journal of American Chemical Society,2015,137 (35): 11445-11452.

[49] Zhu L,Yuh B,Schoen S,et al. Solvent-molecule-mediated manipulation of crystalline grains for efficient planar binary lead and tin triiodide perovskite solar cells. Nanoscale, 2016, 8 (14): 7621-7630.

[50] Lee S J,Shin S S,Kim Y C,et al. Fabrication of efficient formamidinium Tin iodide perovskite solar cells through SnF₂-Pyrazine complex. Journal of American Chemical Society,2016,138 (12): 3974-3977.

The Research Status and Outlook of Perovskite Solar Cells

Han Liyuan, Yang Xudong

The power conversion efficiency of perovskite solar cells boosts from 3.8% to 22.1% within seven years,triggering a new wave of research worldwidely. This report first briefly introduces the history of perovskite solar cells and lists the symbolic works chronologically. Then we discuss the main structures and the perovskite film forming methods. In the end,we look ahead into the future,analyzing the methods of achieving large-area high-efficiency and highly stable perovskite based modules and proposing the development trends for perovskite solar cells.

2.4 室温液态金属可变形机器效应与现象的发现

刘 静

（中国科学院理化技术研究所；清华大学医学院生物医学工程系）

实现可在不同形态之间自由转换的变形柔性机器，以执行常规技术难以完成的更为特殊高级的任务，是全球科学界与工程界长久以来的梦想，相应的研究极具重大理论意义与应用前景。近年来，随着一系列关键性突破和进展的取得，室温液态金属作为新一代可控变形机器的基本构筑单元，得到高度重视。其中，中国科学院理化技术研究所与清华大学联合研究团队在液态金属基础现象与可变形机器效应（图1）的系列开创性发现在国际上引发了持续而广泛的反响。此前，该团队在液态金属芯片冷却、先进制造、生命健康和柔性机器等领域耕耘多年，率先揭开了液态金属诸多全新的科学现象、基础效应和变革性应用途径。

（1）在液态金属可控变形机器效应方面。研究小组首次揭开了外场（电、磁、化学、力、热场等）作用下处于溶液中的液态金属可在不同形态和运动模式之间发生转换的基础现象，如大尺度变形、自旋、定向运动、融合与分离[1]、穿越窄缝与运动反转[2]、射流[3]、自由塑形[4]、逆重力攀爬、交流电控共振行为[5]，以及类似于细胞生物界"胞吞"效应的在电场和化学物质作用下液态金属可吞噬特定纳米颗粒的现象[6]等，这些发现改变了人们对于常规材料、复杂流体、软物质及刚体机器的固有认识，为变革传统机器乃至研制未来全新概念的高级柔性智能机器奠定了理论与技术基础，系列研究在国际上引发广泛热议，被认为是观念性突破和重大发现，"预示着柔性机器人新时代"。进一步地，团队还发现了电学与化学协同调控下的液态金属可逆变形机制[7]，电磁耦合诱发的液态金属褶皱波效应[8]，以及因金属液滴融合而触发的动态液体弹簧与弹射效应[9]、由机械注射产生的液态金属自剪切现象[10]等。

（2）在自驱动液态金属机器效应方面。在大量前期积累的基础上，团队继而发现了自驱动液态金属机器效应。他们在国际上率先揭开了一类异常独特的现象和机制，即液态金属（如镓、镓基合金）可在"吞食"合适金属（如铝）后以可变形机器形态长时间高速运动，实现无需外部电力的自主运动，这种被命名为仿生型液态金属软体动物[11]的柔性可变形自驱动机器为研制智能马达、血管机器人、流体泵送系统、柔性执行器乃至更为复杂的液态金属机器人创造了条件，为制造人工生命打开了新视野，

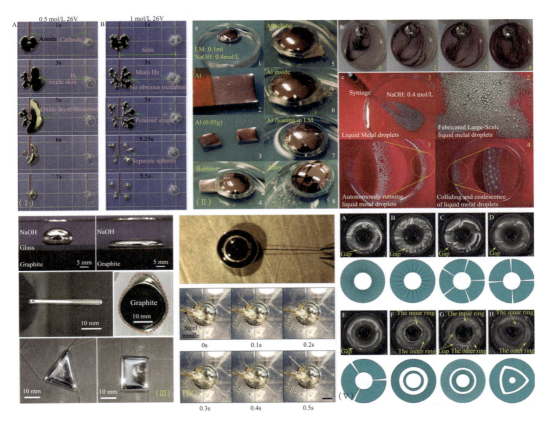

图 1　部分典型的液态金属可变形机器效应与现象
（Ⅰ）可逆变形；（Ⅱ）过渡态机器；（Ⅲ）自由塑形；（Ⅳ）线振荡器；（Ⅴ）褶皱波

同时对于发展超越传统的柔性电源和动力系统来说也颇具价值，相应工作还促成了后续一系列液态金属触发的室温铝水反应低成本制氢技术的建立[13]，实用价值较大。自驱动液态金属首发论文[11]的 Almetric 影响力指数在《先进材料》（*Advanced Materials*）以往所发表全部论文中位居第一，也系该刊当年度下载量最多论文。此外，团队还发现，采用注射方式可实现规模化快速制备液态金属微型马达，其呈宏观布朗运动形式[13]，受电场作用时会出现强烈加速效应[14]；而磁场对液态金属马达会起到磁阱效应作用[15]；此外，借助马达间碰撞、吸引、融合、反弹等机制，研究小组命名了一种液态金属过渡态机器形式[16]。有关研究入选"2015 两院院士评选中国十大科技进展新闻"。实验室发现的其他液态金属自主运动模式还包括：液态金属呼吸获能效应[17]、原电池驱动型自振荡[18]、Marangoni 流动效应[19]、温差驱动型液态金属-低沸点工质双流体自主运动[20]等。

（3）在液态金属固液组合机器效应方面。进一步地，团队将相应工作推进到了更复杂机器的构建上，进而揭示出系列液态金属固液组合机器效应。团队首次发现了液态金属固液组合机器自激振荡效应[21]，实验显示：经预先处理的铜丝触及含铝液态金属时，会被迅速吞入并在液态金属基座上作长时间往复运动，其振荡频率和幅度可通过不锈钢丝触碰液态金属来加以灵活调控。这一突破性发现革新了传统的界面科学知识，也为柔性复合机器的研制打开了新思路，还可用作流体、电学、机械和光学系统的控制开关。团队发现的其他固液组合机器效应还包括：金属颗粒触发型液态金属跳跃现象[22]，以及可实现运动起停、转向和加速的磁性固液组合机器[23]；而采用电控可变形旋转的"液态金属车轮"[24]，还可驱动3D打印的微型车辆，实现行进、加速及更多复杂运动，《化学世界》（Chemistry World）为此撰文《小机器，大进展》。此前，液态金属机器均以纯液态方式出现，固液组合机器效应的发现和技术突破，使得液态金属机器有了功能性内外骨骼，将提速柔性机器的研制进程。

以上系列发现，促成了人们对室温液态金属基础属性的认识，为未来研制超常规的可变形机器初步建立了可控主体构象转换、运动和变形的理论与技术体系，推动了室温液态金属物质科学与技术领域的进步。由于研究的突破性，系列工作先后被所在期刊选为封面文章（图2）并相继被 Nature、Nature Materials、Science News、New Scientist、Discover、Daily Mail、Phys. org、News Week、Fox News、中央电视台、路透社等广泛评介。

图2　系列期刊封面或封底故事反映的液态金属可变形机器效应与现象

（a）电控可变形；（b）自驱动效应；（c）自由塑形；（d）柔性适形电子；（e）自激振荡；（f）自剪切分散效应；（g）过渡态机器效应；（h）磁控液态金属马达

作为一大类新兴的功能材料，室温液态金属罕见的多功能属性蕴藏着诸多以往从未被认识的新奇特性，正为大量新兴的科学与技术前沿提供重大启示和极为丰富的研究空间。当前，液态金属研究已从最初的冷门发展成国际上备受瞩目的重大科技热点和前沿。全球范围内不少实验室陆续介入相应研究，在基础和应用研究上均取得可喜突破。因涉及范畴众多，此处不一而足，仅就本文讨论的液态金属可控变形主题而言，多个实验室的研究同样精彩纷呈。其中，澳大利亚皇家墨尔本理工大学 Kalantar-zadeh 小组的工作尤具代表性，他们先后实现了外表嵌有颗粒的液态金属的电化学驱动效应[25]、电控液态金属微泵[26]以及离子浓度差驱动的液态金属运动[27]等；美国夏威夷大学 Gough 小组实现了基于氧化还原反应的液态金属自驱动[28]；美国北卡罗莱纳州立大学 Dickey 小组基于前人发现的液态金属电控运动原理，研究了在微流道中充填液态金属的问题[29]；在微观尺度，美国北卡罗莱纳州立大学 Gu 小组将可变形液态金属纳米颗粒引入药物递送领域[30]，展示了一种新的纳米医学应用模式。

迄今，科学界研发出了各种软体动物机器人[31]，包括蠕虫机器人[32]、毛毛虫机器人[33]、章鱼和八爪鱼机器人等[34]，但大多仍属于多个硬质单元组成的机构，与柔软和普适变形乃至融合等高级机器所具备的能力还存在相当大距离，更不同于自然界中人或动物那样的有着柔软外表、无缝平滑的连接。液态金属可变形机器效应的发现，有望促成柔性机器理论与技术取得重大突破。以往，国内外针对液态金属的研究，大多集中在单一流体上开展工作，并未顾及复杂多流体及外场之间的相互作用机制，致使流体可控下的变形机理未被深刻认识和解读，特别是就如何籍此构筑可变形机器的探索基本处于空白状态。不难预见的是，随着更多液态金属柔性可控变形单元与功能的发现，将促成全新概念的机器人技术的研发，继而开启前所未有的应用前景。

总的说来，"一类材料，一个时代"，室温液态金属作为一大类特殊功能物质，已展示出引领和开拓重大科技前沿的特质，正为能源、电子信息、先进制造、国防军事、柔性智能机器人，以及生物医疗健康等领域的发展带来颠覆性变革，并将催生出一系列战略性新兴产业，将有助于推动国家尖端科技水平的提高、全新工业体系的创建乃至社会物质文明的进步。无疑，与当今业已得到充分探索的众多科技领域相比，室温液态金属物质科学与技术学科特别是据此催生的液态金属柔性智能机器学还十分年轻，也正因如此，该领域的发展方兴未艾！

参考文献

［1］Sheng L, Zhang J, Liu J. Diverse transformation effects of liquid metal among different morphologies. Advanced Materials, 2014, 26: 6036-6042.

［2］Yao Y, Liu J. A polarized liquid metal worm squeezing across localized irregular gap. RSC Advances, 2017, 7(18): 11049-11056.

［3］Fang W Q, He Z Z, Liu J. Electro-hydrodynamic shooting phenomenon of liquid metal stream. Applied Physics Letters, 2014, 105: 134104-1-4.

［4］Hu L, Wang L, Ding Y, et al. Manipulation of liquid metals on a graphite surface. Advanced Materials, 2016, 28: 9210-9217.

［5］Yang X, Tan S, Yuan B, et al. Alternating electric field actuated oscillating behavior of liquid metal and its application. Science China Technological Sciences, 2016, 59(4): 597-603.

［6］Tang J, Zhao X, Li J, et al. Liquid metal phagocytosis: Intermetallic wetting induced particle internalization. Advanced Science, 2017, DOI: 10. 1002/advs. 201700024.

［7］Zhang J, Sheng L, Liu J. Synthetically chemical-electrical mechanism for controlling large scale reversible deformation of liquid metal objects. Scientific Reports, 2014, 4: 7116.

［8］Wang L, Liu J. Liquid metal patterns induced by electric capillary force. Applied Physics Letters, 2016, 108: 161602.

［9］Yuan B, He Z Z, Fang W Q, et al. Liquid metal spring: Oscillating coalescence and ejection of contacting liquid metal droplets. Science Bulletin, 2015, 60: 648-653.

［10］Yu Y, Wang Q, Yi L T, et al. Channelless fabrication for large-scale preparation of room temperature liquid metal droplets. Advanced Engineering Materials, 2014, 16: 255-262.

［11］Zhang J, Yao Y Y, Sheng L, et al. Self-fueled biomimetic liquid metal mollusk. Advanced Materials, 2015, 27: 2648-2655.

［12］Yuan B, Tan S C, Liu J. Dynamic hydrogen generation phenomenon of aluminum fed liquid phase Ga-In alloy inside NaOH electrolyte. International Journal of Hydrogen Energy, 2016, 41: 1453-1459.

［13］Yuan B, Tan S C, Zhou Y X, et al. Self-powered macroscopic Brownian motion of spontaneously running liquid metal motors. Science Bulletin, 2015, 60: 1203-1210.

［14］Tan S C, Yuan B, Liu J. Electrical method to control the running direction and speed of self-powered tiny liquid metal motors. Proceedings of the Royal Society A-Mathematical Physical and Engineering Sciences, 2015, 471: 20150297.

［15］Tan S C, Gui H, Yuan B, et al. Magnetic trap effect to restrict motion of self-powered tiny liquid metal motors. Applied Physics Letters, 2015, 107: 071904.

［16］Sheng L, He Z, Yao Y, et al. Transient state machine enabled from the colliding and coalescence of a swarm of autonomously running liquid metal motors. Small, 2015, 11(39): 5253-5261.

［17］ Yi L,Ding Y,Yuan B,et al. Breathing to harvest energy as a mechanism towards making a liquid metal beating heart. RSC Advances,2016,6：94692-94698.

［18］ Wang L,Liu J. Graphite induced periodical self-actuation of liquid metal. RSC Advances,2016,6：60729-60735.

［19］ Tan S,Yang X,Gui H,et al. Galvanic corrosion couple induced Marangoni flow of liquid metal. Soft Matter,2017,13：2309-2314.

［20］ Tang J,Wang J,Liu J,et al. A volatile fluid assisted thermo-pneumatic liquid metal energy harvester. Applied Physics Letters,2016,108：023903-1-4.

［21］ Yuan B,Wang L,Yang X,et al. Liquid metal machine triggered violin-like wire oscillator. Advanced Science,2016,3：1600212-1-4.

［22］ Tang J,Wang J,Liu J,et al. Jumping liquid metal droplet in electrolyte triggered by solid metal particles. Applied Physics Letters,2016,108：223901-1-5.

［23］ Zhang J,Guo R,Liu J. Self-propelled liquid metal motors steered by a magnetic or electrical field for drug delivery. Journal of Material Chemistry. B,2016,4：5349-5357.

［24］ Yao Y,Liu J. Liquid metal wheeled small vehicle for cargo delivery. RSC Advances,2016,6：56482-56488.

［25］ Tang S Y,Sivan V,Khoshmanesh K,et al. Electrochemically induced actuation of liquid metal marbles. Nanoscale. 2013,5：5949-5957.

［26］ Tang S Y,Khoshmanesh K,Sivan V,et al. Liquid metal enabled pump. PNAS, 2014, 111：3304-3309.

［27］ Zavabeti A,Daeneke T,Chrimes A F,et al. Ionic imbalance induced self-propulsion of liquid metals. Nature Communications,2016,7：12402.

［28］ Gough R C,Dang J H,Moorefield M R,et al. Self-actuation of liquid metal via redox reaction. ACS Applied Materials & Interfaces,2016,8：6-10.

［29］ Khan M R,Trlica C,Dickey M D. Recapillarity：Electrochemically controlled capillary withdrawal of a liquid metal alloy from microchannels. Advanced Functional Materials,2015,25：671-678.

［30］ Lu Y,Hu Q,Lin Y,et al. Transformable liquid-metal nanomedicine. Nature Communications,2015,6：10066.

［31］ Laschi C,Mazzolai B,Mattoli V,et al. Design and development of a soft actuator for a robot inspired by the octopus arm. Experimental Robotics,2009,54：25-33.

［32］ Yuk H,Kim D,Lee H,et al. Shape memory alloy-based small crawling robots inspired by C. elegans. Bioinspiration & Biomimetics,2011,6：046002-046015.

［33］ Sumbre G,Fiorito G,Flash T,et al. Motor control of flexible octopus arms. Nature,2005,433：595-596.

［34］ Shepherd R F,Ilievski F,Choi W,et al. Multigait soft robot. PNAS,2011,108：20400-20403.

Discovery on Fundamental Effects and Phenomena of Transformational Liquid Metal Machines

Liu Jing

Making soft robots that can flexibly transform among different morphologies has long been a dream for both science and engineering areas. Through more than ten years' continuous academic endeavors, researchers in China and over the world have achieved a group of very fundamental discoveries on the effects and phenomena of transformational liquid metal machines. These breakthrough findings are expected to play pivotal roles in developing new generation soft robots. This article is dedicated to present a brief summary on the typical discoveries thus made which span from electrically controlled diverse transformations of liquid metal materials, self-fuelled liquid metal mollusks, liquid metal motors enabled transient state machines, to hybrid liquid-solid metal machines etc. With uniquely versatile capabilities, liquid metal machines are offering tremendous opportunities and unconventional strategies for molding future smart soft machines or robots which had never been anticipated before or hardly achievable by a rigid metal or conventional material. It is expected that progresses thus made would clearly pave the evolutionary way for advancing liquid metal robots.

2.5 二氧化碳人工生物转化：从全天然到全人工

朱华伟[1,2] 张延平[1] 李 寅[1]

（1. 中国科学院微生物研究所，中国科学院微生物生理
与代谢工程重点实验室；2. 中国科学院大学）

当前，大气中二氧化碳（CO_2）浓度持续上升，气候变化、环境污染成为全球挑战，以化石资源为物质基础的"碳净增"经济发展方式难以为继。以糖、淀粉等生物质为原料的生物制造，是"碳中性"的新型物质加工方式，但存在"与人争地"的争议。合成生物学的发展，为人工设计和操纵生命体提供了可能，使人类能够创建出超越自然的人工生物体系，把 CO_2 高效转化为有机物。这不仅可以加速 CO_2 的资源化利用，未来还有可能改变工业的原料路线，成为支撑经济绿色发展的颠覆性技术，因此得到美国、欧盟和日本等主要发达经济体的高度重视。

在自然界中，自养生物能够将 CO_2 固定为生物质和有机物，总量非常大（平均每年可以固定约 380 亿吨 CO_2），但单位固碳效率比较低。以蓝细菌为例，其单位固碳速率［其单位为毫克/（升·时）］与目前生物制造的工业化生产速率［其单位为克/（升·时）］与相差 100～1000 倍。因此，自然生物固碳过程无法满足工业生产的需求，创建高效固碳的 CO_2 人工生物转化系统成为了各国科学家关注的焦点，并在改造设计固碳途径与提升能量利用效率这两个方面，取得了一系列重要突破。

一、CO_2 人工生物转化途径的改造与设计

自然界中已发现的天然固碳途径共有 6 条（3 条好氧途径和 3 条厌氧途径）[1]。基于对天然固碳途径的认识，根据"从天然到人工"的思路，CO_2 人工生物转化已经从固碳酶的简单改造，发展到非天然固碳系统的人工创建和固碳途径的全新设计。

羧化酶是固碳途径的限速酶，其催化速率直接决定着 CO_2 生物转化效率。自然界中存在最普遍的羧化酶是核酮糖-1,5-二磷酸羧化酶/加氧酶（RuBisCO），地球上约 90% 的 CO_2 固定是由其实现的。但该酶对 CO_2 的催化能力弱，同时在 O_2 存在时会发生较强的副反应（即光呼吸），造成碳流失和能量损耗。科学家对不同来源 RuBisCO 大

小亚基进行杂合，增加 RuBisCO 底物的再生速度，定向进化改造提高比酶活以及对 RuBisCO 激活酶进行改造，但效果十分有限[1]。本实验室通过设计针对 RuBisCO 活性的筛选体系，将来源于集胞藻 7002 的 RuBisCO 对 CO_2 的比酶活提高了 85%。该突变体的突变位点全部发生于小亚基上，为 RuBisCO 的理性改造提供了新思路[2]。

除了专用的固碳酶外，最近发现固氮酶也可以固碳。哈伍德（Harwood）等[3]替换了沼泽红假单胞菌固氮酶的两个氨基酸，实现了光驱动 CO_2 转化为 CH_4，打破了人们对固氮酶功能的固有认识。来自固氮菌 *Azotobacter vinelandii* 的固氮酶在特定条件下，可以将 CO_2 还原为 CO，进一步将 CO 转化为烃类化合物，如乙烯、乙烷和丙烷，1 克干细胞每天能生产 1 微摩尔乙烯[4]。

CO_2 人工生物转化效率不仅取决于固碳酶的催化能力，还取决于整个固碳途径的动力学、能量和还原力消耗量以及反应步数等。在 6 个天然固碳途径中，厌氧乙酰-CoA 途径反应步数最少，能耗最低，但目前还没有对该途径进行改造的报道。在好氧固碳途径中，除了卡尔文循环之外，3-羟基丙酸双循环和 3-羟基丙酸/4-羟基丁酸循环的固碳酶均为乙酰-CoA 羧化酶和丙酰-CoA 羧化酶，这两个羧化酶均以 0，无需依赖碳浓缩机制来增加底物浓度。近年来，多个研究小组尝试将好氧固碳途径在大肠杆菌等非天然固碳系统中进行重构。安东诺夫斯基（Antonovsky）等[5]在大肠杆菌中重构了完整的卡尔文循环，并证明异源宿主中固碳循环的所有中间产物和最终产物均来自于 CO_2，向构建全人工固碳系统迈出了重要一步。此前已有报道，在大肠杆菌中将 3-羟基丙酸双循环分为 4 个亚途径实现了功能表达，在酿酒酵母中导入卡尔文循环关键酶提高了乙醇得率，在强烈火球菌中部分引入 3-羟基丙酸/4-羟基丁酸实现固碳等。本实验室在大肠杆菌中导入了卡尔文循环中的磷酸核酮糖激酶和核酮糖-1，5-二磷酸羧化酶/加氧酶，并引入蓝细菌特有的碳浓缩机制，大肠杆菌的固碳速率达到了每克干重细胞每小时固定 22.5 毫克 CO_2 的水平，与 14 种蓝细菌和藻类的固碳速率相当，实现了蓝细菌固碳和碳浓缩机制在异养生物中的重编程[6]。尽管将非天然固碳系统转变为完全非有机的固碳系统还存在许多挑战，但这种"半自养/半人工"的细胞工厂已经展示出很强的 CO_2 转化能力[6,7]。

天然固碳途径为 CO_2 的生物转化提供了基础路线，而合成生物学为创建全新固碳途径提供了新的手段。巴尔-埃文（Bar-Even）等[8]基于对自然界 5000 多种酶的认识，计算设计得到一系列非天然的合成固碳途径，部分途径在热力学或动力学上优于天然固碳途径。其中一个途径，采用磷酸烯醇式丙酮酸羧化酶作为固碳酶，作者预测该途径的固碳速率比卡尔文循环快 2～3 倍，为人工设计高效、可行的固碳途径提供了丰富的信息。通过引入高效固碳酶，施万德（Schwander）等[9]创建了一条非天然固碳途径（简称为 CETCH 循环）并在体外实现了生物固碳。CETCH 循环引入了迄今报道活性最高的羧化酶——烯酰-CoA 羧化酶/还原酶作为途径设计的起点，相比于天然好氧固碳途径，CETCH 循环途径更短、能效更高，体外实验证明其可以达到与卡尔文循环相当的固碳速率，表明采用天然固碳元件，有可能创造出超越自然的非天然固碳途径。

二、 CO_2 人工生物转化的能量供给与效率提升

CO_2 分子高度氧化，将每分子 CO_2 转化为有机物，需要输入 0.5～3 分子 ATP 和 1.67～2 分子 NAD(P)H[1]。生物可利用的自然能量有两种：光能和化学能。光合自养微生物利用光系统将光子捕获，转化为还原力和 ATP；化能自养微生物通过还原无机化合物（如 H_2、H_2S、S^0、NH_3、Fe^{2+}）获取能量和还原力。

光合作用效率有很大的提升空间。以一个年度周期进行测算，光合作用的能量效率普遍低于 1%，只有某些藻类的年能量效率能达到 3% 以上，而光合作用生产葡萄糖的理论能量效率可达 12%[10]。吸收光谱窄、热损失、光呼吸等是造成光能利用效率低的主要因素。天线"截短"技术是目前提高光合效率的一种有效手段。通过截短光系统捕光复合体，可以减少单个细胞的光捕获，从而增强光的穿透性和利用率。该策略已经在微藻和蓝细菌中取得成功，在高光强下提高了近 50% 的生物质产量[7]。扩大光系统的可用光谱范围是另一种有效的策略。光合放氧系统可吸收波长范围为400～700 纳米，因此可利用的太阳辐射能量不足 50%；而来自非光合放氧光系统的细菌，其叶绿素吸收波长上限可达 1075 纳米。如果把其中一个光系统改造为可吸收长波段的细菌叶绿素，有可能显著减少光损失，提高光能利用效率，但目前还没有成功的报道。

除对光系统本身进行改造外，平衡胞内 ATP/NADPH 水平，使光反应和暗反应有效偶联，是提高光合效率的一种新策略。本实验室通过在蓝细菌中引入 NADPH 消耗途径，光合效率提高了近 50%，光饱和点提高了一倍，使得蓝藻能够耐受高光强[11]。另外，也有研究将生物光合模块引入到异源宿主中，实现功能性表达。质子泵视紫红质是自然界最简单的光系统，可以吸收光能产生质子梯度再生 ATP。该系统已经在不同宿主中实现了异源表达。在光照条件下，引入视紫红质的大肠杆菌工程菌胞内 ATP 水平、生长速率及产氢速率得到提高，引入视紫红质的蓝细菌工程菌细胞生长得到促进，引入到希瓦氏菌则增强了产电速率，为非天然固碳系统提供了新的能量来源。

除光能以外，在化能自养微生物可利用的无机化合物中，H_2 来源广、价格低、使用方便，是自养微生物最常用的化学能。微生物可利用氢化酶捕获 H_2。氢化酶分为

两类，一类是位于胞质的可溶氢化酶，可溶氢化酶可以再生 NAD(P)H；另一类是膜结合的氢化酶，这一类氢化酶可以给呼吸链提供电子供体，通过呼吸链电子传递再生 ATP。氢化酶已经在大肠杆菌实现了异源表达，但主要集中在产氢氢化酶的表达和应用上。另外，大部分氢化酶不耐氧，且氢化酶需螯合金属离子才有活性。要实现 H_2 供能转化 CO_2，需选择耐氧的吸氢氢化酶。天然利用 H_2 的化能自养菌（如产乙酸菌、罗尔斯通氏菌等），可为发掘高效的吸氢氢化酶提供基因资源。

生命体与非生命体构建的杂合系统是 CO_2 人工生物转化的高级形式，打破了生命与非生命之间的界限。典型的杂合系统包括人工光合作用和微生物电合成。人工光合作用耦合了捕光半导体材料和非光合细菌。有别于天然光系统，无机半导体捕光系统能量转化效率更高，稳定性和扩展性更好。崎元仁（Sakimoto）等[12]利用非光合固碳细菌 *Moorella thermoacetica* 和半导体纳米颗粒 CdS 开发的杂合系统，实现了光驱动 CO_2 到乙酸的转化。为了突破固碳细菌的代谢限制，第二种工程菌（如大肠杆菌）被引入到系统中来，将乙酸转化为更多高附加值化学品[13]。另外，通过光催化裂解水产氢驱动 CO_2 固定的人工光合作用系统也取得了重要进展。采用 n-TiO_2 作为光阳极，p-InP 作为光阴极，甲烷八叠球菌作为生物催化剂，尼克尔斯（Nichols）等[14]实现了无辅助光驱动 CO_2 到甲烷的合成。基于水裂解系统和罗尔斯通氏菌开发的杂合系统，5 天内生成了 216 毫克/升的异丙醇，太阳能到生物质的能量转化效率达到 3.2%[15]。采用抗活性氧的钴磷合金替换原来的镍钼锌合金作为析氢催化剂，减少裂解水产氢过程中 H_2O_2 产生的同时降低了过电势[16]。该系统与现有的光伏装置偶联后，其还原 CO_2 的能量效率达到了 10%，超越了天然光合作用系统。

微生物电合成是指微生物细胞利用电能驱动 CO_2 还原为有机物的过程。在自然界，部分微生物可以通过细胞膜上的氧化还原蛋白或微生物纳米导线与胞外电子供体/受体之间实现电子交换，这一过程称为跨膜电子传递。目前人们对跨膜电子传递机制的认识还比较少，主要集中在两种模式微生物上：希瓦氏菌和地杆菌。目前，希瓦氏菌的跨膜电子传递元件已经在大肠杆菌中得到了表达，使大肠杆菌能够把胞内电子传递到电极上。另外，微生物电合成还可以通过电还原方式再生电子载体（如 H_2、甲酸、Fe^{2+}、NH_3、黄素等），以间接形式给微生物提供能量和还原力。尽管对跨膜电子传递机制的认识还不够深入，微生物电合成已经广泛应用于产乙酸菌、产甲烷菌和罗尔斯通氏菌等微生物上，实现了电能驱动 CO_2 转化[17]。

三、总结和展望

固碳酶的挖掘与改造、非天然固碳系统的人工创建和固碳途径的全新设计，突破

了原有 CO_2 转化途径的限制；人工光合作用和电能的利用，打开了人工能量利用的大门。从简单人工改造，到深度人工改造，再到人工创造，CO_2 人工生物转化路径在不断扩大，效率在不断提升。

　　未来，CO_2 人工生物转化研究应继续着眼于途径和能量两个方面。途径方面，包括解析固碳酶的固碳机制、挖掘新的固碳酶、设计更多可利用的新固碳途径、开发固碳微生物遗传操作系统并加强代谢工程改造等。能量方面，要加强对光系统的设计、改造和重建，解析微生物电能直接利用机制，突破电能到生物能转换的瓶颈问题，设计新的电能利用系统。只有在途径和能量两方面实现关键技术突破，才能创建出高效的人工生物，建立起以 CO_2 为原料的先进生物制造模式。

参考文献

[1] 巩伏雨,蔡真,李寅. CO_2 固定的合成生物学. 中国科学：生命科学. 2015,45(10)：993-1002.

[2] Cai Z,Liu G X,Zhang J L,et al. Development of an activity-directed selection system enabled significant improvement of the carboxylation efficiency of Rubisco. Protein Cell,2014,5(7)：552-562.

[3] Fixen K R,Zheng Y N,Harris D F,et al. Light-driven carbon dioxide reduction to methane by nitrogenase in a photosynthetic bacterium. PNAS,2016,113(36)：10163-10167.

[4] Rebelein J G,Lee C C,Hu Y L,et al. The *in vivo* hydrocarbon formation by vanadium nitrogenase follows a secondary metabolic pathway. Nature Communications,2016,7：1-6.

[5] Antonovsky N,Gleizer S,Noor E,et al. Sugar synthesis from CO_2 in *Escherichia coli*. Cell,2016,166(1)：115-125.

[6] Gong F,Liu G,Zhai X,et al. Quantitative analysis of an engineered CO_2-fixing *Escherichia coli* reveals great potential of heterotrophic CO_2 fixation. Biotechnology for Biofuels,2015,8(86)：1-10.

[7] Claassens N J,Sousa D Z,dos Santos V,et al. Harnessing the power of microbial autotrophy. Nature Reviews Microbiology,2016,14(11)：692-706.

[8] Bar-Even A,Noor E,Lewis N E,et al. Design and analysis of synthetic carbon fixation pathways. PNAS,2010,107(19)：8889-8894.

[9] Schwander T,von Borzyskowski L S,Burgener S,et al. A synthetic pathway for the fixation of carbon dioxide *in vitro*. Science. 2016,354(6314)：900-904.

[10] Blankenship R E,Tiede D M,Barber J,et al. Comparing photosynthetic and photovoltaic efficiencies and recognizing the potential for improvement. Science,2011,332(6031)：805-809.

[11] Zhou J,Zhang F,Meng H,et al. Introducing extra NADPH consumption ability significantly increases the photosynthetic efficiency and biomass production of cyanobacteria. Metabolic Engineering,2016,38：217-227.

[12] Sakimoto K K,Wong A B,Yang P D. Self-photosensitization of nonphotosynthetic bacteria for solar-to-chemical production. Science,2016,351(6268)：74-77.

[13] Liu C,Gallagher J J,Sakimoto K K,et al. Nanowire-bacteria hybrids for unassisted solar carbon dioxide fixation to value-added chemicals. Nano Letters,2015,15(5)：3634-3639.

[14] Nichols E M,Gallagher J J,Liu C,et al. Hybrid bioinorganic approach to solar-to-chemical conversion. PNAS,2015,112(37)：11461-11466.

[15] Torella J P,Gagliardi C J,Chen J S,et al. Efficient solar-to-fuels production from a hybrid microbial-water-splitting catalyst system. PNAS,2015,112(8)：2337-2342.

[16] Liu C,Colon B C,Ziesack M,et al. Water splitting-biosynthetic system with CO_2 reduction efficiencies exceeding photosynthesis. Science,2016,352(6290)：1210-1213.

[17] 朱华伟,张延平,李寅. 微生物电合成-电能驱动的 CO_2 固定. 中国科学：生命科学. 2016,46(12)：1388-1399.

CO_2 Conversion by Synthetic Biological Systems： from Natural to Unnatural

Zhu Huawei，Zhang Yanping，Li Yin

With the rising of atmospheric CO_2 concentration,reducing CO_2 emission and using CO_2 as feedstocks have reached a global consensus. Harnessing the power of microbial system for converting CO_2 into organics is a green and economical bio-manufacturing route,but its efficiency remains to be low. Creating a synthetic microbial system may surpass nature and achieve highly efficient CO_2 conversion. Here,we reviewed the significant advances on CO_2 artificial biological conversion and summarized its development status. Furthermore,future prospects on biological conversion CO_2 were discussed.

2.6 T 细胞疗法现状与展望

丁 晓 董 晨

（清华大学医学院免疫学研究所）

一、发 展 现 状

过继回输 T 细胞疗法（adoptive T cell transfer therapy）是指分离病人自身的免疫细胞在体外经过筛选或改造后得到具有特异性肿瘤杀伤作用的免疫细胞，大量扩增后回输到病人体内的治疗方法，简称 T 细胞疗法。T 细胞是免疫系统抗肿瘤的"主力军"，T 细胞疗法的本质就是提高"主力军"的数量和精确打击能力，目前比较有效的 T 细胞疗法包括肿瘤浸润淋巴细胞疗法和基因修饰 T 细胞疗法。

（一）肿瘤浸润淋巴细胞

肿瘤浸润淋巴细胞（tumor infiltrating lymphocytes，TIL）是指从患者肿瘤组织中分离出来的淋巴细胞，主要包括 $CD4^+$ 和 $CD8^+$ 的 T 细胞。1985 年，罗森伯格（S. Rosenberg）发现从黑色素瘤中分离出的淋巴细胞可以识别自身肿瘤[1]，并于 1988 年首次报道了体外扩增的 TIL 使黑色素瘤患者肿瘤消退的病例[2]。2002 年，预先对患者进行淋巴细胞清除，使回输的 T 细胞在体内存活时间更久，极大地提高了抗肿瘤疗效[3]（图 1）。

临床试验的成功使人们认识到 T 细胞在肿瘤免疫中发挥至关重要的作用。目前，TIL 疗法在转移性的黑色素瘤治疗中效果显著，美国多个独立的临床试验得到的完全缓解率为 38% ～5%[3]。在这一结果的鼓舞下，人们试图把 TIL 疗法扩大到其他的肿瘤类型。但是，尽管其他类型肿瘤的 TIL 可以在体外扩增，体内却没有得到可观的抗肿瘤效果。为此，研究人员做了大量的工作去寻找发挥抗肿瘤作用的 T 细胞所识别的抗原和筛选肿瘤抗原特异的 T 细胞。外显子测序技术使人们认识到：肿瘤携带的非同义突变频率在不同类型的肿瘤中不同，差别可达 1000 倍[4]，提示 T 细胞可能通过识别肿瘤细胞的突变来发挥作用，突变频率越高的肿瘤类型 TIL 疗法越有效。这也可以解释为什么免疫哨卡抑制剂在突变频率较高的黑色素瘤、肺癌和膀胱癌中有效，同时

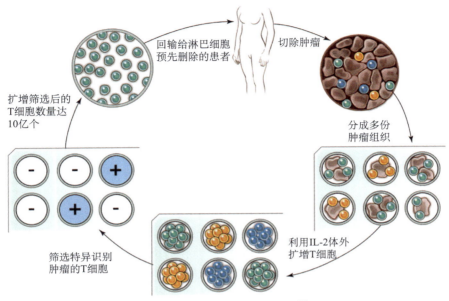

图 1 肿瘤浸润淋巴细胞疗法[3]

也解释了 TIL 疗法的安全性。

　　30% 以上的人类肿瘤是由于 *Kras* 基因突变造成的，但人们针对 *Kras* 基因靶点进行了大量的治疗研究却收效甚微。2016 年 12 月，罗森伯格首次报道了针对肿瘤突变抗原的 TIL 疗法在 *Kras* 基因突变的肺转移结肠癌的成功案例，为 *Kras* 基因突变肿瘤提供了一种新的有效的治疗手段[5]。

（二）基因修饰 T 细胞

　　尽管 TIL 疗法在黑色素瘤治疗中达到了 50% 左右的响应率，但并不是所有患者的肿瘤组织都有淋巴细胞的浸润，浸润的淋巴细胞不一定能在短时间内扩增到治疗所需数量，扩增的浸润淋巴细胞不一定具有抗肿瘤功能，这些局限使得 TIL 疗法没有获得广泛应用，也促使人们研发来源更广泛、增殖能力更强和精准性更高的方法——基因修饰 T 细胞疗法（图 2），利用遗传改造给外周血来源的 T 细胞安上"导航"系统。目前正在进行临床实验的主要包括 T 细胞受体 T 细胞（TCR-T）和嵌合抗原受体 T 细胞（CAR-T）。

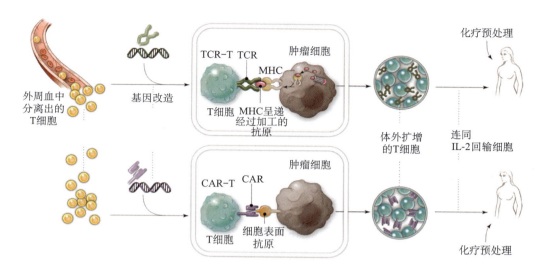

图 2 基因修饰 T 细胞疗法[3]

从患者外周血中分离出 T 细胞，将编码 TCR 或者 CAR 的基因导入其中，体外大量扩增后回输至患者体内，IL-2 辅助 T 细胞体内增殖。患者在接受细胞回输前通常预先进行化疗处理清除部分 T 细胞，以给回输的细胞留出"空间"快速增殖。

1. T 细胞受体 T 细胞（TCR-T）

研究人员发现不同患者来源的黑色素肿瘤浸润淋巴细胞都能识别 MART-1 蛋白和 gp100 蛋白，于是设想是否可以将识别这些抗原的 TCR 导入到人类白细胞抗原（human leukocyte antigen，HLA）相同的患者的 T 细胞中来治疗肿瘤，这种治疗方法就是 T 细胞受体 T 细胞疗法。以 MART-1 为靶点的临床实验表明，12 个黑色素瘤患者中有 2 名患者有响应，随后针对其他靶点的 TCR-T（如 NY-ESO-1、CEA、MAGE 家族蛋白）也陆续进入临床研究。目前，以 NY-ESO-1 为靶点的 TCR-T 取得的疗效最为显著，已经完成的临床实验表明：在滑膜细胞肉瘤的响应率为 61%，在黑色素瘤的响应率为 55%。针对膀胱癌、乳腺癌、食道癌、肺癌、神经母细胞瘤等多种癌症的临床实验正在开展[6]。

2. 嵌合抗原受体 T 细胞（CAR-T）

肿瘤抗原需要 HLA 提呈到细胞表面才能被 TCR 识别，很多肿瘤通过下调 HLA 分子而躲过 T 细胞的攻击。HLA 在人群中表现出高度多态性，肿瘤特异性

TCR 受限于不同个体间 HLA 的差异不能广泛推广。针对这些问题，1989 年，伊萨哈（Zelig Eshhar）首次提出嵌合抗原受体的概念，简单来说，就是人造的受体分子，一半是单克隆抗体，一半是 T 细胞受体，借助抗体的特异性去识别癌细胞，利用 T 细胞的杀伤功能来抗肿瘤[7]。这就意味着 CAR-T 细胞不再依赖于不同个体的 HLA，具有较广的应用范围。

（1）CAR-T 分子的设计和改造。CAR-T 分子的基本结构包括肿瘤相关抗原结合区（通常来源于单克隆抗体抗原结合区的 scFv 段）、胞外铰链区、跨膜区和胞内信号区（CD3ζ 和其他共刺激因子胞内区）。第一代 CAR-T 胞内信号区只含有 CD3ζ；为了保持 CAR-T 在体内的长期存活，二代 CAR-T 引入了共刺激信号 CD28 或 4-1BB，前者可以增强 T 细胞的杀伤能力，后者能够促进 T 细胞的增殖和存活，CD27、CD134 和 ICOS 等其他共刺激因子也在尝试中；三代 CAR-T 引入两个及以上的共刺激信号（图 3）。scFv 起初多数来源于小鼠单克隆抗体，但由于人抗小鼠抗体的产生，目前有很多已经人源化并应用到多种 CAR-T 分子的设计中，如以人表皮生长因子受体 2（HER2）、表皮生长因子受体Ⅲ型突变体（EGFRvⅢ）和间皮素（mesothelin）为靶点的 CAR-T[8]。

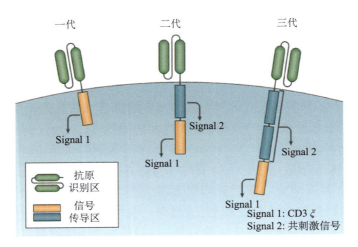

图 3 CAR-T 分子的设计[13]

（2）CAR-T 细胞疗法的进展。以 CD19 为靶点的 CAR-T 细胞疗法在血液瘤的临床治疗中取得了令人振奋的结果。CD19 在 90% 以上的 B 细胞恶性肿瘤和处于不同发育阶段的正常 B 细胞（除了浆细胞）表面表达。2010 年，以 CD19 为靶点的 CAR-T 细胞在复发性淋巴瘤治疗中首次取得成功，随后的临床试验报道显示：应用 CAR-T 细胞疗法，超过 50% 的淋巴瘤患者进入缓解期，超过 80% 的非霍奇金淋巴瘤患者的临床症状减弱，94%的急性淋巴瘤白血病患者的临床症状完全缓解。目前 CD19 CAR-T 细胞疗法已经被成功应用于滤泡性淋巴瘤、弥漫性大 B 细胞淋巴瘤、慢性淋巴细胞白血病、急性淋巴白血病和多发性骨髓瘤的治疗。在这些颠覆性的进展背后，仍有一些患者出现 CD19 靶标丢失或复发，其他分子如 CD20、CD22、CD23、ROR-1、CD33、CD123、CD30 和 BCMA 也被作为靶点应用于不同类型血液系统肿瘤的临床试验中[6,9]。

血液系统肿瘤的治疗成功充分证明了基因修饰的 T 细胞在体内具有抗肿瘤能力，但研究人员在试图将 CAR-T 细胞疗法推广到实体瘤治疗时却遇到了很多困难：实体瘤复杂的微环境像一道屏障阻碍了 T 细胞的进入，T 细胞进入之后还要在恶劣的、免疫抑制性的微环境中存活、增殖和发挥功能；同时，实体瘤的异质性也是不容忽视的问题[10]。目前已经完成的临床实验只有以 GD2 为靶点的 CAR-T 在成神经细胞瘤中有一定疗效。全球有几十个实体瘤的 CAR-T 细胞疗法临床实验正在开展中，涉及乳腺癌、胰腺癌、神经胶质瘤和肝癌等，中国也有多家参与（图 4）。筛选安全肿瘤抗原、把握安全剂量、改善肿瘤微环境是实体瘤治疗的关键问题。

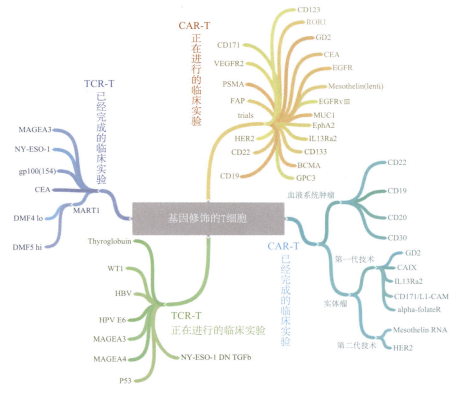

图 4 已经完成和正在进行的 TCR-T 和 CAR-T 临床实验[8]

二、关键问题与发展方向

1. T细胞疗法的安全性

T细胞在勤奋"杀敌"的同时会释放大量的细胞因子,并引发患者发热、低血压、呕吐等症状。甚至导致患者死亡,这种情况被称作"细胞因子风暴",往往跟肿瘤负荷、T细胞数量和患者自身状态有关。有时候"细胞因子风暴"无法有效处理,如美国朱诺(JUNO)医疗公司在2015年出现脑水肿死亡案例,免疫抑制剂无法穿过血脑屏障进行干预治疗。

提高T细胞疗法安全性的措施主要有[6]:

(1)减少CAR-T的作用时间,如RNA介导的CAR-T。卡尔·朱恩(Carl June)研究组将RNA电转导入T细胞,使得CAR-T蛋白分子的表达只能持续7天,但是需要多次注射才会有效。

(2)自杀开关,如小分子药物控制Caspase9二聚化介导的细胞凋亡,HSV-TK系统、抗体药物介导的细胞清除系统等。

(3)降低剂量。在HER2 CAR-T的临床试验中,贝勒医学院试图通过降低回输细胞数量(降低3~4个数量级)来解决细胞毒性的问题。

2. 靶点的选择

靶点选择也与安全性密切相关,目前选用的靶点往往是在肿瘤表面表达量高但并不特异的分子,如GD2、IL13Rα2、mesothelin和HER2等,这些分子在正常组织也会低量表达。例如上百万患者使用HER2抗体药物赫赛汀表现出良好的安全性,但在接受HER2 CAR-T治疗时却可能会发生严重的心肺毒性。在以MAGE-A3为靶点的治疗中应用了人为提高亲和力的TCR,两名患者出现心源性休克并在治疗后2周死亡,尽管MAGE-A3并不在心肌细胞上表达,另外一个在心肌上特异表达的蛋白能够被高亲和力的TCR识别[11]。这些病例说明TCR的亲和力要在抗肿瘤能力和副作用之间做出平衡。CAR-T的杀伤作用更加强大,在靶点的选择上需要更加精心的设计和预测[6]。

T细胞治疗的靶标选择方向主要有以下几方面。

(1)癌细胞表面大量表达的自身抗原。靶向GD2、EGFR、mesothelin、cMET、MUC1、CD133、EphA2的CAR-T疗法正处于一期临床实验的安全性评估中。

(2)肿瘤特异的突变蛋白。例如,在神经胶质瘤中表达的EGFRvⅢ是一种表达在细胞表面的突变蛋白，正常细胞不会表达，但要筛选对 EGFRvⅢ 亲和力高而对 EGFR 亲和力低的抗体，防止与 EGFR 的交叉识别。

（3）肿瘤特异的蛋白修饰。例如，靶向肿瘤特异的 MUC1 的糖基化修饰的靶点抗原，提高了靶点的精准性和打破肿瘤的免疫耐受[12]。

（4）设计多个靶点，防止肿瘤进化和逃逸。例如，靶向 CD19 和 CD20 的双向 CAR-T。当然，多个靶点之间可以构成"或、与、非"门，只有在一定的抗原组合下才会激活。

3. 肿瘤微环境

如何冲破实体瘤复杂的微环境而浸润到肿瘤内部是 T 细胞疗法发挥作用的第一层障碍；肿瘤内部缺氧、酸性的微环境都不利于 T 细胞的存活和增殖；肿瘤表面表达的免疫抑制性分子和细胞因子，以及肿瘤微环境中起免疫抑制作用的免疫细胞都会抑制 T 细胞的抗肿瘤功能。为了提高 T 细胞的存活和抗肿瘤能力，可采取以下尝试：

（1）对 CAR-T 细胞进行武装。表达趋化因子和细胞因子受体、分泌抗肿瘤细胞因子、靶向肿瘤血管等，提高 T 细胞向肿瘤组织的迁移能力[13]。

（2）肿瘤组织内注射。2016 年 12 月，《新英格兰医学杂志》（*The New England Journal of Medicine*）发表了一位胶质母细胞瘤患者 接受局部注射 IL13Rα2 的 CAR-T 治疗后取得良好进展[14]。

（3）联合治疗。近年来免疫检查点抑制剂如 PD1/PD-L1 抗体在多种晚期实体瘤的治疗中取得突破性进展，已有数据表明 PD-1 抗体可以增强 CAR-T 细胞疗法的抗肿瘤效果；化疗也可以显著提高肿瘤细胞趋化因子的表达，有利于 T 细胞的招募。

4. T 细胞在体内的长期维持

理想的 T 细胞疗法应具备长效性，CAR-T 细胞在体内的扩增和长期维持是其发挥肿瘤杀伤能力的关键。以下是为提高 T 细胞在体内的长期维持的一些尝试。

（1）scFv 人源化。之前 CAR-T 分子所利用的抗体多为小鼠来源的单克隆抗体，在人体内会产生人抗小鼠的抗体反应，导致 CAR-T 细胞的清除和过敏性反应，人源化抗体有望解决这一问题。

（2）改进 CAR-T 分子设计，如与其他刺激性信号（如 OX40、CD27、ICOS）进行组合。研究表明，4-1BBL 的反式表达能够增强 T 细胞活性和存活。

（3）基因定点插入。萨德兰（Sadelain）研究组的最新研究结果表明通过 CRISPR-Cas9 技术将 CAR-T 分子定点插入到 TCRα 基因位点，可以提高 CAR-T 在体内的存活和抗肿瘤效果[15]。

三、结　束　语

随着人们对肿瘤免疫应答和 T 细胞功能研究的不断深入，T 细胞疗法在基础科研和临床试验中均取得了令人瞩目的成就，肿瘤免疫治疗在未来仍然是国际热点研究领域。近年来国内科研机构的科研实力不断提高，资本的大量涌入促进了 T 细胞疗法的发展，多家临床实验也在紧锣密鼓地进行中，肿瘤免疫治疗在中国有着光明的前景。同时，我们也要认识到在该领域还有很多不足和挑战，应继续加强肿瘤免疫治疗的基础研究，开拓原创性学术思想和研发具备国际影响力的产品，进一步满足我国医疗卫生事业和国民的健康需求。

参考文献

[1] Muul L M, Spiess P J, Director E P, et al. Identification of specific cytolytic immune responses against autologous tumor in humans bearing malignant melanoma. The Journal of Immunology, 1987, 138(3): 989-995.

[2] Rosenberg S A, Packard B S, Aebersold P M, et al. Use of tumor-infiltrating lymphocytes and interleukin-2 in the immunotherapy of patients with metastatic melanoma. A preliminary report. The New England Journal of Medicine, 1988, 319(25): 1676-1680.

[3] Rosenberg S A, Restifo N P. Adoptive cell transfer as personalized immunotherapy for human cancer. Science, 2015, 348(6230): 62-68.

[4] Lawrence M S, Stojanov P, Polak P, et al. Mutational heterogeneity in cancer and the search for new cancer-associated genes. Nature, 2013, 499(7457): 214-218.

[5] Tran E, Robbins P F, Lu Y C, et al. T-cell transfer therapy targeting mutant KRAS in cancer. The New England Journal of Medicine, 2016, 375(23): 2255-2262.

[6] Johnson L A, June C H. Driving gene-engineered T cell immunotherapy of cancer. Cell Research, 2017, 27(1): 38-58.

[7] Gross G, Waks T, Eshhar Z. Expression of immunoglobulin-T-cell receptor chimeric molecules as functional receptors with antibody-type specificity. PNAS, 1989, 86(24): 10024-10028.

[8] Fesnak A D, June C H, Levine B L. Engineered T cells: The promise and challenges of cancer immunotherapy. Nature Reviews Cancer, 2016, 16(9): 566-581.

[9] Sadelain M. CAR therapy: The CD19 paradigm. Journal of Clinical Investigation, 2015, 125(9): 3392-3400.

[10] Klebanoff C A, Rosenberg S A, Restifo N P. Prospects for gene-engineered T cell immunotherapy for solid cancers. Nature Medicine, 2016, 22(1): 26-36.

[11] Morgan R A, Chinnasamy N, Abate-Daga D, et al. Cancer regression and neurological toxicity fol-

lowing anti-MAGE-A3 TCR gene therapy. Journal of Immunotherapy. 2013,36(2): 133-151.

[12] Posey A D,Schwab R D,Boesteanu A C,et al. ,Engineered CAR T cells targeting the cancer-asso-
ciated Tn-glycoform of the membrane mucin MUC1 control adenocarcinoma. Immunity,2016,44
(6): 1444-1454.

[13] Jackson H J, Rafiq S, Brentjens R J. Driving CAR T-cells forward. Nature Reviews Clinical
Oncology,2016,13: 370-383.

[14] Brown C E,Badie B,Barish M E,et al. Bioactivity and safety of IL13Ralpha2-redirected chimeric
antigen receptor CD8[+] T cells in patients with recurrent glioblastoma. Clinical Cancer Research,
2015,21(18):4062-4072.

[15] Eyquem J,Mansilla-Soto J,Giavridis T,et al. Targeting a CAR to the TRAC locus with CRISPR/
Cas9 enhances tumour rejection. Nature,2017,543(7643): 113-117.

Adoptive T Cell Transfer for Cancer Therapy

Ding Xiao, *Dong Chen*

Immunotherapy emerges as the most powerful treatment to cure cancer after
the era of surgery,chemotherapy,radiotherapy and targeted therapy. The immune
system evolved to distinguish non-self from self to protect our body from patho-
gens and tumors. Adoptive T cell transfer therapy represents a new paradigm in
cancer immunotherapy. To date,CAR T cells have demonstrated tremendous
success in eradicating hematological malignancies,making it a hot topic in cancer
immunotherapy. Here we discuss the recent progress in the use of adoptive T cell
transfer,focusing on the key scientific questions and future direction in this field.

2.7 纳米零价铁处理地下水和废水研究进展

张伟贤　王　伟　黄潇月　凌　岚　范建伟

（同济大学，污染控制与资源化研究国家重点实验室）

当前，环境污染已成为一个全球性问题，制约着人类社会的可持续健康发展。为此，国内外学者开展了大量探索与研究，寻求针对各种环境问题（如水体富营养化、重金属污染、雾霾等）的有效解决方法。纳米零价铁（nanoscale zero-valent iron，nZVI）是一种内核为单质铁（Fe^0）、外壳为铁（氢）氧化物的"核-壳"结构纳米材料（图1），因其原料来源丰富、反应活性高、产物环境友好等特点，其分解/降解水中多种污染物成为近期国际研究的热点前沿之一[1]。自 1997 年首次报道将其用于氯代有机污染物治理以来[2]，nZVI 环境应用研究已有 20 年历史：从实验室合成到绿色规模化生产，从简单效果比较到原子尺度机理探究，从烧杯实验到地下水及废水处理工程实践。随着相关研究的深入开展，国内外学者已在 nZVI 合成及改性、与污染物作用机理、环境工程应用等多个方面取得进展，特别在重金属污染控制及资源化方面，近期取得了较大突破。

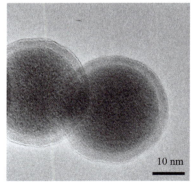

图 1　高分辨透射电镜下的 nZVI

一、零价铁及纳米零价铁环境应用概述

铁是地壳中最丰富的金属元素之一（其丰度仅次于铝）。早在公元前 2000 年，已有关于人类使用零价铁的记载[3]："将加热的铁浸入水中，可使不干净的水得到净化"。在现代社会，铁主要以钢和合金的形式被广泛用于工业生产和居民生活，其环境应用价值直到 20 世纪 90 年代初才逐渐得到全球学者广泛关注：1993 年，加拿大滑铁卢（Waterloo）大学研究人员发现零价铁可降解地下水中十多种氯代有机物[4]；此后，在美国环保局超级基金（Superfund）推动下，通过构筑渗透性反应墙（permeable reactive barriers，PRBs），零价铁被大规模用于地下水污染修复工程[5]。如图 2，在受污染地下水的下游通过开挖沟槽并向其中填充以零价铁为主的反应介质，从而构筑一道渗透性反应墙。地下水流经该处时，水中的污染物与之发生反应后被固定或降解，流过的地下水得到净化。

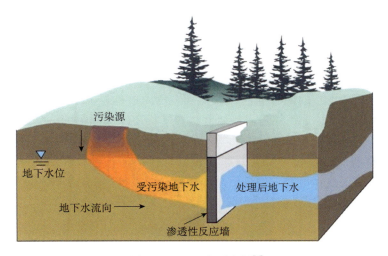

图 2 PRBs 工程示意图[5]

在过去 25 年里，美国已建成上百座 PRBs 并投入使用，取得了不同程度的成功。然而，在实际应用中发现 PRBs 存在一些弊端[6]：如因长期腐蚀及表面生物膜生长导致 PRBs 渗透性降低，有的反应墙甚至成了不透水的"隔离墙"；此外，高昂的工程造价使 PRBs 在污染物广泛分布的深层地下水污染修复应用（需大规模开挖土方）中受阻。为了解决上述难题，美国里海（Lehigh）大学研究人员采用硼氢化钠还原法合成了纳米级的零价铁及钯掺杂纳米零价铁（Pd-nZVI）材料，并将其用于地下水中三氯乙烯和多氯联苯的降解，结果表明 nZVI 对这两种氯代有机物的去除较普通尺寸的零价铁粉更快更彻底[2]。自此，nZVI 环境应用开始引起国内外学者广泛关注，尤其是近十年来，相关学术论文数量迅速增长。据调查，nZVI 作为一种新兴水处理纳米材料，已被证明对水中几十种污染物有显著去除效果（表1）[7]。

表 1　可被 nZVI 去除的污染物种类及其主要来源

类型	举例	主要来源
重（类）金属	铬、汞、铅、锌、镍、镉 钴、砷、锑、铜、银、铀	矿采、冶炼、电镀、 皮革等行业排放的废水、废渣
非金属	硝酸盐/亚硝酸盐、磷酸盐 高氯酸盐、硒酸盐/亚硒酸盐	酸洗废水、农业灌溉、 市政污水等
卤代有机物	氯甲烷、溴甲烷、氯乙烯 氯苯、氯酚、四氯化碳、多氯联苯	工业清洗水、香料浸出/萃取废水、灭火剂等
含氮类有机物	硝基苯、偶氮类染料	医药、印染等化工废水

二、纳米零价铁与污染物作用机理研究进展

nZVI 独特的"核-壳"纳米结构使其拥有丰富的物理化学性能，在去除水中有机、无机污染物方面扮演着重要角色。近期研究表明[8]，采用经典硼氢化钠还原法获得的 nZVI 颗粒呈"核-壳"复合结构：内核为体心立方多晶单质 Fe^0，具有强还原性；外壳为 $Fe(II)/Fe(III)$ 的混合（氢）氧化物，离内核越近 $Fe(II)$ 含量越高，离核越远则 $Fe(III)$ 含量越高。采用高速机械研磨法或气相还原法制得的 nZVI 同样具有类似"核-壳"结构。正是由于这种独特的"核-壳"纳米结构，使 nZVI 较传统吸附剂（如活性炭）、还原剂（如铁屑）及混凝剂（如氯化铝）具有更为丰富的物理化学性能，在去除水中有机/无机污染物方面扮演重要角色。以下简述 nZVI 与两类典型环境污染物（卤代有机物、重金属）间的作用机理(图3)。

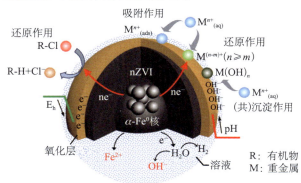

图 3　nZVI 与污染物作用机理示意图

1. 卤代有机物

卤代有机物是一类重要的难降解、高毒性有机化合物，常作为有机溶剂用于工业及农业生产，其在储运、使用等过程中的泄漏或产生的废弃物一旦进入环境将污染水体及土壤，对生态环境及人类健康构成严重威胁。nZVI 主要通过还原脱氯作用将卤代有机物转变为无毒化合物。首先，零价铁具有强还原性，其标准电极电位（E^0）为 -0.44 伏；与之相比，卤代有机物，如氯代脂肪族化合物，其 E^0 相对较高（0.5～1.5 伏），相关半反应式如下：

$$Fe^0 \rightarrow Fe^{2+} + 2e^- \qquad E^0 = -0.44 \text{ 伏} \qquad (式1)$$
$$RCl + 2e^- + H^+ \rightarrow RH + Cl^- \qquad E^0 = 0.5\sim1.5 \text{ 伏 (pH=7)} \qquad (式2)$$

相比于普通零价铁屑和微米级零价铁粉（比表面积为 0.1～1 米^2/克），nZVI 尺寸小（约 60 纳米）、比表面积大（约 30 米^3/克），因此其表面原子比例大幅提高，表面原子配位不足导致大量的悬空键和不饱和键，表面能增大，从而使其在与卤代有机物反应时具有更多活性位和更高还原活性。以氯代有机物为例，nZVI 还原脱氯过程分为两个阶段：即水中的氯代有机物首先吸附于铁表面，然后碳—氯（C—Cl）键被打断并被氢取代。关于 C—Cl 键断裂有三种途径[7]：

（1）直接在铁表面被零价铁还原；

（2）在表面被亚铁离子还原；

（3）被氢气还原。

由于许多卤代有机物结构复杂，在水中溶解度相对较低，为了加快 nZVI 脱卤效率，并减少中间产物和副产物产生，研究人员采用在 nZVI 表面负载少量贵金属（如 Pd、Ni、Cu 等）的方式，降低相关反应活化能，从而优化脱卤过程[9]。

2. 重金属

环境保护领域的"重金属污染物"是指具有一定或潜在生物毒性的重金属及部分类金属，如铬、镍、砷、铅等，一般具有毒性大、不可降解、易生物富集等特点，是我国工业废水中最常见的一类污染物。nZVI 对水中重金属离子的去除主要有吸附、还原和（共）沉淀三种作用机理。首先，nZVI 壳层（如 FeOOH）被羟基官能团（—OH)覆盖，可通过静电作用和表面络合作用吸附水中重金属离子。其次，nZVI 内核 Fe^0 可作为电子供体，将吸附在表面的强氧化性金属离子（如 Cu^{2+}）还原成低价态（如 Cu_2O）甚至零价态（如 Cu^0）。最后，由于铁-水腐蚀使整个反应体系呈碱性环境（pH 为 8～9），利于重金属阳离子形成氢氧化物沉淀（如氢氧化锌），铁腐蚀产生的

Fe^{2+} 等还可与砷等含氧阴离子发生沉淀（如砷酸亚铁）及共沉淀。近期，同济大学的研究人员在 nZVI 回收水中痕量铀方面取得新进展[10]，采用球差校正扫描透射电镜（Cs-STEM）从原子尺度直接观测到铀在 nZVI 内固相迁移及富集过程，每克 nZVI 可回收 2.4 克铀（图 4）。研究证实，nZVI 通过表面吸附、固相还原等作用将水中痕量铀富集并稳定包裹于内核中。

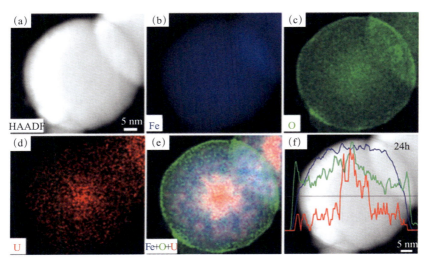

图 4　球差校正扫描透射电镜研究 nZVI 富集包夹铀的微观机理[10]

三、纳米零价铁环境工程应用研究进展

1. 地下水污染原位修复

早在 2000 年，美国里海大学研究人员就在新泽西州一处地下水污染区开展原位修复实践，将钯掺杂 nZVI 通过灌注井直接注入受氯代有机物污染的地下水区域，发现在污染区内尤其是灌注井周围，多种氯代有机物均得到了有效降解[11]。nZVI 地下水原位修复主要采用液压灌注方式将纳米材料注入地下受污染区域，形成活性反应区，使流经该区域的受污染地下水与 nZVI 反应并得到净化（图 5）[12]。

迄今，在北美、欧洲，以及我国台湾地区等已有近百处采用 nZVI 进行地下水污染原位修复的成功案例[13]。然而，在实践过程中人们发现，纳米零价铁颗粒容易自发团聚，在地下多孔介质中不易有效迁移扩散，从而影响其地下水修复范围。为此，学者们采用一系列天然或人工合成的有机物[14]，如聚丙烯酸（PAA）、羧甲基纤维素

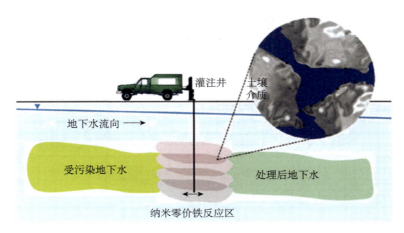

图 5 nZVI 应用于地下水污染原位修复工程示意图[12]

（CMC）、淀粉等，通过静电斥力或空间位阻作用，对 nZVI 进行表面改性，以提高其水中分散性、避免团聚，部分表面修饰 nZVI 在地下水修复实践中得到成功应用。此外，地下水中溶解度极低的重质非水相液体（DNAPL）由于物化性质特殊且传输性质复杂，是地下水污染修复中最棘手的问题。近期，加拿大麦吉尔（McGill）大学研究人员采用可生物降解的表面活性剂修饰 nZVI，实现与 DNAPL 中三氯乙烯的有效接触反应，从而达到彻底清除污染区的目的[15]。

2. 重金属工业废水处理

与地下水污染原位修复应用相比，将 nZVI 应用于地表水（如重金属工业废水）处理领域存在诸多挑战：反应要在适宜的反应器内进行，水力停留时间有限，反应产物须固液分离；当待处理废水水质复杂且波动较大时，处理系统能否稳态运行；最终产物（污泥）的安全处置或资源化利用等。近几年来，同济大学研究团队通过“小试—中试—工程”逐级科学放大，系统研究了 nZVI 处理重金属废水可行性，提出了以“反应—分离—回用”为核心的 nZVI 反应器模型[16~18]。该反应器由反应区、分离区及回用系统（回流 nZVI）组成 ［图 6(a)］。

该团队先后在江苏、湖北、湖南等地开展废水处理中试研究，发现 nZVI 技术可有效弥补石灰中和沉淀法处理重金属废水工艺不足（如高 pH 条件下重金属氢氧化物沉淀易复溶、水质波动条件下石灰投加不易准确及时调整、沉淀产物粒径小结构松散难沉降等）[17]。其后，该团队以江西某冶炼废水作为工程应用对象，采用“两级 nZVI＋曝气混凝沉淀”组合工艺，完成了 nZVI 处理复杂重金属废水的大规模工程验证[18]。如图 6(b)，在 127 天的工程调试期间，废水中主要污染物铜、砷平均浓度分别从 103

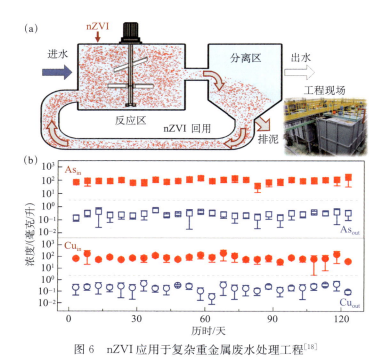

图 6　nZVI 应用于复杂重金属废水处理工程[18]

毫克/升、110 毫克/升降至 0.16 毫克/升、0.29 毫克/升，均低于相关排放标准（0.5 毫克/升）。从运行成本角度看，一方面通过"反应—分离—回用"使 nZVI 在反应器内不断循环利用，减少了新鲜材料投加，调试期间中 nZVI 吨水投量在 0.4～0.5 千克；另一方面，废水中稀贵金属（如铜、银、金等）在反复循环反应过程中被富集并回收，甚至可使废水资源化产生的价值大于废水处理成本。

四、前景与展望

历经 20 余年（1996～2017 年）发展，nZVI 用于地下水和废水处理的技术已日趋成熟。展望未来，随着 nZVI 与污染物原子尺度作用机制、复杂环境条件下迁移转化规律等基础理论研究的进一步深入，以及其用于废水深度处理及资源回收、土壤及地下水污染原位修复实践的进一步推进，以 nZVI 为代表的纳米技术将在环境污染治理与生态修复领域发挥更加重要作用，为我国乃至全球环境问题提供行之有效的"绿色"纳米解决方案。

参考文献

［1］中国科学院科技战略咨询研究院,等. 2016 研究前沿及分析解读. 北京:科学出版社,2017.

［2］Wang C B,Zhang W X. Synthesizing nanoscale iron particles for rapid and complete dechlorination of TCE and PCBs. Environmental Science & Technology,1997,31(7):2154-2156.

［3］申泮文,等. 无机化学丛书第 9 卷:锰分族、铁系、铂系. 北京:科学出版社,2011.

［4］Gillham R W,O'Hannesin S F. Enhanced degradation of halogenated aliphatics by zero-valent iron. Ground Water,1994,32(6):958-967.

［5］U S Environmental Protection Agency. Permeable Reactive Barrier Technologies for Contaminant Remediation,EPA 600/R−98/125. Washington DC,1998.

［6］Guan X,Sun Y,Qin H,et al. The limitations of applying zero-valent iron technology in contaminants sequestration and the corresponding countermeasures:The development in zero-valent iron technology in the last two decades (1994-2014). Water Research,2015,75:224-248.

［7］Yan W,Lien H L,Koel B E,et al. Iron nanoparticles for environmental clean-up:recent developments and future outlook. Environmental Science:Processes & Impacts,2013,15(1):63-77.

［8］Mu Y,Jia F,Ai Z,et al. Iron oxide shell mediated environmental remediation properties of nano zero-valent iron. Environmental Science:Nano,2017,4(1):27-45.

［9］Chun C L,Baer D R,Matson D W,et al. Characterization and reactivity of iron nanoparticles prepared with added Cu,Pd,and Ni. Environmental Science & Technology,2010,44(13):5079-5085.

［10］Ling L,Zhang W X. Enrichment and encapsulation of uranium with iron nanoparticle. Journal of the American Chemical Society,2015,137(8):2788-2791.

［11］Elliott D W,Zhang W X. Field assessment of nanoscale biometallic particles for groundwater treatment. Environmental Science & Technology,2001,35(24):4922-4926.

［12］Tratnyek P G,Johnson R L. Nanotechnologies for environmental cleanup. Nano Today,2006,1(2):44-48.

［13］Karn B,Kuiken T,Otto M. Nanotechnology and in situ remediation:A review of the benefits and potential risks. Environmental Health Perspectives,2009,117(12):1823-1831.

［14］Zhao X,Liu W,Cai Z,et al. An overview of preparation and application of stabilized zero-valent iron nanoparticles for soil and groundwater remediation. Water Research,2016,100:245-266.

［15］Bhattacharjee S,Ghoshal S. Phase transfer of palladized nanoscale zerovalent iron for environmental remediation of trichloroethene. Environmental Science & Technology,2016,50(16):8631-8639.

［16］Li S,Wang W,Yan W,et al. Nanoscale zero-valent iron (nZVI) for the treatment of concentrated Cu(II) wastewater:A field demonstration. Environmental Science:Processes & Impacts,2014,16(3):524-533.

［17］Wang W,Hua Y,Li S,et al. Removal of Pb(II) and Zn(II) using lime and nanoscale zero-valent iron (nZVI): A comparative study. Chemical Engineering Journal,2016,304: 79-88.

[18] Li S,Wang W,Liang F,et al. Heavy metal removal using nanoscale zero-valent iron (nZVI): Theory and application. Journal of Hazardous Materials,2017,322: 163-171.

Nanoscale Zero-Valent Iron for Treatment of Groundwater and Wastewater

Zhang Weixian, Wang Wei, Huang Xiaoyue, Ling Lan, Fan Jianwei

Nanoscale zero-valent iron (nZVI) has a unique core-shell structure, and favorable surface and solution chemistry for the treatment of chlorinated organic contaminants and heavy metals in groundwater and wastewater. This paper summarizes the history and status of nZVI for environmental application, and recent progresses on reaction mechanisms (between nZVI and contaminants) and field application of nZVI for the treatment of groundwater and wastewater are highlighted.

2.8　拓扑给凝聚态物理带来新气象

——2016 年诺贝尔物理学奖评述

施　郁

（复旦大学物理学系）

因为在拓扑相变和物质拓扑相方面的开创性理论工作，理论物理学家戴维·索利斯（D. J. Thouless）、邓肯·霍尔丹（D. Haldane）和迈克尔·科斯特利茨（M. Kosterlitz）分享了 2016 年诺贝尔物理学奖[1]（图 1）。

索利斯　　　　　　　霍尔丹　　　　　　　科斯特利茨

图 1　2016 年诺贝尔物理学奖获得者

图片来源：诺贝尔奖官方网站，Nobelprize.org

拓扑本来是一个数学概念，指在拉伸、扭曲以及变形等连续变化下保持不变的性质。比如，任意形状、没有洞的物体，在拓扑上都是一样的；有一个穿透的洞的物体在拓扑上是一样的。因此洞的个数是个拓扑性质，数学上叫做亏格，是整数。

三位获奖科学家发现，拓扑在凝聚物质的一些物理特性上起到至关重要的作用。

一、拓扑相变

大量粒子构成凝聚物质，体现出的宏观表现，就是相。相同的微观粒子组成的物质可以有不同的相。它们之间的转变就是相变。通常相变是指由温度改变引起的热相变。比如，随着温度的下降，气体变成液体。

通常的物体是三维的。如果构成物体的粒子只能在一个面上运动，就是二维。如果构成物体的粒子只能在一条线上运动，就是一维。1966年，默明（D. Mermin）和瓦格纳（H. Wagner）和霍恩贝格（P. Hohenberg）证明，如果物理特性可以连续变化，那么只要温度不是绝对零度，二维或二维以下不发生相变。

1972年，在英国伯明翰大学，数学物理学教授索利斯和博士后科斯特里兹合作研究了涡旋所导致的二维系统相变[2~4]。这个研究工作就是2016年诺贝尔奖所嘉奖的拓扑相变，即以他们的姓氏命名的科斯特里兹-索利斯（KT）相变。

涡旋是一种拓扑结构。假设你围绕一个点或者一个轴走动，回到原地，不管路径怎样五花八门，总归是绕了整数圈数。这个圈数不依赖于路径的细节，是个拓扑不变量，叫做缠绕数。涡旋就由它的缠绕数表征，缠绕数不能通过局部连续变换改变。

索利斯和科斯特里兹发现，有两种可能的相，高温相有自由的涡旋，低温相是旋转方向相反的涡旋两两束缚成对。随着温度的不同，这两个相的自由能谁高谁低会发生变化，导致在绝对零度之上的某个温度发生相变（图2）。索利斯和科斯特里兹的理论发现后来在超流薄膜、超导薄膜、平面磁体以及其他各种系统得到实验证实。

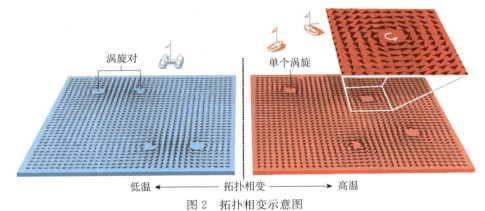

图 2　拓扑相变示意图

左边代表低温相，正反涡旋两两束缚成对；右边代表高温相，单个涡旋自由运动

图片来源：诺贝尔官方网站，Nobelprize. org

二、拓扑解释量子霍尔效应

电子在电压驱动下形成电流时，再加上一个垂直的磁场，由于电场和磁场的共同

作用，电子偏离原来的电压方向，并在导体边缘累积，从而在垂直于电流的方向形成新的电压，叫做霍尔电压。这就是霍尔效应。

1980 年，冯·克利青（Klaus von Klitzing）发现了二维电子气的量子霍尔效应，因此获得了 1985 年的诺贝尔物理学奖。二维电子气在两种不同的半导体的界面形成，电子局限在这个二维平面上运动。在极低温下（2 开以下），二维电子气的霍尔效应出现量子化，也就是说，电流与霍尔电压的比值总是常数 e^2/h 的整数倍，其中，e 是电子电荷，h 是代表量子力学效应的普朗克常数。这个整数非常精确，精确度达到十亿分之一，而且在一定范围内改变实验参数（温度、杂质浓度、磁场等）时保持不变。如果磁场改变达到一定程度，量子化的整数跳到下一个整数。而 e^2/h 的倒数，即等于25812.807557 欧姆，被命名为冯·克利青常数，已成为电阻的国际标准。

20 世纪 80 年代，在华盛顿大学，索利斯与合作者提出，量子霍尔效应的量子化起源于拓扑，对应的整数是所谓陈数[5]。陈数是陈省身先生很多年前发现的一个表征拓扑性质的数。索利斯等人将霍尔电导的量子化归结于某种参数空间的拓扑陈数。表现出量子霍尔效应的电子气称作拓扑量子流体。

三、反常量子霍尔效应与拓扑绝缘体

1988 年，霍尔丹发现，即使没有磁场，只要有所谓的时间反演对称破缺，而且能带的陈数不等于零，类似量子霍尔效应的拓扑量子流体也能形成，也会有类似量子霍尔效应的电导量子化[6]。当时霍尔丹是借助于一种格点模型。后来，这个量子相被称为陈绝缘体，而没有磁场的量子霍尔效应后来被称作反常量子霍尔效应。

没有磁场的拓扑量子流体的思想近年来在所谓的拓扑绝缘体中也得以实现。拓扑绝缘体是由自旋轨道耦合与时间反演对称性导致的一种拓扑物态，体内是绝缘体，而表面是导体。在这里，动量起到了类似磁场的作用。在拓扑绝缘体中，电子表现出所谓的量子自旋霍尔效应。这在 2005 年由凯恩（C. Kane）、米尔（E. Mele）在一个石墨烯模型中提出[7]。但是石墨烯中的自旋轨道耦合很小，现实可行的方案由张首晟及其合作者于 2006 年用半导体量子阱提出[8]，并由德国的莫伦坎普（L. Molenkamp）研究组于 2007 年在实验上得以实现[9]。薛其坤组于 2013 年用掺入磁性杂质的拓扑绝缘体（从而破坏时间反演对称）实现反常量子霍尔效应[10]。

四、拓扑区分一维量子反铁磁体

前文提到过反铁磁，但是将每个原子的磁性当作一个经典性质，即服从经典电磁学。量子反铁磁是指每个原子的磁性是一个量子力学量，即自旋。衡量它大小的自旋量子数是整数或者半整数。由于量子涨落，即使一维量子反铁磁体的最低能量态也是一个难解的问题。索利斯的导师贝特在1931年严格地解出了自旋数等于1/2的情况，发现从最低能量态可以激发能量可以任意小的自旋波。那么对于自旋是其他整数或半整数的情况，情况如何呢？

霍尔丹将一维量子反铁磁的作用量 A 等效于关于一个所谓非线性西格玛模型的作用量加上一个拓扑项[11]。由此发现，当自旋量子数 S 是整数（1，2，3，……）时，拓扑项总等于 i2π 的整数倍，从而拓扑相不起作用。系统的性质完全由非线性西格玛模型决定。而人们知道，因为量子涨落的原因，非线性西格玛模型是有能隙的。所以自旋量子数是整数时，一维量子反铁磁最低能量态是有能隙的。

当 S 是半整数（1/2，3/2，5/2，……）时，拓扑项总等于 iπ 的整数倍。而配分函数包括对各种缠绕数的求和，因此奇偶缠绕数的效应相互抵消。所以自旋量子数是半整数时，与 1/2 类似，一维量子反铁磁最低能量态是没有能隙的，可以有能量任意小的自旋波。霍尔丹的猜想后来得到实验验证。

五、结 束 语

三位获奖者的成果导致相关研究领域取得极大的进展，从而使得我们可以从微观粒子的拓扑性质的角度来理解凝聚物质，以及设计新材料、新器件。这方面的研究甚至有助于量子计算机的实现，因为拓扑的性质可能带来稳定的量子状态，帮助克服量子计算对于环境扰动的敏感，这就是所谓的拓扑量子计算。目前，国际上拓扑物态研究方兴未艾，已经成为一个前沿和主流领域。其中一个引人注目的课题是所谓的拓扑绝缘体，这是一种内部绝缘、表面导电的材料，而且不同自旋方向的电子分开来向不同方向运动。自旋是一个理想的信息载体，因此可以预料，这将提供自旋电子学的一个崭新途径。而拓扑绝缘体与超导体结合可以产生所谓的马约拉纳费米子，从而用于拓扑量子计算。

参考文献

[1] 诺贝尔奖官方网站. http://Nobelprize.org.

[2] Kosterlitz J M, Thouless D J. Long range order and metastability in two dimensional solids and superfluids. Journal of Physics C: Solid State Physics, 1972, 5(11): L124-L126.

[3] Kosterlitz J M, Thouless D J. Ordering, metastability and phase transitions in two-dimensional systems. Journal of Physics C: Solid State Physics, 1873, 6(7): 1181-1203.

［4］ Kosterlitz J M. The critical properties of the two-dimensional xy model. Journal of Physics C: Solid State Physics,1974,7(6): 1046-1060.

［5］ Thouless D J,Mahito K M,Nightingale M P,et al. Quantized Hall conductance in a two-dimensional periodic potentia. Physical Review Letters,1982,49(6): 405-408.

［6］ Haldane F D M. Model for aquantum hall effect without landau lLevels: Condensed-matter realization of the "Parity Anomaly". Physical Review Letters,1988,61(18):2015-2018.

［7］ Kane C L, Mele E J. Quantum spin Hall effect ingraphene. Physical Review Letters, 2005, 95:226801.

［8］ Bernevig B A,Zhang S C. Quantum spin Hall effect. Physical Review Letters ,2006,96:106802.

［9］ Konig M,et al. Quantum spin Hall insulator state in HgTe quantum wells. Science,2007,318: 766-770.

［10］ Haldane F D M. Continuum dynamics of the 1-D Heisenberg antiferromagnet: Identification with the O(3) nonlinear sigma model. Physics Letters A,1983,93(9):464-468.

［11］ Haldane F D M. Nonlinear field theory of large-spin Heisenberg antiferromagnets: Semiclassically quantized solitons of the one-dimensional easy-axis Née lstate. Physical Review Letters,1983,50(15): 1153-1156.

Topology Brings New Features to Condensed Matter Physics
——Commentary on 2016 Nobel Prize in Physics

Shi Yu

The author makes commentaries on 2016 Nobel Prize in Physics and later development, including topological phase transitions, topology in quantum Hall effect, anomalous quantum Hall effect, topology in one-dimensional quantum antiferromagnets, and topological insulators. It is pointed out that topology has brought new features to condensed matter physics.

2.9　分子机器：最小机器推动未来科技大进步
——2016年诺贝尔化学奖评述

强琚莉[1]　蒋　伟[2]　曲大辉[3]　黄飞鹤[4]　王乐勇[1]

（1. 南京大学化学化工学院；2. 南方科技大学化学系；
3. 华东理工大学化学与分子工程学院；4. 浙江大学化学系）

2016年诺贝尔化学奖授予分子机器设计与合成研究领域的三位科学家，分别是法国斯特拉斯堡大学索瓦日教授（Jean-Pierre Sauvage）、美国西北大学斯托达特教授（Sir J. Fraser Stoddart）和荷兰格罗宁根大学费林加教授（Bernard L. Feringa），以表彰他们在分子机器合成领域的卓越贡献（图1）。

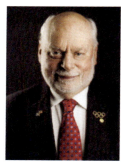

索瓦日　　　　　　斯托达特　　　　　　费林加

图1　2016年诺贝尔化学奖获得者
图片来源：诺贝尔奖官方网站，Nobelprize.org

机器是设计出来用以实现某一特定功能的元器件按照一定规则的组合。机器无论是简单的还是复杂的都是利用、转换或传输能量的机械装置的组合。电子元器件更是广泛应用于生产和生活的各个领域。设计和制造体积更小、信息处理能力更强的电子元器件是未来信息技术发展的关键。因特尔公司的创始人之一摩尔教授（Gordon E. Moore）曾预言[1]：集成电路上能被集成的晶体管数目，将会以每18个月翻一番的速度稳定增长，并在今后数十年内保持着这种势头。摩尔所做的这个预言，因后来集成电路的发展而得以证明，并在较长时期保持了它的有效性，被人誉为"摩尔定律"。

超大规模电路的集成，必然要求元器件尺寸的减小。传统的硅基器件由于受物理性质和制造工艺的限制，其尺寸不可能无限地减小。解决问题的出路之一就是发展分子器件，在分子尺度上进行改变。因而人们开始寻求不同于机械加工自大到小（top-down：large downward）的思维模式，转而研究积小为大（bottom-up：small-up-ward）的合成策略。

1959 年 12 月，费曼教授（Richard Feynman）（1965 年诺贝尔物理学奖获得者）在美国物理学年会上指出：科学技术需要寻求新的途径促进在纳米尺度进行微型化，在小尺度进行微型化有很大的空间[2]。费曼教授当时考虑使用原子作为操作基元来进行化学合成，但是原子并不是简单可以随意移动的球体。与原子不同，分子是相对稳定的"物种"，可以执行器件相关的特性。同时，分子能自组装成大的聚集体，或者被连接成大的分子结构体。

目前，人们已经能够像乐高积木一样组装具有特定功能的分子机器，索瓦日、斯托达特和费林加三位科学家正是因为在人工分子机器的设计与合成方面的卓越贡献而荣获 2016 年诺贝尔化学奖。

早期轮烷、索烃的合成是随机而低产率的。1983 年，索瓦日教授首次使用金属模板法来诱导索烃的合成（图 2）[3]。这种方法改变了依靠分子随机碰撞成环的合成思路，对于分子机器的发展是至关重要的一步。分子机器的设计合成进入到人为控制的新阶段。

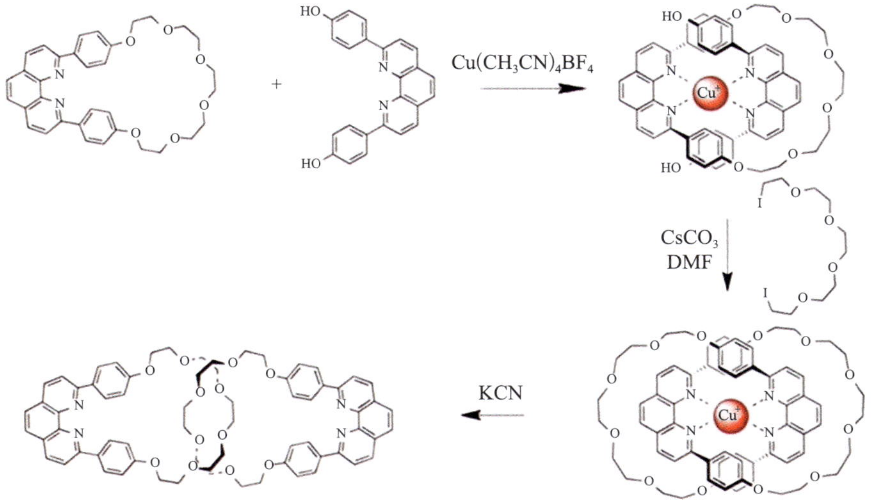

图 2　首例金属模板诱导合成的索烃[3]
Cu（CH₃CN）₄BF₄：四氟硼酸四（乙腈）铜；CsCO₃：碳酸铯；KCN：氰化钾

斯托达特教授的研究工作则使得分子机器可以精准地沿着设计的方式运行。例如，斯托达特教授设计冠醚环状分子，同时在轴分子上面引入二级铵盐以及联吡啶盐两个单元。通过体系 pH 的调节可以使得冠醚环分子可以在联吡啶盐或者二级铵盐站点之间移动。基于这样的运行机理，斯托达特教授合成了分子升降机（分子电梯）[4]。分子的升降可以通过体系 pH 的调节来进行控制（图 3）。

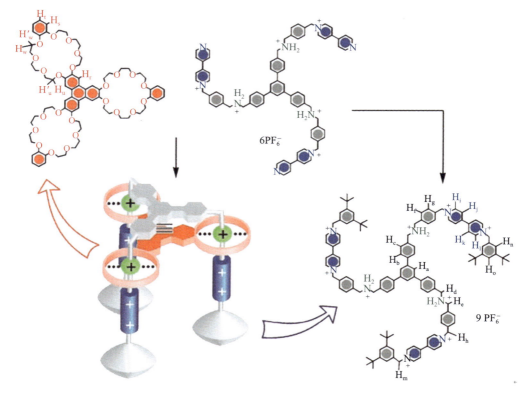

图 3　斯托达特教授报道的分子升降机（分子电梯）[4]

分子马达的成功合成将分子机器的研究推进了一大步，费林加教授则是发展严格意义上分子马达的第一人[5]。费林加教授将分子马达掺杂在液晶薄膜表面，在光照的条件下，可以使液晶表面产生足够大的扭曲度，从而使放置在膜上的玻璃棒缓慢转动。这根玻璃棒长达 28 微米，是马达尺寸的上千倍（图 4）[6]。

在分子机器的设计和合成研究方面，中国科学家也取得了令人瞩目的成就。华东理工大学田禾教授、曲大辉科研团队在分子机器相关领域的研究成果颇为丰硕[7]。南开大学刘育教授团队建立了从环状分子出发，通过"模块组装"策略，构筑多维多层

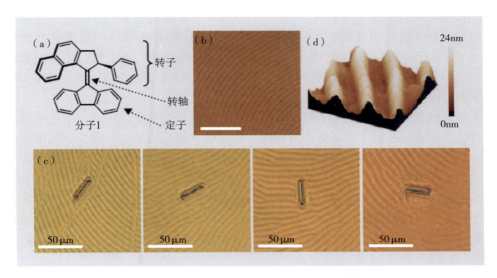

图 4　掺杂在液晶薄膜表面的分子马达[6]

次组装体的方法[8]。中国科学院化学所陈传峰团队，[9]北京师范大学江华团队[10]，浙江大学黄飞鹤教授团队[11]以及王乐勇、强琚莉团队[12]，复旦大学黎占亭团队，华东师范大学杨海波团队等在分子机器的设计合成及组装研究方做出有意义的成果。南方科技大学蒋伟发展萘基新型大环主体，王梅祥团队发展的新型主体化合物"冠芳烃"，为基于互锁结构的分子机器与器件提供新的构筑基元。此外，国内许多团队在超分子组装分子器件的研究领域也各有建树，为未来分子机器的功能化打下良好的基础。

　　有些化学家认为，分子机器虽然很炫酷，实际却没有什么用处。2016 年诺贝尔奖给人们指明了方向：智能分子机器是可行的。从发展的轨迹来看，分子机器经历了一个从简单的机械互锁结构的设计与合成到功能探索的途径。有理由相信，分子机器未来将会展示实用方面独特的魅力。

　　生物分子机器，作为重要的生物调控工具，发挥了巨大的作用。例如，ATP 合成酶是天然的分子转动马达，利用质子梯度的能量将 ADP 和磷酸转化成 ATP。而肌肉中的肌球蛋白则被认为是天然的平动马达，会拉动粗肌丝向中板移动，引起肌肉收缩。在人体内，也正是存在许多独特的分子机器，才使细胞分裂、肌肉收缩等消耗 ATP 来产生热和功的生理过程成为现实。师法自然，从化学的角度设计合成人工的分子机器一直是化学家追求的目标。生物分子机器极其复杂，虽然完全地模仿生物分子机器现在是不可行的，但是生物分子机器运转的基本原理还是对人工分子机器的设计提供了非常重要的灵感。

2012 年，英国大卫·李教授（David A. Leigh）报道了一系列带有氮原子的轮烷系统，在环分子的移动过程中，氮原子可以作为催化剂去选择性地催化某些化学反应[13]。把多种不同的可切换的催化剂设计到同一个体系中，利用它们各自的催化特点，使目标分子能够按照一定的反应顺序生成更加复杂的最终产物，是人类模拟酶作用机制的终极目标。

生命体的衰老与死亡是人类需要解决的终极问题。主要原因之一在于生命体内产生的自由基侵害细胞膜中的不饱和脂肪酸，引起脂质过氧化反应，最终导致细胞发生变性、坏死，从而引起整个机体的衰老和多种疾病的发生。如果在生命体内注入生物相容性的分子机器来进行自由基的捕获，就可以及时清理对生物体内有害的自由基，从根源上抑制衰老进程。此外，在整个衰老过程中，基因突变以及其他有害刺激因素导致细胞衰老以及最终凋亡。如果利用分子机器可以定向移动的特点，对受损部位进行智能识别后，进行分子层面的主动修复，则可以大大延缓衰老，也许可以让人类永生。

生命体最重要的特征是新陈代谢和自我复制。生命体通过新陈代谢远离平衡态保持有序结构，通过自我复制使得生命得以延续。分子机器是远离平衡的系统，可以通过消耗各种形式能源维持运行做功。分子机器与生命运行的模式相似，所以有科学家预言：有朝一日新的生命体也许可以从化学家实验室的烧瓶中制造出来。

另外，如果将分子机器结合到如纳米管、石墨烯以及金属有机框架等其他半导体材料中，有可能开发出具有新功能与用途的新型材料。而利用分子机器多稳态的开关功能可以进行信息存储、构筑分子逻辑门进行运算，对实现计算机的微型化（如分子图灵计算机）具有十分重要的应用前景。

瓦特设计出改良蒸汽机带来人类文明进程的工业革命，那么分子机器的出现是否会成为另一场新型的科技革命的推动力，最小的机器是否可以带来最大的科技进步？科学总是充满各种可能，这也正是科学研究的魅力所在[14]。

参考文献

[1] Moore G E. Cramming more circuits on chips. Electronics, 1965, 19：114.

[2] Feynman R. American Physical Society Meeting at Caltech on December 29. 1959.

[3] Dietrich-Buchecker C O, Sauvage J P, Kintzinger J P. Une nouvelle famille de molecules：Les metallo-catenanes. Tetrahedron Letters, 1983, 24；5095.

[4] Badji J D, Balzani V, Credi A, et al. A molecular elevator. Science, 2004, 303：1845.

[5] Koumura N, Zijistra R W J, van D, et al, Light-driven monodirectional molecule rotor. Nature, 1999, 401：152.

[6] Eelkema R, Pollard M M, Vicario J, et al, Nanomotor totates microscale objects. Nature, 2006,

440：163.

[7] Qu D H，Wang Q C，Zhang Q W，et al，Photoresponsive host-guest functional systems. Chemical Reviews，2015，115：7543.

[8] Zhang Z J，Zhang H Y，Wang H，et al，A twin-axial hetero[7]rotaxane. Angewandte Chemie International Edition，2011，50：10834.

[9] Han Y，Meng Z，Ma Y X，et al，Iptycene-derived crown ether hosts for molecular recognition and self-assembly. Accounts of Chemical Research，2014，47：2026.

[10] Gan Q，Ferrand Y，Bao C，et al. Helix-rod host-guest complexes with shuttling rates much faster than disassembly. Science，2011，33：1172.

[11] Zhang Z，Han C，Yu G，et al. A solvent-driven molecular spring. Chemical Science，2012，3：3026.

[12] Xiao T，Li S L，Zhang Y，et al，Novel self-assembled dynamic [2]catenanes interlocked by the quadruple hydrogen bonding ureidopyrimidinone motif. Chemical Science，2012，3：1417.

[13] Beswick J，Blanco V，De Bo G，et al，Selecting reactions and reactants using a switchable rotaxane organocatalyst with two dfferent active sites. Chemical Science，2015，6：140.

[14] 强琚莉，蒋伟，黄飞鹤，等. 分子机器的设计与合成——2016 年度诺贝尔化学奖成果简介，科技导报，2016，34：28-33.

Molecular Machines：The Smallest Machine will Promote the Big Progresses on Science and Technology

Jiang Juli，Jiang Wei，Qu Dahui，Huang Feihe，Wang Leyong

The 2016 Nobel Prize in Chemistry was awarded to three scientists（Jean-Pierre Sauvage，Sir J. Fraser Stoddart，and Bernard L. Feringa）for the design and synthesis of molecular machines. The Field of molecular machines focuses on constructing the machine on the molecular level. In this paper，a summary on the design concept，synthesis strategy，development and outlook of molecular machines was given.

2.10　自我消解、对抗衰老

——2016 年诺贝尔生理学或医学奖评述

韩天婷　胡荣贵

（中国科学院上海生物化学与细胞生物学研究所；
中国科学院分子细胞科学卓越研究中心）

2016 年诺贝尔生理学或医学奖在瑞典卡洛林斯卡医学院揭晓，日本科学家大隅良典（Yoshinori Ohsumi）获颁 2016 年诺贝尔生理学或医学奖（图 1），以表彰他在细胞自噬机制研究中取得的原创性研究成果。

大隅良典

图 1　2016 年诺贝尔生理学或医学奖获得者

一、细胞自噬的概念及其发现历程

什么是细胞自噬？所谓"自噬"，字面意思就是"自己将自己吃掉"，其本质是细胞进行自身成分降解和循环的一种手段，受多种基因共同调控且进化上具有保守性。

自噬就是细胞分解代谢的过程，以将胞质蛋白或者细胞器包裹形成双层膜结构的自噬体为主要特征，接着自噬体与内涵体形成自噬内涵体，最后与溶酶体相互融合形成自噬溶酶体，包裹物就会被降解成小分子后再循环利用，以实现细胞的物质和能量的稳态以及细胞器的更新[1]。

自噬作为一种细胞的自我保护机制和细胞应对恶劣环境的主动反应，广泛存在于真核生物中。在应对短暂的生存压力时，细胞内的自噬途径被激活，然后通过降解自身非必要的成分来提供营养和能量，生命体借此维持代谢平衡及细胞内外环境稳定。这一过程在细胞的废物清除、结构重建以及生长发育中都发挥着至关重要的作用。

其实，早在20世纪60年代，科学家就提出了"自噬"的概念。当时，科学家们发现细胞能够清除自身内部物质，即将其裹进一个明显的膜结构中，形成小型囊体并运输至"溶酶体"中进行分解。但细胞自噬的具体机制和意义都很不清楚，也没有引起足够的重视。直到20世纪90年代，日本科学家大隅良典在饥饿条件下培养啤酒酵母以筛选出酵母存活所必需基因的过程中，发现了一系列自噬途径中的关键基因（图2）。1998年，大隅良典实验室的水岛升（Noboru Mizushima）博士发现了人体中存在的 *Atg12* 同源基因，并阐明了其作用分子机理与酵母存在的相似之处[2]。2000年，大隅实验室的吉森保（Tamotsu Yoshimori）博士首次发现了鉴定细胞自噬的"金标准"——关键蛋白Atg8的同源蛋白LC3，同时还建立了检测哺乳动物中自噬活性水平的方法[3]。如今从事自噬相关研究的同行均采用吉森保的方法检测自噬。随后的研究中，大隅良典确立了一套自噬研究体系，并且发现了自噬过程是由一系列蛋白质和蛋白质复合物参与调控，从而开创自噬研究的新纪元[4]。

图2　大隅良典在饥饿条件下培养的酵母细胞中发现了一系列自噬途径中的关键基因
图片来源：https://www.nobelprize.org/nobel_prizes/medicine/laureates/2016/press.html

二、细胞自噬与衰老及研究进展

增殖、分化、发育与衰老是每一个细胞及机体组织必然经历的生物学过程，而对抗衰老、实现青春永驻和长生不老则是人类亘古的梦想。然而，人类干预机体的正常衰老进程的手段却一直非常有限。随着研究进展的深入，研究人员发现衰老还是包括肿瘤、心血管疾病在内的多种主要疾病的最主要的致病因素。当今社会，随着各国人口老龄化程度的进一步加深，与衰老密切相关疾病及其产生的问题都日益严重，对衰老机制以及延缓衰老的策略的研究受到人们的高度重视[5]。

经过数十年的努力，细胞自噬与衰老方面的研究日益深入，人们对细胞自噬调节器官稳态、衰老的机制有了更进一步的理解。越来越多的证据表明，自噬可以通过清除细胞内受损物质来维持细胞内代谢等各系统的稳态平衡，而自噬异常则被发现与衰老及其相关的种种生理病理的过程相关[6,7]。早期的研究发现，自噬途径参与调控低等生物机体衰老和寿命。在高等生物中，机体细胞特别是那些很少或丧失分裂能力的末端分化细胞，如心肌细胞、骨骼肌细胞和神经细胞等，衰老与被氧化等损伤的大分子及细胞器的累积密切相关。同时，在不同模式生物中人为激活自噬，增加这些受损分子或细胞器的清除能力，可以显著延长个体的寿命。

近年来，多细胞模式生物中，自噬途径中的一系列基因被发现直接参与调控机体衰老[8]。在线虫中，利用 RNA 干扰技术（RNAi）抑制基因 $Atg6/beclin-1$ 的表达致成虫盘发育不完整、细胞内色素增多且异常物质累积、寿命减短[9,10]。Atg 基因在衰老的细胞中表达下降，而且如果 $Atg7$ 基因发生可导致 ATG7 失去功能的突变，果蝇寿命就会大大缩短，只能活到成虫阶段[11]。而 $Atg8$ 基因在中枢神经过表达的果蝇寿命则大大延长，并且可以使氧化性和泛素化蛋白在细胞中的积累减少[12]。日本新潟大学的小松雅明（Masaaki Komatsu）实验室通过构建自噬基因 $Atg7$ 等敲除的小鼠模型，发现自噬对肝脏、脑组织等器官正常功能的发挥起着关键性作用，而多个基因同时敲除的小鼠则表现出典型的类似神经退行性疾病的性状[13]。

与此同时，多细胞生物中，多种基因被发现通过调节细胞自噬活性来参与调节机体衰老。在线虫中，激活 p53 介导的细胞死亡可以抑制肿瘤细胞增殖[14]。马特乌（Matheu）等[15]通过转基因增强 $p53$ 基因转录本的可变阅读框基因编码的蛋白质的表达，能够改变小鼠对肿瘤的抗性并延缓衰老；塔什代米尔（Tasdemir）等则发现 p53 下调可以激发细胞自噬[16]，同时证明胞质型 p53 可以抑制细胞自噬[17]。另外，$SIRT1$ 等基因编码的产物调节细胞自噬途径关键蛋白的翻译后修饰状态和功能，通过调控自噬体形成等影响细胞自噬活性[18]。

细胞自噬也被发现参与调节干细胞的干性维持、发育和分化，从而在机体的发育和组织稳态维持和更新中发挥重要作用[19]。

研究表明，限制热量摄入（caloric restriction），或者用雷帕霉素（Rapamycin）、白藜芦醇（Resveratrol）、二甲双胍（Metformin）等通过影响 mTOR 信号途径，激活细胞自噬可使生命晚期的小鼠寿命延长。

因此，随着自噬研究的进一步深入，我们将更多了解衰老及其相关疾病发生发展的机制，也有可能由此发展各种有潜力的手段，通过调节细胞和机体的细胞自噬活性来人为改变衰老的进程[7]。目前，细胞自噬研究已经成为生物学及医学研究的最重要热点之一。

三、我国科学家在自噬领域取得的进展

由于历史和现实的原因，我国自噬领域的研究队伍，由一系列以青年学术带头人为首的研究团队组成，他们以多细胞生物或人类疾病为研究对象，在细胞自噬的国际前沿已经做出一系列令人瞩目的成就[20]。其中，中国科学院生物物理研究所的张宏教授建立了秀丽线虫作为多细胞生物自噬的模型，通过遗传筛选发现了多细胞生物特异的参与自噬作用的多个基因，如Epg-3、Epg-4、Epg-5和Epg-6，丰富了人们对多细胞生物体中自噬作用机理的认识。人类遗传学分析表明，Epg-5基因突变与人类的Vici综合征（Vici syndrome）密切相关，而$WIPI 4/Epg$-6基因突变则会导致认知功能的缺陷，并可引发一种神经退行性病症。清华大学的俞立课题组建立了在不同代谢胁迫条件下自噬的研究模型，并发现其对于细胞的长时间存活具有重要作用。中国科学院动物研究所的陈佺教授发现了新的哺乳动物细胞线粒体自噬（mitophagy）的分子调控机制；北京大学的朱卫国教授（现深圳大学），清华大学的陈晔光教授、刘玉乐教授，厦门大学的林圣彩教授，浙江大学的刘伟教授等领导的课题组近期在自噬及其调控的细胞生物学过程中相关的领域做出很多原创性的发现。笔者所在的中国科学院上海生物化学与细胞研究所课题组，发现了泛素信号调节自噬受体复合物形成和自噬受体功能调控细胞自噬的新机制[21,22]。随着越来越多青年科学家的不断加入，中国科学家在细胞自噬以及衰老研究领域将取得更多的进展。

四、结语与展望

自噬与衰老、帕金森病、阿尔茨海默病等神经类疾病，以及肿瘤的发生发展都密切相关。虽然早就发现了细胞自噬现象的存在，但是只有在大隅良典等开拓性的发现之后，人们才真正意识自噬的重要性，并且逐渐获得更多的机制性认识。自噬与衰老的生物学途径之间存在部分重叠或交叉调控，衰老进程中自噬水平降低，而适度地激活自噬可以延缓衰老，但过度的自噬会加速细胞死亡。自噬相关研究的进一步深入也为理解衰老机制以及对抗衰老开启了新的研究思路和机会之窗。如何利用自噬有效延缓衰老以及对抗衰老相关疾病将是科学家们研究工作的重点和必须面临的挑战。

参考文献

[1] Mizushima N, Levine B, Cuervo A M, et al. Autophagy fights disease through cellular self-digestion. Nature, 2008, 451: 1069-1075.

[2] Mizushima N, Sugita H, Yoshimori T, et al. A new protein conjugation system in human. The counterpart of the yeast Apg12p conjugation system essential for autophagy. The Journal of Biological Chemistry, 1998, 273: 33889-33892.

[3] Kabeya Y, Mizushima N, Ueno T, et al. LC3, a mammalian homologue of yeast Apg8p, is localized in autophagosome membranes after processing. The EMBO Journal, 2000, 19: 5720-5728.

[4] Ohsumi Y. Historical landmarks of autophagy research. Cell Research, 2014, 24: 9-23.

[5] Xiu C, Lei Y, Wang Q, et al. Autophagy and its regulatory effect on aging. Chinese Journal of Experimental Traditional Medical Formulae, 2015, 21: 214-218.

[6] Kourtis N, Tavernarakis N. Autophagy and cell death in model organisms. Cell Death Differ, 009, 16 (1): 21-30.

[7] Levine B, Mizushima N, Virgin H W , et al. Autophagy in immunity and inflammation. Nature, 2011, 469 (7330): 323-335.

[8] Melendez A, Tallóczy Z, Seaman M, et al. Autophagy genes are essential for dauer development and life-span extension in C. elegans. Science, 2003, 301: 1387-1391.

[9] Toth M L, Sigmond T, Borsos E, et al. Longevity pathways converge on autophagy genes to regulate lifespan in *Caenorhabditis elegans*. Autophagy, 2008, 4: 330-338.

[10] Juhasz G, Erdi B, Sass M, et al. Atg7-dependent autophagy promotes neuronal health, stress tolerance, and longevity but is dispensable for metamorphosis in Drosophila. Genes & Development, 2007, 21: 3061-3066.

[11] Simonsen A, Cumming R C, Brech A, et al. Promoting basal levels of autophagy in the nervous system enhances longevity and oxidant resistance in adult Drosophila. Autophagy, 2008, 4: 176-184.

[12] Komatsu M, Waguri S, Ueno T, et al. Impairment of starvation-induced and constitutive autophagy in Atg7-deficient mice. The Journal of Cell Biology, 2005, 169: 425-434.

[13] Pinkston J M, Garigan D, Hansen M, et al. Mutations that increase the lifespan of C. elegans inhibit tumor growth. Science, 2006, 313: 971-975.

[14] Matheu A, Maraver A, Klatt P, et al. Delayed ageing through damage protection by the Arf/p53 pathway. Nature, 2007, 448: 375-380.

[15] Feng Z, Zhang H, Levine AJ, et al. The coordinate regulation of the p53 and mTOR pathways in cells. PNAS, 2005, 102: 8204-8209.

[16] Tasdemir E, Maiuri M C, Galluzzi L, et al. Regulation of autophagy by cytoplasmicp53. Nat Cell Biol, 2008, 10: 676-687.

[17] Derry B, Putzke A P, Rothman J H. Caenorhabditis elegans p53: Role in apoptosis, meiosis, and

stress resistance. Science,2001,294：591-595.

[18] Boily G,Seifert EL,Bevilacqua L,et al. SirT1 regulates energy metabolism and response to caloric restriction in mice. PLoS One,2008,3：e1759.

[19] Dong W,Zhang P ,Fu Y ,et al. Roles of SATB$_2$ in site — specific stemness,autophagy and senescence of bone marrow mesenchymal stem cells. Journal of Cellular Physiology,2015,230(3)：680 -690.

[20] 杨娇,胡荣贵. 牺牲局部、成就整体的细胞自噬——2016 年度诺贝尔生理学或医学奖成果简介. 科技导报,2016,34 (24)：39-44.

[21] Liu Z,Chen P,Gao H,et al. Ubiquitylation of autophagy receptor Optineurin by HACE1 activates selective autophagy for tumor suppression. Cancer Cell,2014,26(1)：106-120.

[22] PengH,Yang J,Li G,et al. Ubiquitylation of p62/sequestosome1 activates its autophagy receptor function and controls selective autophagy upon ubiquitin stress. Cell Research. 2017；27（5）：657-674.

Autophagy and Aging
—A Commentary on the 2016 Nobel Prize in Physiology or Medicine

Han Tianting，Hu Ronggui

The 2016 Nobel Prize in Physiology or Medicine honors Japanese scientist, Yoshinori Ohsumi,whose original work hasled to elucidation of the mechanism and physiological functions of autophagy. Autophagy plays key roles in development and maintaining health,while deregulated autophagy is known to critically underlie multiple types of human disorders,which include aging,cancer,infection,immune or cardiovascular diseases,neurodegenerative diseases and so on. So far particular attention has been drawn to the association between aging and autophagy,own to fact that aging has been more and more recognized as the most significant single risk factor for cancer,cardiovascular diseases or neurodegenerative disorders. Here we will briefly introduce the seminal discoveries made by Dr. Ohsumi and his colleagues. We will also review a few key findings in the field of autophagy and aging,as well as some potentially most promising means to interfere with normal aging. Subsequently,we offer a short summary of the research progresses that Chinese scientists have made in the field. Finally,a perspectives will be provided concerning the trends and challenges in the field of autophagy and aging.

第三章

2016年中国科研代表性成果

Representative Achievements of Chinese Scientific Research in 2016

3.1　已知光度最高的超亮型超新星的发现

东苏勃

（北京大学科维理天文与天体物理研究所）

超新星是某些恒星在生命终点的剧烈爆发现象。超新星研究在恒星演化、元素合成乃至宇宙学等天体物理的诸多重要领域中具有重要的科学价值。其中，超亮型超新星（super-luminous supernova）是最近 20 年来时域天文巡天项目发现的一种罕见的新类型超新星[1]，其光度可达常见的 Ia 型超新星的数十倍到百倍，数目比 Ia 型超新星少至少三个数量级[2]。超亮型超新星的物理性质和能源机制是当前天体物理研究的一个热点问题。

我们利用国际合作项目"全天自动化超新星巡天"（All-Sky Automatic Search for Supernovae，ASAS-SN）搜索和研究超新星等暂现天体。该项目是现今唯一一个对全天进行监视的超新星搜索项目，利用分布在南北半球共两个节点 8 架巡天望远镜每隔 2～3 天对全天进行全面的自动扫描。ASAS-SN 项目自 2015 年起发现的亮超新星（亮于 17 等）数目占世界已发现亮超新星总量的一半以上，其发现的数百颗近邻亮超新星构成了一个对宿主星系光度、超新星距星系中心距离等性质无偏的完备样本，在系统研究超新星物理、搜寻罕见超新星上具有独到的科学价值[3]。

利用 ASAS-SN 位于智利的节点，以东苏勃研究员为首的研究团队发现了已知光度最高的超亮型超新星 ASASSN-15lh。这项成果发表在 2016 年 1 月 15 日出版的《科学》（Science）杂志上[4]。通过观测和分析 ASASSN-15lh 的第一条光谱，我们发现其最显著的宽吸收线特征与 SN 2010gx 等贫氢超亮型超新星（也称"I 型超亮超新星"）极为匹配，并以此推测红移为 0.23（距离为 38 亿光年）；该红移值被随后得到的光谱中显现的宿主星系 Mg II 吸收线证实。后续的观测也进一步印证了 ASASSN-15lh 的特性与以往发现的贫氢超亮型超新星有诸多关键的共同之处，尤其是爆出物半径的大小和随时间演化规律与其他超新星相符。然而，ASASSN-15lh 也有很多独特的性质。它的峰值光度达到了 $(2.2 \pm 0.2) \times 10^{45}$ 尔格[①]/秒（约为太阳光度的 5700 亿倍），

---

① 尔格（erg）为功的单位，1 尔格＝10^{-7} 焦耳。

为其他超亮超新星的两倍以上（图 1）。其辐射总能量之高（超过 10^{52} 尔格）使所有已知的超新星供能模型受到挑战，更是达到了流行的磁中子星模型所允许的上限[5]。ASASSN-15lh 的温度也显著高于其他贫氢超亮型超新星；后续观测发现，ASASSN-15lh 的光度出现第二个峰值，保持较高有效温度，并且晚期光谱有较少特征谱线[6]。另外，大多数贫氢超亮型超新星的宿主星系为低光度矮星系，ASASSN-15lh 的宿主星系则亮于银河系[4]。

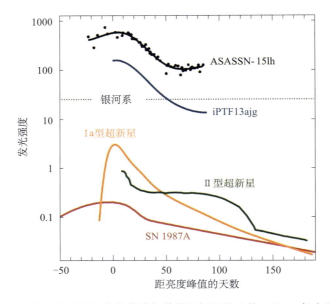

图 1　ASASSN-15lh 光度随时间变化的曲线与其他超新星的比较（以 10 亿太阳光强度为单位）

在其峰值，ASASSN-15lh 比常见的 Ⅰa 型超新星强约 200 倍，也比以前的贫氢超亮型超新星爆发强度纪录保持者 iPTF13ajg 亮数倍。

ASASSN-15lh 的发现引起了国内外天文界的广泛关注。世界上多个研究小组利用数个大型地面望远镜以及雨燕（Swift）探测器、哈勃（Hubble）空间望远镜、钱德拉（Chandra）X 射线太空望远镜等从光学、射电到 X 射线等诸多波段进行了后续观测。还有多篇文章对 ASASSN-15lh 的理论机制进行了研究，其中南京大学戴子高团队提出了磁夸克星可为 ASASSN-15lh 提供辐射能量的来源[7]。ASASSN-15lh 这个极端超新星的发现对超亮超新星的研究提供了观测上的新线索并提出了理论上的新挑战。ASASSN-15lh 的发现也引起了公众的兴趣，被数百家国内外媒体报道。

参考文献

[1] Gal-Yam A. Luminous supernovae. Science，2012，337：927-932.

[2] Quimby R M，Yuan F，Akerlof C，et al. Rates of superluminous supernovae at z ～ 0.2. Monthly Notices of the Royal Astronomical Society，2013，431：912-922.

[3] Holoien T W S，Brown JS，Stanek K Z，et al. The ASAS-SN bright supernova catalogue-Ⅱ. 2015. Monthly Notices of the Royal Astronomical Society，2017，467：1098-1111.

[4] Dong S B，Shappee B J，Prieto J L，et al. ASASSN-15lh：A highly super-luminous supernova. Science，2016，351：257-258.

[5] Kasen D，Bildsten L. Supernova light curves powered by young magnetars. The Astrophysical Journal，2010，717：245-249.

[6] Godoy-Rivera D，Stanek K Z，Kochanek C S，et al. The unexpected，long-lasting，UV rebrightening of the superluminous supernova ASASSN-15lh. Monthly Notices of the Royal Astronomical Society，2017，466：1428-1443.

[7] Dai Z G，Wang S Q，Wang J S，et al. The most luminous supernova ASASSN-15lh：Signature of a newborn rapidly rotating strange quark star. The Astrophysical Journal，2016，817：132-137.

The Discovery of the Most Luminous Superluminous Supernova

Dong Subo

We discover ASASSN-15lh，which we interpret as the most luminous supernova ever found. ASASSN-15lh had a peak bolometric luminosity $(2.2 \pm 0.2) \times 10^{45}$ ergs · s^{-1}，which is more than two times as luminous as any previously known supernova. It has several major features characteristic of the hydrogen-poor superluminous supernovae（SLSNe-Ⅰ）while it also has a number of unique features. The high radiation energy of ASAS-SN challenges known theories of supernovae.

3.2 铁基高温超导材料中的拓扑电子态

王征飞[1]   刘 锋[2]

（1. 中国科学技术大学合肥微尺度物质科学国家实验室；
2. 犹他大学材料科学与工程系）

1911 年，荷兰物理学家卡末林·昂内斯（H. K. Onnes，1853～1926）发现了超导现象，即材料在低温下电阻完全消失。该发现开辟了超导电性这一全新的凝聚态物理研究方向。在超导研究的百年历史上，共有 10 人获得了 5 次诺贝尔物理学奖。由于零电阻的特性，超导材料在能源、医疗、通信等众多领域有着广阔的应用前景。寻找高温超导体、提升超导临界温度是超导研究领域的一个重要目标。近年来，铁基超导体[1,2]的发现突破了超导研究的传统认识，为高温超导材料研发与机理探索带来了新的契机。

拓扑电子态是凝聚态物理研究领域近年来另一重要方向，从拓扑绝缘体[3]、外尔半金属[4,5]到新颖拓扑准粒子[6]，拓扑概念的引入为材料研究提供了一个新的范式，这不仅为进一步探索材料的新奇量子特性提供了可能，也为新一代量子电子器件与未来量子计算机的研发带来了新的机遇。2016 年的诺贝尔物理学奖授予了戴维·索利斯（D. J. Thouless）、邓肯·霍尔丹（D. Haldane）、迈克尔·科斯特利茨(M. Kosterlitz)三位美国物理科学家，以表彰他们在理论上发现了物质的拓扑相变和拓扑态。

铁基超导与拓扑电子态研究的重要性不言而喻。然而长期以来，两者都是各自独立发展的，它们之间共存的可能性并没有得到广泛的重视。不同于单带的铜基超导，铁基超导的多带特性使其具有更为丰富的物理结构，角分辨光电子能谱的测量也逐步拓展了人们对于铁基超导复杂电子结构的认识。2016 年，本文作者通过与清华大学马旭村、薛其坤及中国科学院物理研究所周兴江合作，系统研究了钛酸锶表面外延生长的高温超导单层铁硒薄膜的电子结构，通过对比理论计算，扫描隧道显微谱与角分辨光电子能谱，首次在实验上证实了铁基超导材料中存在拓扑电子态的理论预言[7]。

　　由于第一性原理计算在处理强关联体系上的局限性，对钛酸锶表面单层铁硒薄膜的基态电子结构一直存在较大争议。为了克服上述研究瓶颈，我们通过各种磁性构型的能带与实验能谱的对比，间接筛选出该体系最有可能的基态构型。图 1 显示的是理论与实验能带结构的比较，可以看出交错反铁磁构型的能带结构在高对称点附近以及整个布里渊区和实验结果都有较好的吻合，特别是图 1(c) 中的实验带隙与自旋轨道耦合打开的理论带隙符合得很好，这也说明该带隙具有拓扑特性。进一步，我们通过扫描隧道显微谱测量了该能量区间铁磁与反铁磁边界的实空间电子态密度。为了验证这些边界态的特性，我们以实验测量的费米能为参考能量，将理论与实验结果进行对比，从图 2 可以明显看出自旋轨道耦合打开的带隙区间边界态强度大于体态强度，理论与实验态密度曲线具有较好的吻合。以上结果直接证实了在铁硒高温超导材料中一维拓扑边界态的存在。该成果受到《自然·材料》（*Nature Materials*）杂志审稿人的高度评价，并以封面长文章形式发表[7]，同期杂志的"新闻与观点"专栏还对该成果进行了专题报道[8]。

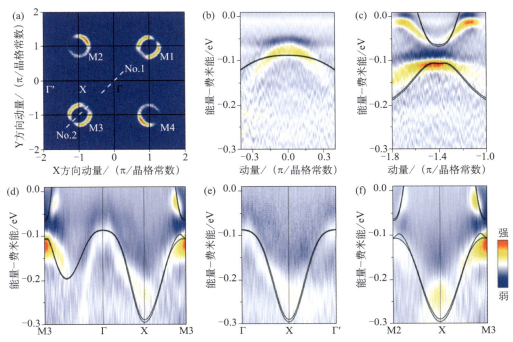

图 1　钛酸锶表面单层铁硒薄膜角分辨光电子能谱与交错（checkerboard）
反铁磁构型理论能带的比较

（a）费米面形状；（b）Γ 点附近能带；（c）M 点附近能带；（d～f）不同高对称方向能带

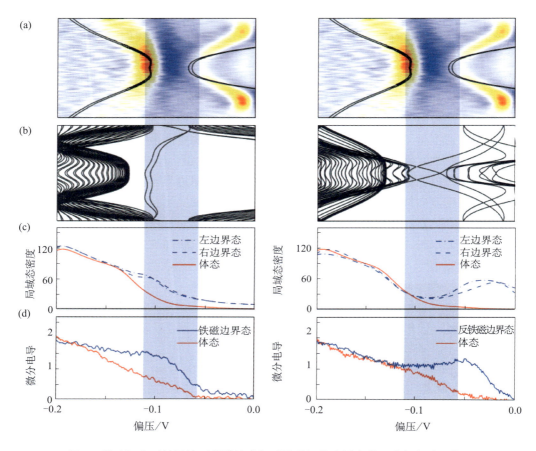

图 2　钛酸锶表面单层铁硒薄膜铁磁与反铁磁拓扑边界态的理论与实验比较

（a）理论与实验二维能带结构；（b）理论一维条带能带结构；（c）理论一维条带态密度；
（d）边界态与体态的扫描隧道显微谱

　　该研究工作揭示了铁基超导材料中超导与拓扑共存的新颖量子特性。进一步，我们还可以通过电子或空穴掺杂来调节超导与拓扑带隙的位置，这为探索单一材料高温拓扑超导体与马约拉纳费米子开辟了新的研究途径。同时，该工作对于进一步推动铁基高温超导机理研究也具有重要指导意义。我们相信超导与拓扑两大研究领域的融合，必将迸发出更多的新颖物理现象，有待进一步深入研究与探讨。

参考文献

[1] Chen X H, Wu T, Wu G, et al. Superconductivity at 43K in $SmFeAsO_{1-x}F_{1-x}$. Nature, 2008, 453: 761-762.

[2] Wang Q Y, Li Z, Zhang W H, et al. Interface-induced high-temperature superconductivity in single unit-cell FeSe films on $SrTiO_3$. Chinese Physics Letters, 2012, 29: 037402.

[3] König M, Wiedmann S, Brüne C, et al. Quantum spin Hall insulator state in HgTe quantum wells. Science, 2017, 318: 766-770.

[4] Wan X G, Turner A M, Vishwanath A, et al. Topological semimetal and Fermi-arc surface states in the electronic structure of pyrochlore iridates. Physics Review B, 2011, 83: 205101.

[5] Lv B Q, Weng H M, Fu B B, et al. Experimental discovery of Weyl semimetal TaAs. Physics Review X, 2015, 5: 031013.

[6] Bradlyn B, Cano J, Wang Z J, et al. Beyond Dirac and Weyl fermions: unconventional quasiparticles in conventional crystals. Science, 2016, 353:558.

[7] Wang Z F, Zhang H M, Liu D F, et al. Topological edge states in a high-temperature superconductor FeSe/SrTiO₃(001) film. Nature Materials, 2016, 15: 968-973.

[8] Tsai W F, Lin H. Topological insulators and superconductivity: the integrity of two sides. Nature Materials, 2016, 15: 927-928.

Topological Electronic States in Iron-based High Temperature Superconductor

Wang Zhengfei, Liu Feng

Superconducting and topological states are two most intriguing quantum phenomena in solid materials. While many materials are found to be either a superconductor or a topological insulator, it is very rare that both states exist in one material. Here, we demonstrate by first-principles theory as well as scanning tunneling spectroscopy and angle-resolved photoemission spectroscopy experiments that the recently discovered two dimensional (2D) superconductor of single layer FeSe also exhibits 1D topological edge states. It is the first 2D material that supports both superconducting and topological states, offering an exciting opportunity to study 2D topological superconductors through the proximity effect.

3.3 硅衬底氮化镓基激光器

孙 钱 冯美鑫 李增成 刘建平 张书明 杨 辉

（中国科学院苏州纳米技术与纳米仿生研究所）

硅基光电集成被视为实现芯片与系统之间的高速数据通信的理想方案之一[1,2]，但是硅基集成的高效激光光源的缺失长期制约了该领域的发展。硅的间接带隙结构决定了其自身难以高效发光。而Ⅲ-Ⅴ族直接带隙半导体则为性能优异的发光材料，特别是第三代半导体氮化镓（GaN）基激光器在激光显示、汽车大灯、可见光通信、海底通信以及生物医疗等领域有着广泛的应用前景[3,4]。如果能够在硅衬底上直接生长高质量的 GaN 基激光器，则不仅可以借助大尺寸、低成本硅晶圆及其自动化工艺线来大幅度降低 GaN 基激光器的制造成本，还将为激光器等光电子器件与硅基电子器件的系统集成提供一种新的技术路线[5~8]。该研究方向是目前国际上的一个研究热点，包括 2014 年诺贝尔物理学奖得主天野浩（Amano）教授等在内的多个国际科研团队在从事硅衬底 GaN 基激光器的研究[6~10]，多篇文章报道了硅衬底 InGaN 多量子阱发光结构的光泵浦激射[6~10]。但是，未见到硅衬底 GaN 基激光器的电注入激射，其主要挑战在于硅衬底 GaN 高质量材料的异质外延生长。

由于 GaN 与硅衬底之间存在巨大的晶格失配（17%），在硅衬底上直接生长 GaN 会在材料中引入高密度位错缺陷。更具挑战的是，GaN 的热膨胀系数约为硅的两倍，在硅衬底上高温（1000 ℃左右）生长的 GaN 在降温时倾向于快速收缩，受到硅衬底（缓慢收缩）向外拉扯的巨大张应力，因此硅基 GaN 外延片在降到室温过程中通常会向下翘曲，甚至产生龟裂（图 1）。高密度的穿透位错缺陷和裂纹严重影响材料质量和器件性能及可靠性。因此，硅基 GaN 外延生长中的应力调控与缺陷控制是关键的技术瓶颈。

孙钱团队采用 AlN/AlGaN 组分渐变的应力控制层来在高温生长过程中积累足够高的压应力，并以此来抵消材料生长完毕后降温过程中因热膨胀系数的失配而产生的张应力，从而消除裂纹的产生，在硅衬底上实现高质量 GaN 的外延生长[11,12]。基于 AlGaN 应力控制层积累起来的压应力不仅可以抵消降温过程中产生的张应力，消除裂纹的产生，而且可使位错拐弯发生湮灭（图 2），大幅降低了因 GaN 材料与硅之间的晶格失配而导致的位错缺陷密度，提高硅衬底 GaN 薄膜的晶体质量[12]。

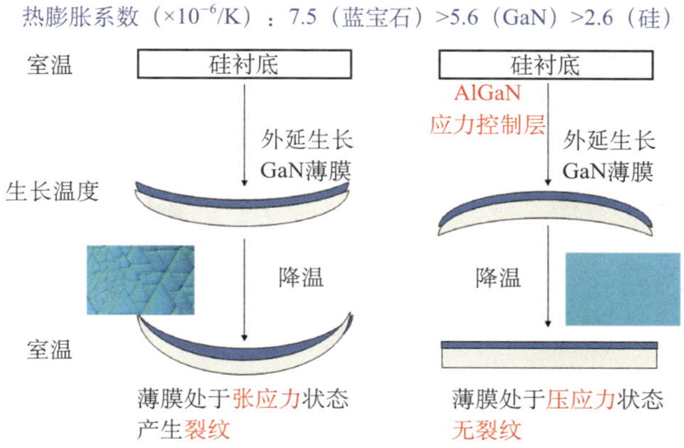

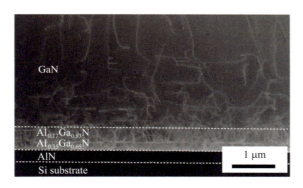

热膨胀系数（×10^{-6}/K）：7.5（蓝宝石）>5.6（GaN）>2.6（硅）

室温 硅衬底   硅衬底

AlGaN
应力控制层

外延生长
GaN薄膜   外延生长
GaN薄膜

生长温度

降温   降温

室温

薄膜处于张应力状态
产生裂纹   薄膜处于压应力状态
无裂纹

图1　硅衬底 GaN 基半导体材料异质外延生长的应力调控示意图

GaN

Al$_{0.17}$Ga$_{0.83}$N
Al$_{0.35}$Ga$_{0.65}$N
AlN
Si substrate

1 μm

图 2　AlN/AlGaN 应力控制层促使硅基 GaN 中位错缺陷的拐弯湮灭

与发光二极管（LED）相比，GaN 基激光器的工作电流密度要高 2～3 个数量级，对材料质量的要求更高。而且，GaN 基边发射激光器在量子阱上下都需要生长波导层（waveguide）和光场限制层（cladding），其中光场限制层通常为低折射率的 AlGaN 材料，进而引起额外的张应力。这使得硅衬底 GaN 基激光器（图3）材料生长在应力调控与缺陷控制等方面比 LED 的要求高很多，技术挑战更大。

孙钱团队通过优化应力控制层、光场限制层和发光层的结构与生长条件，在硅衬底上成功生长了厚度达到 6 微米左右的 GaN 基激光器结构，并通过腔面解理等器件工艺，实现了国际上首支室温连续电注入条件下激射的硅衬底 GaN 基激光器[13]，激射波长为 413 纳米，阈值电流密度为 4.7 千安/厘米^2（图4）。相关成果已发表在《自然·光子学》（Nature Photonics）。目前，团队正致力于侧向外延生长技术[14,15]来降低硅衬底 GaN 中的位错密度，进一步提升激光器的性能和寿命，以期实现低成本的硅衬底 GaN 基激光器的产业化，并推进其在硅基光电集成中的应用。

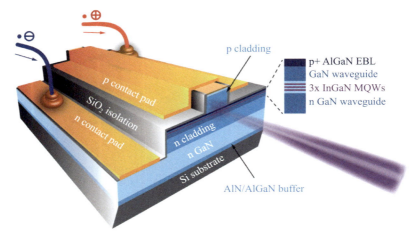

图 3　硅衬底氮化镓基激光器结构示意图

在 3 对 InGaN MQW 多量子阱的两侧分别有 GaN 波导层（waveguide）、p-AlGaN 电子阻挡层（EBL）、
n 型和 p 型 AlGaN 光场限制层（cladding），以及金属接触焊盘（contact pad）

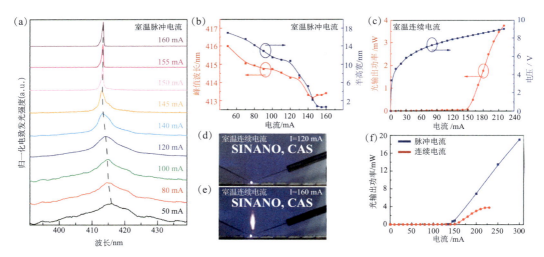

图 4　硅衬底氮化镓基激光器室温下的光电特性

（a）不同脉冲电流下的电致发光光谱 EL；（b）电致发光光谱峰值波长和半高宽随注入电流的变化；
（c）光功率和工作电压随连续注入电流的变化；（d）和（e）为 120mA 和 160mA 注入电流下的远场光斑照片；
（f）脉冲和连续注入电流下的光功率对比

除了 LED 和激光器之外，中国科学院苏州纳米所在硅衬底 GaN 基增强型电力电子器件的研制方面也取得了不错的进展。与传统的蓝宝石衬底和碳化硅衬底上外延生长 GaN 技术不同，在硅衬底上外延生长 GaN 基半导体材料与器件是一条我国有自主知识产权的技术路线，具有晶圆尺寸大、成本低、有望与硅 CMOS 工艺线兼容等优势。高质量的硅基 GaN 薄膜为我国 GaN 基 LED、激光器、电力电子器件的研发及产业化奠定了优异的材料基础。

参考文献

[1] Goodman J W, Leonberger F J, Sun Y K, et al. Optical interconnections for VLSI systems. Prcc IEEE, 1984, 72: 850-866.

[2] Soref R. The past, present, and future of silicon photonics. IEEE journal of selected topics in quantum electronics, 2006, 12: 1678-1687.

[3] Nakamura S, Senoh M, Nagahama S, et al. InGaN-based multi-quantum-well-structure laser diodes. The Japanese Journal of Applied Physics, 1996, 35: L74-L76.

[4] Ohta H, DenBaars S P, Nakamura S. Future of group-Ⅲ nitride semiconductor green laser diodes. Journal of the Optical Society of America B, 2010, 27: B45-B49.

[5] Bidnyk S, Little B D, Cho Y H, et al. Laser action in GaN pyramids grown on (111) silicon by selective lateral overgrowth. Applied Physics Letters, 1998, 73: 2242-2244.

[6] Kushimoto M, Tanikawa T, Honda Y, et al. Optically pumped lasing properties of (1-101) InGaN/GaN stripe multi-quantum wells with ridge cavity structure on patterned (001) Si substrates. Applied Physics Express, 2015, 8: 022702.

[7] Shuhaimi B A B A, Kawato H, Zhu Y, et al. Growth of InGaN-based laser diode structure on silicon (111) substrate. Journal of physics: Conference series, 2009, 152: 012007.

[8] Choi H W, Hui K N, Lai P T, et al. Lasing in GaN microdisks pivoted on Si. Applied Physics Letters, 2006, 89: 211101.

[9] Athanasiou M, Smith R, Liu B, et al. Room temperature continuous-wave green lasing from an InGaN microdisk on silicon. Scientific Reports, 2014, 4: 7250.

[10] Sellés J, Brimont C, Cassabois G, et al. Deep-UV nitride-on-silicon microdisk lasers. Scientific Reports, 2016, 6: 21650.

[11] Sun Q, Yan W, Feng M X, et al. GaN-on-Siblue/white LEDs: Epitaxy, chip, and package. Journal of Semiconductors, 2016, 32: 044006.

[12] Leung B, Han J, Sun Q. Strain relaxation and dislocation reduction in AlGaN step-graded buffer for crack-free GaN on Si (111). Physica Status Solidi, 2014, 11: 437-441.

[13] Sun Y, Zhou K, Sun Q, et al. Room-temperature continuous-wave electrically injected InGaN-based laser directly grown on Si. Nature Photonics, 2016, 10: 595-599.

[14] Nakamura S. The roles of structural imperfections in InGaN-based blue light-emitting diodes and laser diodes. Science, 1998, 281: 956-961.

［15］ Nakamura S. InGaN/GaN/AlGaN-based laser diodes grown on epitaxially laterally overgrown GaN. Journal of Materials Research,1999,14： 2716-2731.

GaN-Based Laser Diode Grown on Silicon

Sun Qian ，Feng Meixin ．Li Zengcheng ．
Liu Jianping．Zhang Shuming ．Yang Hui

To fully utilize the benefits of the large-scale low-cost manufacturing foundries, it is highly desirable to grow direct band-gap Ⅲ-V semiconductor laser directly on Si. The hetero-epitaxial growth of Ⅲ-nitride semiconductors on Si faces two major technical challenges, large mismatch in lattice constant and thermal expansion, often causing a high density of defects and crack network. By inserting Al-composition step-graded AlN/AlGaN multilayer buffer between GaN and Si, we have not only successfully eliminated the crack formation through stress engineering, but also effectively reduced the defect density by filtering out dislocations. Upon the as-grown GaN-on-Si material platform, we have fabricated InGaN-based laser diodes under a continuous-wave electrical injection at room temperature, offering a promising candidate for on-chip light source.

3.4　原子尺度上揭示水的核量子效应

郭　静[1]　　吕京涛[2]　　冯页新[1,3]

李新征[4,5]　　江　颖[1,5]　　王恩哥[1,5]

（1. 北京大学物理学院量子材料科学中心；2. 华中科技大学物理学院；

3. 湖南大学物理与微电子科学学院；4. 北京大学物理学院；

5. 量子物质协同创新中心）

《科学》杂志在创刊 125 周年之际，公布了 21 世纪 125 个最具挑战性的科学问题，其中就包括：水的结构如何？水之所以如此复杂，其中一个很重要的原因就是水的核量子效应。对于普通材料体系，由于原子核的质量远大于电子质量，一般只需要考虑电子的量子化，原子核则被当作经典粒子来处理。但是，水分子之间由氢键连接，而氢原子核的质量很小，其量子效应（隧穿和零点运动）往往不可忽视——它们直接影响着氢键体系的微观结构与宏观特性。例如：最近发现的硫化氢高温超导电性就跟高压下氢核的量子离域密切相关[1]；氢核的量子隧穿会导致冰的相变[2]并在酶的催化反应过程中发挥着重要的作用[3]。氢核的量子效应对氢键相互作用有多大影响？被认为是揭开水的奥秘所需要回答的一个关键科学问题。

理论层面，核量子效应的研究不仅需要将薛定谔方程中的电子波函数化，同时也要对原子核进行量子处理，即全量子化计算。水体系中核量子效应的理论研究最早可追溯到 20 世纪 80 年代[4]，科学家们提出了众多的物理图像和机制[5]。然而，核量子效应的实验研究却进展非常缓慢，很难直接与理论结果进行定量对照和验证，其主要原因是氢核的量子态对于局域环境的影响异常敏感，迫切需要原子尺度上的实验表征技术。

北京大学物理学院江颖和王恩哥领导的课题组从 2010 年初开始潜心钻研相关实验技术和理论方法，以期实现原子尺度上核量子态的精准探测和描述。经过三年多的不懈努力，他们自主研发了新一代 qPlus 型扫描探头，并探索出一套基于探针调制作用的成像和谱学技术，成功将扫描隧道显微镜（STM）的探测自由度从电子量子态拓展到原子核量子态。同时，他们发展了一套基于第一性原理的路径积分分子动力学新方法，超越了原有忽略原子核量子效应的通用软件包，并解决了全量子化计算量巨大、耗时漫长的问题。从 2013 年起，课题组与华中科技大学合作，展开了连续攻关。

2014 年 1 月，他们在国际上率先实现了水分子的亚分子级分辨成像[6,7]，实现了在实空间对氢核进行定位，为氢核量子效应的研究奠定了基础。2015 年 2 月，他们进一步将亚分子级成像技术和实时探测技术相结合，直接观察到了氢核在水分子四聚体中的协同量子隧穿过程[8]。紧接着，他们又基于 STM 研发了一套"针尖增强的非弹性电子隧穿谱技术"，首次将水的振动谱推向了单分子极限，在能量空间实现了对氢核量子态的精密探测[9]。在此基础上，终于在 2016 年 1 月，他们精确测定了单个氢键的量子成分，首次在原子尺度上揭示了水的核量子效应[9]。

图 1(a) 是 STM 实验构型的示意图，图 1(b) 是单个水分子（D_2O）的高分辨振动谱。通过水分子拉伸振动频率的红移测得水分子与 NaCl 衬底之间形成的单个氢键的键强。进一步利用同位素替换（H/D），可提取出氢核的核量子效应对氢键强度的影响（图 2）。结果表明：当氢键较弱时，D 的氢键强度（E_D）大于 H 的氢键强度（E_H）；当氢键变强时，E_D 又逐渐变得比 E_H 小。因此，氢核的量子效应会倾向于弱化弱氢键，而强化强氢键，这和全量子化计算的结果完全吻合。另外，从图 2 中还可以看到，核量子效应对氢键的影响可以高达 14%，远大于室温的热能，说明氢核的量子效应足以对水的结构和性质产生重要影响。这项工作投稿到《科学》杂志三个月后就在线发表[9]，审稿人对这项工作给予了高度的赞赏，称该项研究是"实验的杰作"（tour de force experiments）。

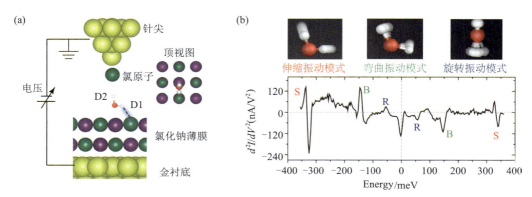

图 1　单个水分子的高分辨振动谱

（a）STM 实验构型示意图；（b）水分子隧道电流的二阶微分谱，从中可分辨水分子的拉伸、弯曲和转动等振动模式，这些振动可以作为灵敏的探针来探测氢核的量子运动对氢键的影响
（纵坐标表示的为电流的二阶微分信号）

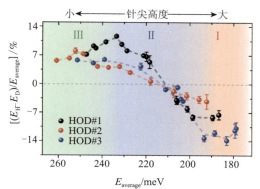

图 H 的氢键强度（E_H）与 D 的氢键强度（E_D）的相对差值随着它们平均值
（$E_{average}=$（E_D+E_H）/2）的变化曲线

该工作是对"氢键的量子成分究竟有多大"这一物质科学中基本问题的首次定量解答，澄清了学术界长期争论的氢键的量子本质，将可能刷新我们对水的认知，未来会对很多实际问题（如环境保护、清洁能源、药物设计等）的解决发挥巨大作用。除了水之外，核量子效应研究还可推广到所有氢键体系和原子核质量较小的轻元素体系，这将开辟凝聚态物理、物理化学、材料科学等领域的一个全新的、具有挑战性的研究方向。

参考文献

［1］ Errea I，Calandra M，Pickard C J，et al. Quantum hydrogen-bond symmetrization in the superconducting hydrogen sulfide system. Nature，2016，532：81-84.

［2］ Benoit M，Marx D，Parrinello M. Tunnelling and zero-point motion in high-pressure ice. Nature，1998，392：258-261.

［3］ Masgrau L，Roujeinikova A，Johannissen L O，et al. Atomic description of an enzyme reaction dominated by proton tunneling. Science，2006，312：237-241.

［4］ Kuharski R A，Rossky P J. A quantum mechanical study of structure in liquid H_2O and D_2O. Journal of Chemical Physics，1985，82：5164-5177.

［5］ Li X Z，Walker B，Michaelides A. Quantum nature of the hydrogen bond. PNAS，2011，108：6369-6373.

［6］ Guo J，Meng X，Chen J，et al. Real-space imaging of interfacial water with submolecular resolution. Nature Materials，2014，13：184-189.

［7］ Chen J，Guo J，Meng X，et al. An unconventional bilayer ice structure on a NaCl（001）film. Nature Communications，2014，5：4056.

［8］Meng X，Guo J，Peng J，et al. Direct visualization of concerted proton tunneling in a water nanocluster. Nature Physics，2015，11：235-239.

［9］Guo J，Lu J T，Feng Y，et al. Nuclear quantum effects of hydrogenbonds probed by tip-enhancedinelastic electron tunneling. Science，2016，352：321-325.

Atomic-Scale Assessment of Nuclear Quantum Effects of Water

Guo Jing ，Lü Jingtao，Feng Yexin，Li Xinzheng ，Jiang Ying ，Wang Enge

Nuclear quantum effects（NQEs），including proton tunneling and quantum fluctuation，play important roles in the structure，dynamics，and macroscopic properties of water and other hydrogen-bonded(H-bonded) materials. Combining a scanning tunneling microscope and full quantum simulations，we achieve the quantitative assessment of nuclear quantum effects on the strength of asingle hydrogen bond formed at a water-salt interface and provide a general physical picture. These findings not only renovate our understanding of water from a quantum mechanical view，but also openup a new direction for the studies of other H-bonded systems and light-elements materials.

3.5　原子级厚度碲化锡薄膜铁电性的发现

季帅华[1]　陈　曦[1]　张清明[2]
段文晖[1]　薛其坤[1]

（1. 清华大学物理系低维量子物理实验室；2. 中国人民大学物理系）

铁电体在相变温度以下会出现自发极化，正负离子沿某些特定的晶体方向发生相对位移，正负离子中心不再重合，形成电偶极矩。这种自发极化的方向可以在电场下发生转变，因此铁电体可以作为信息存储的基本单元。铁电体和铁磁材料一样，是现代信息技术的重要材料。除了在存储器和集成电路方面，铁电材料在红外探测器、超声器件和光电子器件方面也有着广泛和重要应用前景。铁电纳米材料研究，即研究具有高铁电转变温度、稳定的纳米铁电体，是目前铁电体研究的重要研究方向，也是未来铁电器件小型化应用的基础。

铁电薄膜长期以来是铁电纳米材料的重要研究方向。在具有钙钛矿结构的铁电薄膜[1~4]和有机聚合物多层膜[5]中，稳定的自发极化已经在几个原胞厚度的薄膜中发现。界面的电荷屏蔽、化学键和位错引入的应力都起到稳定铁电态的重要作用[6~11]。通常，铁电薄膜的铁电转变温度会随着其厚度的减小而降低，铁电薄膜与衬底的相互作用甚至会导致铁电性的消失，所以原子级厚度铁电薄膜样品的制备和探测都存在较大的困难。实验上，单原胞厚度极限下的铁电序还一直没有被发现。

清华大学物理系在铁电超薄膜方面取得重要进展，相关成果《原子级厚度碲化锡薄膜面内铁电性的发现》发表在 2016 年 7 月 15 日出版的《科学》杂志上[12]。荷兰格罗宁根大学的 Bart J. Kooi 教授和 Beatriz Noheda 教授在同期的《科学》杂志上对这项工作做了评论和展望。

清华大学物理系研究团队成功利用分子束外延技术制备出了高质量、原子级厚度的 SnTe 薄膜，并利用扫描隧道显微镜（STM）观测到铁电畴（图 1）、极化电荷引起的能带弯曲，以及 STM 针尖诱导的极化翻转，证明了单原胞厚度的 SnTe 薄膜存在稳定的铁电性。

实验表明该二维铁电体的临界转变温度高达 270 开（K），远高于体材料的 98 K，相变临界指数 β 为 0.33。研究还发现 2~4 个原胞厚度的 SnTe 薄膜具有更高的临界温

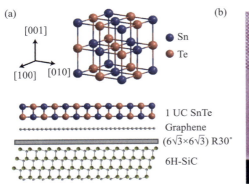
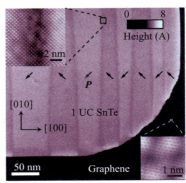

图 1

（a）碲化锡原子结构和原子级厚度碲化锡薄膜的示意图；（b）单原胞厚度碲化锡铁电薄膜的扫描隧道显微镜图，可以清晰地看到铁电畴（P：极化强度矢量），其中插图分别是碲化锡薄膜和衬底石墨烯的原子分辨像

度，其铁电性在室温下仍然存在（图2）。分析表明，量子尺度效应引起的能隙增大、高质量薄膜中缺陷密度和载流子浓度的降低，是铁电增强的重要原因。同时，薄膜厚度的降低导致面内晶格增大在铁电性增强上起到部分作用。具有面内极化方向的SnTe铁电薄膜在电子器件方面有着潜在的应用前景。

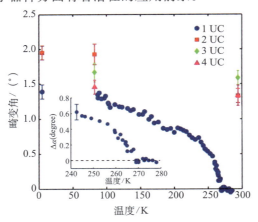

图 2　碲化锡薄膜晶格畸变角随温度的变化

单原胞厚度铁电转变温度高达 270 开（K），2～4 个原胞厚度薄膜室温下就存在稳定的铁电性

参考文献

［1］Tybell T，Ahn C H，Triscone J M . Ferroelectricity in thin perovskite films. Applied Physics Letters，1999，5：856.

［2］Fong D D，Stephenson G B，Streiffer S K，et al. Ferroelectricity in ultrathin perovskite films. Science，2004，304：1650-1653.

［3］ Fong D D,Kolpak A M,Eastman J A,et al. Stabilization of monodomain polarization in ultrathin PbTiO$_3$ films. Physical Review Letters,2006,96:127601.

［4］ Tenne D A,TurnerP,Schmidt J D,et al. Ferroelectricity in ultrathin BaTiO$_3$ films:Probing the size effect by ultraviolet Raman spectroscopy. Physical Review Letters,2009,103:177601.

［5］ Bune A V,Fridkin V M,Ducharme S,et al. Two-dimensional ferroelectric films. Nature,1998,391:874-877.

［6］ Ghosez P,Rabe K M. Microscopic model of ferroelectricity in stress-free PbTiO$_3$ ultrathin films. Applied Physics Letters,2000,76:2767.

［7］ Junquera J,Ghosez P. Critical thickness for ferroelectricity in perovskite ultrathin films. Nature, 2003,422,506-509.

［8］ Wu Z,Huang N,Liu Z,et al. Ferroelectricity in Pb(Zr$_{0.5}$Ti$_{0.5}$)O$_3$ thin films:Critical thickness and 180° stripe domains. Physical Review B,2004,70:104108.

［9］ Sai N,Kolpak A M,Rappe A M. Ferroelectricity in ultrathin perovskite films. Physical Review B, 2005,72,020101.

［10］ Sai N,Fennie C J,Demkov A A. Absence of critical thickness in an ultrathin improper ferroelectric film. Physical Review Letters,2009,102:107601.

［11］ Zhang Y,Li G P,Shimada T,et al. Disappearance of ferroelectric critical thickness in epitaxial ultrathin BaZrO$_3$ films. Physical Review B,2014,90:184107.

［12］ Chang K,Liu J W,Lin H C,et al. Discovery of robust in-plane ferroelectricity in atomic-thick SnTe. Science,2016,353:274-278.

Experimental Discovery of Robust In-Plane Ferroelectricity in Atomic-Thick SnTe

Ji Shuaihua , Chen Xi , Zhang Qingming , Duan Wenhui , Xue Qikun

Stable ferroelectricity with high transition temperature in nanostructures is needed for miniaturizing ferroelectric devices. We discovered the stable in-plane-spontaneous polarization in atomic-thick tin telluride (SnTe),down to a 1-unit cell (UC) limit. The ferroelectric transition temperature Tc of 1-UC SnTe film is greatly enhanced from the bulkvalue of 98 K and reaches as high as 270 K. Moreover,2- to 4-UC SnTe films show robust ferroelectricity at room temperature. This two-dimensional ferroelectric material may enable a wide range of applications innonvolatile high-density memories,nanosensors,and electronics.

3.6　利用二维晶体材料组装纳米通道及其物质输运研究进展

王奉超　吴恒安

（中国科学技术大学近代力学系；中国科学院材料力学行为和设计重点实验室）

纳米通道内物质输运与筛选的相关研究不仅具有极其重要的基础科学意义，而且在生物仿生、海水淡化、绿色能源等领域具有广泛的潜在应用[1,2]。生物体内的水通道和离子通道是典型的自然纳米孔道，在实现基本生理机能中扮演着不可或缺的角色[3]。基于尺寸控制的离子筛选，为新型海水淡化过滤膜的制备提供了全新的设计思路[4]。而利用纳米通道制备的能源收集及转换器件，也展现出了巨大的应用价值[5]。

近年来，对流动行为和界面效应的研究，从宏观尺度一直拓展到纳米尺度，探索远远没有止步[1,2,4~8]。研究对象包括纳米孔[5]、纳米管[6]、氧化石墨烯薄膜毛细通道[4]及通过光刻技术加工制备的硅纳通道[7]等。这些研究成果展现了纳米尺度下物质输运和筛选更为丰富的实验现象和机理。例如，与宏观尺度相比，纳米管中的水传输效率有极大提高，滑移边界条件的影响显著[4,6]；纳米通道中的表面电荷对离子输运可起到至关重要的调控作用[5,7]。这些跟宏观尺度截然不同的实验结果表明：目前描述纳米流动行为的理论模型急需修正或新建[1]。然而，目前这方面研究存在的问题是：已有的各种纳米通道，在加工制备过程中不能精确控制其几何尺寸；而且，其壁面粗糙度跟纳米通道相比已经不可忽略。这给实验结果分析和理论模型的建立带来了不确定性。

2016 年 10 月份，中国科学技术大学近代力学系王奉超副教授、吴恒安教授研究团队同英国曼彻斯特大学海姆（Andre Geim）教授实验团队合作的研究成果发表在《自然》杂志上[8]，提出了一种基于二维晶体材料组装构筑纳米通道的新方法，如图 1（a～b）所示。该方法可以形象地描述为用"搭积木"的方法将尺寸不同的二维晶体材料堆垛成纳米通道。石墨烯不仅是只有一层原子厚度的二维晶体，而且表面十分光滑。基于石墨烯等二维材料的这样的性质，一方面该通道的尺寸调整精度可以控制在 0.34 纳米——这也是迄今实验室内能制备的最小尺寸的纳米通道；另一方面，该通道壁面具有原子级光滑的特征。实验和分子模拟进一步研究了该纳米通道中的水传输机理，发现：分子尺度下，固液界面作用将增大水传输的驱动力，从而提高水的输运效率，这使纳米尺度的流体输运表现出跟宏观尺度截然不同的尺寸效应，如图 1（c）所示；而石墨烯-水的界面滑移也对水输运效率的提高有显著贡献[8]。

　　分子动力学模拟和理论分析揭示了固液界面相互作用对纳米流动行为具有决定性影响。分离压力（disjoining pressure）随纳米通道的尺寸减小而迅速增大[8]。对于尺寸较大（高度＞3 纳米）的纳米通道，考虑到石墨烯壁面的水的边界滑移效应，流量跟通道尺寸成线性关系；通道尺寸比较小时（高度为 2 纳米左右），分离压力的作用开始凸显，此时流量迅速增加；而随着通道尺寸进一步减小，受限于尺寸和水黏性的协同效应，流量迅速减小。

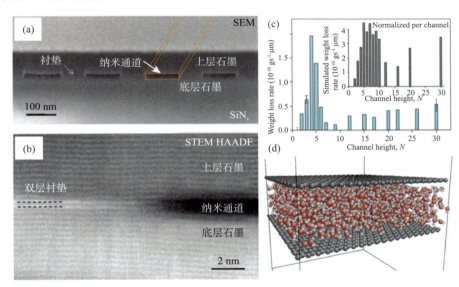

图 1　石墨烯组装制备的纳米毛细通道、实验及模拟得到的水输运效率[8]

（a）实验室中制备得到的高度为 15 纳米的石墨烯通道的扫描电子显微镜（SEM）照片，从图中可以清晰的看到纳米通道（channel）、石墨烯等二维晶体材料充当的衬垫（spacer）以及上下两片石墨；（b）纳米通道边缘的高角环形暗场像（high-angle annular dark field image）；（c）纳米通道中水的输运效率与通道尺寸的依赖关系，主图是实验测量结果，插图是分子动力学模拟结果；（d）纳米通道中水传输的分子动力学模拟构型

参考文献

[1] Schoch R B, Han J, Renaud P. Transport phenomena in nanofluidics. Reviews of Modern Physics, 2008, 80: 839-883.

[2] Eijkel J C, van Den Berg A. Nanofluidics: What is it and what can we expect from it? Microfluidics

and Nanofluidics,2005,1：249-267.

［3］ Doyle D A,Cabral J M,Pfuetzner R A,et al. The structure of the potassium channel：Molecular basis of K^+ conduction and selectivity. Science,1998,280：69-77.

［4］ Joshi R K,Carbone P,Wang F C,et al. Precise and ultrafast molecular sieving through graphene oxide membranes. Science,2014,343：752-754.

［5］ Feng J,Graf M,Liu K,et al. Single-layer MoS_2 nanopores as nanopower generators. Nature,2016, 536：197-200.

［6］ Secchi E, Marbach S, Niguès A, et al. Massive radius-dependent flow slippage in carbon nanotubes. Nature,2016,537：210-213.

［7］ Duan C,Majumdar A. Anomalous ion transport in 2-nm hydrophilic nanochannels. Nature Nanotechnology,2010,5：848-852.

［8］ Radha B,Esfandiar A,Wang F C,et al. Molecular transport through capillaries made with atomic-scale precision. Nature,2016,538：222-225.

Molecular Transport Through Nano-Capillaries Made with Two-Dimensional Crystals

Wang Fengchao，Wu Hengan

Recently,the fabrication of narrow and smooth capillaries through van der Waals assembly of two-dimensional crystals was reported by a joint research team from the University of Manchester,UK and the University of Science and Technology of China. The height of such capillaries can be controlled by the number of layers of spacers with atomic-scale precision. We also investigated the water transport through the channels both in experiments and molecular dynamics simulations. The results reveal that the disjoining pressure would increase the water transport on the nanoscale and large slip lengths at the graphene/water interface also contribute to the enhancement,which together result in the unexpectedly fast flow through channels that accommodate only a few layers of water.

3.7　人工合成酵母染色体

元英进

（天津大学系统生物工程教育部重点实验室；
天津化学化工协同创新中心合成生物学研究平台）

DNA 编码了生命的遗传信息。以基因组设计合成为代表的合成生物学是继发现"DNA 双螺旋结构"和完成"人类基因组测序计划"之后的第三次生物技术革命，标志着人类对生命本质的研究进入了遗传密码"编写"阶段。

基因组化学合成研究工作从病毒基因组开始，初步实现了化学全合成基因组对单细胞原核生物和真核生物的生命调控。2010 年，美国科学家利用化学方法合成了具有正常功能的支原体基因组，标志着人工合成原核生物活性基因组的研究取得重大突破[1]。

相比病毒和细菌等原核生物，动物、植物、真菌等真核生物的生命形式更加复杂，作为遗传物质的 DNA 通常被分配到不同的染色体中。模式真核单细胞生物酿酒酵母是第一个被全基因组测序的真核生物。2010 年，中国、美国、英国、法国、澳大利亚、新加坡等多国共同协作发起了"人工合成酿酒酵母基因组"计划（Sc2.0 计划），旨在对酿酒酵母全部 16 条染色体进行大尺度重新设计并化学再造。2017 年 3 月 10 日，《科学》杂志以封面论文形式报道了 Sc2.0 计划团队在真核生物基因组设计与化学合成方面取得的重大突破，发表了 7 篇研究长文[3~9]。该成果标志着超过 1/3 的酵母染色体已经实现了人工合成，打破了非生命物质与生命的界限，开启了"设计生命、再造生命和重塑生命"的进程。中国科学家突破了生物合成方面的多项关键核心技术，这意味着中国成为继美国之后第二个具备真核基因组设计与构建能力的国家。

天津大学元英进团队完成了酿酒酵母五号（synV）[4]和十号（synX）[8]染色体的从头设计与化学合成。该团队在研究过程中发展了多级模块化和标准化染色体合成方法（图 1），创建了一步法大片段组装技术和并行式染色体合成策略，实现了由小分子核苷酸到活体真核染色体的定制精准合成；同时，创建了高效定位生长缺陷靶点的方法，利用表型和基因型的关联分析，实现对缺陷靶点的定位与修复，解决了合成型基因组导致细胞失活的难题；建立了基于多靶点片段共转化的基因组精确修复技术和 DNA 大片段重复修复技术，解决了超长人工 DNA 片段的精准合成难题。该项工作首次实现了真核染色体化学合成序列与设计序列的完美匹配，系统性支撑与评价了当前真核生物人工染色体的设计原则，为基因组的重新设计、功能验证与技术改进奠定了基础。同时，该项工作开发了定制化人工构建酿酒酵母环形染色体的方法，设计构建了环形合成型酵母五号染色体模型，并通过人工基因组中设计的特异标签实现对细胞分裂过程中染色体变化的追踪和分析，为研究当前无法治疗的环形染色体疾病、癌症、衰老等发生机理和潜在治疗手段建立了研究模型。

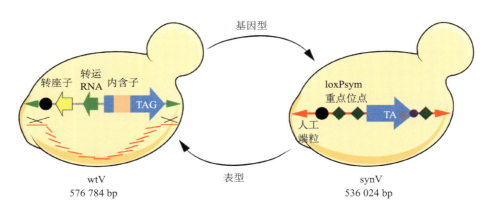

图 1　人工合成酿酒酵母基因组示意图

酿酒酵母基因组的人工合成实现了对生物基因的全局性控制，以独特的角度加深了人类对基础生物学、生命科学和生命演化的理解；同时实现了定制化的酵母设计，提高了基因组水平操控性，增强了染色体功能。通过人工诱导酵母菌株的快速进化，可以获得在医药、能源、环境、农业、工业等生物制造领域有重要应用潜力的菌株。同时，Sc2.0 计划国际化的高效运作模式也给国际性大型生命再造项目提供了很好的参考模板，在设计、构造、检测、修复等层面为"基因组编写计划"（GP-write）的奠定了坚实的技术基础和组织基础。

同期《科学》杂志发表专题论述文章指出，酿酒酵母十号染色体发现了疑似的转录结合位点；酿酒酵母五号染色体检测并实现了化学合成染色体大片段重复的修正，实现了将自下而上的基因组化学合成与自上而下的基因编辑相结合，同时将合成型生命体开发为研究人类疾病的模型，有望识别疾病靶点并开发治疗方案[10]。美国哈佛大学遗传学教授、美国两院院士乔治·丘奇（George Church）在《自然》杂志中对酿酒酵母五号染色体合成工作作出评价"这也许是生物学领域的下一个重大突破和研究方向"（"It makes you feel like maybe this is the next big thing"）[11]。同时，《自然·综述遗传学》（*Nature Reviews Genetics*）以该项工作作为研究亮点进行介绍，指出"酿酒酵母五号染色体的合成揭示了人工端粒与天然端粒结构相比存在着一定的功能差异"[12]。

参考文献

[1] Gibson D G, Glass J I, Lartigue C, et al. Creation of a bacterial cell controlled by a chemically synthesized genome. Science, 2010, 329：52-56.

[2] Annaluru N, Muller H, Mitchell LA. , et al. Total synthesis of a functional designer eukaryotic chromosome. Science, 2014, 344：55-58.

[3] Richardson S M, Mitchell L A, Stracquadanio G, et al. Design of a synthetic yeast genome. Science, 2017, 355：1040-1044.

[4] Xie Z X, Li B Z, Mitchell L A, et al. "Perfect"designer chromosome V and behavior of a ring derivative. Science, 2017, 355：eaaf4704.

[5] Mercy G, Mozziconacci J, Scolari V F, et al. 3D organization of synthetic and scrambled chromosomes. Science, 2017, 355：eaaf4597.

[6] Mitchell L A, Wang A, Stracquadanio G, et al. Synthesis, debugging, and effects of synthetic chromosome consolidation：synVI and beyond. Science, 2017, 355：eaaf4831.

[7] Shen Y, Wang Y, Chen T, et al. Deep functional analysis of synII, a 770-kilobase synthetic yeast chromosome. Science, 2017, 355：eaaf4791.

[8] Wu Y, Li B Z, Zhao M, et al. Bug mapping and fitness testing of chemically synthesized chromosome X. Science, 2017, 355：eaaf4706.

[9] Zhang W, Zhao G, Luo Z, et al. Engineering the ribosomal DNA in a megabase synthetic chromosome. Science, 2017, 355：eaaf3981.

[10] Kannan K, Gibson D G. Yeast genome, by design. Science, 2017, 355：1024-1025.

[11] Maxmen A. Synthetic yeast chromosomes help probe mysteries of evolution. Nature, 2017, 543：298-299.

[12] Burgess D J. Synthetic Biology：Building a custom eukaryotic genome de novo. Nature Reviews Genetics, 2017, 18：274.

Synthesis of Designer Yeast Chromosomes

Yuan Yingjin

Design and synthesisof genome break the boundary of life and non-life, providing a new paradigm for life science research. We designed and built designer chromosome V (synV) and chromosome X (synX) on the basis of the complete nucleotide sequence of native chromosomes of *Saccharomyces cerevisiae*, enhancing the stability and flexibility of chromosomes. Bug mapping strategies were developed to identify the defect targets precisely and debug the unexpected events. Several approaches were developed to fix sequence alterations, including a multiplex integrative cotransformation-mediated genome editing approach and a large DNA duplication removal strategy. Synthetic strains exhibit high fitness under a variety of culture conditions, compared with that of wild-type strains. Ring chromosome derivatives were constructed by design in *S. cerevisiae*, which can extend design principles to provide a model with which to study genomic rearrangement, ring chromosome evolution, and human ring chromosome disorders.

3.8　合成气经费托反应直接高选择性制备烯烃

钟良枢　于　飞　孙予罕

（中国科学院上海高等研究院；中国科学院低碳转化科学与工程重点实验室）

　　烯烃是一类非常重要的高附加值化工原料，可用于制备合成纤维、合成橡胶、合成塑料、高级润滑油、高碳醇、高密度喷气燃料等众多产品。在传统工艺中，烯烃主要通过石油路线制备。为缓解对石油资源的依赖，急需开发一种可替代石油路线的烯烃制备工艺过程。主流的非石油路线主要是指利用煤炭、天然气、生物质等含碳资源通过合成气间接或直接制备烯烃。间接过程是由合成气首先转化制得甲醇，然后通过甲醇转化路线生产烯烃产品，包括甲醇制烯烃（MTO）工艺和甲醇制丙烯（MTP）工艺[1]。无疑，从合成气直接高选择性合成烯烃，可实现流程缩短、能耗降低的优势[2]。

　　合成气直接制烯烃包括双功能路线法和费托合成路线法（FTO）。基于双功能理念，中国科学院大连化学物理研究所包信和等提出了全新的 Ox-Zeo 过程，即采用氧化物-分子筛物理混合催化剂，Ox（复合氧化物）用来活化 CO 分子并形成相应中间体，这些中间体可以在 Zeo（分子筛）的孔道结构内形成相应的烯烃[3]。厦门大学王野等则采用 ZnZr 二元氧化物与 SAPO-34 分子筛物理混合的双功能催化剂，也实现了很高的低碳烯烃选择性[4]。与双功能路线相比，FTO 路线一般采用单一活性相，同时其反应温度相对温和，目前是 C_1 化学的重要研究方向，其主要问题存在于烯烃选择性的提高及产物分布的有效控制。为了实现很好的 FTO 催化性能，设法摆脱经典安德森-舒尔茨-弗洛里分布（Amderson-Schulz-Flory，ASF）产物碳数统计分布的限制，同时体现低甲烷选择性及高烯烃选择性，有必要开发全新的催化活性位结构。

　　一般认为，金属钴（Co）纳米颗粒是 Co 基费托合成催化剂的活性相，主要产物为 C_{5+} 长链饱和烷烃，而 Co_2C 则被视为 Co 基费托合成催化剂失活的主要原因之一[5]。但是，最近中国科学院低碳转化科学与工程重点实验室的钟良枢及孙予罕领导的研究小组发现，Co_2C 纳米棱柱结构具有异乎寻常的催化性能，在温和的反应条件下［250℃和（1~5）×10⁵帕］，可实现高选择性合成气直接制备烯烃，总烯烃选择性高达 80% 以上，低碳烯烃选择性可达 60%，甲烷选择性可低至 5%，烯/烷比可高达 30 以上[6]。同时，产物碳数呈现显著的窄区间高选择性分布，$C_{2\sim15}$选择性占 90% 以上，产物分布突破了经典 ASF 规律的束缚。通过深入的构效关系研究并结合 DFT 理论计算，揭示了 Co_2C 存在显著的晶面效应，相比于其他暴露面，{101} 晶面非常有利于烯烃的生成，同时 {101} 和 {020} 晶面可有效抑制甲烷的形成（图 1）。

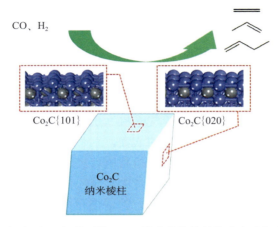

图 1　暴露 {101} 和 {020} 晶面的 Co_2C 纳米棱柱状结构在合成气直接制烯烃中的应用

上述成果发表在《自然》杂志上后，引起了国内外学术界及工业界广泛关注，并入选国家自然科学基金委员会"2016 年度基础研究主要进展"及 2016 年上海市"十大科技事件"。国际著名催化专家克拉埃斯（Claeys）教授在《自然》杂志同期发表了评论文章[7]，高度评价了该项工作并指出，"这一发现将为从众多含碳资源有效生产高附加值化学品开辟了一条全新通路""钟良枢等已打开了反应的多宝盒，为从合成气中制备烯烃的方法研究注入了新鲜的动力"。何鸣元院士认为"该发现对于 Co_2C 在 FTO 反应中作用的认识具有概念上的突破，有利于改变人们对传统费托反应的认识，对拓展合成气催化转化领域有重大意义，具有很强的工业应用前景"[8]。李亚栋院士指出"该结果可视为纳米催化领域关于晶面效应的一个很好案例"[9]。

针对进一步的工业应用研究，发现该催化剂更适合于煤基低 H_2/CO 合成气，降低 H_2/CO 可进一步降低甲烷选择性并提高烯/烷比及总烯烃选择性。如果采用浆态床反应器则可促进传热，同时催化剂的稳定性得到进一步的提高且甲烷选择性可低于 2%。基于我国缺油、少气、富煤的资源特点，该技术具有很强的工业应用前景及很高的经济效益。目前，围绕 Co_2C 基合成气直接制烯烃，已与相关合作企业达成协议，拟在催化剂放大制备、反应器设计及工艺过程开发等方面共同合作，力争尽快实现工业示范和产业化，促进我国煤化工的发展。

参考文献

[1] Tian P, Wei Y X, Ye M, et al. Methanol to olefins (MTO)：From fundamentals to commercialization. ACS Catalysis, 2015, 5：1922-1938.

[2] Yu F, Li Z J, An Y L, et al. Research progress in the direct conversion of syngas to lower olefins. Journal of Fuel Chemistry and Technology, 2016, 44：801-814.

[3] Jiao F, Li J J, Pan XL, et al. Selective conversion of syngas to light olefins. Science, 2016, 351：1065-1068.

[4] Cheng K, Gu B, Liu X L, et al. Direct and highly selective conversion of synthesis gas to lower olefins：Design of a bifunctional catalyst combining methanol synthesis and carbon-carbon coupling. Angewandte Chemie International Edition, 2016, 55：4725-4728.

[5] Mohandas J C, Gnanamani M K, Jacobs G, et al. Fischer-Tropsch synthesis：Characterization and reaction testing of cobalt carbide. ACS Catalysisl, 2011, 1：1581-1588.

[6] Zhong L S, Yu F, An Y L et al. Cobalt carbide nanoprisms for direct production of lower olefins from syngas. Nature, 2016, 538：84-87.

[7] Claeys M. Cobalt gets in shape. Nature, 2016, 538：44-45.

[8] 何鸣元. 合成气高选择性制低碳烯烃活性位结构新发现：Co_2C 的晶面效应. 物理化学学报, 2016, 32(11)：2649-2650.

[9] Li Y D. Co_2C nanoprisms with strong facet effect for Fischer-Tropsch to olefins reaction. Science China Materials, 2016, 59(12)：1000-1002.

Fischer-Tropsch to Olefins via Syngas with High Selectivity

Zhong Liangshu，Yu Fei，Sun Yuhan

The direct production of olefins from syngas via Fischer-Tropsch to olefins (FTO) reaction is one of the most challenging subjects in the field of C_1 chemistry. The main objective for the FTO reaction is to maximize olefins selectivity and to reduce methane production by developing new catalyst system. Our recent discovery shows that, under mild reaction conditions, Co_2C nanoprisms catalyze the syngas conversion with high selectivity for the production of olefins, while generating little methane. The product distribution deviates markedly from the classical ASF distribution. The detailed structure characterization and DFT calculations indicate that preferentially exposed {101} and {020} facets play a pivotal role during syngas conversion, in that they favour olefin production and inhibit methane formation. This result might open up pathways for the development of greatly improved systems for producing valuable chemicals from a variety of carbon sources.

3.9 杂化二维超薄结构优化电还原二氧化碳性能

谢 毅 孙永福 高 山

（中国科学技术大学合肥微尺度物质科学国家实验室）

煤、石油、天然气等化石燃料的日益枯竭及其燃烧过程产生的二氧化碳所引起的温室效应是影响人类可持续发展的两个重大问题[1,2]。如何将大气中的二氧化碳转化为燃料，实现经济环保式碳循环，引起了材料、化学、环境等多学科科学家的极大兴趣。虽然减少二氧化碳排放的方法很多，如化工利用和地质掩埋等，但是这些方法往往需要消耗巨大的能量。因此，开发低能耗的二氧化碳转化和利用技术，对保护环境和推动社会与经济的可持续发展具有重大而深远的战略意义。

电催化还原二氧化碳是利用电催化剂在外加电场的作用下将二氧化碳一步转化成一氧化碳、碳氢化合物或甲醇等碳氢燃料。这种方式有潜力成为一种"清洁"的低能耗二氧化碳转化和利用技术，是解决目前全球变暖和能源短缺的潜在途径之一。然而，在电还原二氧化碳实际应用时，面临一个瓶颈问题：如何将高稳定性的二氧化碳活化成二氧化碳自由基负离子或者其他中间体，这个活化过程往往需要非常高的过电位；过电位的存在不仅浪费大量的能源，还往往导致还原产物的选择性降低[3]。

已有研究显示，金属电极通常具有较高的电还原二氧化碳活性，特别是通过金属氧化物还原得到的金属比通过其他方法制备的金属催化活性要高，甚至能将二氧化碳的还原电位降低到热力学的最小值[4~6]。但是，金属表面氧化物对其自身金属电还原二氧化碳性能的影响机制尚不清楚，这主要是因为以前制备的催化剂中含有大量的微结构（如界面、缺陷等），这些微结构的存在很容易掩盖住表面金属氧化物对其自身金属催化性能的影响。

为了揭示金属表面氧化物对其自身金属电还原二氧化碳性能的影响，我们课题组构建了一种杂化模型材料体系即数原子层厚的金属/金属氧化物杂化超薄结构[7]。以六方相钴为例，通过配体局限生长的方法制备了4原子层厚的超薄钴/钴氧化物杂化二维结构。电化学比表面积矫正的塔菲尔斜率和法拉第转换效率的结果揭示出局限在超薄结构中的表面钴原子比块材中的表面钴原子在低的过电位下具有更高的本征催化活性和更高的产物选择性；钴原子层的部分氧化进一步增加了其本征催化活性。该工作显示出金属原子在位于特定的排列方法和氧化价态时，可能具有更高的催化转化活性，即超薄二维结构和金属氧化物的存在提高了催化还原二氧化碳的能力（图 1）。该工作有助于让研究者重新思考如何获得高效和稳定的二氧化碳电还原催化剂，也对推动电催化还原二氧化碳机理研究具有重要的意义。

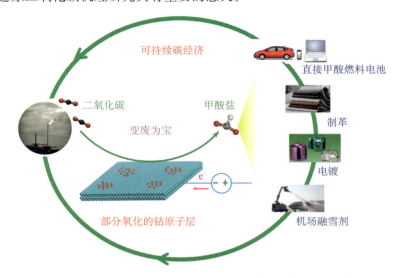

图 1　钴基杂化二维超薄结构优化电还原二氧化碳性能的示意图
钴基杂化二维超薄结构能够通过电催化还原过程将二氧化碳还原成甲酸盐，其中甲酸盐可用于溶雪剂、
皮革、电镀、印染以及甲酸燃料电池等行业

该工作于 2016 年 1 月 7 日在《自然》杂志在线发表后，引起国际同行的浓厚兴趣。加州理工大学的化学工程师卡斯西·马斯拉姆（Karthish Manthiram）表示"这种新材料不仅可以在非常低的过电压下，实现甲酸盐的高生产率，还能够保证足够稳定；能够满足这三种条件的材料是非常罕见的，是目前报道过的最好材料"。他还评论道"这是一项基础科学的突破（This represents a fundamental scientific break-through…）。虽然它在进入商业化使用之前还需要一段非常长的时间，但是目前这个阶段的发展总体来看是积极乐观的"[8]。

参考文献

[1] Rosen B A，Salehi-Khojin A，Thorson M R，et al. Ionic liquid-mediated selective conversion of CO_2 to CO at low overpotentials. Science，2011，334：643-644.

[2] Zhang S，Kang P，Ubnoske S，etal. Polyethylenimine-enhanced electrocatalytic reduction of CO_2 to formate at nitrogen-doped carbon nanomaterials. Journal of the American Chemical Society，2014，136：7845-7848.

[3] Wang W H, Himeda Y, Muckerman J T, et al. CO$_2$ hydrogenation to formate and methanol as an alternative to photo- and electrochemical CO$_2$ reduction. Chemical Reviews, 2015, 115: 12936-12973.

[4] Li C W, Ciston J, Kanan MW. Electroreduction of carbon monoxide to liquid fuel on oxide-derived nanocrystalline copper. Nature, 2014, 508: 504-507.

[5] Li C W, Kanan M W. CO$_2$ reduction at low overpotential on Cu electrodes resulting from the reduction of thick Cu$_2$O films. Journal of the American Chemical Society, 2012, 134: 7231-7234.

[6] Chen Y H, Kanan M W. Tin oxide dependence of the CO$_2$ reduction efficiency on tin electrodes and enhanced activity for tin/tin oxide thin-film catalysts. Journal of the American Chemical Society, 2012, 134: 1986-1989.

[7] Gao S, Lin Y, Jiao X C, et al. Partially oxidized atomic cobalt layers for carbon dioxide electroreduction to liquid fuel. Nature, 2016, 529: 68-72.

[8] BEC CREW. New Material Converts CO$_2$ Into Clean Fuel With Unprecedented Efficiency, https://www.sciencealert.com/new-material-converts-co2-into-clean-fuel-with-unprecedented-efficiency.

Partially Oxidized Atomic Cobalt Layers for Carbon Dioxide Electroreduction to Liquid Fuel

Xie Yi , Sun Yongfu , Gao Shan

Recently, electrocatalysts based on oxide-derived metal nanostructures have been shown to enable CO$_2$ reduction at low overpotentials. However, it remains unclear how the electrocatalytic activity of these metals is influenced by their native oxides, mainly because microstructural features such as interfaces and defects influence CO$_2$ reduction activity yet are difficult to control. To tackle all these problems, here we fabricate two kinds of four-atom-thick layers: pure cobalt metal, and co-existing domains of cobalt metal and cobalt oxide. We find that surface Co atoms confined in the synthetic 4-atom-thick layers of pure Co metal have higher intrinsic activity and selectivity toward formate production, at lower overpotentials, than surface Co atoms on bulk samples. Partial oxidation of the atomic layers further increases their intrinsic activity. This present work demonstrates that if placed in the correct morphology and oxidation state, a material considered nearly non-catalytic for the CO$_2$ electroreduction reaction can turn into an active catalyst.

3.10　气体分离研究重要进展

——分子尺度调控离子杂化多孔材料
实现乙炔和乙烯高效分离

邢华斌　崔希利

（浙江大学化学工程与生物工程学院，
浙江大学生物质化工教育部重点实验室）

近年来，天然气、页岩气和乙烯等气体成为重要的能源和化工原料。国际能源署（IEA）在 2011 年发布专题报告《气体黄金时代》，意味着"气体时代"的来临。但是，气体分离过程普遍存在选择性和容量难以兼具的现象（trade-off 效应），导致分离过程存在能耗高和消耗大等不足[1]。

乙烯是世界上产量最大的有机化学品，2015 年全球年产量高达 1.6 亿吨。乙烯生产的技术水平和规模代表着一个国家石油化学工业的发展水平。在聚合级乙烯或乙炔的制备过程中，至关重要的一步是乙炔和乙烯的分离。现有的分离方法，如乙炔选择性加氢和溶剂吸收，存在能耗高和资源消耗大等不足，亟待发展新的乙烯乙炔分离方法。

在已有的乙炔/乙烯分离的吸附材料中，具有配位不饱和金属位点的多孔吸附剂对乙炔具有很高的吸附容量（6.8 毫摩/克），但是乙炔/乙烯分离选择性却很低（2～3)[2]。调控多孔材料的孔径，利用小孔道的筛分效应可获得高的乙炔/乙烯分离选择性（24～37），但过小的孔径及孔容导致乙炔吸附容量低（1.8 毫摩/克）[3]。由此可见，现有的分离材料和方法无法突破选择性和容量难以兼具的难题。

针对该难题，我们首次提出了离子杂化多孔材料分离乙炔乙烯的方法[4]。离子杂化多孔材料是一类层柱形结构材料，由六配位的金属离子和有机配体以配位键形成二维网格结构，通过无机阴离子 $SiF6^{2-}$（SIFSIX）桥联形成三维立体结构。通过调控离子杂化多孔材料中无机阴离子的空间几何分布，实现气体分子-气体分子或气体分子-多孔材料间的协同作用，突破了选择性和容量难以兼具的难题；并首次通过中子粉末晶体衍射实验观察到独特的"气体团簇"（gas cluster）结构［图 1(a)］，揭示独特的气体组装结构和分离机理。这一独特的气体团簇现象显著提升了材料的选择性吸附容量。

离子杂化多孔材料中无机阴离子 SiF_6^{2} 既构成了材料骨架，又是孔道表面的重要功能基团，在受限纳米空间内形成了独特的静电环境。通过改变有机配体的尺寸或结构穿插可改变孔道结构及阴离子的空间排布，在分子水平对孔化学及尺寸进行精确调控。研究发现，SiF_6^{2-}无机阴离子的强氢键作用可实现乙炔分子的专一性识别［图1(b)］，而对乙烯的作用力弱，获得文献报道最高的乙炔-乙烯分离选择性（39.7～44.8）。

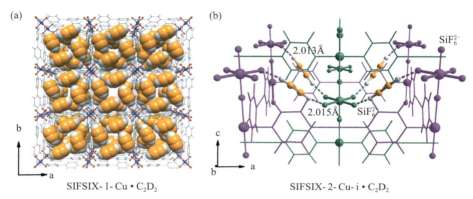

图1　乙炔和离子杂化多孔材料的中子衍射晶体结构图
（a）SIFSIX-1-Cu 和乙炔；（b）SIFSIX-2-Cu-i 和乙炔；SIFSIX ＝六氟硅酸根，1 ＝ 4,4'-联吡啶，
Cu ＝ 铜，2 ＝ 1,2-二吡啶乙炔

该离子杂化多孔材料兼具高的吸附容量和分离选择性，从而实现了乙炔乙烯混合气体的高效分离［图2(a)］。对于乙炔/乙烯（体积比为1/99）这一重要工业分离过程，固定床吸附过程中，微量乙炔的动态吸附量高达0.73毫摩/克，是目前文献报道最佳吸附剂的5.7倍［图2(b)］，净化后乙烯气体中乙炔的残留低于1 ppm（10^{-6}）。同时，混合气吸附分离获得的穿透曲线十分陡峭，表明该多孔材料具有很好的扩散传递性能（图2）。

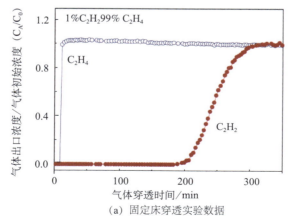

（a）固定床穿透实验数据

图2　混合气体组成为1%乙炔（C_2H_2）与99%乙烯（C_2H_4）

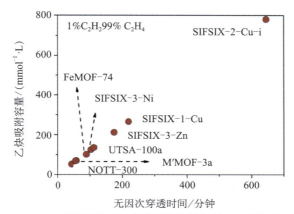

（b）SIFSIX系列材料与现有报道材料的穿透时间及吸附容量比较

图 2　混合气体组成为 1% 乙炔（C_2H_2）与 99% 乙烯（C_2H_4）（续）

　　该研究成果不仅为乙烯和乙炔的高效分离和过程的节能降耗提供解决方法，而且也为其他重要气体的分离提供了新的思路，对于气体分离技术的发展具有重要的科学意义和应用价值。该类离子杂化多孔材料在乙烯乙炔混合气体吸附分离中具有潜在应用价值，深入研究其面向复杂工业气氛的稳定性和扩散传质性能，对于推动离子杂化多孔材料的工业应用具有重要作用。2016 年 7 月 8 日，该项工作发表在国际权威期刊《科学》。审稿人对该项工作给予高度评价——"如此优异的分离性能在乙炔分离领域设立了新的标杆"。气体分离领域专家林跃生在《科学》同期发表观点文章[5]，对该工作进行了评价和展望。研究成果受到国内外媒体的广泛关注，被亚洲自然网站（*Nature Asia*）、英国皇家化学会的《化学世界》（*Chemistry World*）等以研究亮点（*Research Highlights*）方式报道，《人民日报》、新华社、《中国科学报》（头版头条）、《科技日报》、《中国化工报》、科学网、《浙江日报》等众多媒体进行了广泛报道。

参考文献

［1］Sholl D S，Lively R P. Seven chemical separations to change the world. Nature，2016，532：435-437.

［2］Das M C，Guo Q S，He Y B et al. Interplay of metallolignd and organic ligand to tune micropores within isostructural mixed-metal organic framework（M'MOFs）for their highly selective separation of chiral and achiral small molecules. Journal of the American Chemical Society，2012，134：8703-8710.

［3］Bloch E D，Queen W L，Krishna R et al. Hydrocarbon separations in a metal-organic framework with open iron(II) coordination sites. Scienc,2012,e33：1606-1610.

［4］Cui X L,Chen K J,Xing H B et al. Pore chemistry and size control in hybrid porous materials for acetylene capture from ethylene. Science,2016,353：141-144.

［5］Lin J Y S. Molecular sieves for gas separation. Science,2016,353：121-122.

Progress in Gas Separation
——Molecular Control in Hybrid Porous Materials for Efficient Separation of Acetylene from Ethylene

Xing Huabin，Cui Xili

The trade-off between adsorption selectivity and capacity of porous materials in gas separations has caused huge consumption of energy. We addressed the daunting challenge in the separation of acetylene from ethylene by developing a new strategy that control over pore chemistry and pore size in hybrid materials. This strategy enables the preferential binding andorderly assembly of acetylene molecules through cooperative host-guest and/or guest-guest interactions. We for the first time observed the assembly of "Gas Clusters" from high-resolution neutron powder diffraction. This work not only provides an efficient solution for acetylene/ethylene separation but also indicates a new path for the other important gas separations.

3.11　氧气起源的新机制

田善喜

（中国科学技术大学化学与材料科学学院，
合肥微尺度物质科学国家实验室（筹））

氧气（O_2）对地球上绝大多数生物的重要性不言而喻，但是氧气与生命演化密切相关的一些科学问题尚无确切答案，其中以"氧气起源"和"大氧气事件"最为著名[1]。这些科学问题的解决对人类的未来发展具有极其重要的作用。大约 40 亿年前，地球的原始大气中充满了二氧化碳（CO_2）、甲烷（CH_4）和氨气（NH_3）等气体，以及极少量的氢气（H_2）、氮气（N_2）、硫化氢（H_2S）、氧气（O_2）等。当时的地球没有任何生命体存在，这极少量的 O_2 不可能源于现在人们所熟知的光合作用过程。那么，这些氧气是如何产生的？

大气化学中被大家普遍接受的 O_2 分子产生过程是三体复合反应 $O+O+M{\rightarrow}O_2+M$。这里的自由氧原子 O 是原始大气主要成分 CO_2 的光解离产物；作为第三体的原子或分子 M 参与复合反应中的能量分配或转移[2]。上述过程产生的是电子亚稳态 O_2 分子，这些亚稳态 O_2 分子可与其他分子碰撞而发光，这就是目前地球的"极光"来源。虽然可呼吸氧气是处于电子基态的，但三体复合反应一直以来被认为是"氧气起源"的唯一机制。2014 年 10 月，美国加利福尼亚大学戴维斯分校一个研究组发现：波段为 101.5～107.2 纳米的真空紫外光光解 CO_2 过程中可以直接产生电子基态 O_2 分子[3]。这是"氧气起源"研究的一个重要补充。

2015 年，我们研究组利用自主研制的仪器完成了低能量电子贴附 CO_2 分子解离的实验研究，通过探测产物碳负离子（C^-）碎片的三维动量空间分布，确认了三体和两体解离动力学过程：$e^-+CO_2{\rightarrow}C^-+2O / C^-+O_2$（电子基态），电子能量为 15.9～19.0 电子伏（eV）。显然，电子贴附 CO_2 的两体解离反应是"氧气起源"的一个全新机制，而且其反应截面比三体复合和光解离反应的截面大，因此原始大气中少量的氧气极可能源自于此反应。更为有意义的是：目前许多星球（特别是金星、火星）的外层大气中存在大量的 CO_2 和低能量电子（18eV 附近有峰值分布），而且也发现其中存在少量氧气。因此，我们的这项工作意义在于：可以解释新近发现火星上氧气[4]的产生；提示在构建大气"氧"循环化学反应模型中，"电子贴附解离"这一特殊反应机制应该予以重视，其可能在星际空间探索中有潜在应用价值。我们的研究工作以封面标题论文形式发表于 2016 年 3 月的《自然·化学》(*Nature Chemistry*)[5]。

参考文献

[1] Holland H D. The oxygenation of the atmosphere and oceans. Philosophical Transactions of the Royal Society B,2006,361：903 -915.

[2] Kasting J F, Liu S C, Donahue T M. Oxygen levels in the prebiological atmosphere. Journal of Geophysical Research,1979,84：3097-3107.

[3] Lu Z,Chang Y C,Yin Q Z,et al. Evidence for direct molecular oxygen production in CO_2 photodissociation. Science,2014,346：61-64.

[4] Mahaffy P R,Webster C R,Atreya S K,et al. Abundance and isotropic composition of gases in the Martian atmosphere from the curiosity rover. Science,2013,341：263-266.

[5] Wang X D,Gao X F,Xuan C J,et al. Dissociative electron attachment to CO_2 produces molecular oxygen. Nature Chemistry,2016,8：258-263.

New Mechanism about 'Origin of Molecular Oxygen'

Tian Shanxi

Molecular oxygens in Earth's prebiotic primitive atmosphere are very few,but definitely not from the photosynthesis of the plants which is known widely on the present Earth. Recently,we find the molecular oxygen can be produced in the low-energy electron dissociative attachment to carbon dioxide,by using our home-made anion time-sliced velocity map imaging apparatus. Since there were a lots of low-energy electrons and carbon dioxide molecules in Earth's primitive atmosphere,the low-energy electron dissociative attachment to carbon dioxide should be a new pathway about origin of molecular oxygen.

3.12 埃博拉病毒入侵宿主细胞机制被破解

施 一 高 福

（中国科学院微生物研究所）

2014～2015 年，一场以几内亚、利比里亚和塞拉利昂为中心暴发的疫情迅速席卷了整个西非，随后欧美国家也先后出现了输入型病例，这场重大疫情带来的恐慌情绪逐渐从西非蔓延至全世界。这次威胁全球卫生健康事件的始作俑者就是埃博拉病毒。埃博拉病毒属于丝状病毒科，是一类能够引起人和其他灵长类动物发生病死率极高的埃博拉出血热的烈性囊膜病毒。自 1976 年首次暴发至今，埃博拉病毒已经在非洲肆虐了 40 余年，共引发了 20 余次大规模疫情，其死亡率可高达 90%。随着经济的发展和全球一体化的进程，埃博拉病毒开始逐渐走出非洲的丛林和村庄，向人口密集的大城市乃至全世界蔓延。然而，研究者们对埃博拉病毒的了解却十分有限，对埃博拉病毒病的治疗还缺乏有效的手段。急需探索埃博拉病毒的入侵机制和致病机理，以期为特效药物、疫苗和抗体的设计和研发提供理论基础[1]。

病毒致病首先需要感染宿主细胞，埃博拉病毒对宿主细胞的入侵主要由其表面的糖蛋白（glycoprotein，GP）介导。埃博拉病毒表面的 GP 以三聚体形态存在，三聚体中的每个单体分子都由两个亚基 GP1 和 GP2 组成。其中 GP1 亚基含有受体结合区域，负责与宿主细胞受体结合；GP2 亚基上存在一段融合肽序列，负责介导病毒囊膜与宿主细胞膜发生膜融合。在入侵宿主细胞时，埃博拉病毒首先吸附在宿主细胞表面，而后被宿主细胞内吞并转运至胞内体中（图 1）。在内吞体中，GP 被组织蛋白酶切激活，激活态的 GP（称为 GPcl）能够识别并结合埃博拉病毒胞内受体 NPC1 分子的结构域 C（NPC1-C）。结合受体后的 GPcl 会发生变构，将它的融合肽插入到宿主内吞体膜上，进而引发病毒膜和内体膜发生膜融合，将病毒遗传物质释放到宿主细胞质内，开启病毒的复制过程。GPcl 与 NPC1-C 互作的分子机制，以及 GPcl 发生变构引起膜融合过程的激发机制是埃博拉病毒入侵过程中的"黑匣子"，是阐明埃博拉病毒入侵过程的关键[2,3]。

我们的研究首先通过表面等离子共振实验方法证实了 GPcl 能够与 NPC1-C 相互作用，并给出了具体的亲和力数据。同时，首次解析了 GPcl 与 NPC1-C 的复合物三维结构，从分子水平上展示了两者如同"锁钥"的互作模式（图 2）。通过对复合物结

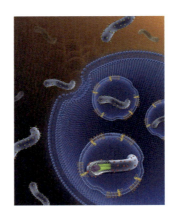

图 1　埃博拉病毒入侵模式图

埃博拉病毒为丝状病毒，它入侵宿主细胞过程中主要有两个步骤。第一步是黏附到宿主细胞膜表面。第二步，病毒被内吞到细胞内部，形成内吞体；在内吞体里，病毒表面糖蛋白与内吞体膜上的受体发生相互作用，从而启动病毒膜与内吞体膜融合，并释放病毒遗传物质

构的分析，我们发现 GPcl 的受体结合位点是由疏水氨基酸形成的一个疏水凹槽，形同锁头状；NPC1-C 利用其结构中的两个突出的环结构插入到 GPcl 的疏水凹槽中，正如同钥匙插入锁孔一般。随后，在对 GPcl 结合 NPC1 前后的结构进行比较分析，我们发现 GPcl 在结合 NPC1 后其结构中靠近融合肽的区域发生了构象变化，从而产生静电排斥作用，最终导致 GP 结构重排和融合肽的释放，引发了膜融合的发生。

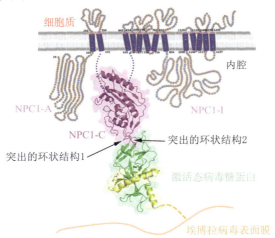

图 2　病毒与受体相互作用细节图

在内吞体中，病毒表面糖蛋白与内吞体膜上的 NPC1 受体结合的分子模式图，NPC1 受体主要利用它的腔内结构域 C 的两个突出环状插入到病毒表面糖蛋白顶端的疏水坑里，进行相互作用

我们的实验数据从分子水平剖析埃博拉病毒与其宿主受体的互作机制，阐释了一种新的囊膜病毒膜融合激发机制（第五种机制），加深了人们对埃博拉病毒入侵机制的认识，并为抗病毒药物设计提供了新靶点，最终为应对埃博拉病毒病疫情及防控提供重要的理论基础。作为埃博拉病毒研究领域的一大重要突破，该项工作于 2016 年 1 月 14 日发表在国际权威学术期刊《细胞》（Cell）上[4]。

参考文献

［1］WHO. Ebola Response Roadmap-Situation Report. （accessed，24 June 2015）https∥apps. who. int/ebola/ebola-situation-reports［2017-05-20］.

［2］Miller E H，Obernosterer G，Raaben M，et al. Ebola virus entry requires the host-programmed recognition of an intracellular receptor. The EMBO Journal，2012，31(8)：1947-1960.

［3］White J M，Schornberg K L. A new player in the puzzle of filovirus entry. Nature Reviews Microbiology，2012，10(5)：317-322.

［4］Wang，H，Shi Y，Song J，et al. Ebola viral glycoprotein bound to its endosomal receptor niemannpick C1. Cell，2016. 164(1-2)：258-268.

Insight into Entry Mechanism of Ebola Virus

Yi Shi，George F Gao

Filoviruses，including Ebola virus and Marburg virus，cause fatal hemorrhagic fever in humans and primates. Understanding how these viruses enter host cells could help to develop effective therapeutics. An endosomal protein，Niemann-Pick C1 (NPC1)，has been identified as a necessary entry receptor for this process，and priming of the viral glycoprotein (GP) to a fusion-competent state is a prerequisite for NPC1 binding. Here，we have determined the crystal structure of the primed GP (GPcl) of Ebola virus bound to domain C of NPC1 (NPC1-C). NPC1-C utilizes two protruding loops to engage a hydrophobic cavity on head of GPcl. Upon enzymatic cleavage and NPC1-C binding，conformational change in the GPcl further affects the state of the internal fusion loop，triggering membrane fusion. Therefore，our data provides structural insights into filovirus entry in the late endosome and the molecular basis for design of therapeutic inhibitors against viral entry.

3.13 天然免疫应答中细胞焦亡的 关键分子机理得到成功破解

丁璟珒

（中国科学院生物物理研究所；生物大分子国家重点实验室）

中国科学院生物物理研究所王大成院士课题组与该所客座研究员、北京生命科学研究所邵峰院士课题组通力合作，揭示了 GSDMD 蛋白及其他 gasdermin 家族蛋白介导细胞焦亡相关天然免疫应答的结构和分子机理，为研发治疗自身炎症性疾病和败血症的创新药物奠定了坚实理论基础，相关成果以研究长文（article）形式发表在 2016 年 7 月 7 日出版的《自然》期刊上[1]，在天然免疫研究领域引起强烈反响。

细胞焦亡（又称炎性坏死）是机体重要的天然免疫反应，在拮抗和清除病原感染和内源危险信号中发挥重要的作用。过度的细胞焦亡会诱发包括败血症在内的多种炎症和免疫性疾病。细胞焦亡由包括 caspase-1 和 caspase-4/5/11 在内的炎性 caspase 活化而诱发。caspase-1 在病原信号诱导形成的炎症小体复合物作用下被激活；而 caspase-4/5/11 是细菌脂多糖（LPS，又称内毒素）的胞内受体，在结合 LPS 后发生寡聚而活化，是革兰氏阴性菌诱导败血症的关键因素[2]。近年来，天然免疫研究取得突破性进展，发现炎性 caspase 通过切割共同的底物 GSDMD 蛋白，释放其 N 端结构域而引发细胞焦亡[3]。GSDMD 属于一个被称为 gasdermin 的功能未知的蛋白家族，该家族还包括 GSDMA、GSDMB、GSDMC、DFNA5、DFNB 59 等。人的 *DFNA5* 基因和小鼠的 *Gsdma3* 基因的遗传突变分别导致非综合征性耳聋和小鼠脱毛及皮肤发炎等疾病，*GSDMB* 基因的多态性和儿童哮喘的发生密切相关。然而，炎性 caspase 切割 GSDMD 蛋白如何引发细胞焦亡，以及其他 gasdermin 家族蛋白在细胞焦亡相关天然免疫中如何发挥功能的机制仍然不清楚，这也是天然免疫研究的前沿热点问题。

这项研究工作首先发现，几乎所有的 gasdermin 家族蛋白的 N 端结构域都具有诱导细胞焦亡的功能，在细菌中也显示出明显的致死毒性，这一现象提示 gasdermin 家族蛋白 N 端结构域可能是通过直接破坏细胞膜而杀死细胞。随后，研究人员利用活化形式的 GSDMD、GSDMA 和 GSDMA3 蛋白，通过体外脂质体共沉淀实验发现，这三种 gasdermin 家族蛋白的 N 端结构域均能够特异地结合磷酸化磷脂酰肌醇（phosphoinositide）或心磷脂（cardiolipin）。而 4,5-二磷酸磷脂酰肌醇和心磷脂分别是真核细胞和原核细胞膜上特有的磷脂，这与 gasdermin 家族蛋白 N 端结构域在真核细胞和细菌中均展示出细胞毒性相吻合。通过生物化学和荧光显微成像的细胞实验，研究人员进一步证实，在真核细胞焦亡过程中，活化的 gasdermin 家族蛋白 N 端结构域会从细胞质中转移到细胞膜上，细胞随后出现体积膨胀和细胞膜向胞外吐泡的现象（图 1）。

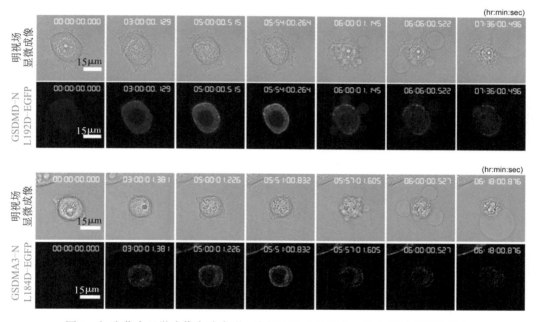

图 1 细胞荧光显微成像实验表明，在细胞焦亡过程中，融合了绿色荧光蛋白（EGFP）的 gasdermin 家族蛋白 N 端结构域会从细胞质中转移到细胞膜上

利用脂质体泄漏实验，研究人员进一步发现，gasdermin 家族蛋白 N 端结构域能够高效特异地破坏含有 4,5-二磷酸磷脂酰肌醇或心磷脂的脂质体，导致其发生严重泄漏。通过负染电镜的方法，成功观察到 gasdermin 家族蛋白 N 端结构域能在特异磷脂或天然磷脂组成的脂质体或脂单层膜上形成具有 16 重对称性、内径约 10～14 纳米的聚合体分子孔道（图 2）。此外，该研究还解析了 gasdermin 家族蛋白中 GSDMA3 蛋白高分辨率晶体结构，揭示了 gasdermin 家族蛋白 N 端结构域作为一种全新的打孔蛋白的独特结构特征，以及与 C 端结构域之间的精细的自抑制相互作用（图 3）。基于

结构设计的定点突变实验结果进一步确认了 gasdermin N 端结构域结合膜磷脂和在膜上打孔的特性是其诱导细胞焦亡的分子基础。

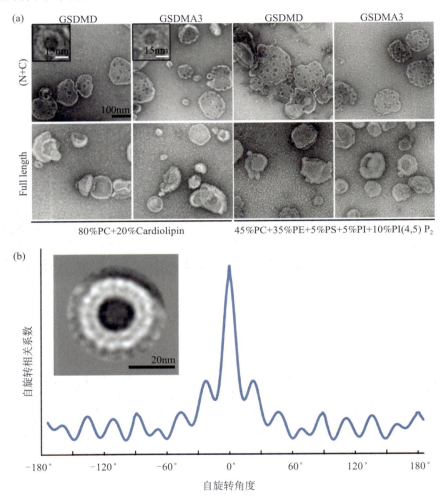

图 2   gasdermin 家族蛋白 N 端结构域在脂质体上形成规则的分子孔道

（a）负染电镜下成功观察到 gasdermin 家族蛋白 N 端结构域在含有 4,5-二磷酸磷脂酰肌醇或心磷脂）的脂质体上形成分子孔道；（b）对称性分析表明，gasdermin 家族蛋白 N 端结构域形成的分子孔道具有 16 重对称性

N+C：切割活化的 N/C 非共价复合 gasdermin 蛋白；Full length：全长 gasdermin 蛋白；PC：磷脂酰胆碱；

PE：磷脂酰乙醇胺；PS：磷脂酰丝氨酸；PI：磷脂酰肌醇

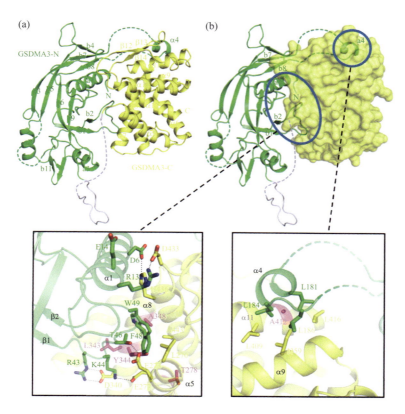

图 3 gasdermin 家族蛋白的三维结构特征

（a）gasdermin 家族 GSDMA3 高分辨率的晶体结构模型；

（b）gasdermin N 端结构域与 C 端结构域之间的精细的自抑制相互作用

　　这项系统的研究工作，在国际上首次证明了 GSDMD 是炎性 caspase 诱导细胞焦亡的直接执行者；首次揭示了 gasdermin 家族蛋白的 N 端结构域具有在膜上打孔进而破坏细胞膜的功能。这不仅清晰阐明了炎性 caspase 通过 GSDMD 诱导细胞焦亡的分子基础，也将细胞焦亡的概念重新定义为由 gasdermin 家族蛋白介导的细胞程序性坏死，开辟了一个新的程序性细胞坏死的研究领域。取得的研究结果不仅为针对 GSDMD 开发治疗自身炎症性疾病和败血症的药物奠定了坚实的理论基础，也为后续研究其他 gasdermin 家族蛋白在程序性细胞坏死和天然免疫中可能的生理功能开辟了道路。

参考文献

[1] Ding J,Wang K,Liu W,et al. Pore-forming activity and structural autoinhibition of the gasdermin family. Nature,2016,535: 111-116.

[2] Shi J,Zhao Y,Wang K,et al. Cleavage of GSDMD by inflammatory caspases determines pyroptotic cell death. Nature,2015,526: 660-665.

[3] Shi J,Zhao Y,Wang Y. et al. Inflammatory caspases are innate immune receptors for intracellular LPS. Nature,2014,514: 187-192.

Pore-Forming Activity and Structural Autoinhibition of the Gasdermin Family

Ding Jingjin

Inflammatory caspases cleave GSDMD to trigger pyroptosis,which is crucial for immune defences and diseases. GSDMD belongs to the gasdermin family. The functional mechanism of action of gasdermin proteins is unknown. Here we show that the gasdermin-N domain can bind membrane lipids, phosphoinositides and cardiolipin, and exhibit membrane-disrupting cytotoxicity. The Gasdermin-N domain moved to the plasma membrane during pyroptosis. Purified gasdermin-N domain efficiently lysed phosphoinositide/cardiolipin-containing liposomes and formed pores on membranes made of artificial or natural phospholipid mixtures. Most gasdermin pores had an inner diameter of 10-14 nm and contained 16 symmetric protomers. The crystal structure of GSDMA3 showed an autoinhibited two-domain architecture that is conserved in gasdermin proteins. Structure-guided mutagenesis demonstrated that the liposome-leakage and pore-forming activities of the gasdermin-N domain are required for pyroptosis. These findings reveal the mechanism for pyroptosis and provide insights into the roles of the gasdermin family in necrosis,immunity and disease.

3.14　心肌细胞程序性坏死及其在缺血性心脏损伤中的作用

肖瑞平

（北京大学分子医学研究所）

北京大学分子医学研究所肖瑞平研究组发现了一种新形式的心肌细胞程序性坏死，证明受体相互作用蛋白 3（RIP3）通过活化钙/钙调素依赖的蛋白激酶Ⅱ(CaMKⅡ)，参与心脏缺血和氧化应激引起的心肌细胞程序性坏死的调节过程。该工作于 2016 年 1 月 5 日在线发表于《自然·医学》(*Nature Medicine*) 期刊[1]。

细胞死亡是一种重要的生物学现象，坏死和凋亡是两种重要的细胞死亡方式。以前的观点认为：细胞的凋亡是主动、可控的过程；而坏死是被动、不可控的过程。所以，过去几十年的研究把凋亡作为主要的靶点，却忽视了对坏死机制的研究。但最近的研究发现，至少一部分细胞坏死是可控的，称为程序性细胞坏死（necropto-sis）[2~4]。目前认为，受体相互作用蛋白 1（RIP1）和 RIP3 复合体，通过其下游分子混合系列蛋白激酶样结构域（MLKL），介导程序性细胞坏死的发生，在包括肝、胰腺、视网膜和肠道等多种器官的病理过程中发挥重要作用。

心肌细胞的坏死是多种氧化应激损伤中最主要的细胞死亡方式[5,6]，但是目前对心肌细胞坏死的调节机制还知之甚少。因此如果能够阐明心肌细胞坏死（也就是程序性细胞坏死）的可控机制，针对性地寻找其阻断方法，将为心肌损伤相关性疾病的预防和治疗提供新策略。

肖瑞平研究组的工作发现，RIP3 的缺失能够预防缺血和氧化应激引起的心肌细胞的程序性坏死，而过表达 RIP3 则足以引起心肌细胞的坏死。与已知的多种细胞的程序性坏死不同，RIP3 引起的心肌细胞坏死不需要 RIP1 和 MLKL 的参与，而是通过激活 CaMKⅡ，进而造成心肌细胞的程序性坏死以及后续的恶性心脏重构和心力衰竭。RIP3 是通过直接磷酸化和活性氧依赖的间接氧化，引起 CaMKⅡ 的活化的。同时 RIP3-CaMKⅡ信号通路还参与心肌细胞的凋亡和炎症过程。

此项工作不仅发现了一种全新的程序性细胞坏死机制，即由 RIP3-CaMKⅡ通路介导的、不依赖于经典的 RIP1-RIP3-MLKL 通路的程序性坏死，而且发现 CaMKⅡ

是一种新的 RIP3 激酶底物。该研究还证实，除了传统的 RIP1/RIP3 坏死复合物以外，细胞的程序性坏死可以通过多条通路进行调节，程序性坏死的调节并不是一个线性的过程，而是一个多维度的复杂网络。

该研究成果拓展了人们对程序性细胞坏死调节机制的基本认识，有望为重大心血管疾病（包括心肌梗死、心力衰竭、心律失常和心源性猝死等）的预防和治疗提供新靶点和新策略。

参考文献

[1] Zhang T, Zhang Y, Cui M, et al. CaMK Ⅱ is a RIP3 substrate mediating ischemia- and oxidative stress-induced myocardial necroptosis. Nature Medicine, 2016, 22: 175-182.

[2] Cho Y S, Challa S, Moquin D, et al. Phosphorylation-driven assembly of the RIP1-RIP3 complex regulates programmed necrosis and virus-induced inflammation. Cell, 2009, 137: 1112-1123.

[3] He S, Wang L, Miao L, et al. Receptor interacting protein kinase-3 determines cellular necrotic response to TNF-alpha. Cell, 2009, 137: 1100-1111.

[4] Zhang D W, Shao J, Lin J, et al. RIP3, an energy metabolism regulator that switches TNF-induced cell death from apoptosis to necrosis. Science, 2009, 325: 332-336.

[5] Kung G, Konstantinidis K, Kitsis R N. Programmed necrosis, not apoptosis, in the heart. Circulation Research, 2011, 108: 1017-1036.

[6] Whelan R S, Kaplinskiy V, Kitsis R N. Cell death in the pathogenesis of heart disease: Mechanisms and significance. Annual Review of Physiology, 2010, 72: 19-44.

CaMKII Is a Novel RIP3 Substrate Mediating Ischemia- and Oxidative Stress-Induced Myocardial Necroptosis

Xiao Ruiping

It has been shown that regulated necrosis (necroptosis) and apoptosis are essentially involved in severe cardiac pathological conditions, including myocardial infarction, ischemia/reperfusion injury, and heart failure. While apoptotic signaling is well defined, the mechanism underlying cardiomyocyte necroptosis remains elusive. Here we show that receptor-interacting protein 3 (RIP3) triggers myocardial necroptosis, in addition to apoptosis and inflammation, *via* activation of Ca^{2+}/calmodulin-dependent protein kinase (CaMK Ⅱ) rather than the known RIP3 partners,

RIP1 and MLKL (mixed lineage kinase domain-like protein) . Specifically，RIP3 deficiency or CaMK Ⅱ inhibition ameliorates myocardial necroptosis and heart failure induced by ischemia/reperfusion and doxorubicin. RIP3 activates CaMK Ⅱ *via* phosphorylation and oxidation，which triggers the opening of the mitochondrial permeability transition pore (mPTP) and myocardial necroptosis. These findings define CaMK Ⅱ as a novel RIP3 substrate and delineate the RIP3-CaMK Ⅱ -mPTP myocardial necroptosis pathway，which provides a promising target for the treatment of ischemia- and oxidative stress-induced myocardial damage and heart failure.

3.15 MLL 家族甲基转移酶活性
调控的分子机制

黎彦璟 陈 勇

（中国科学院上海生命科学研究院生物化学与细胞生物学研究所）

中国科学院生化细胞所分子生物学国家重点实验室雷鸣和陈勇研究组、中国科学院大连化学物理研究所李国辉研究组，与其他研究组合作，综合利用 X 光衍射、核磁共振和分子动力学计算模拟等多种方法，揭示了组蛋白甲基转移酶 MLL 家族蛋白活性调控的结构基础。这是自 1991 年 MLL 家族蛋白质被发现以来，人类首次报道其蛋白质复合物的原子分辨率的结构。相关结果发表在 2016 年 2 月 18 日出版的《自然》期刊上[1]，被论文审稿人认为是此研究领域内里程碑式的一篇文章，在表观遗传和转录研究领域引起强烈反响。

表观遗传学作为近年来新兴起的一门学科，现已成为生命科学前沿快速发展的热点领域。表观遗传学涉猎面广泛，几乎触及现代生命医学的各个角落。众多癌症、疾病的发生都与表观遗传调控异常密切相关。其中，作为表观遗传学的主要内容之一，组蛋白甲基化修饰得到了越来越多的重视。组蛋白甲基化对于基因的转录表达，细胞增殖、分化等起着至关重要的调控作用，相关甲基化酶基因的突变异常会导致多种遗传疾病和癌症。MLL 家族蛋白就是一类在肿瘤抑制中起到十分重要作用的组蛋白 H3K4 甲基转移酶，其家族共包含 6 个成员：MLL1、MLL2、MLL3、MLL4、SET1A 和 SET1B。MLL1 因其基因易位重排所引起的混合系白血病（mixed lineage leukemia）而得名[2]；MLL2 在结直肠癌和胸腺癌中高表达；MLL3 被发现是一个抑癌基因，其突变在胃癌、卵巢癌、结直肠癌等多种癌症中被发现；MLL4 的突变则在 Kabuki 综合征、先天性心脏等遗传疾病，以及肾透明细胞癌、淋巴瘤等癌症中广泛存在。

研究 MLL 家族蛋白发挥功能的分子机制有助于深入了解表观遗传调控与疾病机理，为一系列 MLL 家族蛋白相关的遗传性疾病和癌症的治疗提供潜在的新靶点。之前的研究表明，与其他种类的甲基转移酶不同，MLL 蛋白自身的甲基转移酶活性很低，只有当其与 WDR5、RBBP5、ASH2L 这三个蛋白相互结合形成复合物时，才能有效地完成甲基化修饰过程[3]。敲除掉 MLL 复合物中的任何一个蛋白的基因，都会导致 MLL 甲基转移酶活性的降低或者消失。那么 WDR5、RBBP5 和 ASH2L 这三个蛋白是怎样调控 MLL 甲基转移酶活性的呢？MLL 家族蛋白与其他甲基转移酶在结构和功能上又有什么异同？

我们的研究首先揭示了 RBBP5-ASH2L 异源二聚体是结合和激活 MLL 家族蛋白的最小结构单元；WDR5 作为一个桥梁分子，并不直接参与 MLL 家族蛋白甲基转移酶活性的调控。如图 1 所示，RBBP5-ASH2L 在体外就可以直接和 MLL 家族蛋白相互作用，但是与 6 种 MLL 家族蛋白的亲和力不尽相同。从图 2 中复合物的结构可以发现，所有的 MLL 家族蛋白通过一个保守的结合模式和 RBBP5-ASH2L 结合。

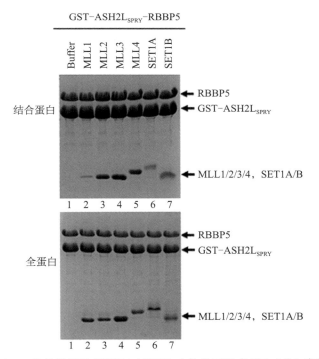

图 1　GST pull down 的结果显示 RBBP5-ASH2L 在体外可以直接和 MLL 家族蛋白相互作用

英国科学家之前提出的调控模型认为[4]，当不结合其他调控蛋白时，MLL 家族蛋白的催化口袋呈现开放状态，不具有催化活性。结合调控蛋白后，催化口袋呈现出闭合状态，可以发挥甲基转移酶活性。我们采用多种实验技术手段修正了这一模型。通过解析 MLL 家族蛋白中一系列蛋白单体及蛋白复合物的结构，我们发现，MLL 蛋白自身并不会稳定在一种状态，MLL 蛋白自身的晶体结构呈现出多种构象。进一步通过核磁共振和分子动力学计算模拟证明，MLL 蛋白自身溶液结构是高度动态变化的，加入 RBBP5-ASH2L 能够显著的使其结构固定在一种活性构象，这种活性构象有利于底物和辅因子的结合，从而增强了 MLL 的甲基转移酶活性（图 3）。

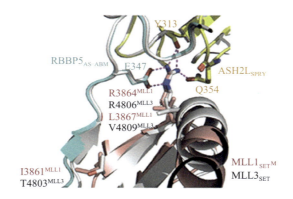

图 2　MLL1 和 MLL3 通过一个保守的结合模式和 RBBP5-ASH2L 结合

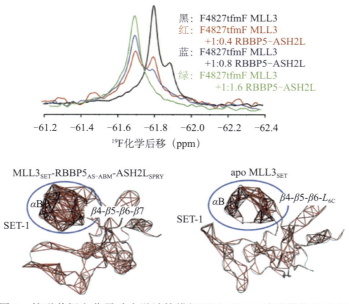

图 3　核磁共振和分子动力学计算模拟展示 MLL3 溶液结构的动态性

　　SUV39、SET2 等家族甲基转移酶，在它们 pre-SET 结构域前部有一段氨基酸序列，称为"激活元件"，这段序列可以同 SET-I 结构域发生相互作用，从而对活性调控发挥重要作用。在 MLL 家族中并没有这段"激活元件"，取而代之的是 RBBP5 的 AS 结构域，它以相同的作用模式同 MLL 家族蛋白的 SET-I 结构域结合。而 ASH2L 则进一步帮助稳定这种结合模式。因此，同其他家族的甲基转移酶相似，RBBP5-ASH2L 对 MLL 家族蛋白的活性调控是具有普适性的。

　　根据以上实验结果，我们提出了新的 MLL 家族蛋白活性调控模型（图 4）。为深入了解 MLL 家族组蛋白甲基转移酶在复合物正确组装、活性精确调控等方面提供了坚实的结构基础；同时也为深入研究相关的表观遗传调控与疾病机理、临床疾病治疗与新型药物等奠定重要基础和提供理论依据。

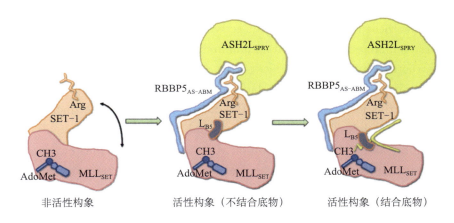

图 4　MLL 甲基转移酶活性调节模型

参考文献

[1] Li Y,Han,Zhang Y,et al. Structural basis for activity regulation of MLL family methyltransferases. Nature,2016,530:447-452.

[2] Ziemin P S,McCabe N R,Gill H J,et al. Identification of a gene,MLL,that spans the breakpoint in 11q23 translocations associated with human leukemias. PNAS,1991,88: 10735-10739.

[3] Dou Y,Milne T A,Ruthenburg A J,et al. ,Regulation of MLL1 H3K4 methyltransferase activity by its core components. Nature Structural & Molecular Biology,2006,13,713-719.

[4] Southall S M,Wong P S,Odho Z et al. Structural basis for the requirement of additional factors for MLL1 SET domain activity and recognition of epigenetic marks. Molecular Cell,2009,33:181-191.

Structural Basis for Activity Regulation of MLL Family Methyltransferases

Li Yanjing，*Chen Yong*

The mixed lineage leukaemia (MLL) family of proteins (including MLL1 – MLL4，SET1A and SET1B) specifically methylate histone 3 Lys4，and have pivotal roles in the transcriptional regulation of genes involved in haematopoiesisand development. The methyltransferase activity of MLL1，by itself severely compromised，is stimulated by the three conserved factors WDR5，RBBP5 and ASH2L，which are shared by all MLL family complexes. However，the molecular mechanism of how these factors regulate the activity of MLL proteins still remains poorly understood. Here we show that a minimized human RBBP5-ASH2L heterodimer is the structural unit that interacts with and activates all MLLfamily histone methyltransferases. Our structural，biochemical and computational analyses reveal a two-step activation mechanism of MLL family proteins. These findings provide unprecedented insights into the common theme and functional plasticity in complex assembly and activity regulation of MLL family methyltransferases，and also suggest a universal regulation mechanism for most histone methyltransferases.

3.16 异种杂合二倍体胚胎干细胞的建立和应用

李 伟 周 琪

（中国科学院动物研究所，干细胞与生殖生物学国家重点实验室）

2016 年，中国科学院动物研究所周琪研究组和李伟研究组合作建立了一种新型的干细胞——异种杂合二倍体胚胎干细胞。这是首例人工创建的、以稳定二倍体形式存在的异种杂合胚胎干细胞。该项工作为研究进化上不同物种间性状差异的分子机制和 X 染色体失活提供了新型的有利工具，相关成果在《细胞》（Cell）期刊发表[1]。

物种间杂交个体在进化生物学、生殖发育生物学和遗传学中应用广泛，如"杂交优势"的研究及其在农业育种中的应用。这是因为它们具有独特的杂合遗传背景和性状，是研究生殖隔离、基因调控进化和 X 染色体失活的重要模型。然而由于物种间存在生殖隔离，哺乳动物远亲物种间的配子无法受精和发育，因此种间杂交只在近亲物种间发生，如马和驴杂交产生骡子。为了生物学研究的便利，人们创造出各类远亲物种间的杂合细胞，如小鼠-大鼠、人-啮齿类、人-牛等杂交细胞。但由于这些细胞都是由体细胞融合产生的，因而都是四倍体且基因组不稳定，往往会出现大量的染色体丢失，而且几乎没有分化能力。那么，如何才能绕开生殖隔离的屏障，创造出哺乳动物远亲物种间的二倍体杂合细胞？

近年来，该团队建立了一系列哺乳动物的单倍体胚胎干细胞，证实其兼具多能性和单倍性；发现孤雄单倍体胚胎干细胞能够通过卵胞质注射方式替代精子产生健康可育的后代，并利用此方法获得健康的转基因小鼠；在此基础上，又建立了大鼠孤雄单倍体胚胎干细胞，并验证了其在遗传筛选和基因修饰大鼠模型制备中的应用[2~5]。这些单倍体干细胞为基因功能研究提供了重要平台，为快速制备基因修饰动物模型提供了新的途径，也为辅助生殖技术提供了新思路。

在该研究中，该团队依托于哺乳动物的单倍体胚胎干细胞技术，通过细胞融合技术将小鼠孤雄（雌）和大鼠孤雌（雄）单倍体干细胞融合，从而绕开了小鼠和大鼠的精卵融合后无法发育的生殖隔离障碍，获得了异种杂合二倍体胚胎干细胞。这类杂交细胞具有胚胎干细胞的三胚层分化能力，甚至能够分化形成早期的生殖细胞，并且在培养和分化过程中保持异种二倍体基因组的稳定性。基因表达分析发现，异种杂合二倍体细胞展现出"高亲""低亲"等独特的基因表达模式以及独特的生物学性状，对二者结合进行分析能够有效地挖掘出物种间性状差异的分子调控机制。同时，杂合细胞的 X 染色体失活也不采用哺乳动物常见的"随机失活"模式，而是采用小鼠 X 染色体特异性失活模式。利用这一特性，该研究系统鉴定了小鼠 X 染色体失活逃逸基因，揭示了 X 染色体失活和失活逃逸的新方式和新机制。

该项研究是首例人工创建的、以稳定二倍体形式存在的异种杂合胚胎干细胞，它们包含大鼠和小鼠基因组各一套，并且异源基因组能以二倍体形式稳定存在。异种杂合二倍体干细胞能够分化形成各种类型的杂种体细胞及早期生殖细胞，并展现出兼具两个物种特点的独特的基因表达模式和性状，以及独特的 X 染色体失活方式，从而为从天然存在生殖隔离的物种制备包含稳定二倍体基因组的杂交干细胞提供了新方法。这些具有胚胎干细胞特性的异种二倍体杂合干细胞将为进化生物学、发育生物学和遗传学等研究提供新的模型和工具，从而完成更多的生物学新发现。

参考文献

[1] Li X, Cui X L, Wang J Q, et al. Generation and application of mouse-rat allodiploid embryonic stem cells. Cell, 2016, 164: 279-292.

[2] Li Z, Wan H, Feng G, et al. Birth of fertile bimaternal offspring following intracytoplasmic injection of parthenogenetic haploid embryonic stem cells. Cell Research, 2016, 26: 135-138.

[3] Shuai L, Zhou Q. Haploid embryonic stem cells serve as a new tool for mammalian genetic study. Stem Cell Research & Therapy, 2014, 5: 20.

[4] Li W, Li X, Li T, et al. Genetic modification and screening in rat using haploid embryonic stem cells. Cell Stem Cell, 2014, 14: 404-414.

[5] Li W, Shuai L, Wan H, et al. Androgenetic haploid embryonic stem cells produce live transgenic mice. Nature, 2012, 490: 407-411.

Generation and Application of Mouse-Rat Allodiploid Embryonic Stem Cells

Li Wei, Zhou Qi

Mammalian interspecific hybrids provide unique advantages for mechanistic studies of speciation, gene expression regulation, and X chromosome inactivation (XCI) but are constrained by their limited natural resources. Previous artificially generated mammalian interspecific hybrid cells are usually tetraploids with unstable genomes and limited developmental abilities. Here，we report the generation of mouse- rat allodiploid embryonic stem cells（AdESCs）by fusing haploid ESCs of the two species. The AdESCs have a stable allodiploid genome and are capable of differentiating into all three germ layers and early stage germ cells. Both the mouse and rat alleles have comparable contributions to the expression of most genes. We have proven AdESCs as a powerful tool to study the mechanisms regulating X chromosome inactivation and to identify X inactivation escaping genes，as well as to efficiently identify genes regulating phenotypic differences between species. A similar method could be used to create hybrid AdESCs of other distantly related species.

3.17　抗 HIV 等慢性病毒感染的新型 CD8$^+$ T 细胞亚类的发现

叶丽林

（中国人民解放军第三军医大学全军免疫学研究所）

在持续性慢性病毒感染，如人类免疫缺陷病毒（HIV）、丙型肝炎病毒（HCV）、乙型肝炎病毒（HBV）中，病毒进化出多种免疫逃逸机制，影响免疫系统对病毒的监控，病毒复制的速度快于效应性 CD8$^+$ T 细胞清除感染细胞的速度[1,2]，从而导致病毒抗原及炎症反应持续存在，不断刺激相对应的效应淋巴细胞，最终造成这些效应性 CD8$^+$ T 细胞逐步丧失效应功能、增殖潜力和分化为免疫记忆细胞的能力，进入耗竭状态[3~5]。

进入耗竭状态的 CD8$^+$ T 细胞首先丢失高增殖能力，以及分泌细胞因子 IL-2 和同时分泌多种细胞因子的能力；进一步耗竭的 CD8$^+$ T 细胞继续丢失分泌肿瘤坏死因子（TNF）的能力；严重耗竭的 CD8$^+$ T 细胞则完全丢失分泌大量 γ-干扰素（IFN-γ）及去颗粒化的能力。同时，耗竭的 CD8$^+$ T 细胞表面出现抑制性受体分子的表达，如 PD-1、Tim-3、LAG3、CTLA-4、2B4 和 CD160 等；这些抑制性的受体分子的表达随着 CD8$^+$ T 细胞耗竭状态的进展而逐渐增多且更加多样化[3]。

尽管进入耗竭状态的 CD8$^+$ T 细胞功能减弱，但并非完全丧失功能，其仍然可以在一定程度上控制病毒复制，在维持病毒-机体的对峙状态中仍发挥重要的作用[6]。然而，处于耗竭状态的 CD8$^+$ T 细胞如何发挥这一作用的具体机制却还是未知。近期已有研究表明，耗竭的 CD8$^+$ T 细胞中可能存在不同的亚群[7]。这一线索提示，处于耗竭状态的 CD8$^+$ T 细胞中是否存在特殊的亚群具有控制病毒复制的能力。

中国人民解放军第三军医大学免疫学研究所叶丽林教授研究团队和其他研究小组合作，采用 HIV 感染患者样本及慢性病毒感染小鼠动物模型，发现了一群新的 CD8$^+$ T 细胞亚类——CXCR5$^+$ CD8$^+$ T 细胞。CXCR5$^+$ CD8$^+$ T 细胞在控制慢性病毒复制中起到至关重要的作用，该群细胞的发现为以清除慢性病毒感染为目的的相关基础与临床研究，提供了新的靶标与研究思路。相关工作于 2016 年 9 月发表于《自然》期刊[8]。

首先，该项研究发现 CXCR5$^+$ CD8$^+$ T 细胞独特的定位和迁徙特征。大多数

CD8$^+$ T 细胞定居于 T 细胞区域，慢性病毒感染会在 T 细胞区域造成的抑制性微环境。然而，在慢性病毒感染中特异产生的 CXCR5$^+$CD8$^+$ T 细胞，可以迁移到次级淋巴器官中的 B 细胞滤泡区，避开抑制性环境对其功能的影响。

相对于其他的耗竭 CD8$^+$ T 细胞，CXCR5$^+$CD8$^+$ T 细胞表面表达的抑制性受体分子更少；并且，CXCR5$^+$CD8$^+$ T 细胞具有更强抗病毒作用，能更为有效地控制病毒感染。而耗竭的 CXCR5$^-$CD8$^+$ T 细胞几乎不具有抗病毒作用。该项研究追踪该群细胞发现，CXCR5$^+$CD8$^+$ T 细胞可转化为 CXCR5$^-$CD8$^+$ T 细胞，而后者不能转化为 CXCR5$^+$CD8$^+$ T 细胞。

另外，CXCR5$^+$CD8$^+$ T 的生成及功能受到 E2A-Id2 轴的调控。E2A 蛋白可以直接促进 *Cxcr5* 基因的转录和表达，从而正向调控 CXCR5$^+$CD8$^+$ T 细胞的生成及功能，而 Id2 分子则起反向调节作用。

同时，CXCR5$^+$CD8$^+$ T 细胞亚类可以作为免疫细胞治疗的一种新的靶标，其过继转移后，可以高效地清除病毒。并且，该群细胞的过继转移治疗还可与 PD-L1 抗体协同作用，更好地发挥抗病毒感染的作用。

该项研究对深入理解慢性病毒感染的免疫学机制具有重要意义，并为清除慢性病毒感染（特别是功能性"治愈"HIV 感染患者）提供了新的思路；此外，也可能为肿瘤的免疫学治疗提供借鉴。因此，此研究发表后，被著名学术评价网站 F1000 四名领域内专家高度评价，受到国内外的广泛关注。同期《自然》杂志"*News and Views*"栏目专门评述了此项研究。目前，此项研究已被《科学》《细胞》《自然》等顶尖期刊多次引用。另外，此项研究被《中国免疫学杂志》列为 2016 年国内外免疫学重要研究进展进行介绍（2017 年 33 卷）[9]。

参考文献

[1] Mueller S N, Ahmed R. High antigen levels are the cause of T cell exhaustion during chronic viral infection. PNAS, 2009, 106：8623-8628 .

[2] Chun T W, Fauci A S. Latent reservoirs of HIV：Obstacles to the eradication of virus. PNAS, 1999, 96：10958-10961.

[3] Wherry E J. T cell exhaustion. Nature Immunology, 2011, 131：492-499.

[4] Sauce D, Elbim C, Appay V. Monitoring cellular immune markers in HIV infection：from activation to exhaustion. Current Opinion in HIV and AIDS, 2013, 8：125-131.

[5] Kalia V, Sarkar S, Ahmed R. CD8 T-cell memory differentiation during acute and chronic viral infections. Advances in Experimental Medicine and Biology, 2010, 684：79-95.

[6] Wherry E J, Kurachi M. Molecular and cellular insights into T cell exhaustion. Nature Reviews Immunology, 2015, 15：486-499.

[7] Paley M A, Kroy D C, Odorizzi P M, et al. Progenitor and terminal subsets of CD8$^+$ T cells cooperate to contain chronic viral infection. Science，338，1220-1225.

[8] He R, Hou S, Liu C, et al., Follicular CXCR5－ expressing CD8$^+$ T cells curtail chronic viral infection. Nature，2016，537，412-428.

[9] 曹雪涛，刘娟. 2016 年国内外免疫学研究重要进展. 中国免疫学杂志，2017，33(1)：1-10.

Follicular CXCR5-Expressing CD8$^+$ T Cells Curtail Chronic Viral Infection

Ye Lilin

During chronic viral infection, virus-specific CD8$^+$ T cells become functional exhausted. Nevertheless, exhausted CD8$^+$ T cells can still contain viral replication, although the mechanism is largely unknown. Here we show that a subset of exhausted CD8$^+$ T cells expressing CXCR5 plays a critical role in the control of viral replication in chronically infected mice. These CXCR5$^+$ CD8$^+$ T cells were preferentially localized in B-cell follicles, expressed lower levels of inhibitory receptors and exhibited more potent cytotoxicity than the CXCR5$^-$ subset. Furthermore, we identified the Id2/E2A axis as an important regulator for the generation of this subset. In HIV patients, we also identified a virus-specific CXCR5$^+$ CD8$^+$ T cell subset and its number was inversely correlated with viral load. The CXCR5$^+$ subset showed greater therapeutic potential than the CXCR5$^-$ subset when adoptively transferred to chronically infected mice and exhibited the synergistic effect on reducing viral load when combined with anti-PD-L1 treatment.

3.18　水稻杂种优势研究取得突破进展

韩　斌

（中国科学院上海生命科学院植物生理生态研究所；中国科学院国家基因研究中心）

中国科学院植物生理生态研究所国家基因研究中心韩斌研究组、黄学辉研究组联合中国水稻研究所杨仕华团队在水稻杂种优势的遗传机理研究中取得突破进展，相关成果于2016 年 9 月 8 日在线发表于《自然》期刊，题为"水稻产量性状杂种优势的全基因组解析"。

杂交子代在生长活力、育性和种子产量等方面优于双亲的现象在生物学中被称为杂种优势。根据杂种优势的原理，育种学家通过有效的杂交配组可以实现农产品生物产量的显著提高。20 世纪 70 年代开始，我国育种学家率先开展了水稻杂种优势利用研究，陆续通过三系法、两系法等途径培育出大量杂交水稻材料，包括"汕优 63""两优培九"在内的一些高产杂交稻品种得到了大面积推广，大幅度提高了水稻产量，为我国的粮食安全做出了巨大贡献（图 1）。杂交稻的高产来自对水稻杂种优势现象的有效利用，在一些优异的杂交配对组合中，杂交稻的产量表现可以大大超越它们的纯合亲本。杂种优势的产生是由双亲基因组互作的结果，是一种复杂的生物学现象，然而这一现象背后的遗传机理尚未完全明确。只有从分子层面深入了解杂种优势的遗传基础，才能实现杂种优势的高效利用，推动育种技术的变革。

图 1　杂交水稻成熟时的大穗

韩斌研究组通过对 1495 份杂交稻品种材料的收集，以及对 17 套代表性遗传群体进行基因组分析和田间产量性状考察，综合利用基因组学、数量遗传学及计算生物学的最新技术手段，全面、系统地鉴定出了控制水稻杂种优势的主要遗传位点，分析了纯合基因型和杂合基因型的遗传效应，最终发现了水稻杂种优势主要由于优良等位基因的不完全显性效应以及相关优良基因的聚合的结果，而不是超显性互作的效应。进一步研究表明，水稻中杂种优势的表现正是由这些基因位点所决定。在作用方式上，这些遗传位点在杂合状态时对单个性状指标（如株高、穗粒数等）大多表现出不完全显性；通过杂交育种产生了全新的基因型组合，在杂交一代高效地实现了对水稻花期、株型、产量各要素的理想搭配，在综合表现上体现出超亲优势。比如，在几大类杂交水稻体系之一的三系籼-籼杂交稻组合中，父本（恢复系）一般聚集有较多的优良等位基因，综合性状配置优良；在此基础上，来自母本（不育系/保持系）的少数等位基因则进一步改善了水稻植株的结实率、穗粒数（主要贡献于 $hd3a$ 等位基因）及株型（主要贡献于 $tac1$ 等位基因），实现了杂交组合子一代的优势表现。

该项研究成果阐明了水稻杂种优势的遗传机制，对推动杂交稻和常规稻的精准分子设计育种实践有重大意义。《自然》同期还刊发了著名植物遗传学家、美国科学院院士 James Birchler 教授的专评。他评述称：该论文"解析了杂种优势的遗传基础，并将帮助指导未来作物遗传改良的战略"，"是作物杂种优势研究领域的力作"。

参考文献

[1] Huang X, Yang S, Gong J, et al. Genomic architecture of heterosis for yield traits in rice. Nature, 2016, 537：629-633.

[2] Huang X, Yang S, Gong J, et al. Genomic analysis of hybrid rice varieties reveals numerous superior alleles that contribute to heterosis. Nature Communications, 2015, 6：6258.

[3] Cheng S H, Zhuang J Y, FanY Y, et al. Progress in research and development on hybrid rice：a super-domesticate in China. Annals of Botany(London), 2007, 100：959-966.

Genomic Architecture of Heterosis for Yield Traits in Rice

Han Bin

Increasing grain yield is a long-term effort in crop breeding to meetthe demand of global food security. The phenomenon of heterosis that the hybrid shows better yield performance than both parents has been exploited as one of the most powerful innovations in crop productions. However, its genetic mechanism is still largely unclear. Here we generate, sequence andphenotype totally 10,074 F_2 lines from 17 representative hybrid rice crosses, enabling theidentification of loci contributing to yield heterosis at high resolution. We identifymodern hybrid rice varieties to be classified into three major types, and find that a few key gene alleles from female parents explain a large proportion of yield advantage of hybrids over their male parents. The heterozygous state of the heterosis-related genes generally acts through the ways of partial dominance for yield-related components and over-parent heterosis for overall performance when all the components are considered. That is, hybrids with yield heterosis result from an optimal combination of multiple yield-related components, meaning a superior performance in crop productions. These results demonstrate an effective approach to promote genetic studies on crop heterosis, and will facilitate designed rice hybrid breeding.

3.19 呼吸体蛋白原子分辨率三维结构

杨茂君

（清华大学生命科学学院，结构生物学高精尖创新中心）

清华大学生命科学学院杨茂君教授研究组经过多年的努力，结合 X 射线晶体学和冷冻电镜单颗粒三维重构的方法，对哺乳动物线粒体呼吸链超级复合物（呼吸体，respirasome）蛋白进行了广泛而深入的研究，在这一热点研究领域内取得了国际领先的研究成果。他们首次获得了呼吸体蛋白原子分辨率的三维结构，分辨出呼吸体在发挥功能时所处的两种不同的状态，阐释了全新的复合物 I 电子传递偶联质子转运的机制，以及更加合理的复合物Ⅲ进行电子传递的通路，并且还在继续攻克人源呼吸体蛋白的三维结构，致力于为治疗人类线粒体缺陷相关的多种疾病（包括阿尔茨海默病、肌肉萎缩、遗传性视神经萎缩等）提供准确而精细的结构信息。相关研究成果分别于 2016 年 9 月 21 日和 12 月 1 日发表在国际顶级期刊《自然》[1] 和《细胞》[2] 期刊上，在结构生物学研究领域内产生了重要影响，两篇文章都入选 F1000Prime 重要研究成果。

线粒体是细胞内能量代谢的中心，实际上参与了细胞内几乎所有的代谢过程。线粒体呼吸链蛋白复合物通过一系列氧化还原反应过程，将电子从还原型烟酰胺腺嘌呤二核苷酸（还原型辅酶 I，NADH）或者琥珀酸（FADH）最终传递给氧分子生成水，这一反应过程中所释放的能量以跨线粒体内膜质子梯度所形成的电化学势能和渗透势能的形式储存起来，再通过 ATP 合成酶将势能转化为活跃的化学能，储存在 ATP 分子中供几乎所有的生命活动使用。一旦人体中线粒体呼吸链蛋白复合物发生缺陷，将导致严重的神经退行性疾病和多种综合征，严重危害人类的健康。对线粒体呼吸链蛋白复合物结构的解析，可以详细地阐释细胞呼吸的氧化还原反应机理及质子转运机制，并提供治疗线粒体缺陷疾病的药物靶点。

从 20 世纪 90 年代开始，各个线粒体呼吸链复合物蛋白（复合物 I、Ⅱ、Ⅲ、Ⅳ、Ⅴ）的晶体结构逐步被解析出来。但是，这些单独的复合物并不是体内存在的真实状态。大量研究表明，这些单独的复合物会相互聚合形成更加高效的超级复合物（呼吸体）来发挥功能[3]。然而，如此巨大的超级复合物，只运用传统的 X 射线晶体学的方法很难解析其结构。杨茂君教授研究组运用最前沿的冷冻电镜三维重构方法，收集了 40 多万个单颗粒，通过二维分类和三维分类筛选出质量足够好的 30 多万单颗粒，继续进行分类，并且通过添加区域蒙版（mask）和降低电子剂量（dose）等方法，不断提高分辨率。最终，研究组获得了呼吸体蛋白原子分辨率的三维结构（图 1）。

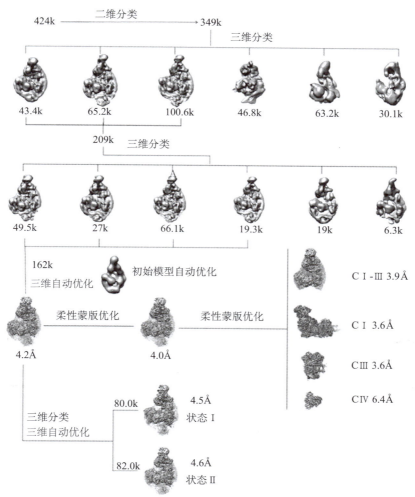

图 1　单颗粒冷冻电镜三维重构计算过程示意图

从各个单独的复合物的结构无法获得全面的信息，且有许多病理现象无法解释。通过解析出来的呼吸体蛋白原子分辨率三维结构，杨茂君研究组提出了全新的质子转运机理和电子传递模型（图 2）。另外，在得到的三维结构中，研究组发现了大量的小分子辅基，很多都位于蛋白发挥功能的关键位点，这些小分子的详细功能还有待进一步研究。目前，人源呼吸体蛋白的精细结构尚未解析，且结合了辅酶 Q 处于不同生理状态的呼吸体的结构也还不清楚；甚至有猜测称呼吸体还可以进一步聚合形成巨型复合物，这一点也有待证实；基于结构进行药物筛选的工作也有待展开。可见，这一领域尚有许多问题值得深入研究。

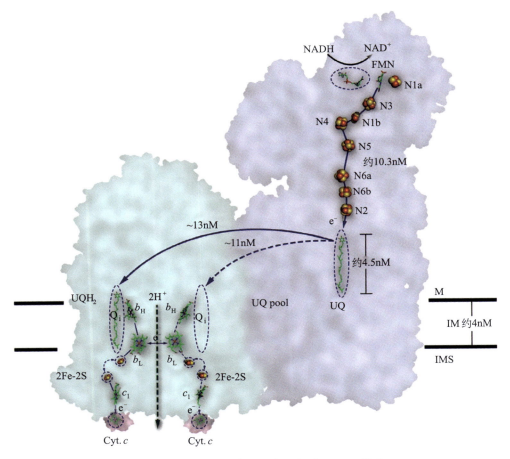

图 2 复合物 I、III 电子传递通路示意图（UQ→辅酶 Q）

参考文献

[1] Gu J,Wu M,Guo R,et al. The architecture of the mammalian respirasome. Nature,2016,537：639-643.

[2] Wu M,Gu J,Guo R,et al. Structure of mammalian respiratory supercomplex Ⅰ1Ⅲ2Ⅳ1. Cell ,2016,167：1598-1609 e1510.

[3] Guo R,Gu J,Wu M,et al. Amazing structure of respirasome：Unveiling the secrets of cell respiration. Protein & Cell,2016,7：854-865.

Atomic Structure of Respirasome

Yang Maojun

Respirasome is a highly complicated and efficient energy transducer,and single particle cryo-EM technology is fit for structure determination of this kind of huge molecular machine. Based on the atomic resolution structure information, Prof. Yang's group distinguished two states of respirasome in performing its function,elucidated a new electron transfer coupled proton pumping mechanism of CI, proposed a more logical electron transfer pathway in CIII,and discovered a lot of small molecules in the structure. Further more,Prof. Yang's group continues to work on the structure of human respirasome,devoting to provide accurate and sufficient structural information for drug design and screening.

3.20 肺上皮细胞 TLR3 在肿瘤肺转移前微环境形成中的重要功能

顾　炎[1]　刘艳芳[1]　曹雪涛[1,2]

（1. 中国人民解放军第二军医大学免疫学研究所，医学免疫学国家重点实验室；2. 中国医学科学院基础医学研究所免疫学系，分子生物医学国家重点实验室）

肿瘤转移是导致肿瘤患者死亡的主要原因。近年来研究表明，肿瘤的发生和发展与肿瘤细胞所处的微环境（主要由多种细胞外基质和基质细胞组成）密不可分。其中，免疫系统在肿瘤微环境中发挥着极其重要的功能，并受到越来越多的关注[1]。肿瘤转移前微环境（pre-metastatic niche）是指原发灶肿瘤通过分泌物质，动员和募集骨髓来源细胞迁移至预转移器官，使其与预转移器官中的基质细胞协同作用，从而产生有利有肿瘤细胞定居的"土壤"[2]。多种骨髓来源细胞（如中性粒细胞等）被证实参与了肿瘤转移前微环境的形成[3]。然而，预转移器官是如何识别肿瘤信号而启动骨髓来源细胞向该器官迁移促进炎性微环境形成有待于进一步研究。

医学免疫学国家重点实验室长期以来致力于天然免疫中免疫识别及炎症信号启动的机制研究。利用现有的研究体系，结合肿瘤转移研究，我们发现宿主肺上皮细胞模式识别受体 TLR3 通过识别肿瘤来源的外泌体（exosomes）所携带的肿瘤细胞 RNA 促进中性粒细胞在肺部的募集，诱导肿瘤转移前微环境形成及肿瘤肺转移（图 1）[4]。该成果发表在国际肿瘤学研究杂志《肿瘤细胞》（Cancer Cell）上，同期配发了"肿瘤转移前微环境"理论提出者、美国康奈尔大学莱登教授（David Lyden）撰写的评述，认为该研究为认识肿瘤转移前微环境的形成及肿瘤转移的机制提供了思路[5]。

Toll 样受体是机体识别外源性及内源性危险信号启动免疫应答的媒介[6]。利用多种 Toll 样受体缺陷小鼠建立的原位肿瘤自发肺转移的模型，我们发现，与野生型小鼠相比，TLR3 缺陷小鼠肿瘤肺转移明显减少且生存时间延长。检测肺转移前微环境中

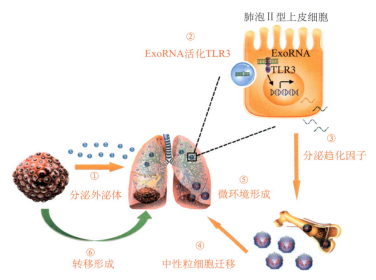

图 1　肺上皮细胞 TLR3 促进肺转移前微环境形成示意图

肿瘤通过分泌外泌体驯化肺上皮细胞①，其表达的 TLR3 能够识别外泌体中的 RNA 成分②，引起肺上
皮细胞的活化及趋化因子的分泌③，从而诱导中性粒细胞在肺部的迁移和募集④，促进转移前微环境的
形成⑤，诱导肿瘤肺转移⑥（ExoRNA，肿瘤外泌体 RNA；TLR3，Toll 样受体 3）

免疫细胞变化发现，TLR3 缺陷小鼠趋化因子分泌水平降低，其肺部中性粒细胞的浸
润较野生型明显减少。骨髓交叉回输实验表明，非骨髓来源细胞表达的 TLR3 影响中
性粒细胞趋化。进一步研究发现，肺泡Ⅱ型上皮细胞是肺组织中表达 TLR3 的主要细
胞之一，其 TLR3 发生缺陷后，趋化因子表达减低。

　　我们进一步探讨了肺泡Ⅱ型上皮细胞在肿瘤微环境中活化并分泌趋化因子的机
制。肿瘤来源的外泌体是肿瘤分泌的微囊泡，能够刺激骨髓来源细胞的动员而介导转
移前微环境的形成[7]。我们发现，肺泡Ⅱ型上皮细胞是肺部摄取肿瘤来源的外泌体的
主要细胞之一。小鼠尾静脉注射肿瘤来源的外泌体能够明显上调肺泡Ⅱ型上皮细胞的
TLR3 及趋化因子表达，促进中性粒细胞募集，进而促进肺转移前微环境的形成。体
外外泌体刺激肺上皮细胞实验也验证了上述结果，同时，研究发现，外泌体中携带的
肿瘤细胞 RNA 是刺激趋化因子分泌的主要因素。针对外泌体中携带的肿瘤细胞 RNA
测序发现，外泌体中富集大量的小核 RNA（snRNA），其双链 RNA 结构能够被
TLR3 识别。

　　该研究首次阐明了肺上皮细胞及其 TLR3 在肿瘤转移前微环境形成及肿瘤肺转移
中的作用。肿瘤外泌体来源的 RNA、肺上皮细胞 TLR3 以及中性粒细胞这一调控网
络的发现为全面而深入认识肿瘤转移前微环境的形成和肿瘤转移的器官选择性提供了

新的视角，为肿瘤治疗尤其是肿瘤转移的防治提供了新的靶点。

参考文献

[1] Hanahan D, Weinberg R A. Hallmarks of cancer: The next generation. Cell, 2011, 144(5):646-674.

[2] Liu Y, Cao X. Characteristics and significance of the pre-metastatic niche. Cancer Cell, 2016, 30(5): 668-681.

[3] Wculek S K, Malanchi I. Neutrophils support lung colonization of metastasis-initiating breast cancer cells. Nature, 2015, 528(7582):413-417.

[4] Liu Y, Gu Y, Han Y, et al. Tumor exosomal RNAs promote lung pre-metastatic niche formation by activating alveolar epithelial TLR3 to recruit neutrophils. Cancer Cell, 2016, 30(2):243-256.

[5] Kenific C M, Nogues L, Lyden D. Pre-metastatic niche formation has taken its TOLL. Cancer Cell, 2016, 30(2):189-191.

[6] Cao X. Self-regulation and cross-regulation of pattern-recognition receptor signalling in health and disease. Nature Reviews Immunology, 2016, 16(1):35-50.

[7] Liu Y, Gu Y, Cao X. The exosomes in tumor immunity. Oncoimmunology, 2015, 4(9):e1027472.

Tumor Exosomal RNAs Promote Lung Pre-Metastatic Niche Formation by Activating Alveolar Epithelial TLR3 to Recruit Neutrophils

Gu Yan, Liu Yanfang, Cao Xuetao

Pre-metastatic niche educated by primary tumor-derived elements contributes to cancer metastasis. However, the role of host stromal cells in metastatic niche formation and organ-specific metastatic tropism is not clearly defined. Here we demonstrate that lung epithelial cell is critical for initiating neutrophil recruitment and lung metastatic niche formation by sensing tumor exosomal RNAs via TLR3. TLR3-deficient mice show reduced lung metastasis in the spontaneous metastatic models. Mechanistically, primary tumor-derived exosomal RNAs, which are enriched in snRNAs, activate TLR3 in lung epithelial cells, consequently inducing chemokine secretion in the lung and promoting neutrophil recruitment. Identification of metastatic axis of tumor exosomal RNAs and host lung epithelial cell TLR3 activation provides potential targets to control cancer metastasis to lung.

3.21　寨卡病毒垂直传播影响子代大脑发育

罗振革

（中国科学院神经科学研究所，中国科学院脑科学与智能技术卓越创新中心，
神经科学国家重点实验室）

　　中国科学院神经科学研究所神经科学国家重点实验室罗振革研究组与中国人民解放军军事医学科学院微生物流行病研究所的秦成峰研究组合作，利用从疫区回国的患者身上分离出的寨卡病毒株，感染怀孕的小鼠后，发现寨卡病毒直接靶向胚胎期小鼠的大脑皮层神经前体细胞——放射状胶质细胞，并导致胎脑皮层面积的缩小。相关研究成果于 2016 年 5 月 13 日以封面论文的形式在线发表于《细胞研究》（Cell Research），在领域内引起热烈反响。

　　1947 年，寨卡病毒首次从生活在乌干达森林里的恒河猴身上发现并被分离。20世纪 50 年代，寨卡病毒在撒哈拉以南非洲引发寨卡热 —— 一种经蚊子传播引发的疾病。寨卡病毒感染成人后，只是引起一些轻微症状，如发热、红疹、结膜炎和全身乏力等，少数感染者会出现免疫反应介导的急性炎症性脱髓鞘性多发性神经病（即吉兰-巴雷综合征）[1]。这些症状一般都是一过性的，因此长期以来寨卡病毒感染未引起足够重视。但是 2015 年以来，拉丁美洲暴发的寨卡病毒传播，伴随出现大量的新生儿小头症[2,3]。2016 年 2 月 1 日，世界卫生组织把寨卡病毒对孕妇的风险列为值得全球关注的公共卫生危机。各国科学家紧急行动起来应对该危机。

　　流行病学研究显示，寨卡病毒的感染与新生儿小头症的发生之间存在很强的相关性，但其原因一直存在着很多争议，因为一些化学成分或环境中的其他因素也可能会引发新生儿的小头症。母体的寨卡病毒感染是否会直接导致胎儿发生小头症，还没有明确的实验证据。罗振革实验室研究人员通过向怀孕母鼠体内注射寨卡病毒，观察发现寨卡病毒能够突破胎盘屏障进入到胎鼠脑的神经干细胞中，最终导致胎鼠脑的大脑皮层变小（图 1）[4,5]。

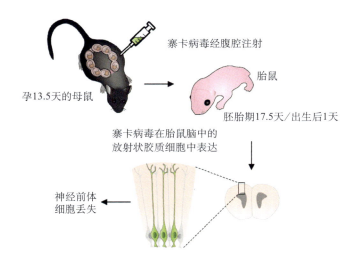

寨卡病毒经腹腔注射

孕13.5天的母鼠

胎鼠

胚胎期17.5天/出生后1天

寨卡病毒在胎鼠脑中的
放射状胶质细胞中表达

神经前体
细胞丢失

图 1　图示寨卡病毒垂直传播的实验过程

寨卡病毒经腹腔注射进入怀孕 13.5 天（E13.5）的母鼠体内；到胚胎期 17.5 天（E17.5）
或出生后第一天（P1）时分析胎（新生）鼠的表型，观察其大脑的形态结构和组成细胞的变化情况

　　用患者的恢复期血清作为抗体去识别脑内的寨卡病毒，通过对胎鼠全脑鉴定并配合各种细胞标志物的染色，研究人员发现，母体注射的寨卡病毒在起初主要进入胎鼠背侧端脑；并且寨卡病毒主要定位于脑脂质结合蛋白（brain lipid binding protein，BLBP）阳性的放射状胶质细胞上，这类细胞同时具有性别决定区域 Y-框 2（sex determining region Y-box2，SOX2）阳性标志。这些结果显示，母体感染的寨卡病毒进入到具有神经干细胞特性的放射状胶质细胞中。进一步的实验结果提示，进入到干细胞中的寨卡病毒能够抑制 Ki67 阳性的分裂期细胞，并促使干细胞库的快速耗竭。

　　通过转录组测序（RNAseq）和实时荧光定量 PCR（qPCR）分析，我们发现，寨卡病毒感染胎鼠后致使其基因调控网络出现极大变化：很多免疫反应相关基因（包括先天免疫反应）和细胞程序性死亡基因出现明显上调，而一些细胞增殖相关基因出现明显下调。对胎鼠脑的连续切片观察，发现寨卡病毒感染后胎鼠脑皮层的外周长变短。这些结果提示母体感染寨卡病毒后影响胎脑的正常发育，致使胚胎脑变小(图 2)。

　　该研究提供了母体寨卡病毒感染影响子代大脑发育的直接证据，为治疗性药物以及预防性疫苗评价研究提供了理想动物模型。

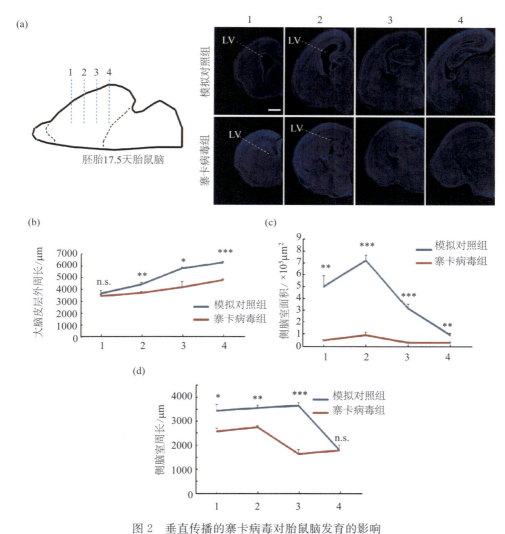

图2　垂直传播的寨卡病毒对胎鼠脑发育的影响

（a）胎脑连续切片对比寨卡感染后胎脑的变化；（b～d）统计结果显示寨
卡病毒感染后胎鼠的脑皮层外周长、侧脑室面积、侧脑室周长都明显减低

参考文献

［1］Oehler E，Fournier E，Leparc-Goffart I，et al. Increase in cases of Guillain-Barre syndrome during a Chikungunya outbreak，French Polynesia，2014 to 2015. Eurosurveillance，2015，20：30079.

［2］Faria N R，Azevedo R D，Kraemer M U，et al. Zika virus in the Americas：Early epidemiological and genetic findings. Science,2016,352: 345-349.

[3] Cauchemez S,Besnard M,Bompard P,et al. Association between Zika virus and microcephaly in French Polynesia,2013-2015: A retrospective study. Lancet,2016,387 (10033) : 2125.

[4] Wu K Y,Zuo G L,Li X F,et al. Vertical transmission of Zika virus targeting the radial glial cells affects cortex development of offspring mice. Cell Research,2016, 26: 645-654.

[5] Nguyen H N,Qian X Y,Song H J,et al. Neural stem cells attacked by Zika virus. Cell Research, 2016,26: 753-754.

Vertical Transmission of Zika Virus Targeting the Radial Glial Cells Affects Cortex Development of Offspring Mice

Luo Zhenge

The recent Zika virus (ZIKV) epidemic in Latin America coincided with a marked increase in microcephaly in newborns. However, the causal link between maternal ZIKV infection and malformation of the fetal brain has not been firmly established. Here we show a vertical transmission of ZIKV in mice and a marked effect on fetal brain development. We found that intraperitoneal (i. p.) injection of a contemporary ZIKV strain in pregnant mice led to the infection of radial glia cells (RGs) of dorsal ventricular zone of the fetuses, the primary neural progenitors responsible for cortex development, and caused a marked reduction of these cortex founder cells in the fetuses. Interestingly, the infected fetal mice exhibited a reduced cavity of lateral ventricles and a discernable decrease in surface areas of the cortex. This study thus supports the conclusion that vertically transmitted ZIKV affects fetal brain development and provides a valuable animal model for the evaluation of potential therapeutic or preventative strategies.

3.22 中国对全球气候变化的贡献评估

李本纲 陶 澍 朴世龙

（北京大学城市与环境学院，地表过程分析与模拟教育部重点实验室；
北京大学中法地球系统科学中心）

气候变化是近20年来备受公众关注的全球问题，也是非常热门的科学研究领域。自《联合国气候变化框架公约》正式生效以来，"共同但有区别的责任"原则是世界各国参与国际气候谈判的基础[1]。作为世界上最大的发展中国家，中国理应承担相应的共同责任，也仅应承担符合中国国情的区别责任。因此，客观评估中国对全球气候变化的贡献，是符合重大国家需求的战略问题，也是科学界和国际社会普遍关注的科学问题。

北京大学李本纲研究组利用国际科学界认可的全球排放数据、过程模型和贡献解析技术方法，结合逐因子全过程不确定性分析，首次综合评估了中国对全球气候变化的贡献及其时间变化趋势，在解决长期以来困扰政府决策及科学界认识的"中国贡献"问题方面获得了新的认识，在方法集成及降低不确定性方面具有明显创新性。相关研究成果于2016年3月17日以"中国排放对全球气候强迫的贡献"（*The contribution of China's emissions to global climate forcing*）为题发表在《自然》期刊上[2]，《自然》杂志同期还发表了对该研究的评述文章[3]，文中称，"李本纲等综合评估了中国对全球气候变化的贡献，以及中国经济增长过程中这一贡献的变化趋势……至关重要的是，他们的研究涵盖了几乎所有的人为气候变化胁迫因子……更令人意外的是，中国对全球气候变化的贡献多年来稳定在10%左右而基本保持不变……这意味着，经过精心设计的空气污染控制措施可能会将其对气候变化的影响降到最小"[3]。《科技日报》《中国科学报》《人民日报》《参考消息》《China Daily》《洛杉矶时报》等国内外媒体均在第一时间进行了专题报道，引起普遍关注。

研究表明，截至2010年，中国对全球辐射强迫的绝对贡献为+0.30瓦/米²，相对贡献为10%±4%，远低于中国近年来大气污染物排放的全球占比（图1）。其中，中国对全球正辐射强迫（致暖效应）的贡献为12%±2%（主要是二氧化碳、甲烷等温室气体和黑炭），负辐射强迫（制冷效应）的贡献为15%±6%（主要是硫酸盐、硝酸盐、有机颗粒等气溶胶组分）。绝对贡献最高的依次为化石燃料燃烧排放的二氧化碳（13%，0.16 ± 0.02 瓦/米^2）、甲烷（14%，0.13 ± 0.05 瓦/米^2）、硫酸盐（28%，-0.11 ± 0.05 瓦/米^2）、黑炭（14%，0.09 ± 0.06 瓦/米^2）。

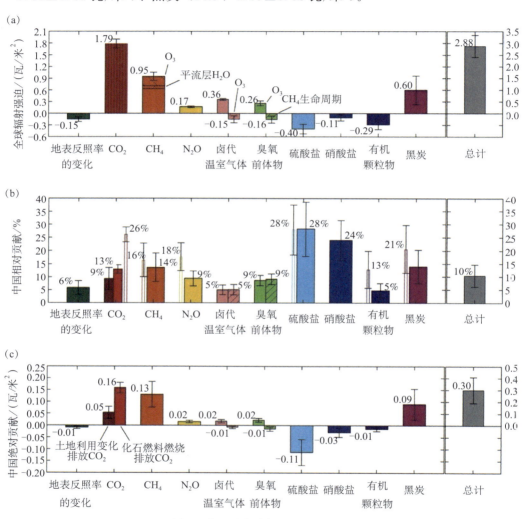

图 1　中国对全球气候变化的贡献

由于总辐射效应为正辐射效应（致暖）与负辐射效应（致冷）之和，各胁迫因子的气候效应存在一定的抵消。因此，尽管中国化石燃料燃烧排放二氧化碳的致暖贡献持续增加，但硫酸盐和土地利用变化等致冷要素的贡献也同步增加，使得中国对全球气候变化的贡献多年来基本保持稳定在 8% ～ 12%（图 2）。

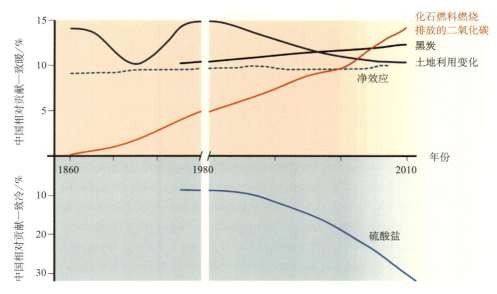

图 2　中国主要气候胁迫因子的时间变化趋势

　　值得关注的是，具有致冷效应的大气污染物（硫酸盐、硝酸盐、有机颗粒）严重影响区域空气质量和人体健康，人为大气污染物的排放控制可能会对全球气候变化产生影响。如何在改善空气质量的同时又能控制气候变化，是目前面临的挑战。通过优化能源结构及广义节能，达到协同控制，则可能实现"双赢"。然而，区域大气污染物排放控制措施影响全球气候变化的作用与反馈机制比较复杂，其综合效应还有待进一步研究与细致评估。

参考文献

［1］United Nations. United Nations Framework Convention on Climate Change. New York，1992，9-10.

［2］Li B G，Gasser T，Ciais P，et al. The contribution of China's emissions to global climate forcing. Nature，2016，531：357-361.

［3］Spracklen D. China's contribution to climate change. Nature，2016，531：310-312.

The Contribution of China's Emissions to Global Climate Forcing

Li Bengang，Tao Shu，Piao Shilong

Knowledge of the contribution that individual countries have made to global radiative forcing is important to the implementation of the agreement on "common but differentiated responsibilities" reached by the United Nations Framework Convention on Climate Change. As the largest developing country，China should and only should take the responsibility suitable to national circumstances. We find that China contributes $10\% \pm 4\%$ of the current global radiative forcing，which is lower than the contribution of China to current global annual anthropogenic emissions. China's relative contribution to the positive (warming) component of global radiative forcing is $12\% \pm 2\%$，and to the negative (cooling) component is $15\% \pm 6\%$. Moreover，we find that the concurrent changes in different emissions have led to a stable overall contribution ($8\% \sim 12\%$) of China to global radiative forcing.

3.23 始新世—渐新世古环境剧变中的避难所

倪喜军

（中国科学院古脊椎动物与古人类研究所；中国科学院青藏高原地球
科学卓越创新中心；中国科学院大学）

当今世界，全球气候变化对人类及人类社会的影响有目共睹，但是人们很难想象，数千万年前的全球气候剧变会对人类远祖有多大影响。大约 3400 万年前，地球正处在地质历史时期的始新世向渐新世过渡的阶段。这一阶段发生的全球气候剧变彻底改变了地球生态系统。

始新世距今 3400 万到 5600 万年，持续大约 2200 万年。在大多数时间里，始新世时地球上的气候都是温暖、湿润的，整个地球就像一个大"温室"，茂密的森林覆盖了地球的大部分陆地，热带丛林的标志性植物——棕榈树，一度分布到北极圈。发生在距今 3400 万年之前的全球气候剧变，标志着始新世的结束和渐新世的开始。这一转变并非发生于一夜之间，而是持续了约 40 万年。在这段时间里，南极的冰盖急剧扩大，海平面急剧下降，森林大面积消失，热带雨林退缩到低纬度地区，干旱开阔的生境急剧扩展，地球由此从大"温室"变成了大"冰屋"。很多物种从此灭绝，一些新物种则由此产生，地球上的动物群和植物群近乎重新洗牌。这一变化是全球性的，在欧洲被称为"大间断"，在亚洲北部则被称为"蒙古重建"。

早渐新世时，在非洲北部和亚洲南部仍然保留有热带丛林的环境，这些区域成为一些森林型物种的避难所，这其中便包括树鼩和灵长类动物。

基于分子生物学、发育生物学、解剖学等多学科的证据表明，在高阶元系统关系方面，树鼩与灵长类的亲缘关系非常近，但两者采取了完全不同的适应策略：树鼩是非常保守的动物，保留了很多哺乳动物的一般性特征，物种多样性很低；灵长类演化出高度适应于树栖生活的特征，物种多样性非常高。

现生树鼩常常被认为是灵长类祖先的一个活样例，被称为"活化石"，不过真的树鼩化石实际上很少。我们的研究团队在《科学报告》（*Scientific Reports*）上报道了发现于云南的早渐新世物种化石——麒麟笔尾树鼩（*Ptilocercus kylin*），这是目前已知最古老的树鼩化石记录[1]。有趣的是，麒麟笔尾树鼩与现生的笔尾树鼩高度相似，而现生笔尾树鼩被认为是树鼩中最接近于祖先类型的物种（图1）。麒麟笔尾树鼩的发现提供了一个很好的在3400万年中形态演化缓慢的哺乳动物的例子，而新生代时期东南亚持续稳定的热带丛林环境所提供的避难所效应，很有可能在这支形态上保守的演化支系的存活上起到了至关重要的作用。

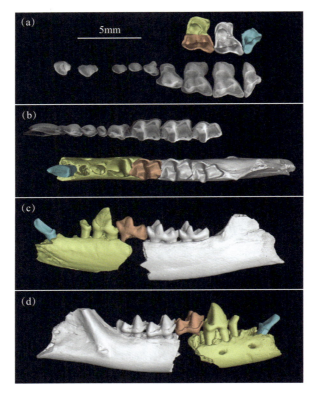

图1　麒麟笔尾树鼩（彩色）与现生的笔尾树鼩（灰色）上、下齿列对比图

　　在同一地点发现的灵长类化石表明，早渐新世时亚洲南部的热带丛林同样也为灵长类提供了避难所。灵长类是对温度非常敏感的动物，在始新世的"温室"环境中，生活在除了南极洲和大洋洲之外的所有大陆上。始新世—渐新世过渡期的干冷气候导致灵长类大量灭绝。原来繁盛于北美洲、亚洲北部和欧洲的灵长类近乎完全灭绝。我们在《科学》杂志上以长文（Research Article）的形式发表了6种发现于云南的早渐新世的灵长类化石，其中包括1种类人猿、1种眼镜猴和4种狐猴型灵长类。在大数据系统分析的基础上，我们确定了这些新化石以及发现于缅甸、巴基斯坦、阿曼、埃及等地的、相近时期灵长类化石的演化支系，进而分析了灵长类的系统演化对全球气候变化的应对模

式[2]。研究结果发现，发生于 3400 万年前的全球气候变化改变了灵长类的演化轨迹，幸存的灵长类动物群经历了显著的再组织过程。在非洲，狐猴型的灵长类类在经历了始新世—渐新世转换期后几乎完全绝灭，只有少数小个体的种类生存下来，而类人猿的多样性急剧增加，占据了大多数的灵长类生态位。在亚洲的情况相反，狐猴型的灵长类几乎没有受到影响，但是类人猿的种类急剧减少，原有的大体型的类人猿都灭绝了。始新世—渐新世过渡期这个"演化滤器"，强烈影响了灵长类动物的宏演化，使之演化轨迹发生巨大改变，这一变化直接导致现生类人猿主要支系的产生。

关于麒麟笔尾树鼩的研究引起了多方面的关注，《科学》期刊曾把相关论文做为亮点进行了介绍。有关渐新世多种灵长类化石和始新世—渐新世环境剧变导致灵长类演化轨迹改变的研究，也同样引起广泛兴趣，很多知名的科学传播媒体都进行了报道。

参考文献

[1] Li Q, Ni X. An early Oligocene fossil demonstrates treeshrews are slowly evolving "living fossils". Scientific Reports, 2016 ,6：18627.

[2] Ni X, Li Q, Li L, et al. Oligocene primates from China reveal divergence between African and Asian primate evolution. Science, 2016, 352(6286)：673-677.

Refuge During the Eocene-Oligocene Paleoenvironmental Change

Ni Xijun

Global paleoenvironmental change during the Eocene-Oligocene transition showed great impacts on the evolution of terrestrial mammals. Tropical forest environment retracted to the low latitude regions probably served as a refuge for many forest dwellers. The discovery of a pen-tailed treeshrew fossil from the early Oligocene in Yunnan, China, shows an example of bradytelic evolution, and demonstrates that the conservative treeshrews did take the advantage of the refuge. Diverse primate fossils discovered from the same locality, on the other hand, provide exceptional evidence for the macroevolutionary response of a more diversified mammalian lineage in response to the ecological crisis. Forest refuge may act as "evolutionary filter" that can strongly influence the evolutionary trajectory of primates.

3.24 中国生态系统服务格局、变化及政策应用

欧阳志云 郑 华 肖 燚 徐卫华

（中国科学院生态环境研究中心）

生态系统服务是生态学研究的前沿和热点[1]，联合国先后启动了千年生态系统评估、生物多样性和生态系统服务的政府间科学-政策平台等重大研究计划[2,3]，以推动全球生态系统服务评估与保护。如何定量评估生态系统服务、如何将生态系统服务评估成果应用于政策制定仍是当前面临的挑战[4~7]。自 2000 年以来，我国在经济社会持续快速发展同时，积极推进我国生态保护与建设，实施了天然林保护、退耕还林还草、京津风沙源治理等一系列生态保护政策与生态建设工程，生态保护成效一直是国内外关注的核心问题[8]。

课题组将国际生态学研究前沿与国家生态保护需求紧密联系起来，建立了区域生态系统服务（食物生产、水源涵养、土壤保持、防风固沙、洪水调蓄、固碳、生物多样性保护）的定量评价方法，以及综合生态系统服务功能量与受益人口数量的区域生态保护重要性评估方法[9]。研究发现，2000~2010 年，我国食物生产、水源涵养、土壤保持、防风固沙、洪水调蓄、固碳、生物多样性保护等 7 项生态服务中，有 6 项在10 年中得到明显改善，只有生物多样性保护功能下降。天然林保护、退耕还林还草等生态建设与保护工程对生态系统服务功能的提升发挥了重要作用。研究还揭示了我国食物生产、水源涵养、土壤保持、防风固沙、洪水调蓄、固碳、生物多样性保护等生态系统服务的空间格局，明确了对保障国家生态安全具有重要意义的关键区域，这些区域虽然仅占全国国土面积的 37%，但提供了全国 56%～83% 的生态系统服务。

该成果为科学认识我国生态环境国情、制定新时期生态环境保护与管理政策提供了科学基础，并直接应用于全国生态功能区划（修编）、重点生态功能区和国家生态转移支付范围的调整、国家生态保护红线划定，以及国家与省市其他生态保护、城市与区域发展规划与政策的制定。

该项研究表明，经济发展与生态服务功能的提升可以共存。科学的政策设计可以在经济快速发展的同时，实现生态环境的改善。中国以生态系统服务功能为目标的生态保护与恢复的理念和政策措施，可以为世界其他国家提供借鉴。

2016 年 6 月出版的《科学》期刊发表了上述研究成果[9]。"中国生态环境变化十年评估"成果入选中国科学院 2016 年月度（6 月）重大科技成果。

参考文献

[1] Daily G C,Polasky S,Goldstein J,et al. Ecosystem services in decision making: time to deliver. Frontiers in Ecology and the Environment,2009,7(1):21-28.

[2] MA (Millennium Ecosystem Assessment). Ecosystems and Human Well-Being Synthesis. Washington DC: Island Press,2005.

[3] UNEP. IPBES (Intergovernmental Science-Policy Platform on Biodiversity and Ecosystem Services). IPBES-2/4: conceptual framework for the Intergovernmental Science-Policy Platform on Biodiversity and Ecosystem Services. Report of the Second Session of the Plenary of the Intergovernmental Science-Policy Platform on Biodiversity and Ecosystem Services (2014) https://www. gov. uk/dfid-research-outputs/report-of-the-second-session-of-the-plenary-of-the-intergovernmental-science-policy-platform-on-biodiversity-and-ecosystem-services.

[4] Bateman I J,Harwood A R,Mace G M,et al. Bringing ecosystem services into economic decision-making: Land use in the United Kingdom. Science,2013,341: 45-50.

[5] Lawler J J,Lewis D J,Nelson E,et al. Projected land-use change impacts on ecosystem services in the United States. PNAS,2014,111(20): 7492-7497.

[6] Hatfield-Dodds S,Schandl H,Adams P D,et al. Australia is 'free to choose' economic growth and falling environmental pressures. Nature,2015,527: 49-53.

[7] WAVES (Wealth Accounting and the Valuation of Ecosystem Services). WAVES Annual Report 2015. Washington DC:World Bank,2015.

[8] Liu J G,Li S X,Ouyang Z Y,et al. Ecological and socioeconomic effects of China's policies for ecosystem services. PNAS,2008,105(28): 9477-9482.

[9] Ouyang Z Y,Zheng H,Xiao Y,et al. Improvements in ecosystem services from investments in natural capital. Science,2016,352 (6292),1455-1459.

Ecosystem Service Pattern, Changes and Policy Application in China

Ouyang Zhiyun, Zheng Hua, Xiao Yi, Xu Weihua

In response to ecosystem degradation from rapid economic development, China began investing heavily in protecting and restoring natural capital starting in 2000. We report on China's first national ecosystem assessment (2000 – 2010), designed to quantify and help manage change in ecosystem services, including food production, carbon sequestration, soil retention, sandstorm prevention, water retention, flood mitigation, and provision of habitat for biodiversity. Overall, ecosystem services improved from 2000 to 2010, apart from habitat provision. China's national conservation policies contributed significantly to the increases in those ecosystem services. The results generated by the China ecosystem assessment have already been applied by policy-makers in China at national, provincial, and local levels, by several parts of government (e. g., Ministry of Environmental Protection and the National Development and Reform Commission), including updated Ecosystem Service Zoning, adjustment of Ecosystem Function Conservation Areas (EFCAs), designation of ecological protection red-lining, which means the lands for strict protection to ensuresustainable provision of ecosystem services, as well as other regional development planning and policy making.

3.25　14 亿年前 OMZ 海洋和大气氧含量

张水昌　王晓梅　王华建　苏　劲

（中国石油天然气集团公司油气地球化学重点实验室，
中国石油勘探开发研究院）

如果 35 亿年前生命就出现在我们星球上的话，为什么直到 6 亿年前的新元古代（10 亿～5.4 亿年）末才突然出现多细胞动物？科学家对这个问题的探索已经持续了一百多年。近半个世纪来，比较流行且普遍认可的观点是，由于早期地球上的氧气浓度太低，在绝大部分时间里都低于现代大气氧含量（PAL）的 0.1%（即＜0.1% PAL）[1]，不能满足需氧动物的新陈代谢需要（＞1% 被认为是动物能够呼吸的门限值）；直到新元古代末期，氧气浓度突然升高，为需氧生物演化提供了契机，进而导致动物的出现。科学家发现，在中元古代（16 亿～10 亿年前），地球上已经出现真核生物生态系统[2~4]，多细胞真核生物也开始发育[5]，但是零星的实体化石和有争议的分子化石记录并不能证明真核生物已大规模出现。因此认为，中元古代初始生产力可能很低，对显生宙油气生成具有优势贡献的真核藻类生物在中元古代非常地贫乏，因此中元古代油气资源勘探前景长期以来一直不明朗。

因此，无论从生物进化角度还是从油气资源前景角度，对中元古代大气氧含量的确定就显得特别重要。但从地质历史记录来重建古代大气氧浓度却是非常困难的事情。迄今，还没有一个很直接有效的预测模型来恢复地球中世纪的大气氧含量。中国华北燕辽拗陷大约 14 亿年前的下马岭组细粒沉积，保存完好，没有经历过深埋和明显的热作用，黑色页岩富含有机质，并且富集钼和铀[6]。但与现代缺氧海洋环境（如黑海、卡里亚科盆地和萨尼奇湾等）中富有机质沉积物不同的是，下马岭组三段的黑色页岩并不富集钒元素。现代海洋中，当沉积物之上底层水体为缺氧时，钒、钼和铀会同时富集，而只有当底层水体含氧时，以 $[H_2VO_4]^-$ 形式吸附于含锰氧化物的钒酸盐会解析出来，返回到上覆水体中，导致沉积物中的钒元素缺乏，其丰度低于地壳平均值[7,8]。据此推断，下马岭组三段黑色页岩沉积时的底层水体是氧化的。有意思的是，在这些黑色页岩中，还同时检测出大量的由芳烃类 C_{40} 胡萝卜烷键断裂形成的类异戊二烯烷基苯化合物系列，这类化合物是绿硫细菌这一特殊生物种群的专属分子化石，指示了富硫化氢的透光带静海无氧环境的存在。因此，结合中元古代时期的表层含氧水体，可以推断下马岭组 3 段沉积时的海洋是一个表层、底层含氧，中间层缺氧的海洋最低含氧带（oxygen-minimum zon，OMZ）化学结构。这是地质历史上所发现的最古老的 OMZ 海洋。

下马岭组沉积时氧化底层水体的存在，说明温带海洋的氧化表层水经过混合作用能够进入到温跃层中，进而到达海洋底部水-岩界面。由于表层水与大气氧已进行充分交换，只需知道表层水的含氧量即可推测当时的大气氧浓度。而表层含氧水体在沿等密度层流入 OMZ 的过程中，由于沉积有机质的氧化降解作用，水体中的溶解氧会被逐渐消耗。若假定沉积有机质的降解作用足以耗尽表层水体中的溶解氧，即确定了下马岭组沉积时地球大气氧含量的最低值。再根据现代海洋中表层水体的传送时间和耗氧速率，建立一个海洋碳氧循环动力学模型，从而计算出中元古代大气含氧量高于 4% PAL，远高于早期认为的不足 0.1% PAL。这样高的大气氧含量足以满足低等动物的生存需要，在华北 15.6 亿年前的高于庄组[9]和山西永济 16 多亿年前的崔庄组中所发现的宏体化石可能就是这种大气环境的产物。这说明中元古代已经具备真核生物勃发的先决条件，生物多样化进程已经开始。

这项认识有可能改变学术界长期以来对中元古代古海洋结构、古大气环境和生命演化进程的认识；同时也为中元古代发育原核生物和真核生物生烃母质提供了理论基础，为我国"油气勘探向古老地层进军"提供了决策依据。

参考文献

[1] Planavsky N J，Reinhard C T，Wang X，et al. Low Mid-Proterozoic atmospheric oxygen levels and thed elayed rise of animals. Science，2014，346：635-638.

[2] Cohen P A，Macdonald F A. The proterozoic record of eukaryotes. Paleobiology，2015，41：610-632.

[3] Butterfield N J. Early evolution of the eukaryota. Palaeontology，2015，58：5-17.

[4] KnollA H. Paleobiological perspectives on early eukaryotic evolution. Cold Spring Harbor Perspectives in Biology，2014，6：a016121.

[5] Butterfield N J. *Bangiomorpha pubescensn*. gen. ，n. sp. ：Implications for the evolution of sex，multicellularity，and the Mesoprotenterozoic/Neoprtoterozoic radiation of eukaryotes. Paleobiolcgy，2000，26：386-404.

[6] Zhang S，Wang X，Wang H，et al. ，Strong evidence for high atmospheric oxygen levels1，400 million years ago. PNAS，2016，113(7)：1731-1736.

[7] Nameroff T J，Balistrieri L S，Murray J W. Suboxic trace metal geochemistry in the eastern tropical North Pacific. Geochimica Cosmochimica Acta，2002，66(7)：1139-1158.

[8] Emerson S R，Huested S S. Ocean anoxia and the concentrations of molybdenum and vanadium in

sea water. Marine Chemistry,1991,34(3-4):177-196.

[9] Zhu S, Zhu M, Knoll A H et al. , Decimetre-scale multicellular eukaryotes from the 1. 56-billion-year-old Gaoyuzhuang Formation in North China. Nature Communications,2016，7:11500 doi:10. 1038/ncomms11500.

The OMZ Marine and Oxygen Level 1400 Million Years Ago

Zhang Shuichang , Wang Xiaomei , Wang Huajian , Su Jin

Over the past decade,the emergence and evolution of molecular oxygen in the Earth has been paid more and more attention. Especially,the oxidation process of the ocean and the atmosphere on the eukaryotic and animal evolution,and the anaerobic sulfidic ocean has become the focus of the current academic study. The results from trace elements,biomarkers and carbon isotopes confirm the existence of OMZ marine in Mesoproterozoic. Through the organic matter degradation model established by the modern marine,the atmospheric oxygen content in the Proterozoic atmosphere should be as high as 4% PAL,demonstrating the existence of eukaryotic organisms in the Mesoproterozoic.

3.26 在白垩纪中期缅甸琥珀中发现恐龙的带毛尾部化石

邢立达

（中国地质大学（北京）生物地质与环境地质国家重点实验室；
中国地质大学（北京）地球科学与资源学院）

琥珀是树脂形成的化石，在世界各地的不同文化中都有记录。在中国的古代典籍中，记载着"老虎的魂魄所化""松脂沦入地，千年所化"，等等，这些记录最早可追溯到汉朝。琥珀的特殊之处在于常常有包裹体，其生物包裹体有细菌、藻类、真菌、植物、节肢动物，甚至还有头足类与脊椎动物等。琥珀化的过程相当缓慢而轻柔，对保存小型生物体的软组织非常有利，因此保存于琥珀中的化石往往是同类化石中最为完整和精细的。

缅甸北部克钦邦胡康河谷是世界最著名的琥珀产区之一，盛产富含生物包裹体的各种琥珀[1]。此地的琥珀距今约9900万年，属于白垩纪中期的诺曼森阶[2]。

2016年3月，美国生物学家报道了一批来自缅甸琥珀中的蜥蜴，包括了基干有鳞类、壁虎亚目、蜥蜴亚目和变色龙类4个大的类群，揭开了琥珀脊椎动物发现和研究的序幕[3]。同年6月，本研究团队在《自然·通讯》（*Nature Communications*）上发表了两件保存有非常小的雏鸟翅膀的琥珀，标本不仅保存了骨骼、羽毛，甚至还包括了软组织[4]。2016年12月9日，本研究团队在《细胞》出版集团旗下的《当代生物学》（*Current Biology*）发表了有史以来第一件琥珀中的恐龙标本[5]（图1）。该消息引起了国外数百家媒体的报道，在2016年度全球270万篇论文Altmetric得分中排名第六，并先后入选美国国家地理学会年度六项重大科学发现，2016年度中国古生物学十大进展。

这件恐龙琥珀标本非常小，包裹体为尾部的一段，尾部展开后长度约为6厘米，推测全身长度为18.5厘米。由于整条尾巴都覆盖着密集的羽毛，骨学特征肉眼不可见。研究团队综合运用了多种无损成像和分析手段来研究标本，包括中国科学院动物研究所的显微CT、北京同步辐射装置（BSRF）的硬X射线相衬CT等，最终无损得到了隐藏在羽毛下的尾部脊椎的高清3D形态。

图 1　恐龙尾部琥珀

扫描数据显示，这段毛茸茸的尾巴包括了至少 9 个尾椎，这些尾椎没有融合成尾综骨或棍状尾，后者常见于现生鸟类及与它们最近的兽脚类亲戚（如驰龙类）[6]。相反，这只非鸟恐龙的尾部长且灵活，与非鸟虚骨龙类恐龙的对应特征非常相似(图 2)。此外，标本尾椎腹侧明显的沟槽结构和许多虚骨龙类相似，但还没有在长尾鸟类中报道过。

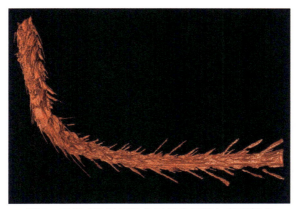

图 2　显微 CT 展示恐龙尾部的骨骼与羽干细节

该标本保存了非常精致的羽毛形态学细节，包括其尾部上羽毛与羽囊的排列方式、微米级的羽毛特征。从羽毛形态上看，标本可归属于虚骨龙类的一个演化支——基干手盗龙类[7]。羽毛的分支结构是羽毛演化中出现的独特特征。在这个标本中，它的羽轴不发达，而且具有许多羽小枝。这为羽毛演化发展模式中一个悬而不决的问题提供了一些线索，为羽枝（二级分支）融合形成羽轴前已具有羽小枝（三级分支）这一羽毛发育模型提供了依据。

此外，团队通过 BSRF 的同步辐射 X 射线荧光成像，获得了化石断面的微量元素分布图，其中钛、锗、锰、铁等元素的分布与化石的形态吻合度很高。标本的断面出现了高度富集的铁元素，近边吸收谱分析表明，其中 80％以上的铁样本为二价铁，这些是血红蛋白和铁蛋白的痕迹。

参考文献

[1] Grimaldi D A, Engel M S, Nascimbene P C. Fossiliferous Cretaceous amber from Myanmar（Burma）：its rediscovery, biotic diversity, and paleontological significance. American Museum Novitates, 2002, 3361：1-72.

[2] Shi G, Grimaldi D A, Harlow G E, et al. Age constraint on Burmese amber based on U-Pb dating of zircons. Cretaceous Research, 2012, 37：155-163.

[3] Daza J D, Stanley E L, Wagner P, et al. Mid- Cretaceous amber fossils illuminate the past diversity of tropical lizards. Science Advances, 2016, 2(3)：e1501080.

[4] Xing L D, McKellar R C, Wang M, et al. Mummified precocial bird wings in mid-Cretaceous Burmese amber. Nature Communications, 2016, 7：12089.

[5] Xing L D, McKellar R C, Xu X, et al. A feathered dinosaur tail with primitive plumage trapped in mid-Cretaceous amber. Current Biology, 2016, 26：3352-3360.

[6] Norell M A, Xu X. Feathered dinosaurs. Annual Review of Earth and Planetary Sciences, 2005, 33, 277-299.

[7] Zhang F, Zhou Z, Xu X, et al. A bizarre Jurassic maniraptoran from China with elongate ribbon-like feathers. Nature, 2008, 455, 1105-1108.

A Feathered Dinosaur Tail with Primitive Plumage Trapped in Mid-Cretaceous Amber

Xing Lida

Here we describe the feathered tail of a non-avialan theropod preserved in mid-Cretaceous（～99 Ma）amber from Myanmar, with plumage structure that directly informs the evolutionary developmental pathway of feathers. This specimen provides an opportunity to document pristine feathers in direct association with a putative juvenile coelurosaur, preserving fine morphological details, including the spatial arrangement of follicles and feathers on the body, and micrometer-scale features of the plumage. Many feathers exhibit a short, slender rachis with alternating barbs and a uniform series of contiguous barbules, supporting the developmental hypothesis that barbs already possessed barbules when they fused to form the rachis. Abundant Fe^{2+} suggests that vestiges of primary hemoglobin and ferritin remain trapped within the tail. The new finding highlights the unique preservation potential of amber for understanding the morphology and evolution of coelurosaurian integumentary structures.

第四章

科技领域发展观察

Observations on Development
of Science and Technology

4.1 基础前沿领域发展观察

黄龙光 边文越 张超星 冷伏海

（中国科学院科技战略咨询研究院）

2016 年基础前沿领域取得了多项突破：引力波的首次被探测标志着引力波天文学的开启，量子信息、粒子物理、凝聚态物理和光学领域取得系列重大突破，化学助力发展清洁能源和低碳社会，石墨烯、纳米生物及医药进展不断，纳米技术推动能源与环境、材料以及可穿戴设备的创新。美国、欧洲等国家和地区明确量子科技、量子材料、催化和纳米等前沿领域的优先研究方向，重视其在促进社会经济发展中的作用。

一、重要研究进展

1. 引力波天文学时代开启，量子信息、粒子物理、凝聚态物理和光学领域取得系列重大突破

引力波的首次被探测标志着引力波天文学的开启。美国激光干涉引力波天文台（LIGO）科学合作组织利用先进激光干涉引力波天文台探测到了两个独立的引力波事件[1]，成为 2016 年最轰动的科学大事件。这一发现验证了爱因斯坦 100 年前关于引力波存在的预言，是对广义相对论的直接验证，是物理学界里程碑式的重大成果，标志着引力波天文学时代的开始。随后，LIGO 科学合作组织和意大利 Virgo 团队再次探测到引力波信号[2]。

量子信息方面，美国耶鲁大学和法国国家信息与自动化研究所的研究团队创造了一只可以同时存在于两个不同箱子里既死又活的"薛定谔的猫"[3]，提供了一种利用纠错协议存储量子信息的新方法；英国牛津大学和美国国家标准技术研究院的研究团队让不同离子间产生了量子纠缠[4]；美国马里兰大学的科学家研制了一套由 5 个量子比特构成的可编程、可重构的量子计算原型机[5]；奥地利因斯布鲁克大学的科学家利用量子计算机首次完整地模拟了高能物理实验[6]；美国斯坦福大学[7]和日本电报电话公司[8]研制出了一种可有效解决组合优化问题的新型光电计算机"伊辛机"；美国国

家标准与技术研究院在实验上产生 219 个离子的纠缠并演示量子的自旋动力学行为[9]；我国发射的世界首颗量子科学实验卫星"墨子号"[10]，将在世界上首次实现卫星和地面之间的量子通信；中国科学技术大学研究团队首次实现十光子纠缠[11]，再次刷新了光子纠缠态制备的世界纪录；中国科学技术大学[12]和加拿大卡尔加里大学[13]的研究团队分别实验证明城市网络进行量子隐形传态技术上可行。

粒子物理学方面，美国费米实验室 D0 团队的科学家首次发现由底、奇、上、下四味不同夸克构成的四夸克粒子[14]；欧洲核子研究中心（CERN）的大型强子对撞机底夸克实验（LHCb）团队发现了 3 个由粲夸克和奇夸克构成的四夸克粒子[15]；CERN 反氢激光物理装置（ALPHA）团队证实了反氢的电荷是中性的[16]，随后完成了对反物质原子的首次光谱测量[17]；中国科学院上海光学精密机械研究所利用超强超短激光获得反物质[18]；德国维尔茨堡大学研究团队发现超高能中微子位于银河系外的源头[19]；大亚湾中微子实验测得迄今最精确的反应堆中微子能谱[20]。

凝聚态物理方面，德国美因茨大学的科学家制造出了基于单个原子的发动机[21]；美国橡树岭国家实验室等首次在准二维材料 α-氯化钌内观察到量子自旋液体[22]；英国爱丁堡大学的科学家发现了氢的"第五相"——固态金属原子氢[23]；美国休斯顿大学的科学家诱导非超导材料钙铁砷复合物界面表现出超导性[24]，提供了发现高温超导体的全新方法。

光学方面，哥伦比亚大学等首次在石墨烯中观测到电子负折射现象[25]；美国加利福尼亚大学伯克利分校的科学家设计出了能以光子形式释放能量传递信息的"量子超材料"[26]；美国哈佛大学的科学家研发出二氧化钛超材料透镜[27]；加拿大渥太华大学科学家发现了光学非线性比其他材料高数百倍的材料氧化铟锡[28]。

2. 化学助力发展清洁能源和低碳社会

发展清洁能源离不开化学基础研究。中国科学院大连化学物理研究所[29]和上海高等研究院[30]的科学家分别开发了一条合成气高选择性直接制烯烃路线。挪威和西班牙的研究人员设计了可将甲烷无氧直接转化为芳烃的新型离子膜反应器[31]。瑞士联邦理工学院的科学家制备了认证转换效率高达 19.6% 的大面积（1 平方厘米）钙钛矿太阳能电池[32]。美国斯坦福大学的科学家提出"亲锂性"概念，并制备出一种复合金属锂电极，可显著提高锂电池性能[33]。中国、美国和意大利的科学家合作研发出表面呈锯齿状的超细铂纳米线燃料电池催化剂，催化活性提升了 50 多倍[34]。瑞士联邦理工学院的研究人员利用二硫化钼二维材料制作了一种纳米发电机，模拟利用海水和淡水之间的渗透压差进行发电[35]。

二氧化碳的转化利用成为研究热点。美国与欧洲的科学家发现在注入地下玄武岩层后，二氧化碳通过自然化学反应快速地转化为固态碳酸盐，从而实现永久封存[36]。美国南加利福尼亚大学[37]和德国波鸿鲁尔大学[38]的科学家使用钌和铜催化剂，将二氧化碳分别转化为甲醇和乙烯。美国加利福尼亚大学伯克利分校的科学家设计了一种细菌/无机半导体人工光合系统，可以将二氧化碳转化为乙酸[39]。美国哈佛大学研究人员开发的人工光合系统，可以将二氧化碳和水转变为液体燃料[40]。美国伊利诺伊大学的科学家设计出一种新型太阳能电池，能直接把大气中的二氧化碳转化成氢气和一氧化碳[41]。美国斯坦福大学的研究人员以二氧化碳和非食用植物材料制备塑料原料2,5-呋喃二甲酸[42]。

合成化学始终是研究重点。中国科学院上海有机化学研究所的研究人员通过发展金属催化的自由基接力新策略，成功实现了苄位碳氢键的不对称氰化反应[43]。美国斯克里普斯研究所的科学家通过使用双齿的乙酰基保护的胺乙基喹啉配体，实现了亚甲基上 sp^3 碳氢键的不对称芳基化[44]。美国哈佛大学的科学家构建了一种从基本单元全合成大环内酯类抗生素的新体系，可以用来制造一系列天然和人工大环内酯类抗生素[45]。中国南开大学的科学家实现了抗生素研究领域"明星分子"——甘露霉素的高效化学全合成[46]。奥地利维也纳大学的科学家发明了一种可批量生产稳定线性碳链的新方法，该碳链具有类似一维碳材料碳炔的结构，由超过 6400 个碳原子组成，打破此前仅约 100 个碳原子的纪录[47]。美国麻省理工学院的科学家研发了一种小型全自动药物合成机器，可连续流动生产药物，并且生产模块即插即用，可根据所需合成药物增减重组[48]。美国西北大学的科学家巧妙地结合共价键聚合物和超分子聚合物，合成出一种全新的杂化聚合物[49]。

大数据与化学的结合值得关注。美国约翰霍普金斯大学的研究人员深入分析了近万个化合物的安全性数据，根据化合物的结构相似性进行聚类，以可视化的形式展示了化学结构与生理毒性可能的联系[50]。美国科学家采用机器学习算法，通过深度挖掘历史实验数据，成功预测合成了新晶体，准确率超过经验丰富的合成专家[51]。

其他方面，国际纯粹与应用化学联合会正式批准第 113 号（鿭，Nh）、115 号（镆，Mc）、117 号（础，Ts）和 118 号（鿫，Og）元素的名称和符号，元素周期表第七行终于完整。韩国国立首尔大学的科学家开发了一种基于石墨烯的可穿戴柔性血糖监测贴片[52]。美国加州理工学院的研究人员发现，通过改造细菌中的酶，可以使它形成硅碳键，这是自然演化未曾出现的[53]。中国浙江大学领衔国内外六家机构，采用离子杂化多孔材料，实现了乙烯、乙炔的高效分离[54]。中国科学院大连化学物理研究所的科学家首次发现单原子催化剂具有与均相催化剂相当的活性，从实验上证明单原子可能成为沟通均相催化与多相催化的桥梁[55]。美国康奈尔大学的科学家研制出一种高表面积多孔环糊精材料，净水性能明显优于传统的过滤器件活性炭，特别是对致癌物双酚

A 有很好的去除效果[56]。美国和西班牙的科学家借助中红外激光诱导电子衍射技术，利用分子内部自有的电子为分子拍照，首次实时观察到 9 飞秒内的分子分解过程，获得了乙炔化学键断开过程的连拍图片[57]。

3. 纳米材料的制备技术不断推陈出新，且其应用领域得到进一步的扩大和深化

石墨烯的制备和应用依然是 2016 年纳米材料领域的热点。美国研究人员利用家用微波炉在 1 秒内将氧化石墨烯还原成具有极高质量的石墨烯[58]。美国哥伦比亚大学利用氧气活化化学气相沉积在铜箔上生长出接近毫米级并且带隙值超过 100 兆电子伏特的 AB 堆垛双层石墨烯[59]。圣塞瓦斯蒂安国际物理中心和西班牙圣地亚哥·德·孔波斯特拉大学经厄尔曼耦合和环化脱氢等多步反应合成了一种手性石墨烯纳米带（GNRs）[60]。布法罗大学使用改进后的 3D 打印机和冷冻水系统制造了稳定的凝胶状石墨烯 3D 结构[61]。瑞士科学家采用三明治结构，以石墨烯作为夹层，Ti/Pd/Au 为合金触点构成了石墨烯量子电容[62]。

纳米生物及医药方面取得突破性进展。荷兰内梅亨大学通过利用温度响应聚合物（聚 N-异丙基丙烯酰胺）来控制燃料浓度的方式首次制备了具有热响应刹车系统的、运动速度有效可控的纳米分子发动机[63]。韩国科学技术研究院及纽约州立大学布法罗分校利用高分子两亲物与光子分子 CbV 和抗癌药物姜黄素制备了一种可以跨越血脑屏障具有生物相容的多功能诊疗光子纳米颗粒[64]。中国国家纳米科学中心通过层层组装制备出集成了温度控制、体内追踪、药物负载和肿瘤靶向性多种功能的钆杂化等离子体金纳米复合物[65]。

纳米材料在能源和环境领域发挥的效率越来越大。北京师范大学和西安交通大学首次采用包含富勒烯衍生物和非富勒烯小分子的聚合物作为受体，制备出了光电转换效率最高为 10.4% 的三元共混聚合物太阳能电池[66]。美国加利福尼亚大学圣巴巴拉分校和中国重庆大学将支状顶部配体（3-氨基丙基）三乙氧基硅烷、多面低聚物倍半硅氧烷等修饰纳米晶体连接到纳米钙钛矿晶体表面上，制备了量子效率为 15%～55% 的钙钛矿纳米晶体[67]。德国维尔茨堡大学采用亲水性 DNA 纳米凝胶实现了多环芳烃污染物的去除[68]。

纳米材料制备技术研究促使更多性能卓越材料的出现。美国亚利桑那州立大学通过机械合金化和等径角挤压的方式制出了一种在高温下仍能兼具强度和抗蠕变性的纳米晶铜钽合金[69]。美国加利福尼亚大学采用 γ 丝状蛋白构造出了稳定性高、容错率好、大小可控和结构对称的链条状蛋白质结构模板[70]。德国卡尔斯鲁厄理工学院通过热解聚合物微晶格，制备出抗压强度可高达 3GPa 的超强玻璃碳纳米晶格[71]。英国曼

彻斯特大学采用机械剥离方法和六方氮化硼封装技术在氩气环境中制备了几个原子厚度的 InSe 超薄晶体[72]。美国能源部所属的斯坦福大学 SLAC 国家加速器实验室利用金刚烷为结构导向剂制备了以金属硫化物为导电内核，金刚烷为绝缘外壳，直径只有3 个原子大小的系列金属硫化物（如硫化铜、硫化镉等）纳米电线[73]。

可穿戴材料和设备出现了变革式创新。斯坦福大学开发出一种可以实现体表无能耗散热管理的纳米孔聚乙烯织物[74]。北京科技大学和中国科学院北京纳米能源与系统研究所设计了一种不仅可以从周围环境中及人的运动获得机械能，也能自驱动感应瞬时力的超薄单电极摩擦纳米发电机器[75]。

二、重要战略规划

1. 美国、中国、印度部署引力波未来相关研究

2016 年 2 月，印度政府同意建立印度的引力波天文台[76]，将加入到全球引力波的观测网络中，进一步推动引力波的相关研究。5 月，美国西蒙斯基金会资助西蒙斯天文台建设新的望远镜，搜寻原初引力波。此外，西蒙斯天文台还将研究来自宇宙微波背景辐射（CMB）的光的扭曲，从而理解中微子的质量、暗能量和暗物质的特性、大爆炸后宇宙演化时宇宙结构形成的物理学等问题，并将识别成千上万的星系团。6 月，中国科学院公布了关于空间引力波探测的"太极计划"的路线图[77]，"太极计划"将主要探测中低频段引力波，重点探索中等质量的种子黑洞如何形成、暗物质能否形成种子黑洞、种子黑洞又如何成长为大质量黑洞、黑洞合并过程等前沿问题，揭示引力本质，2016～2020 年进行预研和关键技术突破，2020～2025 年进行关键技术应用和验证，2025～2033 年进行测试并发射探测卫星。12 月，中国科学院高能物理研究所启动阿里实验计划[78]，在西藏阿里地区建立原初引力波观测站，以实现北半球地面原初引力波观测，同时促进我国低温超导亚毫米波探测技术的发展。

2. 美国、欧洲抢抓量子科技发展机遇

2016 年 3 月，欧盟委员会发布《量子宣言（草案）》[79]，将通过通信、模拟器、传感器和计算机这四方面的短中长期发展，实现原子量子时钟、量子传感器、城际量子链路、量子模拟器、量子互联网和泛在量子计算机等重大应用。4 月，欧盟委员会宣布将于 2018 年启动总额 10 亿欧元的量子技术旗舰计划[80]，将支持更容易市场化的量子系统，如量子通信网络、超灵敏的照相机、能帮助设计新材料的量子模拟器等；同时，也将关注通用量子计算机及超灵敏重力传感器等长期性研究项目。7 月，美国

国家科学技术委员会（NSTC）发布《推动量子信息科学：国家挑战与机遇》报告[81]，分析了美国在量子信息科学领域发展所面临的挑战和机遇，指出量子信息科学将有望在量子传感与计量、量子通信、量子模拟和量子计算等领域出现全新的技术前景。该月，美国能源部（DOE）发布了《与基础科学、量子信息科学和计算交汇的量子传感器》报告[82]，识别出量子前沿最有潜力的科学方向，包括提高单量子比特的性能，开发、优化和扩大量子比特网络，开发和优化新的先进材料，开发混合量子技术，开发新理论方法等。11 月，英国政府科学办公室（GO-Science）发布的《量子时代：技术机遇》评述报告[83]指出，英国量子技术的未来发展将主要集中在 5 个方向的应用及其商业化，包括授时、量子成像、量子传感与测量、量子计算与量子模拟、量子通信。此外，实用性量子计算机之争日趋白热化，谷歌、IBM、英特尔和微软等国际大型企业都开始角逐量子计算机的研制，谷歌和 IBM 都聚焦超导量子技术，英特尔公司聚焦硅量子点，微软公司聚焦拓扑量子比特。

3. 美国确定量子材料优先研究方向

2016 年 12 月，美国能源部发布了《用于能源相关技术的量子材料的基础研究需求研讨会》报告[84]，指出量子材料具有变革能源和能源相关技术，以及数据的存储和处理潜力，并可能产生惊人的经济效益，确定了量子材料的 4 个优先研究方向，包括控制和利用电子相互作用和量子波动来设计具有新功能的块体材料，利用拓扑态获得开创性的表面特性，驱动和操纵纳米结构中的量子效应来获得变革性技术，设计变革性的工具来加速量子材料的发现和技术部署。

4. 欧洲、美国重视催化在可持续发展中的作用

2016 年 7 月，欧洲催化研究集群发布《欧洲催化科学与技术路线图》[85]。路线图将催化提升为实现未来可持续发展社会的关键科学技术，通过识别优先研究领域和发展方向，以促进欧洲催化基础研究和应用研究的发展，使欧洲在可持续化学领域占据世界领先地位。路线图提出二氧化碳将成为重要的原材料。

11 月，美国国家科学院发布报告《碳氢原料供应结构正在变革——催化面临的挑战和机遇》[86]。报告围绕页岩气革命导致美国化工原料向天然气倾斜的趋势，讨论了新形势下催化面临的挑战，指出了催化新的发展机遇。报告提出了催化低碳减排的发展方向。

5. 美国、德国、韩国纳米计划侧重解决重大挑战和实现产业化

美国强调利用纳米技术解决其需要面对的重大挑战。2016 年 3 月 22 日，美国国

家纳米技术计划（NNI）宣布推出题为"通过纳米技术实现水资源可持续利用：针对全球挑战的纳米级解决方案"的新纳米技术联合计划[87]。该计划列出了"利用纳米技术增加水供应""利用纳米技术提高水供应与使用效率"及"利用纳米技术推动下一代水监测系统发展"三大技术要点，并制定了相应的关键目标。7月29日，NNI相关机构联合发布了关于实现"纳米技术引发的重大挑战：未来计算"项目白皮书[88]，确认了纳米技术实现未来计算大挑战的7个技术优先领域，并给出了包含"材料""器件和互联"等在内的7个研究发展方向及若干年后要实现的目标。

德国重视纳米技术对企业竞争力的提升。9月14日，德国联邦内阁通过了由联邦教研部提出的"纳米技术行动计划2020"[89]，将纳米技术瞄准德国新高技术战略的优先任务领域。计划确立了未来联邦政府的纳米技术研究将致力于解决德国新高技术战略中确立包括数字经济与社会、可持续经济和能源、公民安全等在内的6个领域的优先任务。

韩国稳步实施纳米技术产业化的路线。4月19日，韩国国家科学技术审议会公布了教育部、环境保护部等10个部委联合制定的"第4次纳米技术综合发展计划"（2016—2020年）[90]。该计划未来5年将重点推进的三大政策包括：①以创新为主导的纳米产业化；②确保引领未来的纳米技术；③充实纳米技术创新基础。

三、发展启示建议

1. 尽早部署启动引力波研究计划，推动我国引力波研究进入国际前沿

引力波探测可获得重大基础研究成果，也能促进一系列尖端技术的发展，如激光干涉技术、惯性传感技术、无拖曳控制技术、超精密加工与制造技术等，对国家安全、经济发展具有重大意义。引力波探测可按频段分为高频、中低频和原初引力波等。不同的引力波频率对应不同的天体物理现象。一旦取得突破，都将是里程碑式的重大成果。LIGO在高频波段取得重大突破后，我国提出的瞄准中低频和原初引力波的太极计划和阿里实验计划等，应尽早部署实施，以推动我国引力波研究进入国际前沿。

2. 组织各类科技智库全链条分析量子科技机遇与挑战，部署抢占源头技术制高点

量子信息技术的国际竞争日趋激烈，美国、欧洲等都聚焦于量子传感与计量、量子通信、量子模拟和量子计算等领域。我国在量子通信实用化方面已跻身世界前列，

正值该领域处于即将取得重大突破之际，应发挥优势，抢占先机。此外，我国也应积极主动在量子计算、量子模拟、量子传感与计量等领域进行重点布局和研究，力争取得重要突破。

3. 加强化学与材料、能源、环境、信息、生命等学科交叉融合，推进能源高效洁净利用与低碳社会建设

国内外的一系列规划与实践不仅证明了化学研究对推动能源转型和节能减排的重要作用，同时也要求化学加强与材料、能源、环境、信息、生命等学科交叉融合，从而更好地为解决影响人类生存和发展的重大问题提供支撑。建议我国采取跨学科、连通产学研的科研组织机制，开展碳资源绿色循环利用、太阳能等清洁能源高效转化和使用等重大问题的联合攻关，推动能源革命和产业革命，实现创新驱动发展。

4. 发挥中国优势，在积极推进纳米科学基础研究的同时，加强对纳米技术商业化和产业化的支持

我国纳米科技在众多战略计划和项目的支持下成果丰硕，在纳米催化、纳米摩擦发电机、纳米生物及医药、二维金属硫化物、非富勒烯受体的太阳能电池及其他领域表现出色。建议我国加强纳米结构的精准制备及对生物系统功效和性能的精准调控等方面的基础研究；整合现有优势成果，针对我国需要解决的环境、能源与健康等领域的重大战略问题，集中力量最大限度地发挥纳米技术的潜力，使之为我国经济、社会的发展做出更多的贡献。

致谢：中国科学技术大学周正威教授、中国科学院化学研究所张建玲研究员对本文初稿进行了审阅并提出了宝贵的修改意见，特致感谢！

参考文献

[1] LIGO Caltech. Gravitational waves detected 100 years after Einstein's prediction. https://www. ligo. caltech. edu/news/ligo20160211 [2016-02-11].

[2] LIGO Caltech. Gravitational waves detected from second pair of colliding black holes. https://www. ligo. caltech. edu/news/2016-06-15b [2016-06-15].

[3] Tushna Commissariat. Schrödinger's cat lives and dies in two boxes at once. http://physicsworld. com/cws/article/news/2016/may/27/schroedingers-cat-lives-and-dies-in-two-boxes-at-once [2016-05-27].

[4] Johnston H. Physicists take entanglement beyond identical ions. http://physicsworld. com/cws/ar-

ticle/news/2016/jan/12/physicists-take-entanglement-beyond-identical-ions［2016-01-12］.

［5］Commissariat T. Ion-trap quantum computer is programmable and reconfigurable. http://physics-world. com/cws/article/news/2016/aug/03/ion-trap-quantum-computer-is-programmable-and-reconfigu-rable［2016-08-03］.

［6］Cartlidge E. Quantum computer simulates fundamental particle interactions for the first time. http://physicsworld. com/cws/article/news/2016/jun/30/quantum-computer-simulates-fundamental-parti-cle-interactions-for-the-first-time［2016-06-30］.

［7］McMahon P L,Marandi A,Haribara Y,et al. A fully programmable 100-spin coherent Ising machine with all-to-all connections. Science,2016,354(6312):614-617.

［8］Inagaki T,Haribara Y,Igarashi K,et al. A coherent Ising machine for 2000-node optimization prob-lems. Science,2016,354(6312):603-606.

［9］Bohnet J G, Sawyer B C, Britton J W, et al. Quantum spin dynamics and entanglement generation with hundreds of trapped ions. Science,2016, 352(6291):1297-1301.

［10］新华社. 我国成功发射世界首颗量子科学实验卫星"墨子号". http://news. xinhuanet. com/2016-08/16/c_129231459. htm［2016-08-16］.

［11］Wang X L,Chen L K,Li W,et al. Experimental ten-photon entanglement. Physical Review Let-ters,2016,117:210502.

［12］Sun Q C,Mao Y L,Chen S J,et al. Quantum teleportation with independent sources and prior en-tanglement distribution over a network. Nature Photonics,2016,10:671-675.

［13］Valivarthi R,Puigibert M G,Zhou Q,et al. Quantum teleportation across a metropolitan fibre net-work. Nature Photonics,2016,10:676-680.

［14］Johnston H. Fermilab bags a tetraquark. http://physicsworld. com/cws/article/news/2016/feb/29/fermilab-bags-a-tetraquark［2016-02-29］.

［15］CERN. LHCb unveils new particles. http://home. cern/about/updates/2016/07/lhcb-unveils-new-particles［2016-07-16］.

［16］Ahmadi M,Baquero-Ruiz M,Bertsche W,et al. An improved limit on the charge of antihydrogen from stochastic acceleration. Nature,2016,529(7586):373-376.

［17］Ahmadi M, Alves B X R,Baker C J,et al. Observation of the 1S-2S transition in trapped anti-hydrogen. Nature,2016,541(7638):506-510.

［18］Xu T,Shen B,Xu J C,et al. Ultrashort megaelectronvolt positron beam generation based on laser-accelerated electrons. Physics of Plasmas,2016,23:033109.

［19］Kadler M,Krauβ F,Mannheim K,et al. Coincidence of a high-fluence blazar outburst with a PeV-energy neutrino event. Nature Physics,2016,12:807-814.

［20］An F P,et al. (Daya Bay Collaboration). Measurement of the reactor antineutrino flux and spec-trum at daya bay. Physical Review Letters,2016,116:061801.

［21］Wogan T. The single-atom engine that could. http://physicsworld. com/cws/article/news/2016/

apr/14/the-single-atom-engine-that-could[2016-04-14].

[22] Banerjee A, Bridges C A, Yan J Q, et al. Proximate Kitaev quantum spin liquid behaviour in a honeycomb magnet. Nature Materials, 2016, 15：733-740.

[23] Dalladay-Simpson P, Howie R T, Gregoryanz E. Evidence for a new phase of dense hydrogen above 325 gigapascals. Nature, 2016, 529：63-67.

[24] Zhao K, Lv B, Deng L Z, et al. Interface-induced superconductivity at~25K at ambient pressure in undoped CaFe2As2 single crystals. PNAS, 2016, 113 (46)：12968-12973.

[25] Wogan T. Negative refraction of electrons spotted in grapheme. http://physicsworld. com/cws/article/news/2016/oct/03/negative-refraction-of-electrons-spotted-in-graphene[2016-10-03].

[26] Jha P K, Mrejen M, Kim J, et al. Coherence-driven topological transition in quantum metamaterials. Physical Review Letters, 2016, 116：165502.

[27] Khorasaninejadl M, Chen W T, Devlin R C, et al. Metalenses at visible wavelengths：Diffraction-limited focusing and subwavelength resolution imaging. Science, 2016, 352(6290)：1190-1194.

[28] Alam M Z, Leon I D, Boyd R W. Large optical nonlinearity of indium tinoxide in its epsilon-near-zero region. Science, 2016, 352(6287)：795-797.

[29] Jiao F, Li J J, Pan X L, et al. Selective conversion of syngas to light olefins. Science, 2016, 351 (6277)：1065-1068.

[30] Zhong L S, Yu F, An Y L, et al. Cobalt carbide nanoprisms for direct production of lower olefins from syngas. Nature, 2016, 538(7623)：84-87.

[31] Morejudo S H, Zanón R, Escolástico S, et al. Direct conversion of methane to aromatics in a catalytic co-ionic membrane reactor. Science, 2016, 353(6299)：563-566.

[32] Li X, Bi D Q, Yi C Y, et al. A vacuum flash-assisted solution process for high-efficiency large-area perovskite solar cells. Science, 2016, 353(6294)：58-62.

[33] Liang Z, Lin D C, Zhao J, et al. Composite lithium metal anode by melt infusion of lithium into a 3D conducting scaffold with lithiophilic coating. PNAS, 2016, 113(11)：2862-2867.

[34] Li M F, Zhao Z P, Cheng T, et al. Ultrafine jagged platinum nanowires enable ultrahigh mass activity for the oxygen reduction reaction. Science, 2016, 354(6318)：1414-1419.

[35] Feng J D, Graf M, Liu K, et al. Single-layer MoS_2 nanopores as nanopower generators. Nature, 2016, 536(7615)：197-200.

[36] Matter J M, Stute M, Snæbjörnsdottir Só, et al. Rapid carbon mineralization for permanent disposal of anthropogenic carbon dioxide emissions. Science, 2016, 352(6291)：1312-1314.

[37] Kothandaraman J, Goeppert A, Czaun M, et al. Conversion of CO_2 from air into methanol using a polyamine and a homogeneous ruthenium catalyst. Journal of the American Chemical Society, 2016, 138(3)：778-781.

[38] Mistry H, Varela A S, Bonifacio C S, et al. Highly selective plasma-activated copper catalysts for carbon dioxide reduction to ethylene. Nature Communications, 2016, 7(12123)，1-8.

[39] Sakimoto K K, Wong A B, Yang P D. Self-photosensitization of nonphotosynthetic bacteria for so-lar-to-chemical production. Science, 2016, 351(6268): 74-77.

[40] Liu C, Colón B C, Ziesack M, et al. Water splitting-biosynthetic system with CO_2 reduction effi-ciencies exceeding photosynthesis. Science, 2016, 352(6290): 1210-1213.

[41] Asadi M, Kim K, Liu C, et al. Nanostructured transition metal dichalcogenide electrocatalysts for CO_2 reduction in ionic liquid. Science, 2016, 353(6298): 467-470.

[42] Banerjee A, Dick G R, Yoshino T, et al. Carbon dioxide utilization via carbonate-promoted C—H carboxylation. Nature, 2016, 531(7593): 215-219.

[43] Zhang W, Wang F, McCann S D, et al. Enantioselectivecyanation of benzylic C—H bonds via cop-per-catalyzed radical relay. Science, 2016, 353(6303): 1014-1018.

[44] Chen G, Gong W, Zhuang Z, et al. Ligand-accelerated enantioselective methylene $C(sp^3)$—H bond activation. Science, 2016, 353(6303): 1023-1027.

[45] Seiple I B, Zhang Z Y, Jakubec P, et al. A platform for the discovery of new macrolide antibiotics. Nature, 2016, 533(7603): 338-345.

[46] Wang B, Liu Y P, Jiao R, et al. Total synthesis of mannopeptimycins α and β. Journal of the American Chemical Society, 2016, 138(11): 3926-3932.

[47] Shi L, Rohringer P, Suenaga K, et al. Confined linear carbon chains as a route to bulk carbyne. Nature Materials, 2016, 15: 634-639.

[48] Adamo A, Beingessner R L, Behnam M, et al. On-demand continuous-flow production of pharma-ceuticals in a compact, reconfigurable system. Science, 2016, 352(6281): 61-67.

[49] Yu Z L, Tantakitti F, Yu T, et al. Simultaneous covalent and noncovalent hybrid polymerizations. Science, 2016, 351(6272): 497-502.

[50] Luechtefeld T, Maertens A, Russo D P, et al. Global analysis of publicly available safety data for 9,801 substances registered under reach from 2008-2014. Alternatives to Animal Experimenta-tion, 2016, 33(2): 65-109.

[51] Raccuglia P, Elbert K C, Adler P D F, et al. Machine-learning-assisted materials discovery using failed experiments. Nature, 2016, 533(7601): 73-76.

[52] Lee H, Choi T K, Lee Y B, et al. A graphene-based electrochemical device with thermorespons-ivemicroneedles for diabetes monitoring and therapy. Nature Nanotechnology, 2016, 11: 566-572.

[53] Jennifer Kan S B, Lewis R D, Chen K, et al. Directed evolution of cytochrome C for Carbon-Silicon bond formation: Bringing silicon to life. Science, 2016, 354(6315): 1048-1051.

[54] Cui X L, Chen K J, Xing H B, et al. Pore chemistry and size control in hybrid porous materials for acetylene capture from ethylene. Science, 2016, 353(6295): 141-144.

[55] Lang R, Li T B, Matsumura D, et al. Hydroformylation of olefins by a rhodium single-atom cata-lyst with activity comparable to $RhCl(PPh_3)_3$. Angewandte Chemie International Edition, 2016, 55(52): 16054-16058.

[56] Alsbaiee A, Smith B J, Xiao L L, et al. Rapid removal of organic micropollutants from water by a porous β-cyclodextrin polymer. Nature, 2016, 529(7585):190-194.

[57] Wolter B, Pullen M G, Le A T, et al. Ultrafast electron diffraction imaging of bond breaking in di-ionized acetylene. Science, 2016, 354(6310):308-312.

[58] Voiry D, Yang J, Kupferberg J, et al. High-quality graphene via microwave reduction of solution-exfoliated graphene oxide. http:// science. sciencemag. org/content/early/2016/08/31/science. aah 3398[2016-08-31].

[59] Hao Y F, Wang L, et al. Oxygen-activated growth and bandgap tunability of large single-crystal bi-layer grapheme. Nature Nanotechnology, 2016, 11:426-431.

[60] De Oteyza D G, García-Lekue A, et al. Substrate-independent growth of atomically precise chiral graphenenanoribbons. ACS Nano, 2016, 10 (9):9000-9008.

[61] Zheng Q, Zou Y, Zhang Y L, et al. New type of bioegradable nanogenerator for use inside the body does not need external power source. http://phys. org/news/2016-03-bioegradable-nanogenerator-body-external-power. html[2017-03-05].

[62] Moldovan C F, Vitale W A, et. al. Graphene quantum capacitors for high frequency tunable analog applications. Nano Letters, 2016, 16:4746-4753.

[63] Tu Y F, Peng F, Sui X F, et al. Self-propelled supramolecular nanomotors with temperature-responsive speed regulation. http:// www. nature. com/nchem/journal/vaop/ncurrent/pdf/nchem. 2674. pdf[2017-03-05].

[64] Singh A, Kim W, Kim Y, et al. Multifunctional photonics nanoparticles for crossing the blood-brain barrier and effecting optically trackable brain theranostics. Advanced Functional Materials, 2016, 26(39):7057-7066.

[65] Wang J, Liu J, Liu Y, et al. Gd-Hybridized plasmonic au-nanocomposites enhanced tumor-interior drug permeability in multimodal imaging-guided therapy. Advanced Functional Materials, 2016, 28 (40):8950-8958.

[66] Lu H, Zhang J C, Chen J Y, et al. Ternary-blend polymer solar cells combining fullerene and non-fullerene acceptors to synergistically boost the photovoltaic performance. Advanced Materials, 2016, 28(43):9559-9566.

[67] Luo B B, Pu Y-C, Lindley S A, et al. Organolead halide perovskite nanocrystals:Branched capping ligands control crystal size and stability. Angewandte Chemie International Edition, 2016, 55(31): 8864-8868.

[68] Topuz F, Singh S, Albrecht K, et al. DNAnanogels to snare carcinogens: A bioinspired generic approach with high efficiency, 2016, 55(40):12210-12213.

[69] Darling K A, Rajagopalan M, Komarasamy M, et al. Extreme creep resistance in a microstructurally stable nanocrystalline alloy, Nature, 537:378-381.

[70] Glover D J, Giger L, Kim S S, et al. Geometrical assembly of ultrastable protein templates for

nanomaterials. http://www. nature. com/articles/ncomms11771[2017-03-05].

[71] Bauer J, Schroer A, Schwaiger R, et al. Approaching theoretical strength in glassy carbon nanolattices. Nature Materials, 2016, 15: 438-443.

[72] Bandurin D A, Tyurnina A V, et al. High electron mobility, quantum Hall effect and anomalous optical response in atomically thin InSe. http://arxiv. org/ftp/arxiv/papers/1608/1608. 08950. pdf [2017-03-05].

[73] Yan H, Hohman J N, et al. Hybrid metal-organic chalcogenide nanowires with electrically conductive inorganic core through diamondoid-directed assembly. Nature Materials, 16(3), 349-355.

[74] Hsu1 P C, Song A Y, et al. Radiative human body cooling by nanoporous polyethylene textile. 2016, 353(6303): 1019-1023.

[75] Chen S W, Cao X, et al. An ultrathin flexible single-electrode triboelectric-nanogenerator for mechanical energy harvesting and instantaneous force sensing. Advanced Energy Materials, 2016, 1601255.

[76] Commissariat Ta. Indian gravitational-wave observatory wins governmental approval. http://physicsworld. com/cws/article/news/2016/feb/17/indian-gravitational-wave-observatory-wins-governmental-approval [2016-01-17].

[77] 中国新闻网. 中科院探测引力波"太极计划"公布"路线图". http://finance. chinanews. com/gn/2016/06-03/7893903. shtml [2016-06-03].

[78] 中国西藏新闻网. 阿里原初引力波观测站计划年内建成 5 年内完成阶段目标. http://www. xizang. gov. cn/xwzx/dsyw/201701/t20170116_118409. html [2017-01-16].

[79] European Commission. Quantum manifesto. http://qurope. eu/system/files/u567/Quantum% 20Manifesto. pdf. http://ec. europa. eu/digital-single-market/en/news/call-stakeholder-endorsement-quantum-manifesto[2016-03-22].

[80] European Commission. Digital single market-digitisingeuropean industry. http://europa. eu/rapid/press-release_MEMO-16-1409_en. htm [2016-04-19].

[81] National Science and Technology Council. Advancing quantum information science: National challenges and opportunities. http:// www. whitehouse. gov/sites/default/files/quantum_info_sci_report_2016_07_22_final. pdf [2016-07-22].

[82] DOE Office of Science. Quantum sensors at the intersections of fundamental science, quantum information science, and computing. http:// science. energy. gov/∼/media/hep/pdf/Reports/DOE_Quantum_Sensors_Report. pdf [2016-07-28].

[83] Government Office of Science. The quantum age: Technological opportunities. http:// www. gov. uk/government/uploads/system/uploads/attachment _ data/file/564946/gs-16-18-quantum-technologies-report. pdf [2016-12-01].

[84] DOE Office of Science. Basic research needs workshop on quantum materials for energy relevant technology. http:// science. energy. gov/∼/media/bes/pdf/reports/2016/BRNQM_rpt_Final_12-

09-2016. pdf[2016-12-27].

[85] European cluster on catalysis. Science and technology roadmap on catalysis for Europe. http://www. euchems. eu/roadmap-on-catalysis-for-europe[2016-07-25].

[86] National Academies of Sciences,Engineering,and Medicine. The changing landscape of hydrocarbon feedstocks for chemical production: Implications for catalysis: proceedings of a workshop. http://www. nap. edu/catalog/23555/the-changing-landscape-of-hydrocarbon-feedstocks-for-chemical-production-implications [2016-11-15].

[87] The White House. Working together to build a sustainable water future. http://www. whitehouse. gov/the-press-office/2016/03/22/fact-sheet-working-together-build-sustainable-water-future[2016-03-22].

[88] National Nanotechnology Initiative. A federal vision for future computing: A nanotechnology-inspired grand challenge. http://www. nano. gov/sites/default/files/pub_resource/federal-vision-for-nanotech-inspired-future-computing-grand-challenge. pdf [2017-03-05].

[89] Eine ressortübergreifende Strategie der Bundesregierung. Aktionsplan nanotechnologie 2020. https://www. bmbf. de/pub/Aktionsplan_Nanotechnologie. pdf[2017-02-15].

[90] 국가과학기술심의회 .제 4 기나노기술종합발전계획 대한민국나노혁신 2025(안). http://www. nstc. go. kr/c3/sub3_1_view. jsp? regIdx=792&keyWord=&keyField=&nowPage=1[2016-05-15].

Observations on Development of Basic Sciences and Frontiers

Huang Longguang，Bian Wenyue，Zhang Chaoxing，Leng Fuhai

A number of breakthroughs have been made in basic and frontier science in 2016: the first direct detection of gravitational waves marks the beginning of the era of gravitational-wave astronomy. Major breakthroughs have been achieved in quantum information,particle physics,condensed matter physics and optics. Progresses of chemistry boost the development of clean energy and low-carbon society. Great achievements have been got in the field of Graphene and nanobiology and nanomedicine. Nanotechnology promotesthe innovation in the field of energy,environment,materials and wearable equipment. The United States of America and Europe identifythe prior areas of quantum technology,quantum materials,catalysis and nanotechnology,aiming at boosting the economic development.

4.2　人口健康与医药领域发展观察

王　玥　许　丽　苏　燕　李祯祺　施慧琳　徐　萍　于建荣

（中国科学院上海生命科学信息中心）

人口健康与国家经济发展、社会进步息息相关，是各国政府着力解决的重要问题。在新一轮规划期，多国政府制定健康领域规划，旨在通过科技进步提高民众的健康水平。数字密集型的研究范式、学科的深度会聚、新技术的不断涌现，促进了我们对生命的认识更加深入和全面，生命创制水平不断提高。

一、重要研究进展

（一）技术进步

生命科学新技术不断革新，推动生命科学研究朝着精准、定量和可视化的方向进一步发展。

1. 基因测序技术

高通量、高精度、低成本和便携性是测序技术和仪器研发的方向。纳米孔测序技术入选 2016 年《科学》评选的十大科学突破。牛津纳米孔技术公司（Oxford Nanopore Technologies）便携式纳米孔测序仪 MinION 完成了对埃博拉病毒的现场检测[1]，在国际空间站对鼠、病毒和细胞的 DNA 测序及人类全基因组测序[2]，这些应用证实了纳米孔测序技术在测序中的应用潜力。一系列新型测序技术也不断涌现，由英国诺丁汉大学开发的 Read Until 测序技术通过与纳米孔测序联用，实现了高度选择性的 DNA 测序[3]。第二代基因测序技术也在不断改进，Illumina 公司在 2017 年年初推出了 NovaSeq 新型测序仪，有望将人类全基因组测序成本降至 100 美元。

2. 表观转录组分析技术

开发新型测序技术，发现 RNA 修饰标志物及其修饰位点，揭示其调控机理是目前表观转录组领域发展的重点。2016 年，美国加利福尼亚大学洛杉矶分校开发出一种新型 RNA 测序技术 m⁶A-LAIC-seq，可以提供 RNA 化学修饰的详细信息[4]；比利时布鲁塞尔自由大学开发出 hMeRIP-seq 技术，绘制了 RNA 的 hm⁵C 转录组图谱，全面揭示了这一 RNA 修饰的分布、位置和功能[5]；芝加哥大学与霍华德修斯医学研究所以及北京大学分别开发出两种新技术 m¹A-seq[6] 和 m¹A-ID-seq[7]，实现了全转录组水平上的谱图鉴定，同时发现了一种新的 RNA 甲基化修饰形式 m¹A，扩展了 mRNA 中的修饰种类，为该领域提供了新的研究方向。表观转录组分析技术被《自然·方法》（*Nature Methods*）评为 2016 年年度技术。

3. 单细胞技术

单细胞测序新技术不断涌现，麻省理工学院开发出新型 RNA 测序技术 Div-Seq，可以揭示新生神经元的动态[8]；北京大学开发出单细胞三重组学测序技术，首次实现了对单细胞进行三种组学同时高通量测序[9]。在单细胞分析技术方面，美国加州理工学院开发出 MEMOIR 技术，能够读取动物细胞的生命历史和"谱系图"[10]。得益于这些单细胞技术的进步，国际人类细胞图谱计划得以酝酿实施。

4. 基因编辑技术

基因编辑技术的精确性及脱靶问题逐步改善，其应用范围也进一步扩大。美国哈佛大学实现了对单个碱基的编辑，提高了其精确性[11]；美国麻省总医院减少了 Cas9 酶与靶 DNA 的非特异性互作，从而降低脱靶效应[12]；美国加利福尼亚大学圣迭戈分校首次实现了 RNA 编辑[13]，美国索克生物研究所开发出可编辑眼睛、大脑、胰腺及心脏细胞等非分裂细胞基因的新技术[14]，为基因编辑技术应用于疾病治疗带来更广阔的前景。同时，法国马赛大学、日本神户大学、我国南京大学先后开发了 MIMIVIRE 新系统、Target-AID 新技术[15]、SGN 核酸内切酶技术[16]，均有望成为新型基因编辑工具。

（二）重点领域进展与趋势

1. 生命组学研究继续推动生命科学发现

技术创新和交叉推动生命组学研究向更精确的方向发展。在基因组方面，韩国国立首尔大学医学院利用 PacBio 单分子测序技术结合 BioNano 单分子光学图谱技术，组装出迄今最连续二倍体基因组序列[17]。在转录组方面，德国马普学会生物物理化学研究所开发瞬时转录组测序技术，绘制人类瞬时转录组图谱[18]；美国斯克利普斯研究所协同多家机构完成大脑单神经元转录组的大规模评估[19]。在蛋白质组方面，美国系统生物学研究所和瑞士苏黎世联邦理工学院合作开发人类 SRMAtlas 分析方法，首次定量检测完整的人类蛋白质组[20]；美国多家机构联合开展了大规模蛋白基因组学（Proteogenomics）研究，探索驱动乳腺癌和卵巢癌的关键因子[21,22]。在免疫组方面，哈佛大学医学院在一系列免疫细胞中进行干扰素诱导基因表达和染色质的分析，构建干扰素诱导调节网络[23]；新一代基因测序技术推动免疫组库分析的临床应用。

2. 脑科学突破不断，全球合作研究正在酝酿

脑科学领域持续稳步发展，并酝酿全球合作。美国、欧洲两大脑科学计划均通过多次增资以保障计划实施。同时，两者的研究领域也逐渐趋同，更全面、综合地关注神经系统和认知科学、大脑复杂数据分析、人工智能等领域；中国"脑科学与类脑研究"项目经多次论证，也于 2016 年年初列入"十三五"规划重点布局。在推进本国脑计划的同时，全球神经科学家积极探讨开展全球协作，共同解决脑科学研究三大挑战[24]。

脑科学研究产出系列成果，尤其是在脑-机接口技术上取得重要突破。技术进步推动基础研究快速发展，美国冷泉港实验室开发的标记大脑神经元 MAP-seq 新技术，有望实现深度神经网络的重大突破[25]；美国洛克菲勒大学首次精确定位并定量了哺乳动物大脑中的基因表达[26]。脑图谱绘制方面，美国加利福尼亚大学伯克利分校成功绘制了大脑语义地图，迈出解读人类思想的关键一步[27]；美国华盛顿大学完成的人类大脑皮层图谱、97 个大脑皮层区域首次亮相[28]；美国艾伦脑科学研究院绘制了迄今最完整的数字版人脑结构图谱，将成为大脑研究的最新指南[29]。美国俄亥俄州立大学[30]、瑞士联邦技术研究所[31]分别利用脑-机接口技术，实现了脊髓损伤人类和黑猩猩对自身部位而非假肢的控制，标志着脑-机接口技术在 2016 年迈出重要一步。

3. 合成生物学发展突飞猛进

合成生物学在改造生命和创造生命方面的研究越发深入。随着软件工具的迅速发展与大数据技术的广泛应用，美国克雷格-文特尔研究所等机构在此前工作的基础上人工合成了目前世界上最小、仅含 473 个基因的"合成细菌细胞"Syn3.0[32]；美国哈佛大学通过计算机软件设计出了只包含 57 个密码子的大肠杆菌基因组[33]，这一事件入选两院院士投票评选的 2016 年世界十大科技进展新闻；美国华盛顿大学通过计算、建模、预测与优化，首次人工设计出超级稳定的二十面体蛋白[34,35]，该重大成果入选 2016 年《科学》十大突破，为合成生物学、药物装载提供了良好的工具。2017 年 3 月，《科学》以封面、专刊的形式同时发表了介绍"人工合成酵母基因组计划"重大成果的 7 篇论文，四国科学家利用化学物质再度成功完成 5 条酵母染色体的人工设计与合成[36-38]。其中，中国完成了 4 条[39-42]，成为继美国之后第二个具备真核基因组设计与

构建能力的国家。此外，人类基因组编写计划日益受到研究人员的关注[43,44]；能够合成硅—碳键的生物体的诞生[45]预示着合成生物学具有无限可能性的未来。

4. 干细胞与再生医学研究展现临床应用巨大前景

全球各国继续大力支持干细胞与再生医学研究，同时强化监管体系建设，进一步加速了干细胞与再生医学疗法的临床转化进程。干细胞基础研究持续深入，日本九州大学首次实现了干细胞体外生成成熟卵细胞，为理解卵子形成进程提供了新的蓝图[46]，该成果入选2016年《科学》十大科学突破；中国科学院首次构建出以稳定二倍体形式存在的异种杂合胚胎干细胞，为研究进化上不同物种间的性状差异的分子机制提供了新工具[47]。干细胞移植疗法展现出在多种疾病中的治疗效果，中山大学首次利用干细胞实现了晶状体的原位再生[48]；马里兰大学医学中心首次利用成人干细胞修复新生儿心脏；北京大学还建立了单倍体骨髓移植技术体系，突破了白血病骨髓移植供体不足的世界性难题，被世界骨髓移植协会命名为白血病治疗的"北京方案"。

与此同时，包括干细胞在内的细胞技术与组织工程、3D打印等工程化技术的融合，逐渐开辟出工程化组织器官修复的发展方向，我国在该领域走在了国际前列。中国科学院利用生物材料结合干细胞移植治疗急性完全性脊髓损伤临床研究获得突破；四川蓝光英诺生物科技股份有限公司成功将3D打印血管植入猴体内。

5. 人类微生物组展现与人类健康和疾病重大关联

人类微生物组被称为人类的第二套基因组，该领域已经成为生物医学研究的热点，并获得各国的广泛关注。2016年，美国正式启动"国家微生物组计划"（NMI）[49]，重点之一是探讨人类微生物组与疾病的关系；日本科学技术振兴机构（JST）研发战略中心（CRDS）提出题为"人类微生物组研究的整合推广：生命科学与医疗保健的新发展"的战略建议[50]。

近年来，对待微生物组的观念更是从"影响人类健康和疾病"转变为"将人体微生物组视作一个人体器官"，显示人类微生物组的重要作用。目前，肠道微生物组是其中最受关注的领域。2016年，肠道微生物组与人类健康和疾病的关系研究持续推进。研究发现，肠道微生物对代谢疾病、心血管疾病[51]、神经系统疾病、癌症等多种疾病均具有重要的调控作用，同时与免疫应答[52]和营养水平也具有紧密联系。美国耶鲁大学解释了肠道菌群引起肥胖的机制，解决了困扰学界多年的难题[53]；美国加州理工学院阐述了肠道微生物与帕金森病的联系，证明肠道中特定种类微生物的分泌物会与α-突触核蛋白"携手"导致帕金森病的发生[54]；美国华盛顿大学[55,56]、法国里昂第一大学[57]同时发现在热量匮乏的情况下，肠道菌群的组成可以决定个体是健康生长还是发育不良，这三项研究被评价为"全球健康尤其是营养学的一个分水岭"。

在机制探索的基础上，肠道微生物也为多种疾病的诊断和治疗带来了新的机遇。美国贝勒医学院发现一种肠道细菌能够逆转小鼠的自闭症状[58]；比利时鲁汶大学发现一种名为 Akkermansia 的肠道细菌能够减缓小鼠的肥胖和糖尿病进程[59]；微生物疗法公司 Seres Therapeutics 宣布启动全球首个合成性微生物药物 SER-262 治疗原发性艰难梭菌感染的 Ib 期临床试验。

（三）药物研发与疾病治疗

1. 首个 PD-L1 免疫疗法药物上市，细胞免疫疗法有望攻克实体瘤

近年来，免疫疗法研发热度持续不减，被视为肿瘤治疗的新希望。2013 年，肿瘤免疫疗法被《科学》评为十大突破，2016 年《麻省理工科技评论》（*MIT Technology Review*）又将应用免疫工程治疗疾病评为年度十大突破技术。2016 年美国国情咨文中提出了癌症"登月计划"，其中的重点之一就是肿瘤免疫疗法的开发。

免疫检查点抑制剂和细胞免疫疗法是当前肿瘤免疫疗法研究的热点。在免疫检查点抑制剂方面，2016 年美国食品药品监督管理局（FDA）批准了首个以 PD-L1 为靶点的免疫疗法药物 Tecentriq。2016 年，细胞免疫疗法在攻克实体瘤方面取得多项突破性成果。美国宾夕法尼亚大学在小鼠模型中证明了靶向癌细胞表面蛋白 Tn-MUC1 的嵌合抗原受体 T 细胞（CAR-T）疗法治疗白血病和胰腺癌的有效性[60]；美国希望之城医学中心贝克曼研究所利用靶向白细胞介素的 CAR-T 疗法治疗脑癌患者，患者肿瘤显著缩小，且肿瘤曾完全消失[61]；美国国立卫生研究院（National Institutes of Health，NIH）下属癌症研究所利用靶向 KRAS 突变的肿瘤浸润淋巴细胞（TILs）回输，治愈了一名晚期结肠癌患者[62]。

2. 个体化和精准是医药技术发展方向

随着精准医学快速发展，全球新药研发模式逐渐从传统的重磅炸弹式向精确制导式发展，特别是以个体化和精准为特征的靶向药物发展迅速。2016 年 FDA 批准的 22 个新药中，靶向药物占 18 个。与此同时，许多重要的新的疾病靶点正在被不断发现。2016 年，美国加利福尼亚大学旧金山分校、美国凯斯西储大学分别发现了三阴性乳腺癌（TNBC）的新靶点 PIM1 激酶[63]、肿瘤免疫疗法新靶点免疫检查点蛋白 Cdk5[64]，美国加利福尼亚大学圣地亚哥分校发现了 172 种肿瘤基因突变与靶向药物的组合[65]。生物大数据成为靶向药物研发，指导精准用药的重要资源。2016 年，美国 Regeneron 遗传学中心将 50 000 余人的基因组数据与其电子病历相结合，发现了家族性高胆固醇血症致病基因[66,67]；英国维康信托基金会桑格研究所研究了 11 000 个患者样本中的

肿瘤基因突变，发现了癌症基因突变与对特定药物的敏感性之间的关联[68]。

体外诊断技术迎来高速发展期，为疾病的精准诊疗奠定基础。2016 年，FDA 发布了两份下一代测序（NGS）体外诊断指南草案《基于 NGS 的遗传性疾病体外诊断指南》和《使用公共人类遗传差异数据库来支持基于 NGS 的体外诊断的临床有效性》，规范和推进 NGS 技术在体外诊断中的应用。作为体外诊断分支技术的液体活检技术已从科研走向应用，成为疾病早期筛查和预后的重要工具。2015 年，《麻省理工科技评论》将液体活检评为年度十大突破技术。液体活检的检测物包括循环肿瘤细胞（CTC）、循环肿瘤 DNA（ctDNA）、循环肿瘤 RNA 和外泌体（Exosome）四类，其中 CTC 和 ctDNA 是目前的研究热点。2016 年 4 月，美国 FDA 批准了首款基于 ctD-NA 进行肿瘤筛查的产品——Epi genomics 公司的 Epi proColon 试剂盒（用于筛查大肠癌）。

二、重要战略规划

1. 新一轮健康科技规划相继出炉，强调预防及学科融合，推动生物经济发展

2016 年，印度、英国、欧盟等相继发布了新一轮的健康科技规划，进一步强调了疾病预防、学科融合的理念，并着力持续推动生物经济的创新和发展。

在英国医学研究理事会（MRC）、英国生物技术与生物科学研究理事会（BBSRC）、英国工程与自然科学研究理事会（EPSRC）[69]发布的 2016～2020 年战略执行计划[70]、印度生物技术部发布 2015～2020 年国家生物技术发展战略[71]，欧盟"地平线 2020"社会挑战咨询小组提出的健康、人口变化与福祉主题 2018～2020 年发展建议[72]中提出，关注疾病的预防和早期干预，开发疾病预防策略，并推动以治疗为主向以预防为主的医学模式转变。在学科融合方面，提出了加强生物学与信息学、计算机科学以及物理学的融合，重点开展基于大数据的生命科学研究、工程化疾病干预技术研发。此外，各规划也强调了将进一步推动学术界与产业界的合作，促进研究成果的临床转化以及生物经济的创新发展。

2. 美国通过《21 世纪治愈法案》推进疾病疗法开发与转化

2016 年 12 月，时任美国总统奥巴马签署了医疗创新政策法案《21 世纪治愈法案》（*21st Century Cures Act*）。该法案计划在未来 10 年内，为美国国立卫生研究院和美国食品药品管理局提供 63 亿美元的经费，以推动健康领域发展，巩固美国在全球

生物医药创新中的国际地位。

在基础研究方面，该法案重点关注了精准医学计划、癌症"登月计划"和脑科学计划的推进和实施。在疗法开发方面，法案提出将通过一系列举措，包括支持数据处理技术、生物标志物发现技术、疗法评估方法、移动医疗技术、疫苗、再生医学疗法、儿科疾病药物和医疗对策等的开发，优化监管制定流程和监管规范，促进疗法开发。在此基础上，法案还致力于充分发挥电子健康记录系统和学习型健康护理系统的作用，推进疗法的临床转化；加强对健康护理提供者的教育，并推动新医疗技术在老年健康维护中的应用。

3. 精准医学成为全球布局重点，美国、中国等国家计划全面实施

精准医学已成为各国新一轮竞争的战略制高点，欧美主要国家及日本、韩国等发达国家已分别提出并实施相关计划，多个发展中国家也积极布署。

作为精准医学的领跑国家，美国精准医学计划已全面实施。百万人群队列项目于2016 年年初正式启动，先后投巨资建设大型生物样本库、医学中心、国家卫生保健提供者组织网络（HPO），保障志愿者招募与数据采集工作；同时，美国发布了《精准医学临床试验结果记录标准草案》[73]、《精准医学计划：数据安全政策指导原则与框架》[74]，并推出基因组数据共享空间（GDC），持续推进健康数据的安全共享。2016年，我国各项规划均将精准医学列入重点发展内容，具有中国特色的精准医学计划已进入实施阶段。国家重点研发计划"精准医学研究"重点专项于 2016 年年初正式启动，对我国精准医学发展进行了全链条部署，目前首批指南 61 项任务已经开始实施，2017 年指南 31 项任务也已经开始招标。

4. 美国发起癌症"登月计划"，整合力量推进癌症研究

技术储备、数据积累、政策的支持意味着启动新一轮攻克癌症计划的时机已经成熟。2016 年 1 月 12 日，美国总统奥巴马发表国情咨文，提出启动癌症"登月计划"，并于 28 日签署总统备忘录。2016 年 2 月 1 日，美国政府宣布启动癌症"登月计划"，并在两年内向该计划投入 10 亿美元。美国国立卫生研究院、美国食品药品管理局、美国退伍军人事务部和美国国防部（VA/DOD）、美国能源部（DOE）以及美国专利商标局（USPTO）等联邦机构均通过不同形式参与该计划，并积极开展联邦机构间及与企业的合作。2016 年下半年，癌症"登月计划"特别小组与蓝丝带专家小组分别发布《癌症"登月计划"特别小组报告》[75]与《癌症"登月计划"-蓝丝带小组报告2016》[76]，对癌症研究的全链条进行了布局。

5. 人类细胞图谱计划孕育健康领域巨大革新

细胞是人类机体的核心单元，也是了解健康和疾病生物学的关键。单细胞基因测序、高分辨率成像等技术的快速发展为单细胞研究提供了可能，也为绘制细胞图谱提供了可行性。2016 年，美国哈佛-麻省理工医学院博德研究所、维康信托基金桑格尔研究所及维康信托基金共同酝酿启动"国际人类细胞图谱计划"（Human Cell Atlas）[77]，从细胞类型、状态、位置、转变、相互作用和谱系关系等各个角度，对人体的所有细胞开展研究。通过该项目的实施，将获得许多变革性发现。

三、启示与建议

纵观国际发展趋势，细胞研究和生物制造两个领域值得我国在未来的规划布局中予以关注。

细胞研究的多个领域已经成为热点，其基础性研究的积累已经开始在应用中显现。单细胞基因测序、RNA 分析、活体成像技术的不断革新，为单细胞研究提供了技术手段；国际人类细胞图谱计划的实施将孕育更多突破。干细胞疗法、肿瘤免疫疗法等领域已经展现巨大应用价值。我国在细胞生物学领域的研究基础深厚，全球尚未全面启动细胞图谱计划，我国应抓住机遇，尽快系统布局，以期在未来国际人类细胞图谱计划中能发挥主导作用，这对于提升我国的科研实力和国际科研地位均具有重要意义。

生物制造研究范畴不断延展，产业范围不断拓宽，已经成为全球竞相发展的重要领域。基因编辑技术的改进和革新，推动了该技术的广泛应用，也加速了生物技术在工业、农业、医药和环境等领域的应用。干细胞、生物材料、组织工程技术、3D 打印技术的快速发展扩大了再生医学的发展空间，加速器官改造和再造进程；合成生物学的发展或颠覆现有的制造模式，未来具有广阔的发展前景。因此，我国需要大力布局生物制造领域，力争实现超越和引领。

致谢：复旦大学金力院士、上海交通大学陈国强院士在本文撰写过程中提出了宝贵的意见和建议，在此谨致谢忱！

参考文献

[1] Quick J，Loman N J，Duraffour S，et al. Real-time，portable genome sequencing for Ebola surveillance. Nature，2016，530：228-232.

［2］ Business Wire. Wellcome trust centre for human genetics and genomics plc first to sequence multi-ple human genomes using hand-held nanopore technology. http：// www. businesswire. com/news/ home/20161201006115/en/Wellcome-Trust-Centre-Human-Genetics-Genomics-plc ［2017-2-20］.

［3］ Loose M, Malla S, Stout M. Real-time selective sequencing using nanopore technology. Nature Methods,2016,13：751-754.

［4］ Molinie B,Wang J,Lim K S,et al. m(6)A-LAIC-seq reveals the census and complexity of the m(6) A epitranscriptome. Nature Methods,2016,13：692-698.

［5］ Delatte B,Wang F,Ngoc LV,et al. Transcriptome-wide distribution and function of RNA hydroxy-methylcytosine. Science,2016,351(6270)：282-285.

［6］ Dominissini D, Nachtergaele S, Moshitch-Moshkovitz S, et al. The dynamic N1-methyladenosine methylome in eukaryotic messenger RNA. Nature,2016,530：441-446.

［7］ Li X,Xiong Y,Wang K,et al. Transcriptome-wide mapping reveals reversible and dynamic N(1)-methyladenosine methylome. Nature Chemical Biology,2016,12(5)：311-316.

［8］ Hablb N,Li Y,Heldenrelch M,et al. Div-Seq：Single-nucleus RNA-Seq reveals dynamics of rare adult newborn neurons. Science,2016,353：925-928.

［9］ Hou Y,Guo H,Cao C,et al. Single-cell triple omics sequencing reveals genetic,epigenetic,and tran-scriptomic heterogeneity in hepatocellular carcinomas. Cell Research,2016,26：304-319.

［10］ Frieda K L,Linton J M,Hormoz S,et al. Synthetic recording and in situ readout of lineage infor-mation in single cells. Nature,2016,541：107-111.

［11］ Komor A C,Kim Y B,Packer M S,et al. Programmable editing of a target base in genomic DNA without double-stranded DNA cleavage. Nature,2016,7630(533)：420-424.

［12］ Kleinstiver B P,Pattanayak V,Prew M S,et al. High-fidelity CRISPR-Cas9 nucleases with no de-tectable genome-wide off-target effects. Nature,2016,529：490-495.

［13］ Nelles D A,Fang M Y,O'Connell M R,et al. Programmable RNA tracking in live cells with CRISPR/Cas9. Cell,2016,165(2)：488-496.

［14］ Suzuki K,Tsunekawa Y,Hernandez-Benitez R,et al. In vivo genome editing via CRISPR/Cas9 me-diated homology-independent targeted integration. Nature,2016,540(7631)：144-149.

［15］ Nishida K,Arazoe T,Yachie N,et al. Targeted nucleotide editing using hybrid prokaryotic and vertebrate adaptive immune systems. Science,2016,353(6305)：aaf8729.

［16］ Xu S,Cao S S,Zou B J,et al. An alternative novel tool for DNA editing without target sequence limitation：the structure-guided nuclease. Genome Biology,2016,17：186.

［17］ Seo J S,Rhie A,Kim J,et al. De novo assembly and phasing of a Korean human genome. Nature, 2016,538(7624)：243-247.

［18］ Schwalb B,Michel M,Zacher B,et al. TT-seq maps the human transient transcriptome. Science, 2016,352(6290)：1225-1228.

［19］ Lake B B,Ai R,Kaeser G E,et al. Neuronal subtypes and diversity revealed by single-nucleus

RNA sequencing of the human brain. Science,2016,352(6293):1586-1590.

[20] Kusebauch U,Campbell D S,Deutsch E W,et al. Human SRMAtlas:A resource of targeted assays to quantify the complete human proteome. Cell,2016,166(3):766-778.

[21] Mertins P,Mani D R,Ruggles K V,et al. Proteogenomics connects somatic mutations to signalling in breast cancer. Nature,2016,534(7605):55-62.

[22] Zhang H,Liu T,Zhang Z,et al. Integrated proteogenomic characterization of human high-grade serous ovarian cancer. Cell,2016,166(3):755-765.

[23] Mostafavi S,Yoshida H,Moodley D,et al. Parsing the interferon transcriptional network and its disease associations. Cell,2016,164(3):564-578.

[24] Global Brain Workshop 2016 Attendees. Grand challenges for global brain sciences. http://arxiv. org/ftp/arxiv/papers/1608/1608. 06548. pdf [2016-09-06].

[25] Kebschull J M,Garciad S P,Reid A P,et al. High-Throughput mapping of single-neuron projections by sequencing of barcoded RNA. Neuron,2016,91(5):975-987.

[26] Renier N,Adams E L,Kirst C,et al. Mapping of brain activity by automated volume analysis of immediate early genes. Cell,2016,165(7):1789-1802.

[27] Huth A G,de Heer W A,Griffiths T L,et al. Semantic information in natural narrative speech is represented in complex maps that tile human cerebral cortex. Nature,2016,532:453-458.

[28] Glasser M F,Coalson T S,Robinson E C,et al. A multi-modal parcellation of human cerebral cortex. Nature,2016,536(7615):171.

[29] Ding S-L,Royall J J,Sunkin S M,et al. Comprehensive cellular-resolution atlas of the adult human brain. Journal of Comparative Neurology,2016,524(16):3125-3481.

[30] Bouton C E,Shaikhouni A,Annetta N V,et al. Restoring cortical control of functional movement in a human with quadriplegia. Nature,2016,533(7602):247-250.

[31] Capogrosso M,Milekovic T,Borton D,et al. A brain-spine interface alleviating gait deficits after spinal cord injury in primates. Nature,2016,539(7628):284-288.

[32] Hutchison C A,Chuang R Y,Noskov V N,et al. Design and synthesis of a minimal bacterial genome. Science,2016,351(6280):aad6253.

[33] Bohannon J. Mission possible:Rewriting the genetic code. Science,2016,353(6301):739-739.

[34] Hsia Y,Bale J B,Gonen S,et al. Design of a hyperstable 60-subunit protein icosahedron. Nature,2016,535(7610):136-139.

[35] Bale J B,Gonen S,Liu Y,et al. Accurate design of megadalton-scale two-component icosahedral protein complexes. Science,2016,353(6297):389-394.

[36] Mercy G,Mozziconacci J,Scolari V F,et al. 3D organization of synthetic and scrambled chromosomes. Science,2017,355(6329):eaaf4597.

[37] Mitchell L A,Wang A,Stracquadanio G,et al. Synthesis,debugging,and effects of synthetic chromosome consolidation:synVI and beyond. Science,2017,355(6329):eaaf4831.

［38］Richardson S M, Mitchell L A, Stracquadanio G, et al. Design of a synthetic yeast genome. Science, 2017,355(6329):1040-1044.

［39］Shen Y, Wang Y, Chen T, et al. Deep functional analysis of synII, a 770-kilobase synthetic yeast chromosome. Science,2017,355(6329):eaaf4791.

［40］Wu Y, Li B Z, Zhao M, et al. Bug mapping and fitness testing of chemically synthesized chromosome X. Science,2017,355(6329):eaaf4706.

［41］Xie Z X, Li B Z, Mitchell L A, et al. "Perfect" designer chromosome V and behavior of a ring derivative. Science,2017,355(6329):eaaf4704.

［42］Zhang W, Zhao G, Luo Z, et al. Engineering the ribosomal DNA in a megabase synthetic chromosome. Science,2017,355(6329):eaaf3981.

［43］Callaway E. Plan to synthesize human genome triggers mixed response. Nature,2016,534(7606): 163.

［44］Servick K. Scientists reveal proposal to build human genome from scratch. http://www. sciencemag. org/news/2016/06/scientists-reveal-proposal-build-human-genome-scratch［2016-06-02］.

［45］Kan S B J, Lewis R D, Chen K, et al. Directed evolution of cytochrome c for carbon-silicon bond formation:Bringing silicon to life. Science,2016,354(6315):1048-1051.

［46］Hikabe O, Hamazaki N, Nagamatsu G, et al. Reconstitution in vitro of the entire cycle of the mouse female germ line. Nature,2016,539(7628): 299-303.

［47］Li X, Cui X L, Wang J Q, et al. Generation and application of mouse-rat allodiploid embryonic stem cells. Cell,2016,164(1-2):279-292.

［48］Lin H, Quyang H, Zhu J, et al. Lens regeneration using endogenous stem cells with gain of visual function. Nature,2016,531(7594):323-328.

［49］The White House. Announcing the national microbiome initiative. http://www. whitehouse. gov/blog/2016/05/13/announcing-national-microbiome-initiative［2016-05-13］.

［50］CRDS. Intergratedpromation of human microbiome study: New developrent in life science and health care. http://www. jst. go. jp/crds/pdf/2015/SP/CRDS-FY2015-SP-05. pdf［2016-04-07］.

［51］Zhu W, Gregory J C, Org E, et al. Gut microbial metabolite TMAO enhances platelet hyperreactivity and thrombosis risk. Cell,2016,165(1):111-124.

［52］Schirmer M, Smeekens S P, Vlamakis H, et al. Linking the human gut microbiome to inflammatory cytokine production capacity. Cell,2016,167(4):1125-1136. e8.

［53］Perry R J, Peng L, Barry N A, et al. Acetate mediates a microbiome-brain-β-cell axis to promote metabolic syndrome. Nature,2016,534(7606):213-217.

［54］Sampson T R, Debelius J W, Thron T, et al. Gut microbiota regulate motor deficits and neuroinflammation in a model of parkinson's disease. Cell,2016,167(6):1469-1480. e12.

［55］Blanton L V, Charbonneau M R, Salih T, et al. Gut bacteria that prevent growth impairments transmitted by microbiota from malnourished children. Science,2016,351(6275),pii:aad3311.

[56] Charbonneau M R,O'Donnell D,Blanton L V,et al. Sialylatedmilk oligosaccharides promote micro-biota-dependent growth in models of infant undernutrition. Cell,2016,164(5):859-871.

[57] Schwaizer M,Makki K,Storelli G,et al. Lactobacillus plantarum strain maintains growth of infant mice during chronic undernutrition. Science,2016,351(6275):854-857.

[58] Buffingyon S A,Prisco G V D,Auchtung T A,et al. Microbial reconstitution reverses maternal di-et-induced social and synaptic deficits in offspring. Cell,2016,165(7):1762-1775.

[59] Plovier H,Everard A,Druart C,et al. A purified membrane protein from akkermansiamuciniphila or the pasteurized bacterium improves metabolism in obese and diabetic mice. Nature Medicine, 2016,23(1):107-113.

[60] Posey A D,Schwab R D,Boesteanu A C,et al. Engineered CAR T cells targeting the cancer-asso-ciated Tn-glycoform of the membrane mucin MUC1 control adenocarcinoma. Immunity,2016,44 (6): 1444-1454.

[61] Brown C E,Alizadeh D,Starr R,et al. Regression of glioblastoma after chimeric antigen receptor T-Cell therapy. New England Journal of Medicine,2016,375(26): 2561-2569.

[62] Tran E,Robbins P F,Lu Y C,et al. T-Cell transfer therapy targeting mutant KRAS in cancer. New England Journal of Medicine,2016,375(23): 2255-2262.

[63] Horiuchi D,Camarda R,Zhou A Y,et al. PIM1 kinase inhibition as a targeted therapy against triple-negative breast tumors with elevated MYC expression. Nature Medicine, 2016, 22 (11): 1321-1329.

[64] Dorand R D,Nthale J,Myers J T,et al. Cdk5 disruption attenuates tumor PD-L1 expression and promotes antitumor immunity. Science,2016,353(6297): 399-403.

[65] Srivas R,Shen J P,Yang C C,et al. A network of conserved synthetic lethal interactions for explo-ration of precision cancer therapy. Molecular Cell,2016,63(3): 514-525.

[66] Abul-Husn N S,Manickam K,Jones L K,et al. Genetic identification of familial hypercholesterol-emia within a single US health care system. Science,2016,354(6319): aaf7000.

[67] Dewey F E,Murray M F,Overton J D,et al. Distribution and clinical impact of functional variants in 50,726 whole-exome sequences from the DiscovEHR study. Science,2016,354(6319): aaf6814.

[68] Iorio F, Knijnenburg T A, Vis D J, et al. A landscape of pharmacogenomic interactions in cancer. Cell,2016,166(3): 740-754.

[69] EPSRC. EPSRC delivery plan 2016/17-2019/20. http://www.epsrc.ac.uk/newsevents/pubs/epsrc-delivery-plan-2016-17-2019-20/ [2016-05-30].

[70] MRC. MRC delivery plan 2016-2020. http://www.mrc.ac.uk/publications/browse/mrc-delivery-plan-2016-2020/ [2016-05-30].

[71] Department of Biotechnology. National biotechnology development strategy 2015-2020-announced. http://www.dbtindia.nic.in/archives/7960 [2016-01-03].

[72] European Commission. Advice for 2018-2020 of the horizon 2020 advisory group for societal chal-

lenge: "health, demographic change and well-being". http://ec. europa. eu/research/health/pdf/ag_advice_report_2018-2020. pdf [2016-06-30].

[73] FDA. FDA and NIH release a draft clinical trial protocol template for public comment. http://blogs. fda. gov/fdavoice/index. php/2016/03/fda-and-nih-release-a-draft-clinical-trial-protocol-template-for-public-comment/ [2016-03-18].

[74] The White House. Precision medicine initiative: Data security policy principles and framework. http:// www. whitehouse. gov/sites/whitehouse. gov/files/documents/PMI_Security_Principles_Framework_v2. pdf [2016-05-25].

[75] The White House. Report of the cancer moonshot task force. http://www. whitehouse. gov/sites/ default/files/docs/final_cancer_moonshot_task_force_report_1. pdf [2016-09-07].

[76] NCI. Cancer moonshot blue ribbon panel report 2016. http://www. cancer. gov/research/key-initiatives/moonshot-cancer-initiative/blue-ribbon-panel/blue-ribbon-panel-report-2016. pdf [2016-02-18].

[77] Welcome Trust Sanger Institute. International human cell atlas initiative. http://www. sanger. ac. uk/news/view/international-human-cell-atlas-initiative [2016-10-14].

Development Scan of Public Health Science and Technology

Wang Yue, *Xu Li*, *Su Yan*, *Li Zhenqi*, *Shi Huilin*, *Xu Ping*, *Yu Jianrong*

Public health is closely related to the economic development and social progress and is an important issue that governments are trying to address. In 2016, omics, neuroscience, synthetic biology, stem cells, human microbiome, immunotherapy and drug development made big breakthroughs which were analyzed in this paper. In addition, this paper also analyzed the important international policies and plans concerned the field of public health and put forward some suggestions for the policy-making of this field.

4.3 生物科技领域发展观察

陈 方 陈云伟 丁陈君 郑 颖 邓 勇
（中国科学院成都文献情报中心）

2016 年，生物科技领域蓬勃发展，随着基础生物学研究的推进，生物资源开发利用研究更加深入，人工设计操作生物体能力增强，生物催化转化能力持续提升，创新性方法技术突破不断进步，合成生物学、基因组编辑技术、干细胞技术、计算机辅助设计、人工智能和仿生制造等前沿交叉技术创新不断涌现。新技术的发展将在未来几年内极大地推动生物科技领域的快速成长。世界主要经济体加强在生物资源、合成生物学、微生物组研发、生物基产品与产业等方面的重要战略规划和政策布局，生物经济呈现良好发展前景。

一、重要研究进展

1. 生物资源开发利用研究更加深入

生物资源与生物多样性研究是自然生态研究的重要内容，也为功能基因挖掘与高值化利用奠定了原料基础。2016 年，阿根廷科尔多瓦国立大学领衔来自 14 个国家的团队合作完成了对全球数百万植物数据的性状指标分析，构建了全球植物功能多样性图谱，发现植物的两个关键指标维度在于其植株的大小和叶片的光合作用能力[1]。微生物组研究蓬勃发展并不断深入，在特定微生物组基因挖掘和与健康关联方面取得进展[2]。中国科学院青岛生物能源与过程研究所发布首个微生物组大数据搜索引擎[3]，实现以整个微生物组为分析单元的智能搜索和大数据挖掘。CO_2 的生物转化可在生产有用产品的同时固碳，有助于建立可持续的生物循环生产系统。哈佛大学开发了利用生物兼容性的无机催化系统裂解水的新型生物合成系统，将二氧化碳和水转化为有用的化学品，还原二氧化碳的能效为 10%，超越了天然光合作用效率[4]。德国马普学会的研究人员在天然 CO_2 固定酶基础上人工组装全新固碳途径，实现了迄今步骤最短、能效最高的非天然固碳途径，同时生产乙醛酸[5]。

2. 人工设计操作生物体能力增强

合成生物学研究发展迅速，简适基因组与真核基因组合成、人工设计改造功能生物体等研究不断取得突破。2016 年，美国克雷格·文特尔研究所（J. Craig Venter Institute）与加利福尼亚大学合成了迄今最小功能细菌基因组[6]，对于深入理解细胞的工作机制和设计人工生物体具有重要意义。2017 年年初，多国科学家合作完成酿酒酵母 5 条染色体的从头设计与全合成，获得与普通酵母高度一致的人工合成酵母，向实现真核生物生命代码的人工全编写迈进了一步[7]。哈佛大学丘奇（George Church）研究组重新组装大规模改变密码子的活体细菌基因组[8]，美国麻省理工学院先后设计了可在细胞内[9]和细胞外[10]执行复杂计算的遗传回路，向进一步开发具有特殊属性的工程化有机体奠定了基础；斯坦福大学斯莫克（Christina Smolke）研究组利用工程酿酒酵母实现了咖啡因的微生物从头合成[11]，合成生物学将会更多地用于非天然过程的药物与化学品合成。

3. 生物催化转化能力持续提升

通过改进工程微生物与酶的功能开发卓越生物催化剂是现代生物制造过程的核心要素，生物催化从单酶/细胞催化体系向多酶/细胞耦合催化体系的方向发展。工程微生物与酶的功能改进、生物反应器、生物传感器[12]、无细胞生化合成[13]等研究取得进展。美国印第安纳大学伯明顿分校的科学家将经过修饰的酶导入病毒衣壳内，创建高效催化产氢的纳米反应器，催化效率提升 100 倍[14]。美国麻省理工学院研究人员成功开发出稳健底物利用操作技术，利用改良菌株通过竞争战胜发酵过程中可能造成污染的微生物，大大降低将生物质转化为乙醇和其他化学品的成本[15]。加利福尼亚大学河滨分校研究团队利用改良 CRISPR/Cas9 系统研究难以在遗传水平操作的产油酵母，实现了在基因水平上敲除基因和转入新基因的操作[16]。美国伦斯勒理工学院的研究人员首次将 CRISPR/Cas9 系统应用于代谢工程[17]，开发出控制细胞内制造化合物的信号途径的新工具，可提高目标产物的产量，降低副产物的生产。

4. 创新性方法与技术不断进步

基因测序、基因编辑、单细胞分析及成像技术等创新性方法与技术突破不断进步，有力推动了生物科技向更加精准和智能的方向深入发展。具有快速、便携式特点的纳米孔基因测序平台技术不断升级[18-20]并提高精确度，逐渐走向更多应用场合。基因组编辑技术 CRISPR 系统研究不断深入，展现了其在临床研究和产业应用方面的巨大前景。麻省理工学院-哈佛大学博德研究所张锋团队不断深入开展 CRISPR 技术研发[21,22]，并在与加利福尼亚大学伯克利分校杜德娜（Jennifer Doudna）团队的基因编辑专利纠纷中取得关键性胜利。CRISPR/C2c1 系统[23]、CRISPR/C2c2 系统[24]、CRISPR/Cpf1 系统工作机制研究[25]等工作进一步拓展了基因编辑工具箱的应用前景。利用低温冷冻电镜技术，中外研究人员实现了高分辨率下多种蛋白质复合体、膜蛋白结构和工作过程的解析[26-30]，对于进一步在分子水平下理解其作用机制奠定了基础。此外，我国学者在新型超分辨成像技术[31]和单细胞遗传分析仪与拉曼组分析技术[32]研发方面取得新进展。

5. 学科交叉酝酿颠覆性技术革新

作为一门应用性强、应用面广的前沿交叉技术，生物科技在信息、光电、材料、制造、能源等领域的发展中都已经产生广泛和深入的融合、渗透和相互作用，酝酿颠覆性技术革新和巨大的商业价值。生物大数据读取、超算与计算机辅助设计、云计算与处理、人工智能和深度学习等在生物科技中的应用层出不穷。华盛顿大学贝克尔（David Baker）研究组利用计算机辅助设计并合成了一个可自组装的 25 纳米的 20 面体壳笼形蛋白，制成了兆道尔顿规模双组分的 20 面体蛋白复合物[33]；美国能源部橡树岭国家实验室研究人员借助旗舰超级计算机泰坦的帮助研究在酶环境中进行预处理的生物质，实施了迄今最大规模的生物分子模拟实验[34]。同时，脑图谱绘制[35]、类脑计算[36]、脑控[37]、仿生[38]等研究取得实质性进展，为人类认知能力增强和应用拓展奠定重要基础。

二、重要战略规划

1. 全面强化生物科技战略布局

2016 年，世界主要经济体加强生物科技领域战略布局，面向全球生物经济发展需求，围绕基础与前沿生物科技和重要产业领域提出发展规划。欧盟在地平线"2020 计划"2016～2017 年内针对生物技术和产品等主题部署研究项目，将低碳转化微生物平台、高附加值平台化学品开发等作为优先研究方向[39]；英国生物科学与生物技术研究理事会（BBSRC）宣布 2016～2020 年战略规划[40]，明确了将农业与食品安全、工业生物技术与生物能源、服务健康的生物科学作为优先研究领域，促进可持续低碳工业的发展，创建健康、繁荣和可持续的未来。我国也印发《"十三五"生物产业发展规划》及生物制造相关规划，提出加快生物产业创新发展步伐，培育生物经济新动力的重要任务。

2. 加速生物基产品与产业发展

美国、英国、欧盟等近年来积极推动生物经济发展，陆续出台路线图、发展蓝图和战略计划等，极大推动了生物基产业的发展。2016 年，美国、欧盟、英国等经济体纷纷设立生物基专项，以进一步提高其在国民经济中的贡献。美国农业部于 2016 年 2 月通过"生物精炼、可再生化学品、生物基产品生产援助计划"向以生物质为原料的化学品和燃料项目提供 1 亿美元的贷款担保[41]；4 月，美国能源部生物能源技术办公室投入 1000万美元支持创新生物能源的发展[42]。2016 年，欧盟通过欧洲联合生物基产业发展计划（BBI JU）投入 1.6 亿欧元用于支持本年度生物质原料利用和生物基产品相关项目开发[43]。2016 年 5 月，英国宣布投入 1700 万英镑资助"工业生物技术催化剂"（IB Catalyst）计划[44]，以促进领先生物技术概念的市场转化。

3. 推动合成生物学产业应用发展

作为目前发展最迅速的交叉学科之一，合成生物学已被推到解决有关健康、医药、材料、能源、环境、气候变化和人口增长等全球问题的前沿。2016 年 2 月，英国合成生物学领导理事会（SBLC）发布《生物经济的生物设计——合成生物学战略计划 2016》报告[45]，提出在 2030 年促进英国合成生物学市场规模达到 100 亿英镑的目标，并提出加速生物设计技术、设施的工业化和商业化、最大化创新研发能力、建设产业专家队伍、完善产业支撑环境、拓展国内国际合作等措施。美国国家科学基金会（NSF）投入 2500 万美元资助建设细胞建造中心，利用人工智能平台和其他工具，将植物或动物细胞转化成能够生产新型药物、燃料乃至生物计算机的生物工厂[46]。

4. 重视微生物组研究开发与合作

在基因组学、宏基因组学等组学技术的支撑下，系统生物学研究不断向微生物及微生物群拓展，涵盖微生物群及其全部遗传与生理功能的微生物组研发受到高度重视，美国、欧盟各国、日本等积极部署微生物组国家计划。2016 年 5 月，美国宣布启动"国家微生物组计划"[47]，拟在微生物组相关的跨学科研究和平台性技术开发等方面投入巨额资金。随着微生物组研究在学术与产业界引起高度重视，微生物组的特征基因挖掘、微生物组健康水平提升、复合微生物制剂开发等应用都将面临巨大发展前景。

三、发展启示建议

当前，全球生物科技领域呈现出系统化突破性发展态势，生物及交叉应用领域不断涌现出颠覆性创新应用。随着我国国家创新驱动发展战略的深入实施，创新型国家的建设进程加速，我国生物科技与生物产业面临重要发展机遇。

1. 推动低碳生物经济发展进程

传统经济增长模式往往伴随着资源、能源的过度消耗和温室气体的大量排放，在生态环境和公众健康方面累积负面影响，迫切需要向低碳经济转型。而生物过程应用能够转变物质生产加工方式，以低碳、清洁和高效的方式生产多样化的能源、材料和化学品。因此，应加强生物质资源挖掘利用及生物转化关键技术研发，重点研发 CO_2 等单碳资源的生物转化、天然化合物的异源合成、生物基材料规模制造等方面的工业生物催化与转化技术，构建系列化、智能化、多元化、精细化的生物技术产品体系，加强绿色生物工艺在传统加工制造过程中的应用。

2. 关注生物科技前沿交叉研究创新

融合与会聚已经成为现代生物科技发展的重要特征，生物科技领域前沿交叉研究发展迅速，催生新兴产业成长与创新技术投资热潮。因此，有必要瞄准生物科技发展前沿，加强人工生命体、基因组编辑、生物计算与生物传感、仿生制造等技术创新和应用的基础科学问题研究，推动生物科技与其他相关学科的交叉融合，鼓励和引导多学科背景的人才培养，推进基于生物科学的未来技术发展。

3. 重视微生物组研究开发合作

微生物组研究已引起各国政府的高度重视并取得多项关键进展，在健康、农业、工业和环境治理等方面表现出巨大的发展潜力。我国在微生物资源保藏和研发方面具有良好发展基础，应积极开展国家微生物组研发战略与路线图规划，整合相关技术力量与平台，建立国家微生物组数据集成与共享机制，面向国际开展更加深层和紧密的合作。

4. 加强颠覆性技术发展有效监管

合成生物学、基因编辑等颠覆性技术的安全、法律与伦理问题已进一步受到广泛关注。由于相关技术涉及非天然进化的生物体设计和非天然产物的生物合成，在人类胚胎基因编辑、人染色体合成等研究方面存在争议，在非专业场所和非专业人员的科研活动参与等方面存在管理薄弱环节，应建立合理的法律监管和实验室安全管理，形成完善的管理规范与应急预案，并加强与公众的对话与沟通。

致谢：中国科学院天津工业生物技术研究所副所长李寅研究员在本文撰写过程中提出了宝贵意见和建议，在此表示感谢。

参考文献

［1］ Díaz S,Kattge J,Cornelissen J H,et al. The global spectrum of plant form and function. Nature, 2016,529(7585):167.

［2］ Schirmer M,Smeekens S P,Vlamakis H,et al. Linking the human gut microbiome to inflammatory cytokine production capacity. Cell,2016,167(4):1125-1136.

［3］ CAS-QIBEBT. Microbiome search engine. http://mse. single-cell. cn［2016-09-23］.

［4］ Liu C,Colón B C,Ziesack M,et al. Water splitting-biosynthetic system with CO_2 reduction efficiencies exceeding photosynthesis. Science,2016,352(6290):1210-1213.

［5］ Schwander T,von Borzyskowski L S,Burgener S,et al. A synthetic pathway for the fixation of carbon dioxide in vitro. Science,2016,354(6314):900-904.

［6］ Hutchison C A,Chuang R Y,Noskov V N,et al. Design and synthesis of a minimal bacterial genome,Science,2016,351(6280):1414-1426.

［7］ Richardson S M,Mitchell L A,Stracquadanio G,et al. Design of a synthetic yeast genome. Science, 2017,355(6329):1040.

［8］ Ostrov N,Landon M,Guell M,et al. Design,synthesis,and testing toward a 57-codon genome. Science,2016,353(6301):819-822.

［9］ Rubens J R,Selvaggio G,Lu T K. Synthetic mixed-signal computation in living cells. Nature Communications,2016,7:11658.

［10］ Adamala K P,Martin-Alarcon D A,Guthrie-Honea K R,et al. Engineering genetic circuit interactions within and between synthetic minimal cells. Nature Chemistry,2016,doi:10. 1038/nchem. 2644.

［11］ Mckeague M,Wang Y H,Cravens A,et al. Engineering a microbial platform for de novo biosynthesis of diverse methylxanthines. Metabolic Engineering,2016,38:191-203.

［12］ Rogers J K,Church G M. Genetically encoded sensors enable real-time observation of metabolite production. Proceedings of the National Academy of Sciences,2016,113(9):2388.

［13］ Opgenorth P H,Korman T P,Bowie J U. A synthetic biochemistry module for production of bio-based chemicals from glucose. Nature Chemical Biology,2016,12:393-395.

［14］ Jordan P C,Patterson D P,Saboda K N,et al. Self-assembling biomolecular catalysts for hydrogen production. Nature Chemistry,2016,8(2):179.

［15］ Shaw A J,Hamilton M,Consiglio A,et al. Metabolic engineering of microbial competitive advantage for industrial fermentation processes. Science,2016,353(6299):583-586.

［16］ Schwartz C M,Hussain M S,Blenner M,et al. Synthetic RNA polymerase Ⅲ promoters facilitate high-efficiency CRISPR-Cas9-Mediated genome editing in yarrowia lipolytica. Acs Synthetic Biology, 2016,5(4):356.

[17] Cress B F, Jones J A, Kim D C, et al. Rapid generation of CRISPR/dCas9-regulated, orthogonally repressible hybrid T7-lac promoters for modular, tuneable control of metabolic pathway fluxes in Escherichia coli. J. Nucleic Acids Research, 2016, 44(9): 4472-4485.

[18] Quick J, Loman N J, Duraffour S, et al. Real-time, portable genome sequencing for Ebola surveillance. Nature, 2016, 530(7589): 228.

[19] Fuller C W, Kumar S, Porel M, et al. Real-time single-molecule electronic DNA sequencing by synthesis using polymer-tagged nucleotides on a nanopore array. Proceedings of the National Academy of Sciences of the United States of America, 2016, 113(19): 5233.

[20] Loose M, Malla S, Stout M. Real-time selective sequencing using nanopore technology. Nature Methods, 2016, 13(9): 751-754.

[21] Zetsche B, Heidenreich M, Mohanraju P, et al. Erratum: Multiplex gene editing by CRISPR-Cpf1 using a single crRNA array. Nature Biotechnology, 2017, 35(1): 31.

[22] Fulco C P, Munschauer M, Anyoha R, et al. Systematic mapping of functional enhancer-promoter connections with CRISPR interference. Science, 2016, 354(6313): 769.

[23] Yang H, Gao P, Rajashankar K R, et al. PAM-dependent target DNA recognition and cleavage by C2c1 CRISPR-Cas endonuclease. Cell, 2016, 167(7): 1814-1828.

[24] Eastseletsky A, O'Connell M R, Knight S C, et al. Two distinct RNase activities of CRISPR-C2c2 enable guide-RNA processing and RNA detection. Nature, 2016, 538(7624): 270.

[25] Dong D, Ren K, Qiu X, et al. The crystal structure of Cpf1 in complex with CRISPR RNA. Nature, 2016, 532(7600): 522.

[26] Yan C, Wan R, Bai R, et al. Structure of a yeast catalytically activated spliceosome at 3.5A resolution. Science, 2016, 353(6302): 904.

[27] Wan R, Yan C, Bai R, et al. Structure of a yeast catalytic step Ⅰ spliceosome at 3.4A resolution. Science, 2016, 353(6302): 895.

[28] Wei X P, Su X D, Cao P, et al. Structure of spinach photosystem Ⅱ-LHCII supercomplex at 3.2Å resolution. Nature, 2016, 534(7605): 69.

[29] Kale R, Hebert A E, Frankel L K, et al. Amino acid oxidation of the D1 and D2 proteins by oxygen radicals during photoinhibition of Photosystem Ⅱ. Proceedings of the National Academy of Sciences of the United States of America, 2017, 114(11): 2988-2993.

[30] Wang H, Shi Y, Song J, et al. Ebola Viral Glycoprotein Bound to Its Endosomal Receptor Niemann-Pick C1. Cell, 2016, 164(1-2): 258.

[31] Chen X, Wei M, Zheng M M, et al. Study of RNA polymerase Ⅱ clustering inside live-cell nuclei using bayesian nanoscopy. Acs Nano, 2016, 10(2): 2447-2454.

[32] Tao Y, Wang Y, Huang S, et al. Metabolic-activity based assessment of antimicrobial effects by D2O-labeled Single-Cell Raman Microspectroscopy. Analytical chemistry, 2017, 89(7): 4108-4115.

[33] Bale J B, Gonen S, Liu Y, et al. Accurate design of megadalton-scale two-component icosahedral

protein complexes. Science,2016,353(6297):389-394.

[34] Vermaas J V,Loukas P,Xianghong Q,et al. Mechanism of lignin inhibition of enzymatic biomass deconstruction. Biotechnology for Biofuels,2015,8(1):217.

[35] Ding S,Royall J J,Sunkin S M,et al. Comprehensive cellular-resolution atlas of the adult human brain,2016,524(16):Spc1-Spc1.

[36] Sawada J,Akopyan F,Cassidy A S,et al. Truenorth ecosystem for brain-inspired computing: scalable systems,software,and applications // International conference for high performance computing. Networking. Storage and Analysis,2016:12.

[37] Meng J,Zhang S,Bekyo A,et al. Noninvasive electroencephalogram based control of a robotic arm for reach and grasp tasks. Scientific Reports,2016,6:38565.

[38] Chen H,Zhang P,Zhang L,et al. Continuous directional water transport on the peristome surface of nepenthes alata. Nature,2016,532(7597):85.

[39] EU. Horizon 2020 Work Programme 2016-2017. http://ec. europa. eu/research/participants/data/ref/h2020/wp/2016_2017/main/h2020-wp1617-leit-nmp_en. pdf♯rd? sukey=7f8f3cb2e9b0da45f390f473ce05662e4b897472e246840be6ed46d4c40210737cf2a3825ab61fc5e3aee12e86bda924 [2016-01-01].

[40] RCUK. RCUK strategic priorities and spending plan 2016-20. http://www. rcuk. ac. uk/documents/documents/strategicprioritiesandspendingplan2016/[2016-03-18].

[41] Business Wire. USDA reserves over $100 million in loan guarantee funding for biosynthetic technologies. http://www. businesswire. com/news/home/20160201005258/en/ [2016-02-28].

[42] EERE. DOE announces $10 million for lnnovative bioenergy research and development. http://www. energy. gov/eere/articles/doe-announces-10-million-innovative-bioenergy-research-and-development [2016-05-16].

[43] EU. 2016 annual work plan and budget. http://www. bbi-europe. eu/sites/default/files/documents/bbi-ju-awp-2016-final_en. pdf [2016-01-18].

[44] BBSRC. £17M announced to support industrial biotechnology. http://www. bbsrc. ac. uk/news/industrial-biotechnology/2016/160526-n-17m-announced-to-support-industrial-biotechnology/ [2016-05-26].

[45] SBLC. Biodesign for the bioeconomy UK synthetic biology strategic plan 2016. http://connect. innovateuk. org/documents/2826135/31405930/BioDesign+for+the+Bioeconomy+2016+-+DIGITAL. pdf/0a4feff9-c359-40a2-bc93-b653c21c1586[2016-02-24].

[46] Perlman D. Bay area cellular machine shop to be created with federal grant. http://www. sfchronicle. com/science/article/Bay-Area-Cellular-Machine-Shop-to-be-created-with-9537679. php[2016-10-02].

[47] The White House. Announcing the national microbiome lnitiative. http://obamawhitehouse. archives. gov/blog/2016/05/13/announcing-national-microbiome-initiative [2016-05-13].

Observations on Development of Bioscience and Biotechnology

Chen Fang，Chen Yunwei，Ding Chenjun，Zheng Ying，Deng Yong

Great achievements had been made in the field of bioscience and biotechnology in 2016. With the deepening of knowledge in basic biology, the ability of organism design and synthesis has been enhanced, innovative methods and technological breakthroughs have made steady progresses, R&D on biological resources utility has deeply promoted, and biocatalysis and biotransformationcontinues to improve. Synthetic biology, genome editing technology, stem cell computer aided design, artificial intelligence and bionic manufacturing and other cutting-edge cross-technology innovation sprung up, which may greatly push forward the development of biological science. Europe and USA had launched many significant plans or projects to accelerate the development of biological resources, synthetic biology, microbiome research, and bio-based products leading to a global thriving bioeconomy.

4.4　农业科技领域发展观察

董　瑜[1]　杨艳萍[1]　邢　颖[2]

（1. 中国科学院文献情报中心；2. 中国科学院科技战略咨询研究院）

伴随现代技术的飞速发展和农业资源的日益紧缺，创新已成为推动农业发展的主要力量，正在引领农业发展方式发生深刻变革。2016 年 6 月召开的 20 国农业部长会议指出[1]，各国应通过科学、循证的政策、计划以及资源可持续利用，推动农业技术、社会组织、体制机制和商业模式的创新，实现农业生产力可持续增长。2016 年，全球农业科技取得多项重要进展，多国政府出台了农业及相关领域创新发展战略规划。

一、农业研究领域重要进展

1. 番茄品质分子机理研究取得多项重要进展

英国诺丁汉大学的研究团队发现了控制番茄果实软化的关键基因为一种编码果胶裂解酶的 PL 基因[2]，该基因的沉默可以减缓番茄果实的软化速度，并且不会对产量、果实颜色等产生不利影响。美国佛罗里达大学的研究人员分析了番茄冷藏会导致风味质量降低的原因[3]，发现一些关键的挥发性合成酶和重要的成熟相关转录因子的转录在冷藏条件下会显著减少，同时伴随着 DNA 甲基化发生改变。

2. 美国科研人员发现提高光合效率的新途径

美国伊利诺伊大学等机构的研究人员发明了一种利用转基因技术调整植物防晒机能、加速植物从光保护状态恢复、提高光合作用效率来增加产量的方法[4]。研究人员向烟草中转入拟南芥 VDE、ZEP 和 PsbS 基因，基因表达后合成的蛋白质能够加速叶黄素类循环中紫黄素和玉米黄素的相互转换速度，加快非光化学淬灭的关闭，因此提高了植物对适度遮荫光照条件的适应速度，增加了叶片对 CO_2 的摄取，在波动光照条件下，转基因植物生物量可以增加 15%。该团队目前已经开始在水稻、大豆和木薯中进行类似实验。

3. 美国研究人员开发出快速生成杀虫蛋白的新技术

美国哈佛大学的研究人员开发出一种噬菌体辅助持续演化（Phage-Assisted Continuous Evolution，PACE）的新技术[5]，可以创造、鉴定和演化优选天然杀虫蛋白质（Bt 毒素）。PACE 技术的优势在于能够优化蛋白质，有针对性地锁定靶标害虫和病原菌，并且比以往的技术要快 100 倍，这将有助于解决对现有防治方案已产生抗性的病虫害问题。目前，美国孟山都公司已经与哈佛大学签署授权协议，获得 PACE 技术应用于农业领域的限制性独占许可授权。

4. 我国科学家在植物发育调控机理研究中取得重大突破

中国科学院遗传与发育生物学研究所的研究人员首次分离了拟南芥中花粉管识别雌性吸引信号的受体蛋白复合体[6]，并揭示了信号识别和激活的分子机制。研究人员通过转基因手段将其中一个信号受体导入荠菜，并与拟南芥进行杂交，转基因荠菜的花粉管识别拟南芥胚囊的效率得到明显提高。该研究成果为克服杂交育种中杂交不亲和性提供了重要理论依据。清华大学研究团队发现植物分枝激素独脚金内酯的感知机制[7]，揭示了"受体-配体"不可逆识别的新规律，发现受体 D14 参与激素活性分子的合成和不可逆结合、进而触发信号传导链，调控植物分枝。该研究发现的"受体-配体"不可逆识别机制不同于以往所建立的"配体-受体"可逆识别机制。上述两项研究成果均入选 2016 年中国生命科学领域的十大进展。

二、农业领域重要发展动向

1. 全球农业研发格局面临历史性变迁

美国明尼苏达大学的学者分析了全球农业与食品研发资助格局的发展与变迁[8]。全球农业研发支出 30 年来稳定增长，高收入国家所占比例有所下降，由 1980 年的 69% 降至 2011 年的 55%；中等收入国家（包括中国、巴西和印度）所占比例上升，由 29% 增长至 43%。私营部门已经成为全球农业创新的主要参与者，1980 年高收入国家私营部门的研发支出占总支出的 42%，2011 年达到 52.5%；中等收入国家私营部门研发支出所占比例 1980 年为 16%，2011 年达到 37%。低收入国家与高收入国家间的研发支出差距在加大，1980 年高收入国家人均公共研发投入为 13.25 美元，低收入国家为 1.73 美元，相差 7.7 倍；到 2011 年，高收入国家为 17.73 美元，低收入国家为 1.51 美元，差距扩大到 11.7 倍。

2. 农业技术领域受到风险资本青睐

随着现代技术的飞速发展及其在农业领域的广泛应用，农业技术目前已引起风险投资的关注。根据美国农业在线投资平台 Agfunder 统计[9]，2012～2015 年农业技术投资持续增长，2015 年达到 46 亿美元，创历年之最。2016 年，随着全球风险资本市场回落，农业技术投资较 2015 年有所下降，但仍远高于之前的年份。目前农业风险投资热点包括传感器、无人机、农场管理软件、生物投入品、基因编辑和生物学中的大数据。密集涌入的资金为农业领域带来了崭新的技术，加快了农业技术创新的步伐，但一些技术应用到农业产业上还存在一些挑战，如在大面积农田中推广传感器是一个挑战；无人机面临电池寿命有限、无法对图像数据进行实时决策等局限，因此利用新技术实现农业创新依然任重道远。

3. 全球农业科技巨头掀起收购浪潮

自 2015 年年底美国化工巨头陶氏化学公司与杜邦宣布合并起，全球农化、种子等企业掀起并购整合大潮。2016 年 2 月，中国化工集团宣布以逾 430 亿美元收购先正达，9 月，德国拜耳公司就收购美国孟山都公司达成协议，将以总价 660 亿美元收购孟山都公司。全球农化、种子领先企业快速及高度的并购整合，将促使全球种业和农化战略格局发生重大变化[10]，全球粮食生产不可或缺的技术资源将由 15～20 家公司控制，美国、欧洲和中国三家各自在农化和种子领域形成一家巨头，将分别控制全球农药市场 79% 及全球种子市场 46% 的份额，市场集中度进一步提高，技术领域的竞争更加激烈。

4. 大数据在农业中的应用发展迅速

以 DNA 测序技术和信息技术为代表的农业大数据技术迅速发展，推动了相关技术的实用化和商业化。2016 年 7 月，美国农业科技初创公司 Indigo 利用农业大数据技术实现了快速有效筛选有益植物内生菌[11]，该公司先利用基因测序技术和生物信息学方法，创建了包含上万种微生物基因组信息的数据库，然后通过机器学习方法分析预测对植物健康最有益微生物及其组合，最后用于改良农作物。8 月，美国孟山都公司的子公司气候公司推出行业内首个田间传感器网络信息采集系统[12]，该系统实现了个人设备与 Climate FieldView™ 平台农艺模型间的数据互联，可根据农民农田情况为其提供更加精准的服务；此外还扩展了该分析平台的软件基础架构，使其成为行业内首个来自多家公司的多种技术的集成分析平台，进而促进数字农业创新快速走向市场。

5. 转基因技术及产品在争议中不断前行

截至 2016 年 12 月，全球共有 107 种转基因作物获得批准[13]，涉及 68 个作物品种，其中 17 个为新品种，包括马铃薯、苹果、棉花、玉米、油菜和大豆。新批准的转基因品种均为复合性状，集中体现了目前转基因研发向多性状、多抗性方向发展的趋势。全球转基因作物种植面积从 1996 年的 170 万公顷增长到 2015 年的 1.797 亿公顷[14]，近 100 倍的增幅使转基因技术成为 20 年来推广速度最快的作物技术。与此同时，全球关于转基因技术的争议愈加激烈。2016 年 5 月，美国国家科学院发布报告称，转基因食品不会对人类健康产生更大风险[15]；英国皇家学会也公开指出食用转基因作物是安全的[16]。6 月，百位诺贝尔奖获得者联名抵制绿色和平组织的反转行为，强烈要求该组织停止阻碍"黄金大米"的推广。7 月，美国国会通过转基因食品标识法案平息了多年来美国国内关于转基因食品是否标识的争论，有利于转基因食品的推广。与此同时，我国政府发出明确信息，在"十三五"期间推进转基因作物产业化。

6. 基因编辑作物的监管和知识产权问题受到关注

随着分子生物学的不断发展以及对农艺性状遗传基础认识的不断深入，可用于植物育种的技术也越来越多，其中基因编辑技术被认为是目前最有前途的育种技术，但其监管问题受到关注。2016 年 1 月，中国、美国、德国三国科学家提出应以注册为前提、同等对待基因组编辑作物和传统育种产品的透明管理机制[17]。美国目前已为若干种基因编辑产品开了绿灯，包括宾夕法尼亚大学开发的防褐变蘑菇、杜邦先锋CRISPR 玉米，但在欧洲和我国，政府层面未能发出明确的政策信号。2016 年，麻省理工学院-哈佛大学博德研究所与加利福尼亚大学伯克利分校之间的 CRISPR-Cas9 专利大战一波三折，最终以美国专利及商标局裁定博德研究所继续保有 2014 年获批的CRISPR-Cas9 应用专利结束了双方第一轮的较量，后续商业大战仍在继续。

三、农业领域重大战略举措

1. 美国白宫科技政策办公室发布促进土壤科学与实践研究举措

2016 年 12 月，美国白宫科技政策办公室联合相关机构和私营部门宣布了一系列新举措[18]，以促进对土壤的科学理解和实践管理。一是促进跨学科研究与教育，其中美国能源部西北太平洋国家实验室将投入 1000 万美元启动"土壤-植物-大气"旗舰研究计划；二是开发先进的计算工具及建模，以增强土壤特性研究与分析能力；三是加强土壤监测与保护等研究，扩大可持续农业实践。上述机构联合发布的《联邦土壤科学战略计划框架》[19]草案提出了美国土壤科学未来的重点发展建议，包括支持应用性社会科学研究，提高公众对土壤的认知；推进土壤数据存储、分析国家级研究设施的建设；支持土壤与全球气候变化相互作用研究；进一步支持土地利用和土地覆盖变化对土壤影响的研究；促进可持续土地管理实践等。

2. 美国国家科学基金会持续资助植物基因组研究

2016年10月，美国国家科学基金会宣布投入4400万美元继续资助植物基因组研究项目[20]，一方面支持基因组的植物科学基础问题研究和开发植物基因组研究的工具资源和新技术，另一方面还资助科研人员参与植物基因组领域的职业继续教育。该项目2016年的主要研究内容包括大豆种子繁殖基因调节网络研究、在基因组水平上了解玉米小麦和谷物中维生素含量平衡的种子生物化学原理、探索多年生作物适应气候变化和恢复的能力、基于番茄天然多样性来寻求新的抗病资源、分析长寿树种的表观遗传变量等。

3. 澳大利亚科学院发布农业科学十年计划草案

2016年11月，澳大利亚科学院农业、渔业与食品国家科学委员会发布《澳大利亚农业科学2017—2026十年计划》草案[21]，提出澳大利亚未来农业研发投资的战略方向，包括基因组学研究（基因型与表型互作、表观遗传学、新型育种技术以及相关工具开发等）、农业智能技术（农业控制论、传感器及网络、机器人与自动化系统）、大数据分析（大数据利用与信息挖掘、基于大数据的决策研究）、可持续化学（新一代高效无毒特异性农化产品开发、化学封装系统以及实时检测或传感技术）、应对气候变化（管理策略和遗传改良办法开发，定制化气候预测）、代谢工程/合成生物学研究（针对植物保护与生长、工业应用等性状开展研究）。

4. 英国、法国农业相关研究机构发布未来5~10年战略规划

2016年5月，英国生物技术与生物科学研究理事会发布《2016~2020年战略执行计划》[22]，提出将推动生物科学发现，重点支持生物经济发展，建立更加灵活与安全的未来。其中农业和粮食安全方面的重点包括：推动农业系统可持续发展，提高食物和饲料营养质量，深入理解基因数据与作物、牲畜复杂表型之间的关系等。10月，法国国家农业研究院发布面向2025的战略规划[23]，提出5个优先领域方向，包括应对挑战保障全球粮食安全，立足技术和组织模式创新开展生态农业研究和实践，农林业减缓及适应气候变化研究，食物消费、健康与安全研究以及生物资源研究。

四、我国明确"十三五"农业发展战略部署

2016年是我国"十三五"规划的起步之年，国家及相关部委密集出台了全局和农业相

关"十三五"规划，提出了未来我国"三农"发展的战略目标、重点部署以及重要措施。

1. 中央一号文件首次提出农业供给侧改革

2016 年 1 月，我国发布了第十三个指导"三农"工作的"中央一号文件"[24]，强调指出要用发展新理念破解"三农"新难题，加大创新驱动力度，推进农业供给侧结构性改革，以解决农产品供求结构失衡、生产成本过高、资源错配及透支利用等突出问题。中国科学院、科技部联合实施的"渤海粮仓"科技示范工程写入"中央一号文件"，该工程自 2013 年启动以来，围绕环渤海地区 4000 多万亩中低产田和 1000 多万亩盐碱荒地改造进行技术攻关和示范，显著提升了环渤海中低产区粮食生产能力，并带动了"一二三"产业的融合。

2. 国家科技创新规划提出农业科技创新发展目标

2016 年 8 月，我国出台《"十三五"国家科技创新规划》[25]，提出我国未来 5 年农业科技创新发展目标，"力争到 2020 年，建立信息化主导、生物技术引领、智能化生产、可持续发展的现代农业技术体系。"除了继续将转基因生物新品种培育列为重大专项外，该规划还部署启动了种业自主创新重大工程。现代农业技术也成为规划的新增亮点，提出要发展高效安全生态的现代农业技术，包括生物育种研发、粮食丰产增效、主要经济作物优势高产与产业提质增效等 14 个相关领域。

3. 全国农业现代化规划明确未来五年农业现代化建设战略方向和实施路径

2016 年 10 月，《全国农业现代化规划（2016—2020 年）》[26]发布。该规划明确了未来五年我国农业现代化建设的战略方向和实施路径。在发展定位上提出了农业的根本出路在于现代化；在发展主线上，强调推进农业供给侧结构性改革，提高农业综合效益和竞争力；在战略重点上，强调实施坚持以我为主、立足国内、确保产能、适度进口、科技支撑的国家粮食安全战略，突出抓好建设现代农业产业体系、生产体系、经营体系三个重点。

4. 农业科技创新重大工程引领我国农业供给侧改革

2016 年 9 月，科技部、农业部、教育部、中国科学院等联合发布《主要农作物良种科技创新规划（2016—2020 年）》[27]，明确了水稻、小麦、玉米、大豆、棉花、油菜、蔬菜等主要农作物的主要攻关方向和重点任务，强调按照种业创新价值链条统筹布局，充分发挥科研院所和种业企业两个作用，并通过优化政策环境，完善平台基地和人才队伍建设，提升我国农业综合生产能力和种业国际竞争力。除上述"种业自主创新重大工程"外，科技部提出将实施"第二粮仓科技创新工程""蓝色粮仓科技创新工程"和"科技扶贫百千万工程"，以科技创新支撑引领我国农业供给侧结构性改革。

5. 我国政府发声推进转基因作物产业化

在转基因问题上，我国政府发出了更明确的信息，即在"十三五"期间要推进抗虫玉米、大豆等重大产品的产业化。"中央一号文件"明确指出"加强农业转基因技术研发和监管，在确保安全的基础上慎重推广"，《"十三五"国家科技创新规划》继续把"转基因生物新品种培育"列为国家科技重大专项，并明确"推进新型抗虫棉、抗虫玉米、抗除草剂大豆等重大产品产业化"。2016 年 10 月 1 日，我国新修订的《食品安全法》正式实施，其中第 69 条规定：生产经营转基因食品应当按照规定显著标示，该规定的具体实施效果，尚需拭目以待。

致谢：中国科学院遗传与发育生物学研究所张正斌研究员、中国农业大学李建生教授对本文初稿进行了审阅并提出了宝贵的修改意见，特致感谢！

参考文献

［1］宁启文，白雪妍，吕珂昕 . 2016 年二十国集团农业部长会议综述 . http:// www. moa. gov. cn/ zwllm/zwdt/201606/t20160606_5161840. htm［2016-08-12］.

［2］Uluisik S，Chapman N H，Smith R，et al. Genetic improvement of tomato by targeted control of fruit softening. Nature Biotechnology，2016，34(9)：950-952.

［3］Zhang B，Tieman D M，Jiao C，et al. Chilling-induced tomato flavor loss is associated with altered volatile synthesis and transient changes in DNA methylation. Proceedings of the National Academy of Sciences of the United States of America，2016，113(44)：12580-12585.

［4］Stokstad E. Engineered crops could have it made in the shade. Science，2016，354(6314)：816-816.

［5］Badran A H，Guzov V M，Huai Q，et al. Continuous evolution of bacillus thuringiensis toxins overcomes insect resistance. Nature，2016，533(7601)：58-63.

［6］Wang T，Liang L，Xue Y，et al. A receptor heteromer mediates the male perception of female attractants in plants. Nature，2016，531(7593)：241-244.

［7］Yao R F，Ming Z H，Yan L M，et al. DWARF14 is a non-canonical hormone receptor for strigolactone. Nature，2016，536(7617)：469-474.

［8］Philip G P，Connie C-K，Steven P D，et al. Agricultural R&D is on the move，Nature，2016，537(7620)：301-303.

［9］AgFunder. AgTech investing report-2015. http://agfunder. com/research/agtech-investing-report-2015［2016-10-26］.

［10］袁娜 . 2016 全球农业新格局及未来趋势解析 . http:// cn. agropages. com/News/NewsDetail-13679-e. htm［2017-02-26］.

[11] MIT Technology Review. Newway to boost crop production doesn't rely on GMOs or pesticides. http：// www. technologyreview. com/s/601930/new-way-to-boost-crop-production-doesnt-rely-on-gmos-or-pesticides/[2016-07-21].

[12] Monsanto news. The climate corporation to create industry's first in-field sensor network to feed its analytics platform and to build first centralized platform for industry-wide digital ag technology development. http：// news. monsanto. com/press-release/corporate/climate-corpo-ration-create-industrys-first-field-sensor-network-feed-its-ana[2016-08-17].

[13] 张静松 . 2016 全球转基因热点事件盘点 . http：// cn. agropages. com/News/NewsDetail-13707. htm [2017-03-20].

[14] ISAAA. ISAAA Brief 51：20th anniversary (1996 to 2015) of the global commercialization of bio-tech crops and biotech crop highlights in 2015. http：// www. isaaa. org/resources/publications/briefs/51/toptenfacts/default. asp[2017-04-25].

[15] National Academies of Sciences, Engineering, and Medicine. Genetically engineered crops：Experi-ences and prospects. http：// www. nap. edu/catalog/23395/genetically-engineered-crops-experiences-and-prospects [2016-06-11].

[16] The Royal Society. Genetically modified (GM) plants：Questions and answers. http://royalsoci-ety. org/topics-policy/projects/gm-plants/? utm_source＝social_media&utm_medium＝hootsuite & utm_campaign＝standard[2016-06-11].

[17] Nature genetics. Where genome editing is needed. http://www. nature. com/ng/journal/v48/n2/full/ng. 3505. html[2016-02-02].

[18] The White House Office of the Press Secretary. Fact sheet：The Obama administration announces new steps to advance soil sustainability. https://www. whitehouse. gov/the-press-office/2016/12/05/fact-sheet-obama-administration-announces-new-steps-advance-soil[2016-12-07].

[19] Subcommittee on Ecological Systems, Committee on Environment, Natural Resources, and Sustain-ability of the National Science and Technology Council. The state and future of U. S. soils：Framework for a federal strategic plan for soil science. https:// www. whitehouse. gov/sites/de-fault/ files/microsites/ ostp/ssiwg_ framework_december_2016. pdf[2016-12-07].

[20] NSF. NSF awards ＄44 million for genomic research on range of plants, many economically impor-tant. https://www. nsf. gov/news/news_ summ. jsp? cntn_id＝ 190076&WT. mc_id＝USNSF_51&WT. mc_ev＝click[2016-10-22].

[21] Australian Academy of Science National Committee for Agriculture, Fisheries and Food. Decadal plan for australian agricultural sciences 2017-26. https：// www. science. org. au/files/userfiles/support/reports-and-plans/in-progress-decadal-plans/decadal-plan-agricultural-sciences-final-draft-nov16. pdf [2016-12-01].

[22] BBSRC. BBSRC delivery plan 2016/17-2019/20. http：// www. bbsrc. ac. uk/documents/delivery-plan-2016-20-pdf/[2016-12-10].

［23］INRA. Strategic orientations through to 2025. http://2025. inra. fr/en［2016-12-10］.

［24］新华社. 中共中央 国务院关于落实发展新理念加快农业现代化 实现全面小康目标的若干意见. http://www. gov. cn/zhengce/2016-01/27/content_ 5036698. htm［2016-01-27］.

［25］国务院. 国务院关于印发"十三五"国家科技创新规划的通知. http://www. gov. cn/zhengce/content/2016-08/08/content_5098072. htm［2016-08-08］.

［26］国务院. 国务院关于印发全国农业现代化规划（2016—2020 年）的通知. http://www. gov. cn/zhengce/content/2016-10/20/content_5122217. htm［2016-10-20］.

［27］科技部,农业部,教育部,等. 科技部 农业部 教育部 中国科学院关于印发《主要农作物良种科技创新规划（2016-2020 年）》的通知. http://www. most. gov. cn/mostinfo/xinxifenlei/fgzc/gfxwj/gfxwj2016/201610/t20161025_128437. htm［2016-09-14］.

Focus on Progresses in Agricultural Science and Technology

Dong Yu，Yang Yanping，Xing Ying

Agricultural science and technology achieved great progress in tomato quality，plant photosynthetic efficiency，plant resistance to pests and diseases，and plant development regulation during 2015. At present，a series of new changes and trends are emerging in agricultural field，for instance，the global agricultural R&D pattern is facing a historic change，the application of big data in agriculture is developing rapidly，agricultural technology is increasingly favoured by venture capital. Moreover，global seed giants set off a wave of corporate acquisitions，transgenic technology and its products keep on moving forward in the dispute，the regulation aspects of gene-editing crops and the ownership of intellectual property rights are receiving attention. Many countries have developed strategic planning to strengthen the agricultural priority areas. Australia，UK and France have proposed the strategic direction and key areas for future investment in agricultural research. USA releases initiatives to promote soil science，and continues to support plant genome research. China clearifies agricultural development strategy during the 13th Five-Year period，including agricultural supply side structural reform，the goal of agricultural S&T innovation and development in the next 5 years，the overall layout of seed industry development，and accelerating the industrialization of GM crops.

4.5 环境科学领域发展观察

曲建升[1] 廖 琴[1] 曾静静[1] 朱永官[2]
潘根兴[3] 裴惠娟[1] 刘燕飞[1] 董利苹[1]

（1. 中国科学院兰州文献情报中心；2. 中国科学院城市环境研究所；
3. 南京农业大学农业资源与生态环境研究所）

2016 年，环境科学领域在科学研究和战略部署方面取得了多项突破性成果和进展。《巴黎协定》的生效开启了全球气候治理新阶段；《新城市议程》的通过为城市可持续发展指引了方向；海洋塑料污染研究的深入推动了相关治理行动的开展。同时，国际组织和世界各国加强了在生物多样性保护、淡水资源安全、灾害风险及可持续发展等领域的研究，并针对热点问题部署了若干计划和项目。

一、领域重要研究进展

1. 海洋环境中的塑料垃圾污染研究取得进一步认识

英国帝国理工学院的科研人员绘制了全球海洋中漂浮的塑料微粒地图[1]，并指出中国沿海和印度尼西亚群岛是最佳的塑料垃圾清除位置。美国特拉华大学、华盛顿大学和伍兹霍尔海洋研究所的研究显示[2]，由于海浪、洋流产生的湍流能携带塑料进入深海，因而海洋中的实际塑料数量可能远高于先前研究测量的数量。2016 年 7 月，联合国环境规划署（UNEP）和全球资源信息数据库——阿伦达尔中心（Grid Arendal）发布《海洋垃圾重要图示》[3] 报告，详细阐明了海洋垃圾的相关问题，包括海洋垃圾的定义及种类、海洋垃圾的影响、处理海洋垃圾的成本以及从源头减少海洋塑料垃圾的措施等。

2. 空气污染对健康影响的评估持续推进并取得进展

2016 年 1 月，经济合作与发展组织（OECD）发布报告指出[4]，在 2010 年，经济合作与发展组织国家、中国和印度室外空气污染对健康造成的经济成本（包括死亡和疾病成本）分别为 1.7 万亿美元、1.3 万亿美元和 0.6 万亿美元。8 月，一项中美联合研究首次在国家和省级层面对中国燃煤和其他主要空气污染源所致的疾病负担进行了综合评估[5]，指出燃煤对大气 $PM_{2.5}$ 浓度具有较大影响，是中国疾病负担的最重要因素之一。9 月，世界银行（World Bank）发布报告[6]，估算了因空气污染导致过早死亡的经济成本，指出 2013 年空气污染导致全球福祉损失达 5.11 万亿美元。世界卫生组织（WHO）报告指出[7]，2014 年全球 92% 的人口暴露的 $PM_{2.5}$ 年均浓度高于WHO 的限值（10 微克/米^3）。

3. 全球增温停滞现象及其原因仍为研究热点

自 1998 年全球平均地表温度升高趋势明显减缓以来，关于全球增温"停滞"（hiatus）的研究一直是科学界的研究热点与关注焦点，争论的主题主要包括全球增温停滞是否确实发生、引起增温停滞的原因和增温停滞的持续时间。

关于增温停滞是否确实发生，加拿大维多利亚大学为首的研究利用修正的地表温度数据[8]，支持全球变暖出现减缓的结论；美国遥感系统研究人员认为卫星轨道漂移引发了温度测量误差，对卫星数据进行修正后增温停滞现象会减弱[9]。关于引起增温停滞的原因，多项研究已表明全球增温停滞由自然气候变率引起[10-12]，日本东京大学[13]、美国亚利桑那大学[14]的最新研究发现，海洋是影响全球增温停滞的另一个重要因素。除以上两个原因外，英国雷丁大学的研究揭示了非 CO_2 温室气体减排对全球增温减缓具有显著贡献，达 18%～25%[15]。关于增温停滞的持续时间，英国南安普顿大学预测[16]，到 2100 年全球增温停滞现象将消失。

4. 人为气候变化诱发极端事件的归因可靠性提高

近 10 年来，科研人员对极端事件归因的研究兴趣和研究活动急剧增加。2016 年3 月，美国国家科学院（NAS）出版社发布的报告[17]指出，随着科学的进步，研究人员能更加肯定，人类活动导致的天气变化影响了某些极端事件的强度和频率。在过去4 年中，《美国气象学会公报》特刊发表了 79 篇有关极端事件归因的文章[18]，其中约一半文章的研究结果表明，人为气候变化明显影响了许多极端事件的频率或强度。2016 年，联合国国际减灾战略（UNISDR）报告[19]、美国国会预算办公室（CBO）报告[20]、《地球物理研究快报》文章[21,22]和《自然·气候变化》文章[23,24]都分别证明，人为气候变化导致自然灾害与极端天气事件频发。

5. 生物多样性保护研究获得多项重要进展

全球生物多样性已降于安全阈值以下。英国雷丁大学研究人员基于 18 659 个地点的 39 123 个物种的 238 万条数据记录，对全球生物多样性完整指数（BII）变化进行了量化分析[25]，指出 2015 年全球范围内的生物多样性已降至 84.6%，低于生态学家以往建议的 90% 安全阈值[26,27]。2016 年 10 月，世界自然基金会（WWF）报告指出[28]，1970～2012 年鱼类、鸟类、哺乳类、两栖类和爬行动物的种群数量减少了58%，预计 1970～2020 年全球野生动物种群将减少 67%。美国杜克大学和巴西生态研究所的科研人员认为[29]，目前世界自然保护联盟（IUCN）的濒危物种红色名录严重低估了处于灭绝风险的物种数量。

全球传粉生物多样性下降问题受到多方关注。2016 年 11 月，IUCN 报告指出[30]，全球范围内的传粉生物多样性在不断下降，欧洲 9% 的野生蜜蜂和蝴蝶种群数量分别下降了 31% 和 37%，而且目前 IUCN 红色名录中 16.5% 的最濒危动物是陆地传粉生物。《自然》期刊文章指出[31]，传粉生物面临着土地利用和管理强度变化、气候变化、农药和转基因作物、授粉媒介管理和病原体以及外来物种入侵等威胁，一些地区的野生和受管理的传粉昆虫已明显下降。东安格利亚大学为首的国际研究团队在《科学》期刊发表文章[32]，从降低风险、提高农业可持续性、保护生物多样性和生态系统服务方面提出保护传粉生物的相关建议。

6. 淡水资源安全问题受到高度重视

荷兰特温特大学的研究人员评估了全球月均蓝水资源短缺分布状况[33]，指出全球约 40 亿人口面临严重的供水不足问题，其中约 20 亿人口分布在中国和印度。2016 年 7 月，美国国家海洋和大气管理局（NOAA）指出，美国水资源面临洪水、海平面上升、极端干旱、藻类暴发等方面的科学挑战[34]。8 月，亚洲开发银行（ADB）发布报告[35]，指出过去 5 年亚太地区 48 个国家的水安全整体上得到改善，但仍面临地下水超采、人口增长导致用水需求增加及气候多变性等重大挑战。多国研究人员发现[36]，南亚主要流域——印度恒河流域六成地下水无法使用，盐化度高和砷污染是其主要原因。

7. 贫困及其识别预测仍是可持续发展面临的关键挑战

对贫困人口和地区识别不明确阻碍了世界对减少贫困的努力和扶持。2016 年 4 月，全球经济论坛（Global Economic Symposium）发布报告[37]，认为不同国家机构对贫困终结的评测标准不同，对贫困的统计也不尽相同，造成对贫困的扶持有差距，并给 20 国集团提出了应对这一挑战的建议。美国斯坦福大学科研人员研发出一种准确、廉价且可扩展的用于从高分辨率卫星图像中评估家庭消费支出和资产财富的方法[38]，克服了通过传统方法获取可靠数据的困难，开辟了贫困预测的新途径。

8. 抗生素抗性基因研究取得新进展

以色列威兹曼科学院领导的研究小组开发出一种新的测序技术（称为 term-seq），可被用来发现新的核糖开关、衰减子和其他通过条件性转录终止而调节基因表达的控制元素，也可以用来作为测量细菌基因表达的一种廉价方法[39]。美国麻省理工学院和哈佛大学共同创建的布罗德研究所等机构的研究人员发现[40]，使用抗生素会降低婴儿肠道微生物组的多样性和稳定性。美国康涅狄格大学和中国华东理工大学的研究人员合作发现了细菌感应 β-内酰胺类抗生素并产生抗性的新机制[41]。

二、领域重要战略规划

1. 国际社会积极应对气候变化

2015 年 12 月 12 日，《联合国气候变化框架公约》195 个缔约国一致通过 2020 年后的全球气候变化新协议——《巴黎协定》（Paris Agreement）。该协议于 2016 年 11 月 4 日正式生效[42]，成为历史上批约生效最快的国际条约之一。

《巴黎协定》签署后，国际社会开始制定更加雄心勃勃的气候变化行动方案。在国际层面，2016 年 3 月，国际可再生能源机构（IRENA）发布可再生能源发展行动方案[43]，以实现到 2030 年可再生能源比例翻一番的目标；4 月，世界银行发布全球气候变化行动计划[44]，加大在可再生能源、可持续城市、气候智能型农业、绿色交通等领域的行动力度；7 月，联合国粮食及农业组织（FAO）制定应对厄尔尼诺行动计划[45]。在国家或地区层面，美国于 2 月发布"创新使命"发展计划[46]，并与加拿大和墨西哥签署气候变化与能源合作备忘录[47]，8 月制定减少温室气体排放相关标准[48]，9 月发布海上风电战略[49]，并资助研究减少天然气基础设施的甲烷排放[50]；加拿大于 6 月制定了省级五年气候行动计划[51]；欧盟于 4 月资助开展应对极端天气和自然灾害的气候适应项目[52]；英国于 1 月开展汽车行业的低碳技术研发项目[53]；中国于 6 月、7 月和 11 月分别发布了《CO_2 捕集、利用与封存环境风险评估技术指南》[54]、《林业适应气候变化行动方案（2016—2020）》[55]和《"十三五"控制温室气体排放工作方案》[56]。

2. 国际组织重视海洋塑料垃圾污染的防治

2016 年 1 月，世界经济论坛（World Economic Forum）发布《新的塑料经济：重新思考塑料的未来》报告[57]，为全球有效利用塑料提供了行动策略。10 月，联合国环境规划署（UNEP）发布《海洋垃圾立法：决策者的工具包》[58]，建议各国采取全面、系统并有针对性的方法及措施来管理和减少海洋垃圾。同月，欧洲环境政策研究所（IEEP）发布《塑料、海洋垃圾和循环经济》报告[59]，为解决海洋塑料垃圾提供建议，以促进欧盟制定强有力的政策，并将海洋垃圾纳入循环经济议程中。12月，联合国《生物多样性公约》秘书处发布报告[60]，呼吁各国尽快制定防治海洋垃圾污染的措施。

3. 多国积极制定减灾行动计划

2015年第三届世界减灾大会通过指导未来15年世界减灾行动的《仙台减灾框架》，2016年多国陆续依据该框架制定了减灾计划。6月1日，印度总理纳伦德拉·莫迪（Narendra Modi）发布印度历史上首部《国家灾害管理计划》（NDMP）[61]，依据《仙台减灾框架》的重点主题，规定了各级政府灾害管理活动的角色和职责，旨在为印度处于灾害管理各阶段的政府机构提供行动框架和指导方向。6月2日，联合国发布减少灾害风险提高恢复力的行动计划[62]，以确保顺利实施《仙台减灾框架》。6月16日，欧盟委员会发布《仙台减灾框架行动计划（2015—2030）》[63]，对应《仙台减灾框架》的优先行动领域，提出欧盟的关键领域和相应的实施重点。

4. 英美加强生物多样性认知研究

2016年4月，英国自然环境研究理事会（NERC）资助一批重要主题战略项目[64]，种群对环境变化的适应能力为其重要主题项目之一，包括物种对生态变化的进化响应速度、时间和空间尺度、对温度上升的响应等研究。9月，美国国家科学基金会（NSF）宣布与巴西圣保罗研究基金会（FAPESP）共同资助1890万美元用于转变人们对地球生命的认知[65]，主要通过对生物多样性的研究揭示生物多样性对人类健康的重要性，以填补对生物多样性认知的空白。12月，联合国《生物多样性公约》第十三次缔约方会议提出将保护和可持续利用生物多样性纳入主要的研究领域以促进人类福祉[66]，传粉生物、生物多样性与气候变化及生态恢复等是其重要的议题。

5. 全球关注水资源与可持续发展的联系

2016年2月，经济合作与发展组织发布《城市水治理》报告[67]，提出了应对城市水危机的城市水治理基本框架。3月，联合国教科文组织（UNESCO）发布报告指出[68]，通过协调政策和投资来处理水与就业之间的纽带关系，是发展中国家和发达国家实现可持续发展的首要任务。6月，联合国水资源组织（UN-Water）发布报告[69]，详细解析了《变革我们的世界：2030年可持续发展议程》中有关水资源可持续发展的目标，指出应从整体、全面的角度剖析水资源可持续发展目标如何以集成的方式覆盖全球整个水循环过程。9 月，英国自然环境研究委员会（NERC）发布《印度与英国联合共建水资源安全中心》声明[70]，以促进两国在水资源安全利用与水资源可持续发展领域的合作。

6. 联合国致力推动城市可持续发展

2016 年 4 月，德国全球变化科学咨询委员会（WBGU）探讨了城市化的趋势、城市转型需求及其对可持续发展的影响等城市发展的核心热点问题[71]，旨在为第三届联合国住房和城市可持续发展大会提供参考。5 月，联合国人居署（UN-Habitat）发布《2016 年世界城市状况报告》[72]，指出应通过一个《新城市议程》，进一步释放城镇的变革力量，这对于成功实现《2030 年可持续发展议程》制定的可持续发展目标（SDGs）至关重要。7 月，联合国人居署推出了一项衡量可持续城市发展的全球工具，即采用城市繁荣项目的指标衡量城市的繁荣程度[73]，旨在帮助监督《新城市议程》和可持续发展目标的落实和实施。10 月，第三届联合国住房和城市可持续发展大会讨论并通过了《新城市议程》[74]，以指引全球城市在今后 20 年里实现可持续发展。

三、启示与建议

通过对国际组织及各国在环境科学领域的重要研究进展和战略部署的分析发现，2016 年国际环境科学领域呈现出以下趋势：《巴黎协定》生效使全球气候治理进入新阶段；海洋塑料污染成为全球面临的热点环境问题；减少灾害风险行动计划已陆续制定；生物多样性保护研究更加获得重视。我国还需要在以下方面采取措施。

1. 积极应对后《巴黎协定》时代的机遇和挑战

《巴黎协定》的正式生效为 2020 年后全球合作应对气候变化指明了方向，具有里程碑意义，各国碳减排行动乃至于整体发展战略将受此影响。该协议后续的实施细节及各国的相关行动仍需进一步研究。面对后《巴黎协定》的新气候行动方向和美国气候政策的不确定性，我国应坚持并不断发展现有政策，加强国际碳减排政策和技术以及相关的应对策略研究，为后《巴黎协定》的气候问题应对和碳减排等做好充分准备。

2. 加强海洋环境中的塑料垃圾污染研究及防治

研究表明，我国是最大的海洋塑料垃圾排放国[75]，因此塑料污染应引起足够重视。目前，国际上开展了众多有关海洋塑料垃圾的研究，但是我国在这方面的研究比较少，且还没有实际性防治行动。我国应鼓励科研人员开展塑料的性能及其污染行为研究，以更好的理解我国海洋塑料垃圾污染状况、各种塑料的环境毒性、迁移路径、生命周期和生物积累规律等相关问题，并寻求功能优越的替代物质，支持塑料垃圾的管理和治理工作。

3. 重视减灾和可持续发展的协同发展

我国是世界上主要的气候脆弱区，并且是自然灾害最严重的国家之一。灾害风险对可持续发展构成极大的威胁，如何提高城市和脆弱地区抵御洪涝、台风等极端天气风险的能力，将防灾减灾的研究和相关行动措施与可持续发展的整体规划相结合，应作为我国未来灾害防治研究和可持续发展研究的重要方向。我国应加快制定落实《仙台减灾框架》的行动计划，积极加强相关研究合作，减轻灾害风险的负面影响，科学有效地推动减灾救灾领域的可持续发展。

4. 加强生物多样性研究和保护工作

保护生物多样性是衡量一个国家生态文明水平和可持续发展能力的重要标志。尽管近年来我国政府和民间组织对生物多样性的重视程度有所提高，但其退化趋势仍在加剧。我国应加强生物多样性的基础调查和影响机理等研究及相关技术的研发，以提高对生物多样性的认知能力。在政策方面，需要加强生物多样性保护的监管和立法，尽快指导各地划定生态保护红线，整治生物多样性的违法行为，促进生态文明建设。

致谢：中国科学院兰州文献情报中心王金平、李恒吉、王宝、唐霞、吴秀平、宋晓谕等对本文的资料收集和分析工作亦有贡献，在此一并表示感谢。

参考文献

[1] Sherman P,Sebille E V. Modeling marine surface microplastic transport to assess optimal removal locations. Environmental Research Letters,2016,11(1):1-6.

[2] Kukulka T,Law K L,Proskurowski G. Evidence for the influence of surface heat fluxes on turbulent mixing of microplastic marine debris. Journal of Physical Oceanography,2016,46:809-815.

[3] UNEP. Marine litter vital graphics. http://www. grida. no/publications/vg/marine-litter/[2016-06-07].

[4] OECD. Social costs of morbidity impacts of air pollution. http://www.oecd- ilibrary. org/environment/social-costs-of-morbidity-impacts-of-air-pollution_5jm55j7cq0lv-en[2016-01-28].

[5] HEI. Burden ofdisease attributable to coal-burning and other major sources of air pollution in

China. https://www.healtheffects.org/announcements/burden-disease-china-coal-burning-and-other-sources［2016-08-18］.

［6］World Bank. The cost of air pollution: Strengthening the economic case for action. http://www.worldbank.org/en/news/press-release/2016/09/08/air-pollution-deaths-cost-global-economy-225-billion［2016-09-08］.

［7］WHO. Ambient air pollution: A global assessment of exposure and burden of disease. http://www.who.int/phe/publications/air-pollution-global-assessment/en/［2016-09-27］.

［8］Fyfe J C, Meehl G A, England M H, et al. Making sense of the early-2000s warming slowdown. Nature Climate Change, 2016, 6: 224-228.

［9］Mears C A, Wentz F J. Sensitivity of satellite-derived tropospheric temperature trends to the diurnal cycle adjustment. Journal of Climate, 2016, 29: 3629-3646.

［10］Trenberth K E. Has there been a hiatus? Science, 2015, 349(6249): 691-692.

［11］Guan X D, Huang J P, Guo R X, et al. The role of dynamically induced variability in the recent warming trend slowdown over the Northern Hemisphere. Scientific Reports, 2015, 5: 12669.

［12］Lovejoy S. Using scaling for macroweather forecasting including the pause. Geophysical Research Letters, 2015, 42(17): 7148-7155.

［13］Kosaka Y, Xie S P. The tropical Pacific as a key pacemaker of the variable rates of global warming. Nature Geoscience, 2016, 9: 669-673.

［14］Peyser C E, Yin J J, Landerer F W, et al. Pacific sea level rise patterns and global surface temperature variability. Geophysical Research Letters, 2016, 43(16): 8662-8669.

［15］Garcia R C, Shine K P, Hegglin M I. The contribution of greenhouse gases to the recent slowdown in global-mean temperature trends, 2016, 11(9): 094018.

［16］Sévellec F, Sinha B, Skliris N. The rogue nature of hiatuses in a global warming climate. Geophysical Research Letters, 2016, 43(15): 8169-8177.

［17］NAS. Attribution ofextreme weather events in the context of climate change. http://www.nap.edu/download.php?record_id=21852［2016-03-11］.

［18］Herring S C, Hoerling M P, Kossin J P, et al. Explaining extreme events of 2014 from a climate perspective. Bulletin of the American Meteorological Society, 2015, 96(12): S1-S172.

［19］UNISDR. 2015 disasters in numbers. http://www.unisdr.org/files/47791_ infograph2015 disastertrendsfinal.pdf［2016-02-11］.

［20］CBO. Potential increases in hurricane damage in the united states: Implications for the federal budget. https://www.cbo.gov/sites/default/files/114th-congress-2015-2016/reports/51518-Hurricane-Damage.pdf［2016-06-02］.

［21］Lau W K M, Shi J J, Tao W K. What would happen to superstorm sandy under the influence of a substantially warmer atlantic ocean? Geophysical Research Letters, 2016, 43(2): 802-811.

［22］Wasko C, Sharma A, Westra S. Reduced spatial extent of extreme storms at higher temperatures. Geophysical Research Letters,2016,43(8):4026-4032.

[23] Schaller N,Kay A L,Lamb R,et al. Human influence on climate in the 2014 southern england winter floods and their impacts. Nature Climate Change,2016,6:627-634.

[24] Donat M G,Lowry A L,Alexander L V,et al. More extreme precipitation in the world's dry and wet regions. Nature Climate Change,2016,6:508-513.

[25] Oliver T H. Howmuch biodiversity loss is too much? Science,353(6296): 220-221.

[26] Macea G M,Reyers B,Alkemade R,et al. Approaches to defining a planetary boundary for biodiversity. Global Environmental Change,2014,28:289-297.

[27] Steffen W,Richardson K,Rockström J. Planetary boundaries:Guiding human development on a changing planet. Science,2015,347(6223):1259855.

[28] WWF. Living planet report 2016. http://wwf. panda. org/about_our_earth/all_ publications/lpr_ 2016/[2016-10-27].

[29] Peñuela N O,Jenkins C N,Vijay V,et al. Incorporating explicit geospatial data shows more species at risk of extinction than the current red list. Science Advances,2016,2 (11):e1601367.

[30] IUCN. Biodiversity assessment reports on pollination and on scenarios and modelling launched. https:// www. iucn. org/news/biodiversity-assessment-reports-pollination-and-scenarios-and-modelling-launched [2016-11-25].

[31] Simon G P,Vera I F,Hien T N,et al. Safeguarding pollinators and their values to human well-being. Nature,2016(540):220-229.

[32] Lynn V D,Blandina V,Riccardo B,et al. Ten policies for pollinators. Science,2016,354 (6315): 975-976.

[33] Mekonnen M M,Hoekstra A Y. Four billion people facing severe water scarcity. Science Advances,2016,2(2):e1500323.

[34] NOAA. Tackling America's water challenges with science. http://www. noaa. gov/ blog-tackling-americas-water-challenges-science[2016-07-11].

[35] ADB. Asianwater development outlook 2016:Strengthening water security in Asia and the Pacific. https://www. adb. org/sites/default/files/publication/ 189411/awdo-2016. pdf [2016-08-24].

[36] MacDonald A M,Bonsor H C,Ahmed K M,et al. Groundwater quality and depletion in the indo-gangetic basin mapped from in situ observations. Nature Geoscience,2016,9:762-766.

[37] Global Economic Symposium. Accounting for the end of poverty. https:// www. global-economic-symposium. org/about-the-ges/council-of-global-problem-solving/recommendations/accounting-for-the-end-of-poverty [2016-04].

[38] Jean N,Burke M ,Xie M,et al. Combining satellite imagery and machine learning to predict poverty. Science,2016,353(6301):790-794.

[39] Dar D,Shamir M,Mellin J R,et al. Term-seq reveals abundant ribo-regulation of antibiotics resistance in bacteria. Science,2016,352(6282):aad9822.

［40］ Yassour M，Vatanen T，Siljander H，et al. Natural history of the infant gut microbiome and impact of antibiotic treatment on bacterial strain diversity and stability. Science Translational Medicine，2016，8(343)：343ra81.

［41］ Lia L，Wang Q Y，Zhang H，et al. Sensor histidine kinase is a β-lactam receptor and induces resistance to β-lactam antibiotics. PNAS，2016，113(6)：1648-1653.

［42］ UNFCCC. Landmark climate change agreement to enter into force. http：//newsroom. unfccc. int/unfccc-newsroom/landmark-climate-change-agreement-to-enter-into-force/［2016-10-05］.

［43］ IRENA. REmap：Roadmap for a renewable energy future 2016 edition. http：//www. irena. org/DocumentDownloads/Publications/IRENA_REmap_summary_2016_ZH. pdf［2016-03-16］.

［44］ World Bank. Worldbank group climate change action plan. http：//pubdocs. worldbank. org/pubdocs/publicdoc/2016/4/677331460056382875/WBG-Climate-Change-Action-Plan-public-version. pdf［2016-04-07］.

［45］ FAO. 2015-2016 El niño early action and response for agriculture，food security and nutrition. http：//www. fao. org/3/a-i5855e. pdf［2016-07］.

［46］ US Whitehouse. Fact sheet：President's budget proposal to advance mission innovation. https：//www. whitehouse. gov/the-press-office/2016/02/06/fact-sheet-presidents-budget-proposal-advance-mission-innovation［2016-02-06］.

［47］ Natural Resources Canada. Canada，Mexico and US collaborate on climate change and energy. http：//news. gc. ca/web/article-en. do？ nid＝1033769&-tp＝930［2016-02-19］.

［48］ EPA. EPA and DOT finalize greenhouse gas and fuel efficiency standards for medium-and heavy-duty engines and vehicles. https：//www3. epa. gov/otaq/ climate/regs-heavy-duty. htm［2016-08-16］.

［49］ DOE. Nationaloffshore wind strategy：facilitating the development of the offshore wind industry in the united states. http：//www. energy. gov/articles/ energy-secretary-moniz-and-interior-secretary-jewell-announce-new-national-offshore-wind［2016-09-09］.

［50］ DOE. DOEannounces ＄13 million to quantify and mitigate methane emissions from natural gas infrastructure. http：// www. energy. gov/under-secretary-science-and-energy/articles/doe-announces-13-million-quantify-and-mitigate-methane［2016-09-08］.

［51］ Government of Ontario. Ontario's five year climate action plan 2016-2020. http：//www. applications. ene. gov. on. ca/ccap/products/CCAP_ENGLISH. pdf［2016-06-08］.

［52］ European Commission. More than €28m for new climate adaptation projects. http：// ec. europa. eu/easme/en/news/more-28m-new-climate-adaptation-projects［2016-04-27］.

［53］ Government of UK. Low carbon technology in the auto sector receives £75 million funding. https：// www. gov. uk/government/news/low-carbon-technology-in-the-auto-sector-receives-75-million-funding［2016-01-15］.

［54］ 环境保护部．二氧化碳捕集、利用与封存环境风险评估技术指南（试行）．http：//

www. zhb. gov. cn/gkml/hbb/bgt/201606/t20160624_356016. htm[2016-06-21].

[55] 国家林业局．林业适应气候变化行动方案（2016—2020 年）．http://www. forestry. gov. cn/main/72/content-890960. html[2016-07-22].

[56] 国务院．"十三五"控制温室气体排放工作方案．http://www. gov. cn/zhengce/content/2016-11/04/content_5128619. htm [2016-11-04].

[57] World Economic Forum. Thenew plastics economy：Rethinking the future of plastics. http://www3. weforum. org/docs/WEF_The_New_Plastics_Economy. pdf [2016-01-19].

[58] UNEP. Marinelitter legislation：A toolkit for policymakers. http://apps. unep. org/ publications/index. php? option＝com_pub&task＝download&file＝012253_en [2016-10-01].

[59] IEEP. Plastics，marine litter and the circular economy. http:// ieep. eu/work- areas/natural-resources-and-waste/resource-use/2016/10/plastics-marine-litter-and-the-circular-economy ［2016-10-24］.

[60] Convention Biological Diversity. Marinedebris：Understanding，preventing and mitigating the significant adverse impacts on marine and coastal biodiversity. https:// www. cbd. int/doc/publications/cbd-ts-83-en. pdf [2016-12-05].

[61] National Disaster Management Authority，Government of India（NDMA）. National disaster management plan（NDMP）. http:// www. ndma. gov. in/images/policyplan/dmplan/National% 20Disaster% 20Management% 20Plan% 20May% 202016. pdf [2016-06-01].

[62] United Nations. United Nations plan of action on disaster risk reduction for resilience. http://www. preventionweb. net/files/49076_unplanofaction. pdf [2016- 06-02].

[63] European Commission. Action plan on the sendai framework for disaster risk reduction 2015-2030：A disaster risk-informed approach for all EU policies. http://ec. europa. eu/echo/sites/echo-site/files/sendai_swd_2016_205_0. pdf [2016-06-16].

[64] NERC. New funded highlight topic projects announced. http://www. nerc. ac. uk/ research/funded/programmes/highlight-topics/news/second-funding/[2016-04-15].

[65] NSF. NSF awards ＄18. 9 million for research to transform our understanding of life on Earth. http://www. nsf. gov/news/news_summ. jsp? cntn_id＝ 189723&org ＝NSF&from＝news [2016-09-16].

[66] Convention Biological Diversity. UN biodiversity conference results in significant commitments for action on biodiversity. https:// www. cbd. int/doc/press/2016/pr-2016-12-18-un-bidov-conf-en. pdf [2016-12-18].

[67] OECD. Water governance in cities. http://www. oecd. org/regional/water-governance-in-cities-9789264251090-en. htm[2016-02-12].

[68] UNESCO. The United Nations world water development report 2016-water and jobs. http://unesdoc. unesco. org/images/0024/002439/243938e. pdf [2016-03-22].

[69] UN-Water. High-resolution remote sensing of water quality in the san francisco bay-delta estuary

http：// www. unwater. org/news-events/news-details/en/c/417707/SDG6 _ targets _ UN-Water _ highres_web. pdf ［2016-06-07］.

［70］ NERC. India-UK joint centre on water security officially launched. http：// www. nerc. ac. uk/ press/releases/2016/40-india/［2016-09-27］.

［71］ WBGU. Humanity on the move：Unlocking the transformative power of cities. http://www. wbgu. de/ fileadmin/templates/dateien/veroeffentlichungen/hauptgutachten/hg2016/Kurzfassung _ Urbani-sierung_EN_1. pdf ［2016-04-16］.

［72］ UN-Habitat. World cities report 2016. http://wcr. unhabitat. org/main-report/ ［2016-05-18］.

［73］ UN-Habitat. UN-Habitat presents global tool to measure sustainable urban development. http：// unhabitat. org/un-habitat-presents-global-tool-to-measure-sustainable-urban-development/？ nore-direct＝en_US ［2016-07-25］.

［74］ Habitat III. The new urban agenda. http://habitat3. org/the-new-urban-agenda/ ［2016-10-01］.

［75］ Jambeck J R，Geyer R，Wilcox C，et al. Plastic waste inputs from land into the ocean. Science，2015，347(6223)：768-771.

Development Scan of Environment Science

Qu Jiansheng，Liao Qin，Zeng Jingjing，Zhu Yongguan，Pan Genxing，Pei Huijuan，Liu Yanfei，Dong Liping

In 2016，environment science had made a number of breakthroughs and progress in scientific research and strategic deployment. The Paris Agreement came into force，and opened the new stage of global climate governance. The adoption of the New Urban Agenda pointed the way for sustainable urban development. The research of marine plastic pollution was obtained further understanding，which promoted the development of relevant governance actions. At the same time，international organizations and countries around the world strengthened the research in some areas，including biodiversity conservation，freshwater resources safety，disaster risk，the health effect of air pollution，poverty identification and prediction，and antibiotic resistance genes，and they also deployed strategic plans and programmes for hot topics in this year.

4.6 地球科学领域发展观察

张志强[1,2]　郑军卫[2]　赵纪东[2]　张树良[2]　翟明国[3]

（1. 中国科学院成都文献情报中心；2. 中国科学院兰州文献情报中心；
3. 中国科学院地质与地球物理研究所）

2016 年地球科学领域[1]在地核与地幔、地球板块演化、地震预警实践、矿产资源及其利用和回收技术、成云机理认识、大气环流研究、北极利用等方面取得新的重要进展，一些国家和国际组织也围绕这些领域进行了科学布局。

一、地球科学领域重要研究进展

1. 地质学基础研究逐步深入

（1）地球层圈分异研究取得重要进展。美国卡内基科学研究所[1]通过模拟研究地核压力对不同铁合金（铁与各种轻元素形成的合金）中铁同位素组成的影响后，推测碳和氢并不是地核中最主要的轻元素，而氧才可能是其中的轻元素，这与传统认识明显不同。美国哥伦比亚大学[2]通过对取自南太平洋岛屿和印度洋岛屿的玄武岩橄榄石斑晶的研究，提出 HIMU 地幔组分来源于俯冲板片中亲碳酸岩的流体-熔体对陆下岩石圈地幔的交代作用，被交代过的陆下岩石圈地幔物质拆层进入到地幔底部，最后通过地幔柱进入到洋岛玄武岩中，颠覆了地学界对 HIMU 组分来源的原有认识。与以往认为地壳内存在大型的长英质岩浆房不同，越来越多的证据表明，长英质岩浆的聚集一般只产生大的晶粥体，晶粥体内的颗粒间熔体被萃取出来后，才在其顶部产生贫晶体、高分异而富含挥发组分的岩浆帽。这种岩浆帽容易产生大规模的火山喷发，为大气圈提供气体，并影响全球气候变化[3]。

（2）地球板块演化研究获得重要认识。英国、加拿大科学家[4]的联合模拟研究表明，古板块边界可能深藏在目前地球板块内部，远离当前所认识的板块边界，这些隐

---

① 本文所指的地球科学领域主要涉及地质学、地球物理学、地球化学、大气科学等学科领域。

藏的板块边界是发生板内变形和地震的诱因。这一新认识将导致对现行板块构造理论的重大修订。美国马里兰大学的研究人员[5]基于对与镁元素相关的微量元素的比值分析，提出最早的板块运动始于 30 亿年前，板块构造启动的诱因是上地壳成分从镁铁质向长英质成分的转变。这项研究对进一步了解地球大陆壳的形成机制具有重要意义。南非科学家[6]也通过对幔源金刚石的 N 元素含量和同位素研究，提出早在 35 亿年之前地球上就出现了板块构造。

（3）地震预警研究及实践得到持续推进。美国加利福尼亚大学伯克利分校[7]基于安卓操作平台开发出一款名为 MyShake 的手机软件，通过采集、分析由智能手机的加速度传感器提供的数据，实现对地震所引发震动的识别。美国地质调查局（USGS）[8]2016 年 2 月在白宫地震恢复峰会上宣布，其主导的地震早期预警系统 ShakeAlert 已经有能力为测试用户提供服务。6 个月后，它又宣布资助 6 所大学共同改进美国西海岸 ShakeAlert 系统的传感器和遥测设施，并将实时 GPS 监测数据整合入系统，以更快地监测破坏性地震，并更彻底地对自身系统进行测试。

2. 矿产资源绿色利用研究受到重视并取得突破

（1）矿产资源利用和回收技术有重要突破。美国哈佛大学[9]开发出利用细菌分离稀土的新方法，可以利用细菌表面化学性质的不同来分离和回收有用金属，而且对环境无害。芬兰拉普兰塔理工大学[10]开发出了从天然卤水中提取锂的新方法。该方法不仅提高了锂的回收率，而且可以将锂溶液的纯度从 95% 提高至 99.9%，这是传统方法难以完成的。

（2）水力压裂引发的环境风险得到更多关注。与非常规油气开发相关的环境风险研究一直受到各方重视，但各方对水力压裂的态度仍存在分歧。美国科学家[11]评估非常规油气开发会给水质和水量带来风险后指出，不同开发阶段带来的风险不同，有关油气溢出和泄漏的数据的缺失是影响环境风险评估的重要障碍。德国专家[12]对与压裂流体有关的所有已知数据和信息调查分析后认为，目前研究对压裂流体的潜在风险仍存在不确定性，相关潜在风险的综合评估需要全面披露压裂流体的成分。德国议会[13]通过了有关水力压裂的管理法规，禁止用水力压裂方法开发页岩气和页岩油。而此后，英国政府[14]却批准了一项位于英格兰北部兰开夏郡的页岩气水力压裂开采项目。

3. 地球物理学与地球化学推动地球深部研究持续深入

长期以来，受观测和取样等技术的限制，对地球深部的研究主要依赖地球物理学和地球化学手段。美国劳伦斯·利弗莫尔国家实验室（LLNL）的研究人员[15]通过实验模拟俯冲带条件并测量绿泥石在不同温度、压力条件下的电导率，发现绿泥石的脱水可能是地球地幔异常高导电性的机理。中国科学院合肥物质科学研究院固体物理研究所研究团队[16]利用金刚石对顶砧与脉冲激光加热技术结合的方法成功模拟了地核内部的极端高温高压环境，并借助动态光谱学方法首次准确测量了地核条件下铁的热导率，该值与地球早期磁场的模拟结果一致，对认识地球内部磁场有重要的参考价值。

4. 成云机理与大气环流研究取得实质性进展

（1）成云机理及气溶胶作用研究获得新认识。法国国家科学研究中心（CNRS）[17]领衔的一项研究表明，可挥发性有机物在云滴中凝结形成气、液、固混合相的二次有机气溶胶（SOA）粒子，该研究首次证实云滴影响大气有机气溶胶粒子形成过程。美国能源部劳伦斯伯克利国家实验室[18]基于压缩膜模型，阐释了微观层面云滴形成的新机理——有机分子促进大水滴的形成。美国得克萨斯大学奥斯汀分校[19]牵头的一项研究揭示，大气气溶胶会延长风暴生命周期，促进产生更多极端风暴。

（2）大气环流及其影响研究取得新进展。美国国家大气研究中心（NCAR）[20]推出高分辨率的气候模型，其能精确捕捉到"大气河流"过去100年的登陆频率、位置及相关的风暴等活动情况，并预计未来与大气河流相关的降水强度将增强。英国牛津大学[21]研究发现2016年最规律的气候循环——准两年振荡（QBO）被中断，这将对天气和气候产生深远影响。德国波茨坦气候影响研究所[22]通过对北半球极端天气事件的分析，提出北半球中纬度地区极端天气事件与行星波的停滞有关，并结合其他研究指出行星波活动引发了北半球极端天气。

5. 新设施与新技术助力地球科学研究

（1）大型监测网络推进地球系统科学深入研究。美国国家大气与海洋管理局（NOAA）等与欧盟（EU）[23]合作成功发射了Jason-3卫星，可以收集海洋变化数据，预测飓风强度。美国国家大气研究中心（NCAR）[24]启动南大洋航空观测计划（OR-CAS），以推进对南大洋吸收二氧化碳能力的研究。美国行星资源公司[25]完成首轮融资，打造由10颗近地轨道卫星组成并配有第一个商用红外和高光谱传感器的Ceres地球观测系统，以便用于地球资源勘探与分析。

（2）新设备和技术方法使难监测目标的研究取得突破。麻省理工学院的研究人员[26]利用回旋震荡管开发出的一种新技术，其利用毫米级射频波穿透坚硬的岩石并可使岩石融化、蒸发，将不仅加深对地壳钻探的深度，还可对岩石成分进行分析，对于地球深部资源的勘探和开发具有重要意义。美国国家航空航天局（NASA）[27]宣布美国军方基于使用远程监测空气的技术制作出了一个全新的仪器——生命探测激光雷达仪（BILI），将实现对太阳系中火星生命目标的探测。

二、地球科学领域重要研究部署

1. 部署新一轮的矿产资源勘探

矿产资源是人类经济社会发展的重要物质资源基础，一些矿业大国依旧持续重视对矿产资源的勘探和开发。2016 年 3 月，澳大利亚政府[28]为了提升其资源产业的生产力和竞争力，提出将资助 1 亿澳元用以在澳南部和北部进行矿产、能源、地下水潜力的测绘。6 月，英国国家海洋研究中心[29]执行了深海矿产勘探新技术测试任务，对一些用于勘探深海矿床以及评估矿物成分的创新技术进行了测试。此外，加拿大矿业协会、加拿大勘探开发者协会等[30]在内的多家加拿大机构发挥各自优势，积极为该国矿业繁荣发展建言。

2. 布局地球科学关键领域研究

主要国家或机构纷纷围绕地球关键带、地球系统科学、北极、南大洋、地下-地表耦合过程等科学关键领域进行研究布局。2016 年 2 月，英国自然环境研究理事会（NERC）[31]宣布扩大对大规模战略性研究的资助，并新增资助深海可持续资源开发的基础生态学、南大洋在地球系统中的作用、地下-地表耦合过程与非常规油气开采间关系 3 个地学关键领域研究。同月，国际北极科学委员会（IASC）[32]发布《北极综合研究——未来路线图》报告，明确未来 10 年北极研究将围绕北极在全球系统中的作用、观测和预测未来气候动力学及生态系统响应、了解北极环境和社会的脆弱性与恢复力 3 个优先领域展开。9 月，关键带探索网络（CZEN）[33]发布《推进关键带科学实施的战略》对关键带科学战略的使命、未来愿景、战略目标进行了梳理。

3. 提出未来大气科学研究重点方向与优先领域

多个机构发布报告，提出未来大气科学优先研究领域。2016 年，美国国家科学院（NAS）[34]下属的美国先进的次季节-季节性预报研究议程制定委员会发布《新一代地球系统预测：次季节-季节性预报战略》提出气象预报研究将聚焦：①用户参与预报产品开发过程；②提升次季节至季节性预报质量；③提升灾害天气和极端事件的预测能力；④提升全耦合地球系统模式预报能力。8 月，美国国家科学院未来大气化学研究委员会[35]发布题为"大气化学研究的未来：铭记昨天，了解今天，期待明天"的报告，提出未来 10 年大气化学研究的 5 个优先领域：①大气气体与气溶胶粒子的分布、反应和生命周期预测；②定量分析地球系统中大气气体与气溶胶粒子的排放和沉降；

③大气化学在天气和气候模式中的集成，地球系统预报；④危害人体健康的气体来源及大气过程；⑤自然和人为生态系统中大气化学与生物地球化学之间的反馈作用。9月，欧洲中期天气预报中心（ECMWF）[36]发布《ECMWF 2016—2025年战略》报告，提出将致力推动预报技术的发展、提升数值天气预报的精度。

4. 加强地球科学基础研究设施建设和支持大数据研发

地球科学研究越来越依赖基础设施、观测网络以及大数据平台等的支撑。2015年12月，国际地球观测组织（GEO）[37]发布2016～2025年战略规划，提出为尽早实现全球地球观测系统（GEOSS）的建设目标，今后10年将致力于推动地球观测系统的开放使用以及将其用于支撑生物多样性与生态系统可持续性、灾害恢复力、能源与矿产资源管理等众多领域的全球决策，全面发挥地球观测系统的重要作用。2016年3月，欧洲研究基础设施战略论坛（ESFRI）[38]发布《欧洲研究基础设施路线图（2016）》，列出了涵盖能源科学、环境科学、物理科学与工程等领域的21个欧洲研究基础设施建设路线图。美国国家科学基金会（NSF）7月发布报告《NSF关于支撑美国未来科学和工程研究的先进计算机基础设施发展方向（2017—2020）》提出了未来NSF的先进计算策略和程序的未来决策框架[39]；10月宣布投资2270万美元来加强网络化关键性基础设施的建设[40]。2016年5月，美国总统行政办公室（EOP）和美国国家科学技术委员会（NSTC）[41]联合发布《美国联邦大数据研发战略规划》，提出7条战略措施，旨在加速推进科学发现与创新和促进下一代科研人才培养以及拉动新经济增长。

三、启示与建议

1. 围绕关键领域，加强地球科学基础研究

地球科学在人类认识、利用和管理我们赖以生存的行星地球方面发挥了不可替代的作用，地球科学也伴随人类对地球及其生命的起源与演化、地球内部结构、地球宜居性、自然灾害与资源开发等重大科学问题的不断探索而得到发展。近年来，随着我国经济的发展和科研投入的不断加大，我国研究人员在包括地球科学在内的多个研究领域取得显著进步，年国际科技论文发文量已跃居世界前列。目前我国已有能力和实力围绕地球关键带、人类世、地球系统科学、地下-地表耦合过程、地质灾害、能源与矿产资源勘探和综合利用、板块构造起源与演化、南大洋等科学关键领域提出重点科学问题或制定国际性研究计划，引领国际地球科学的创新性研究。2016年起，我国已启动并将继续启动一批深地项目。地球科学有很强的地域性，我国需要结合地域性特点，明确我国地

球科学研究的关键领域，开展具有中国特色的地球科学研究，瞄准国家目标，为国家经济社会发展服务。

2. 加强地震预警立法、标准和协调机制建设

近年来，日本、美国等国家的地震预警系统的研发利用信息网络技术取得了显著进展，将在减少地震灾害损失方面发挥重要作用。汶川地震以后，虽然我国已陆续在部分地区建立了地震预警系统或雏形，但我国的地震预警系统研发和应用，在技术水平、管理机制建设等方面仍存在一些突出问题，既要应用信息网络技术等大力提升预警系统的技术水平，还需要加强立法、标准和协调机制等建设。通过立法，明确规定地震预警系统的运营管理、预警信息发布主体及相关的责任和义务，确保地震主管部门依法推进系统建设和信息管理信息发布的影响力、权威性。完善地震行业与各级政府、各行业部门之间在开发和利用地震预警系统上的协调联动机制，促进各方在地震预警系统建设、各类基础信息数据库配置、产品研发和社会应用等方面的紧密联系。整合已出台的关于地震预警的各类地方标准和行业标准，建设形成适用于全国预警系统的各类国家标准和操作规程。

3. 加快新一代大气观测基础设施建设，提升地球系统模式预报能力

大气监测系统不仅是开展大气科学领域基础研究的关键支撑，也是提升气象预报水平和应对气象及环境灾害的重要手段。虽然我国气象局在《综合气象观测系统发展规划（2014—2020年）》[42]中提出要加强气象观测系统建设，但与国际先进水平仍有差距。我国需要继续加强面向未来的气象服务体系基础设施建设，重点加强覆盖全国的高精度自动化监测网络、城市特定空气污染物监测设备以及观测大数据分析处理设施等研发与建设。地球系统模式是提升天气、水文和气候预报水平的重要基础。我国近年来加大了对地球系统模式预报能力的关注。2015年9月，中国科学院大气物理研究所等单位[43]联合发布了居全球超级计算前列的"地球数值模拟装置"原型系统，但距业务操作和实际应用还有一定距离，需要继续推进提升地球系统模式预报能力。为了达到这一目标，我国应当继续增强地球系统模式的计算能力，通过改进资料同化、集合预报、参数化、云微物理过程等途径提升地球系统模式预报水平。

4. 抓住重大战略机遇，加大北极研究和事务参与的力度

随着全球气候变化、北极自然资源开采前景看好和北极航道扩大，北极地区的地缘政治及经济意义不断增强。北极资源和航道对我国是重要的战略资源，具有潜在的重要经济利益。虽然我国早在2013年就正式成为北极理事会的观察员国，参与北极事务的

步伐不断迈进，但仍需在北极的实际研究和开发中进一步加大参与力度。目前我国在资源开发和航运中具有较强的实力，应尽早布局开发北极地区的矿产、油气等资源，发展北极航道，以免错失重大战略机遇。我国可以通过加强与俄罗斯合作来实现我国的北极战略目标。目前俄罗斯所面临的国际形势对其北极开发并不十分有利，而中国拥有资金、技术和市场等巨大优势且可借道俄罗斯直达北极，与俄罗斯在北极资源开发合作方面具有一定互补性。此外，中国、俄罗斯在近北极地区科学研究以及北极冰川和气候问题研究方面也具有巨大的合作潜力。

致谢：中国地质大学（武汉）马昌前教授、中国地质调查局施俊法研究员、中国矿业大学（北京）李贤庆教授等审阅了本文并提出了宝贵的修改意见，中国科学院兰州文献情报中心刘学、王立伟、刘文浩、安培浚、王金平、刘燕飞、牛艺博等为本文提供了部分资料，在此一并表示感谢。

参考文献

[1] Shahar A, Schauble E A, Caracas R, et al. Pressure-dependent isotopic composition of iron alloys. Science, 2016, 352(6285):580-582.

[2] Weiss Y, Class C, Goldstein S L, et al. Key new pieces of the HIMU puzzle from olivines and diamond inclusions. Nature, 2016, 537(7622):666-670.

[3] Parmigiani A, Faroughi S, Huber C, et al. Bubble accumulation and its role in the evolution of magma reservoirs in the upper crust. Nature, 2016, 532(7600):492-495.

[4] Heron P J, Pysklywec R N, Stephenson R, et al. Lasting mantle scars lead to perennial plate tectonics. Nature Communications, 2016, 7:11834. DOI: 10.1038/ncomms11834.

[5] Tang M, Chen K, Rudnick R L. Archean upper crust transition from mafic to felsic marks the onset of plate tectonics. Science, 2016, 351(6271):372-375.

[6] Smart K A, Tappe S, Stern R A, et al. Early Archaean tectonics and mantle redox recorded in Witwatersrand diamonds. Nature Geoscience, 2016, 9:255-259.

[7] Kong Q, Allen R M, Schreier L, et al. A smartphone seismic network for earthquake early warning and beyond. Science Advances, 2012, 2:e1501055. DOI:10.1126/sciadv.1501055.

[8] USGS. USGS awards $3.7 million to advance the shake alert earthquake early warning system. https://www.usgs.gov/news/usgs-awards-37-million-advance-shakealert-earthquake-early-warning-system-0 [2016-08-20].

[9] Bonificio W D, Clarke D R. Rare-earth separation using bacteria. Environmental Science & Technology Letters, 2016, 3(4):180-184.

[10] Virolainen S, Fini M F, Miettinen V, et al. Removal of calcium and magnesium from lithium brine concentrate via continuous counter-current solvent extraction. Hydrometallurgy, 2016, 162:9-15.

［11］Torres L，Yadav O P，Khan E. A review on risk assessment techniques for hydraulic fracturing water and produced water management implemented in onshore unconventional oil and gas production. Science of the Total Environment，2016，539：478-493.

［12］Elsner M，Hoelzer K. Quantitative survey and structural classification of hydraulic fracturing chemicals reported in unconventional gas production. Environmental Science & Technology，2016，50（7）：3290-3314.

［13］Shale Gas Information Platform. German parliament passed bill on hydraulic fracturing. http://www. shale-gas-information-platform. org/areas/news/detail/article/german-parliament-passed-bill-on-hydraulic-fracturing. html［2016-06-30］.

［14］British Geological Survey. BGS position on the fracking decision in the UK. http://www. bgs. ac. uk/news/docs/BGSMediaStatementCuadrillaDecisionOctober 2016. pdf［2016-10-10］.

［15］Manthilake G，Bolfan-Casanova N，Novella D，et al. Dehydration of chlorite explains anomalously high electrical conductivity in the mantle wedges. Science Advances，2016，2(5)：e1501631.

［16］Konôpková Z，McWilliams R S，Gómez-Pérez N，et al. Direct measurement of thermal conductivity in solid iron at planetary core conditions. Nature，2016，534(7605)：99-101.

［17］Brégonzio-Rozier L，Giorio C，Siekmann F，et al. Secondary organic aerosol formation from isoprene photo oxidation during cloud condensation-evaporation cycles. Atmospheric Chemistry and Physics，2016，16：1747-1760.

［18］Ruehl C R，Davies J F，Wilson K R. An interfacial mechanism for cloud droplet formation on organic aerosols. Science，351(6280)：1447-1450.

［19］Chakraborty S，Fu R，Massie S T，et al. Relative influence of meteorological conditions and aerosols on the lifetime of mesoscale convective systems. Proceedings of the National Academy of Sciences of the United States of America，2016，113(27)：7426-7431.

［20］Shields C A，Kiehl J T. Atmospheric river landfall-latitude changes in future climate simulations. Geophysical Research Letters，2016，43(16)：8775-8782.

［21］Osprey S M，Butchart N，Knight J R，et al. An unexpected disruption of the atmospheric quasi-biennial oscillation. Science，2016，353(6306)：1424-1427.

［22］Petoukhov V，Petri S，Rahmstorf S，et al. Role of quasiresonant planetary wave dynamics in recent boreal spring-to-autumn extreme events. Proceedings of the National Academy of Sciences of the United States of America，2016，113(25)：6862-6867.

［23］WMO. Jason-3 satellite to monitor oceans. https://www. wmo. int/media/content/jason-3-satellite-monitor-oceans［2016-01-16］.

［24］Geoscience Australia. Establishment of a satellite data hub to benefit Australia and international partners. http://www. ga. gov. au/news-events/news/latest-news/Establishment-of-a-satellite-data-hub-to-benefit-Australia-and-international-partners［2016-04-10］.

［25］Planetary resources. Planetary resources raises ＄21. 1 million in series a funding：Unveils advanced earth observation capability. http://www. planetaryresources. com/2016/05/planetary-resourcesraises-21-1-million-in-series-a-funding-unveils-advanced-earth-observation-capability/[2016-05-30].

[26] Fee D, Haney M, Matoza R, et al. Seismic envelope-based detection and location of ground-coupled airwaves from volcanoes in Alaska. Bulletin of the Seismological Society of America, 2016, 106 (3): 1024-1035.

[27] NASA. New instrument could search for signatures of life on mars. http://www.nasa.gov/feature/goddard/2016/new-instrument-could-search-for-signatures-of-life-on-mars [2016-11-03].

[28] Department of Industry, Innovation and Science. Budget boosts resources innovation and investment. http://www.minister.industry.gov.au/ministers/frydenberg/media-releases/budget-boosts-resources-innovation-and-investment [2016-05-06].

[29] National Oceanography Centre. Expedition to test new technologies for deep sea deposit exploration. https://www.sciencedaily.com/releases/2016/06/160630092617.htm [2016-07-02].

[30] Prospectors & Developers Association of Canada. Budget 2016. http://www.pdac.ca/policy/budget-2016 [2016-02-18].

[31] NERC. NERC scopes new areas for strategic research. http://www.nerc.ac.uk/research/funded/news/strategic-areas/ [2016-02-16].

[32] International Arctic Science Committee. Integrating arctic research—a roadmap for the future. http://icarp.iasc.info/images/articles/downloads/ICARPIII Final Report.pdf [2016-03-01].

[33] CZEN. A strategy for advancing critical zone science. http://www.czen.org/article-type/general-announcement [2016-09-30].

[34] Committee on Developing a U.S. Research Agenda to Advance Subseasonal to Seasonal Forecasting, National Academies of Sciences, Engineering, and Medicine. Next generation earth system prediction: Strategies for subseasonal to seasonal forecasts. Washington: National Academies Press, 2016.

[35] Committee on the Future of Atmospheric Chemistry Research, NAS. The future of atmospheric chemistry research: Remembering yesterday, understanding today, anticipating tomorrow. Washington: National Academies Press, 2016.

[36] ECMWF. Ecmwf strategy 2016-2025. http://www.ecmwf.int/en/about/media-centre/news/2016/ecmwf-launches-new-strategy [2016-09-20].

[37] Group of Earth Observations. GEO strategic plan 2016—2025: Implementing GEOSS. http://www.earthobservations.org/documents/GEO_Strategic_Plan_2016_2025_Implementing_GEOSS.pdf [2016-01-08].

[38] ESFRI. Esfri roadmap 2016. http://www.esfri.eu/sites/default/files/20160308_ROADMAP_single_page_LIGHT.pdf [2016-03-04].

[39] NSF. Future directions for NSF advanced computing infrastructure to support U.S. science and engineering in 2017-2020. http://www.nap.edu/download/21886 [2016-08-02].

[40] NSF. NSF awards $22.7 million to strengthen nation's infrastructure. https://www.nsf.gov/news/news_summ.jsp?cntn_id=189956&org=NSF&from=news [2016-10-27].

［41］EOP，NSTC. The federal big data research and development strategic plan. https://www. white-house. gov/sites/default/files/microsites/ostp/NSTC/bigdatardstrategic plan-nitrd_final-051916. pdf［2016-06-01］.

［42］中国气象报. 落实气象现代化总体部署 适应现代气象业务发展需求. http://www. cma. gov. cn /2011xzt/mzywhg/ywhg40/ywhg01xx/201312/t20131206_233400. html［2013-12-02］.

［43］辛闻. 解读地球　中科院发布"地球数值模拟装置"原型系统. http://news. china. com. cn/txt/2015-09-23/content_36658183. htm［2015-09-24］.

Observations on Development of Earth Science

Zhang Zhiqiang，Zheng Junwei，Zhao Jidong，Zhang Shuliang，Zhai Mingguo

Earth science plays an irreplaceable role in the understanding，utilization and management of the planet（earth）on which we live. In 2016，some significant advances were made in the fields of earth's core and mantle，earth plate evolution，earthquake early warning research and practice，using and recycling technologies of mineral resources，environmental risk caused by hydraulic fracturing，mechanism and effect of cloud aerosol，atmospheric circulation and so on. Important national/international programs and projects launched in 2016 paid attention to mineral resources exploration，earth science research，the key priority areas，atmospheric science research，infrastructure construction and others research and layout.

4.7　海洋科学领域发展观察

高　峰[1]　冯志纲[2]　王　凡[2]

（1 中国科学院兰州文献情报中心；2 中国科学院海洋研究所）

海洋在满足人类资源需求、调节全球气候变化、解决人类食物需求等方面越来越发挥举足轻重的作用。美国伍兹霍尔海洋研究所 2017 年伊始在其机构网站上列出了以下几个数字：50% 的氧气来自海洋中的光合作用，44% 的人口生活在 150 千米的海岸线内，90% 的国际贸易通过海上运输实现，95% 的海洋尚未被人类探测，90% 的全球变化热量被海洋吸收[1]。这些数字说明海洋与人类发展息息相关，也指出了人类对海洋的探测和认识还远远不够。人类对海洋认知的欲望以及对资源开发和空间利用的需求推进了海洋科学技术的创新发展。

2016 年，国际海洋学界在物理海洋学、海洋化学、海洋生物学和海洋地质学等基础性学科，海洋技术科学、海洋工程学、海洋社会科学等方面取得了新的成果。海洋暖化、酸化持续成为研究焦点，并取得一些新认识；对海洋环境健康和污染问题的研究得到了进一步加强，取得了一些新共识；海洋技术的创新发展支撑了深海远海的考察活动，取得了一系列令人瞩目的成果。国际组织和一些海洋国家在海洋领域进行了新的部署，对极地研究、海洋暖化酸化、海洋生物、海洋地质、海洋技术开发等方面提供了大的支持。

一、海洋科学领域重要研究进展

1. 物理海洋学研究取得新成果

海洋对全球气候具有重要的调节作用。2016 年，国际海洋界在海洋温度变化、海洋对气候的影响、海洋的热量吸收等方面取得系列研究新成果。随着海洋数据获取手段和模型预测以及集成分析技术的不断进步，海气相互作用研究不断深入。美国多家机构的研究发现，自 1865 年以来，全球海洋的热量增加有一半是在近 20 年完成的。研究团队分析了多种海洋温度观测数据以及多种气候模型，发现人们先前对海洋温度升高的评估结论，在时间变化和各种海洋深度上与最新的气候模型具有很好的一致性[2]。Argo 浮标阵列收集的上层海洋数据以及"深层 Argo"阵列收集的深层海洋数据都显示了海洋的变暖加速。

韩国、澳大利亚、中国和加拿大的科学家研究发现,印-太暖池异常对区域气候影响显著。在过去 60 年间,暖池的温度整体上升了 0.3℃,面积增加约 1/3。温度上升幅度看似不高,但暖池的面积扩张表明其吸收了大量能量[3]。

2. 海洋酸化问题依然是海洋化学研究焦点

国际海洋界对海洋酸化及其潜在后果的关注持续增加。美国"西海岸海洋酸化和缺氧科学小组"发布研究报告《主要发现、建议和行动》,指出全球 CO_2 排放正在引发北美洲西海岸海水化学构成的永久性变化,如果对这些正在发生的海洋化学变化(即海洋酸化)缺乏有效的应对措施,其对美国西海岸所造成的生态后果将十分广泛和严重[4]。专家小组敦促海洋管理和自然资源机构制定高度协调、综合性的多机构解决方案,包括探索利用海草去除二氧化碳的方法,支持对水质标准的修订,确定减少陆地污染进入沿海水域的战略,寻求提高海洋生物适应海洋酸化能力的方法。

3. 海洋生物学研究取得重要进展

(1)在深海发现新物种和新谱系。南安普顿大学的研究团队在马达加斯加东南2000 千米的西南印度洋海底发现了 6 种新的动物物种,这些奇特的物种是在一个被称为"龙气"的海底温泉处发现的,包括一种粗壮的霍夫蟹、两种螺、一种帽贝、一种鳞沙蚕、一种深海蠕虫[5]。

英属哥伦比亚大学和加拿大高级研究所的研究团队在被称为 67 号线的海域中首次捕获重要、丰富的海洋微生物 Diplonemids。Diplonemids 是不同于细菌和病毒的微小的单细胞生物,之前或多或少被研究人员忽视,从来没有被捕获或者直接在海洋中被观察到[6]。

美国能源部联合基因组研究所的合作研究团队利用最大的宏基因数据集发现了一个全新的细菌门——Kryptonia。该微生物细菌生长在地热温泉,含有 CRISPP-Cas 噬菌体防御系统[7]。

(2)海洋暖化酸化对海洋生物影响巨大。世界自然保护联盟发布《海洋变暖解析:原因、尺度、影响和后果》报告,通过研究海洋中所有主要生物的生态系统,给出生态系统和全球环境不断恶化的实例举证。报告指出,海洋变暖带来的一系列影响将会是我们这一代人要面对的重要挑战[8]。

美国伍兹霍尔海洋研究所的科学家通过对马萨诸塞州海岸附近海域一种常见的细菌聚球藻长达 13 年的研究发现,随着海洋温度的增加,聚球藻的年生长周期提前了 4

周。这是首次发现海洋温度变化对海洋浮游植物关键物种的影响。聚球藻是其他浮游植物的哨兵，它的变化可以作为生态系统响应气候变化的指示剂[9]。英国国家海洋学中心（NOC）通过底栖海洋钙化物与全球范围海水不饱和碳酸钙共存的研究，提供了关于海洋酸化对深海贝壳类形成潜在影响的线索[10]。

（3）海洋垃圾问题提上更高层面，引起更多关注。鉴于以海洋塑料为核心的海洋垃圾日益危及海洋持续健康发展的形势，国际社会更加关注海洋垃圾问题。英国帝国理工学院的研究人员利用卫星和浮标观测以及表面拖网观测的数据集，模拟了2015～2025年漂浮在海洋表面的微塑料的迁移运输，以评估海洋微塑料的最佳清理位置。结果显示，中国和东南亚地区是最大的塑料垃圾输出地区，最佳的塑料垃圾清除位置主要在中国沿海和印度尼西亚群岛[11]。

欧洲环境政策研究所（IEEP）发布题为"塑料、海洋垃圾和循环经济"[12]的简报，以促进欧盟制定强有力的政策，并将海洋垃圾纳入循环经济议程中，从生产者责任、产品设计、寻找替代品、完善立法执法、经济激励、废弃物管理、公众意识等方面提出解决海洋塑料垃圾的十大建议。

4. 海洋地质学研究取得一些新发现

《自然·通讯》（*Nature Communications*）刊登了一篇旨在探索冷泉及泥火山喷发流体的驱动因素的文章[13]。研究小组通过数值模拟建立了四个模型，发现海水在海床下的再循环规模和深度比以前所认识的都要大，浮力和渗透效应确实在冷泉和泥火山中存在，但甲烷才是流体喷发的主要驱动因素，而并非是被动因素。美国哥伦比亚大学拉蒙特-多尔蒂地球观测所研究人员在《自然》上发表其研究成果[14]，揭示了东太平洋海隆海底扩张的动力学效应。通过熔岩和地震的长期探测与定位数据得出，静应力的变化促使沿着至少35千米的脊线几乎同时破裂，当构造应力达到临界水平时便会触发岩浆运动。

日本海洋科技中心和日本东北大学的研究人员对日本2011年大地震同震和震后滑坡分布进行了研究[15]。研究认为，高分辨率的同震和震后滑坡分布为空间分离，这也与板间和重复地震活动相吻合。

5. 海洋技术发展成为支撑深海远海研究的关键

美国著名的Jason-2号海洋无人遥控潜水器（ROV）完成了升级改造[16]。此次改造由美国国家科学基金会（NSF）出资240万美元完成。Jason-2号深潜器的此次升级是自2002年第二代Jason系列潜水器投入使用以来的首次，主要提升了其载荷能力、活动范围和操作性能。

《自然·通讯》发表了美国斯克里普斯海洋研究所的朱利士·加菲（Jules Jaffe）研究团队的一项研究成果[17]，他们开发了一套新型显微成像系统，揭示了海底世界前所未见的景象，用以研究海底毫米级自然过程。利用该项显微新技术，研究人员观测了以色列红海之滨以及夏威夷毛伊岛附近毫米级珊瑚虫的行为。

法国国家科学研究中心和南布列塔尼大学的国际研究小组在马尔马拉海的板块上安装了声学应答器网络，监测了北安纳托利亚断层的变化[18]。他们此次利用一种创新的水下遥感方法，采用主动、自主的声学应答器，从海面进行远程访问取得进展。

英国最大规模的海洋机器人科考队伍在苏格兰西北部成功地完成了一项为期两周的水下作业任务，该任务在外赫布里底群岛附近部署了 7 个深水滑翔机和 3 个表面波浪滑翔机[19]。在考察过程中，深水滑翔机探索了 5 000 多平方千米的区域，开拓了巴拉岛周围 125 千米、水下 1 千米深的近海海域，并经受了强风达 60 英里①/小时、浪高 7 米的大西洋风暴的持续袭击。

二、海洋科学领域重要研究部署

1. 国际组织海洋科学研究部署

2016 年 5 月，国际科学理事会（ICSU）海洋研究科学委员会、国际大地测量和地球物理学联合会（IUGG）海洋物理学协会联合发布由 14 位国际海洋学专家共同完成的评论报告《海洋的未来：关于 G7 国家所关注的海洋研究问题的非政府科学见解》[20]。作为国际科学界对 2015 年 10 月 G7 国家科学部长会议所提出的海洋科学问题的回应，报告对会议所提出的为全球所关注的重要海洋研究问题进行分析和评述，并就问题的应对向 G7 国家提出了具体建议。

7 月，联合国环境规划署（UNEP）和全球资源信息数据库——阿伦达尔中心（Grid Arendal）发布《海洋垃圾重要图示》[21]，详细阐明了海洋垃圾的相关问题，如海洋垃圾的定义及种类、海洋垃圾的影响、塑料的发展、废塑料的分布、处理海洋垃圾的成本以及减少海洋垃圾的措施等。报告呼吁人们认真审视生产和使用的塑料，并从源头寻找持久的塑料污染解决方案，以保护地球和海洋。10 月，联合国环境规划署在线发表题为"海洋垃圾立法：政策制定者的工具包"[22]的报告指出，当前海洋垃圾造成的污染已经严重危害到海洋的生态系统健康与海洋经济的可持续发展，对沿海生态系统造成了极大威胁。报告要求各个国家和地区在海洋垃圾治理领域进行动员、综

---

① 1 英里＝1.61 千米。

合考虑诸多因素，积极开展海洋垃圾立法工作。

2. 美英海洋科学研究部署

2016年3月，英国自然环境研究理事会（NERC）决定提供3400万英镑资助5个宏伟的研究计划，通过研究中心的联合应对重大科学问题和社会挑战。其中包括北大西洋气候系统综合研究（ACSIS）计划、土壤海洋碳转移（LOCATE）计划、海洋调节气候（ORCHESTRA）计划等四个海洋相关计划[23]。美国国家科学基金会（NSF）投资590万美元创建了一个新的北极数据中心，该项目由加利福尼亚大学圣巴巴拉分校的国家生态分析和集成中心主持，项目周期为5年[24]。

8月，英国自然环境研究理事会（NERC）宣布资助700万欧元用于一项新的大规模战略研究项目"南大洋在地球系统中的作用"（RoSES）[25]。RoSES将确定南大洋碳系统对21世纪全球气候变化的作用，为制定国际气候政策提供科学依据。

10月，美国发布《东北海洋计划》[26]和《中大西洋区域海洋行动计划》[27]，旨在加强海洋保护和管理，增强利用工具信息的能力，推进海洋生态健康和国家安全、海洋资源能源使用、水下基础设施建设的可持续发展。

在北极研究方面，近年来美国有关机构连续发布研究报告。12月，美国北极研究委员会（USARC）发布两年一次的北极研究报告《2017—2018北极研究目标及规划报告》[28]，阐述了2017～2018年北极研究的六大主要目标，包括观测、理解及预测北极环境变化，改善北极地区人类健康，北极能源变革，推进北极环境建设，探索北极文化及群落的恢复力，加强北极地区的国际合作。

3. 其他国家海洋研究部署

2016年8月，澳大利亚海洋科学研究所（AIMS）发布了《澳大利亚海洋研究合作计划2016—2020》的报告[29]。该计划从2020年的目标以及2016～2017年的研究重点两方面进行了阐述，目标是到2020年之前有针对性地完成九个研究目标，为澳大利亚热带海洋产业的管理提供服务。11月，加拿大政府宣布投资5亿加元用于实施《加拿大海洋保护计划》[30]，旨在提高海运安全性和可靠性，保护海洋环境和原住民社区及沿海社区。12月，爱尔兰海洋研究所发布《海洋研究创新战略2021》[31]计划草案，分析了爱尔兰对运输、粮食、能源和生物多样性等一系列具有社会挑战性的海洋相关资金需求，从国家和国际层面确定爱尔兰海洋研究创新战略的15个研究主题。

三、启示与建议

我国海洋科技在2016年也取得了显著进展。7月18日，由中国科学院沈阳自动化研究所和中国科学院深海科学与工程研究所自主研发的万米级自主遥控潜水器海斗号在马里亚纳海沟开展了我国首次综合性万米深渊科考活动，创造了我国无人潜水器最大下潜及作业深度记录（10 767 米），标志着我国深海科考进入万米时代。在 2016 年年底由中国科学院和中国工程院两院院士投票评审的十大科技新闻进展中，"海斗"号无人潜水器创造深潜纪录入围。12 月 27 日，正在西南太平洋上进行科考作业的"张謇"号科考母船传来喜讯，由上海海洋大学和上海彩虹鱼海洋科技股份有限公司组成的深渊科学考察队，利用自主研发的三台全海深探测器（着陆器）在万米深渊成功地开展了一系列科学考察工作，标志着中国科学家探索人类未知的深海世界又迈出了实质性的一步。2017 年 2 月 1 日，中国新一代海洋综合考察船"科学"号完成 2016 年热带西太平洋综合考察航次后返回青岛母港，此次考察中，中国科学家成功对两套深海潜标进行实时数据传输改造，破解了深海观测数据实时传输的世界难题。

1. 加强海洋暖化酸化研究，支撑国家有关科技政策制定

全球变化背景下的海洋变暖变酸问题将持续成为海洋科学领域的重点，海洋暖化酸化对海洋生态系统的重大威胁已经显现，对海洋经济的可持续发展已经构成极大影响。主要海洋国家在该领域的布局和部署呈现持续增加的趋势，我国对海洋气候变化和海洋酸化的研究亟需加强，在进一步地在国际科学界争取话语权的同时，为支撑国家决策持续提供重要科学依据。

2. 加强海洋塑料垃圾的观测和评估研究，为国家宏观决策提供科学依据

目前国外研究机构得出结论，中国和东南亚地区是海洋最大的塑料垃圾输出地区。但目前尚没有国内研究机构对此进行评估研究，这也使得我们在这一领域缺少了话语权。海洋塑料垃圾问题很可能是国际上继海洋暖化、海洋酸化问题针对发展中国家发展进行干预的又一个切入点。因此，我国在海洋塑料垃圾的排放监测和分析研究上进行布局至关重要。

3. 加强北极海洋研究，拓展我国在北极地区的影响力

未来几年，北极依然是海洋领域研究的关键区域，加强北极研究布局是一个长远的战略。我国应充分利用《斯瓦尔巴德条约》等国际条约所赋予的权利，加强北极地区的科学研究布局，加强国际合作，积极拓展影响。

4. 发展先进海洋技术，支持深海远海考察和研究

随着海洋技术的创新发展，向深海和远洋进军将是未来几年的重点方向。努力提

高深海远海的探测考察能力，是建设海洋强国的重要战略保障。加强海洋重大设备装备建设、构建综合性海洋信息平台、发展多源数据融合技术、完善仪器和数据的标准化和共享机制，是我国海洋科技领域未来几年的艰巨任务，必将产生重大突破和深远影响。

致谢：中国科学院海洋研究所的李超伦研究员、国家海洋局海洋一所的陈尚研究员、中国海洋大学的高会旺教授对本文初稿进行了审阅并提出了宝贵修改意见，在此表示感谢。

参考文献

［1］ WHOI. No matter where you live, the ocean affects your life. http://www. whoi. edu/［2017-01-20］.

［2］ Gleckler P J, Durack P J, Stouffer R J. et al. Industrial-era global ocean heat uptake doubles in recent decades. Nature Climate Change, 2016, 6: 394-398.

［3］ Weller E, Min S-K, Cai W et al. Human-caused indo-pacific warm pool expansion. Science Advances, 2016, 2: e1501719.

［4］ Somero G N, Beers J M, Chan F, et al. What changes in the carbonate system, oxygen, and temperature portend for the northeastern pacific ocean: A physiological, perspective. BioScience, 2016, 66(1): 14-16.

［5］ Southampton. Exciting new creatures discovered on ocean floor. http://www. southampton. ac. uk/news/2016/11/deep-sea-vents. page［2016-12-15］.

［6］ UBC. Researchers capture first glimpse of important, abundant ocean microbe. http://news. ubc. ca/2016/11/22/researchers-capture-first-glimpse-of-important-abundant-ocean-microbe［2016-11-22］.

［7］ Lawrence Berkeley National Laboratory. Uncovering hidden microbial lineages from hot springs. http:// www. newswise. com/articles/uncovering-hidden-microbial-lineages-from-hot-springs［2016-01-26］.

［8］ Laffoley D, Baxter J M. Explaining ocean warming: Causes, scale, effects and consequences. https://portals. iucn. org/library/sites/library/files/documents/2016-046 _0. pdf［2016-09-01］.

［9］ WHOI. New 13-year study tracks effects of changing ocean temperature on phytoplankton. http://phys. org/news/2016-10-year-tracks-effects-ocean-temperature. html［2016-10-20］.

［10］ NOC. Benthic marine calcifiers coexist with $CaCO_3$-undersaturated seawater worldwide. http://noc. ac. uk/news/new-insights-impacts-ocean-acidification［2016-09-18］.

［11］ IOP. Modeling marine surface microplastic transport to assess optimal removal locations. http://iopscience. iop. org/article/10. 1088/1748-9326/11/1/014006［2016-11-01］.

［12］ IEEP. Plastics, marine litter and the circular economy. http://ieep. eu/work-areas/natural-resources-and-waste/resource-use/2016/10/plastics-marine-litter-and-the-circular-economy［2016-

10-01].

[13] Cardoso S S S,Cartwright J H E. Increased methane emissions from deep osmoticand buoyant convection beneath submarine seepsas climate warms. http：// www. nature. com/articles/ncomms13266[2017-02-09].

[14] Tan Y J,Tolstoy M,Waldhauser F,et al. Dynamics of a seafloor-spreading episode at the East Pacific Rise. Nature,2016,540:261-265.

[15] Linuma T,Hino R,Nakmura W,et al. Seafloor observations indicate spatial separation of coseismic and postseismic slips in the 2011 Tohoku earthquake. Nature Communitations,2016,7:1-9.

[16] WHOI. Newly upgraded ROV Jason：bigger and better. http://www. whoi. edu/news-release/jason-upgrade [2016-03-29].

[17] SCRIPPS. Researchers develop novel microscope to study the underwater world. https://scripps. ucsd. edu/news/researchers-develop-novel-microscope-study-underwater-world [2016-7-12].

[18] Sakic P, Piété H, Ballu V, et al. No significant steady state surface creep along the North Anatolian fault offshore istanbul：Results of 6 months of seafloor acoustic ranging. Geophysical Research Letters，2017，43(13):6817-6825.

[19] NOC. UK's largest marine robot fleet defies storms to complete successful mission. http：// noc. ac. uk/news/uk% E2% 80% 99s-largest-marine-robot-fleet-defies-storms-complete-successful-mission[2016-11-03].

[20] Billett D,Boero F,Feely R A etal. Future of the ocean and its seas：a non-governmental scientific perspective on seven marine research issues of G7 interest. http://www. icsu. org/news-centre/ news/pdf/Report% 20to% 20G7% 20S Mins% 20on% 20FOSs. pdf [2016-12-17].

[21] GRIDA. Marine litter vital graphics. http://www. grida. no/publications/vg/marine-litter/ [2017-02-25].

[22] UNEP. Marine litter legislation：A toolkit for policymakers. http：// apps. unep. org/publications/ index. php? option=com_pub&task=download&file=012253_en [2017-02-25].

[23] NERC. NERC commissions ambitious multi-centre research programmes. http：// www. nerc. ac. uk/press/releases/2016/11-multi/ [2016-03-22].

[24] NSF. NSF funds new $5. 9 million Arctic data center at the University of California，Santa Barbara. http://nsf. gov/news/news_summ. jsp? cntn_id=138066&org= NSF&from=news [2016-03-23].

[25] NERC. NERC invests ￡7m in new strategic research programme. http://www. nerc. ac. uk/press/ releases/2016/36-rosesprog/ [2016-08-01].

[26] NE RPB. Northeast ocean plan. http://neoceanplanning. org/plan/ [2016-12-07].

[27] MidA RPB. Mid-Atlantic regional ocean action plan. http://boem. gov/Ocean-Action-Plan/[2016-12-07].

[28] USARC. New USARC goals report available. http://www. uarctic. org/news/2016/12/new-usarc-

goals-report-available/ [2016-12-09].

[29] AIMS. AIMS corporate plan 2016-2020. http://www. aims. gov. au/documents/30301/22713/Cor-porate+Plan+16-20_Aug29-sm. pdf/415b878b-9d51-4bf1-8e08-80e0b5eee9b6 [2016-08- 20].

[30] Government of Canada. Canada's ocean protection plan. http://www. tc. gc. ca/media/documents/ com-munications-eng/oceans-protection-plan. pdf [2016-11-07].

[31] MI. Marine research & innovation strategy - deadline for submissions extended. http://www. ma-rine. ie/Home/sites/default/files/MIFiles/Docs_Comms/ Consutlation% 20Document% 20Draft% 20National% 20Marine% 20Research% 20and% 20Innovation% 20Strategy% 202021_0. pdf [2016-12-09].

Development Scan of Oceanography

Gao Feng，Feng Zhigang ，Wang Fan

The ocean is playing a more and more important role in meeting human re-source needs，regulating global warming and solving human food problems. In 2016，the International Oceanography Community has made important progress in the physical oceanography，marine chemistry，marine biology，marine geology and other areas of the marine science and technology. Oceanic acidification and warming has continued to be the research focus，and the research on health and pollution of marine environment has been further strengthened. The innovation and development of marine technology has supported the study and expedition of deep sea. International organizations and the relevant marine countries has de-ployed in the ocean acidification and warming，marine biology，marine geology，polar studies，the development of marine technology etc.

4.8 空间科学领域发展观察

杨 帆[1] 韩 淋[1] 王海名[1] 郭世杰[2] 范唯唯[1]

（1. 中国科学院科技战略咨询研究院；2. 中国科学院文献情报中心）

2016 年，空间科学研究在整个科学领域备受瞩目，引力波探测、距地最近系外行星的发现、依赖核辐射能量生存的细菌、空间基因测序的实现等不断刷新人类对宇宙的认知，为人类足迹向深空拓展奠定了基础。欧洲、俄罗斯未来空间科学规划逐步落实，未来整体有望持续稳健发展。我国空间科学进展顺利，重大突破蓄势待发，建议未来将小卫星作为已有空间科学研究平台的必要补充。

一、重要研究进展

1. 引力波天文学拉开序幕

2016 年地基"激光干涉引力波天文台"（LIGO）的观测结果为双黑洞合并引发引力波提供了首个直接证据，验证了 100 年前爱因斯坦的预测，为 40 年来寻找引力波的任务画上最浓重的一笔亮色，同时意味着一个全新的科学领域——引力波天文学的诞生[1,2]。除 LIGO 等地面研究设施外，空间引力波探测任务也顺利推进。6 月，研究人员宣布，最初两个月的实验数据显示，欧洲空间局（ESA）的"激光干涉仪空间天线-探路者"（LPF）探测器内的两个金铂合金立方体几乎保持相对静止，且两者的相对加速度仅为地球重力加速度的 $1/10^{16}$，这一精度比在空间中测量引力波所需的水平高出 300 倍，充分证明所测试的技术能够满足空间引力波观测的要求[3]。中国近期也提出两项空间引力波探测计划："太极计划"的主要科学目标是观测双黑洞并合和极大质量比天体并合时产生的引力波辐射，以及其他宇宙引力波辐射过程；"天琴计划"聚焦在探测由白矮星双星系统 HM Cancri 发出的引力波[4]。

2. 科学家发现距地球最近的系外行星 Proxima b

2016 年，一个国际研究团队利用"欧洲南方天文台"（ESO）的观测数据，发现了迄今距地球最近的可能宜居行星 Proxima b。Proxima b 是一颗类地行星，大小与地球接近，质量是地球的 1.3 倍，围绕比邻星（Alpha Centauri）公转，公转周期为 11.2 天，距离地球约 4 光年[5]。有科学家认为"Proxima b 存在生命的可能性大于火星"。

3. 地外生命可能依赖宇宙线辐射存活

美国科学家在南非一处金矿地下约 2.8 千米处发现依赖核辐射能量生存的杆状绀菌（D. audaxviator)[6]。这一发现引起科学家对生命形式的新思考，并启发人们设想在此前认为不可能存在生命的星球上，或许存在着不受宇宙线损害反而以此作为能量来源的地外生命。生命可以依赖宇宙线辐射生存，或将影响未来地外生命搜寻策略的制定。

4. NASA 成功实现首次空间 DNA 测序

美国国家航空航天局的航天员 Kate Rubins 在国际空间站上利用 MinION 小型测序仪成功完成首次微重力条件下的 DNA 测序，标志着人类已经迎来"在空间对活体生物进行基因测序"的新时代，同时开启了一个全新的科学领域——空间基因组学和系统生物学。美国国家航空航天局的科学家普遍认为这将是一项改变游戏规则的技术[7]。适用于空间飞行的 DNA 测序技术还可以集成到宇宙生物学探索任务中，最终或可识别出未知的地外生命。

5. 其他

空间科学领域其他重要发现还包括：太阳系可能存在第 9 大行星；"火星勘测轨道器"（MRO）发现火星地下大型水冰沉积层，其含水量大于苏必利尔湖；"哈勃空间望远镜"（HST）发现木卫二喷射疑似水气羽流；对暗物质的搜寻尚未找到结果；天文学家发现 KIC 8462852 恒星亮度发生奇特变化；HST 发现矮行星鸟神星（Makemake）拥有一颗卫星；"开普勒"（Kepler）空间望远镜新发现超过 1000 颗系外行星；对银河系周围只存在数十个矮星系的理论解释；"罗塞塔"（Rosetta）探测器在彗星上坠毁；"朱诺"号（Juno）抵达木星轨道；"火星生命探测计划 2016 任务"（ExoMars-2016）抵达火星轨道；"盖亚"（Gaia）空间望远镜首批巡天数据精确描绘 11 亿颗恒星的位置和亮度；"新地平线"号（New Horizons）对冥王星的探测持续获得新发现；太空探索技术公司（SpaceX）宣布在 2018 年发射火星无人探测器等。

二、重要战略规划

1. 欧洲稳步推进空间科学发展

欧洲重点支持卓越的空间科学研究。欧盟委员会（EC）2016 年正式发布《欧洲空间战略》政策文件，提出实现空间对社会和欧洲经济的效益最大化，培育具有全球竞争力和创新的欧洲空间部门，确保欧洲可安全、自主地进入和利用空间，强化欧洲在全球空间活动中的地位并促进国际合作等 4 大战略目标以及一系列行动[8]。欧洲空间局部长级会议决定未来 5 年投资 46 亿欧元，用于开展卓越的空间科学和技术研究[9]：空间科学计划至 2021 年的运行得到充分保障，成员国承诺支持国际空间站运行至 2024 年并建造第二个"欧洲服务舱"，"火星生命探测计划"（ExoMars）得到大力支持，欧洲、俄罗斯合作"月球-27"（Luna 27）月球南极探索任务获得批准，"小行星撞击任务"（AIM）则将降级为小型任务。此外，欧洲科学基金会（ESF）公布欧洲首个《宇宙生物学路线图》（AstRoMap），确定了未来 10～20 年欧洲在宇宙生物学领域的 5 大研究主题及其关键科学目标，并提出了实现这些科学目标的具体路径，拟通过该路线图提升欧洲的空间科学与探索影响力[10]。

2. 俄罗斯明确未来空间科学重点任务

俄罗斯坚定推进空间科学研究和载人登月计划。俄罗斯航天国家集团公司正式公布《2016—2025 联邦航天计划》[11]，总预算拨款 1.4 万亿卢布（约合 1423 亿人民币）。计划确立了三个优先方向：①保障俄罗斯拥有从本土进入空间的能力，发展和利用空间技术、工艺、成果和服务以满足俄联邦社会经济利益，保障国防和国家安全，发展航天工业，履行国际职责；②开发满足科学研究需求的航天技术产品；③开展载人飞行相关活动，包括建立科学技术储备，用以实施国际合作框架下的项目。计划遵循《2030 年前及未来俄联邦航天活动领域国家政策原则》中规定的优先方向，明确了俄罗斯未来十年在空间基础研究、载人飞行、遥感、通信和技术等方面的任务，拟实现空间科学、载人登月等多项目标。

3. 美国未来空间天文任务布局或存变数

美国国家科学院发布《新视野和新地平线中期评审》报告，回顾了 2010 年以来国际天文领域的新发现和任务进展，对 NASA 的下一代大型空间望远镜成本可能激增、进而影响天文领域其他任务经费的风险提出警告，还建议美国重新加入 ESA 的"激光干涉仪空间天线"（LISA）引力波探测计划等[12]。在美国政府更迭、未来空间战略可能发生剧变的背景下，未来美国包括空间天文、空间地球科学在内的空间科学研究格局充满不确定性。

4. 中国提出未来 15 年空间科学发展战略目标和路线图

中国科学院发布《2016～2030 年空间科学规划研究报告》，提出了至 2030 年我国空间科学发展的战略目标及路线图，中国空间科学将在宇宙的形成和演化、系外行星和地外生命的探索、太阳系的形成和演化、超越现有基本物理理论的新物理规律、空间环境下的物质运动规律和生命活动规律等热点科学领域，通过系列科学卫星计划与任务以及"载人航天工程"相关科学计划，取得重大科学发展与创新突破，推动航天和相关高技术的跨越式发展[13]。

三、展望与建议

纵观世界，2017 年空间科学领域特别值得期待的研究热点和前沿可能包括：中国首个月球采样返回探测器"嫦娥 5 号"，寻找太阳系第 9 大行星存在的直接证据，"卡西尼"（Cassini）土星探测器启动谢幕高潮，探测到更多的引力波源等。

2016 年，世界背景之下的我国空间科学任务顺利推进，重大突破蓄势待发。4 月，我国成功发射并回收了中国首颗微重力科学实验卫星——"实践十号返回式科学实验卫星"[14]，在世界上首次实现哺乳动物胚胎的太空发育[15]，研究成果为未来的太空移民提供了可能性[16]。8 月，我国发射了世界首颗量子科学实验卫星"墨子号"，主要任务是基于卫星平台开展广域量子通信和量子力学基础原理检验，作为我国基础物理研究和航天工程两个领域的完美结合，"墨子号"从研制过程到成功发射一直吸引着社会的广泛关注和国际学术界的高度评价[17,18]。从 2013 年 12 月 14 日在月面软着陆到 2016 年 8 月 4 日正式退役，"嫦娥三号"探测器创造了在月工作 31 个月的世界纪录，完成了首幅月球地质剖面图、首次证明月球上没有水、首次获得地球等离子体图像。2016 年 2 月，我国发布由"嫦娥三号"和"玉兔号"月球车拍摄的迄今最清晰的月面高分辨率全彩照片[19]。9 月，我国第一个真正意义上的空间实验室——"天宫二号"成功发射[20]，"天宫二号"肩负空间科学与应用研究、载人空间站关键技术验证两大使命，开展了空间科学与应用高水平研究，如在国际上首次实现的空间冷原子钟实验获得成功，将对卫星定位导航及引力波探测等科学研究产生重大影响。此外，暗物质粒子探测卫星"悟空号"的研究团队已完成关键数据处理工作，待国际权威机构认定后，即将公布重要结果。

我国空间科学正处于蓬勃发展的关键时期。在积极推进空间科学卫星系列发展和加强载人航天空间站科学活动的同时，作为重要补充，建议积极促进利用小卫星开展空间科学研究与应用。美国国家科学院 5 月发布《利用立方体卫星开展科学研究》报告，指出几乎所有的空间科学研究领域都可能受益于颠覆性的立方体卫星技术，未来有望利用立方体卫星开展大量科学研究[21]。美国白宫科技政策办公室（OSTP）10 月公布"驾驭小卫星革命"倡议，拟促进并支持政府和私人将小卫星用于遥感、通信、科学和空间探索等活动[22]。我国应全面掌握小卫星技术和市场发展趋势，积极拓展小卫星应用场景，及时抓住空间科学研究发展的新机遇。

致谢：中国科学院空间应用工程与技术中心顾逸东院士、中国科学院国家空间科学中心吴季研究员审阅本文并提出了宝贵的修改意见，谨致谢忱！

参考文献

［1］Science magazine. Ripples in spacetime：Science's 2016 breakthrough of the year. http：//www. sciencemag. org/news/2016/12/ripples-spacetime-sciences-2016-breakthrough-year［2016-12-22］.

［2］Physics World. LIGO's gravitational-wave discovery is Physics World 2016 breakthrough of the year. http：// physicsworld. com/cws/article/news/2016/dec/12/ligo-gravitational-wave-discovery-is-physics-world-2016-breakthrough-of-the-year［2016-12-12］.

［3］Armano M，Audley H，Auger G，et al. Sub-Femto-g free fall for space-based gravitational wave observatories：LISA pathfinder results. Physical Review Letters，116，231101. Doi：10. 1103/PhysRevLett. 116. 231101.

［4］科学网. 想在空间探测引力波？中科院发起"太极计划". http：// news. sciencenet. cn/htmlnews/2016/2/338278. shtm［2016-02-16］.

［5］Cornell University Library. The habitability of proxima centauri b Ⅱ. possible climates and observability. http：//lanl. arxiv. org/abs/1608. 06827［2016-08-24］.

［6］Science magazine. Alien life could feed on cosmic rays. http：// www. sciencemag. org/news/2016/10/alien-life-could-feed-cosmic-rays［2016-10-07］.

［7］NASA. First DNA sequencing in space a game changer. http：//www. nasa. gov/mission_pages/station/research/news/dna_sequencing［2016-08-30］.

［8］European Commission. Communication from the commission to the European parliament，the council，the European economic and social committee and the committee of the regions. http：// ec. europa. eu/DocsRoom/documents/19442/attachments/2/translations/en/renditions/native［2016-10-26］.

［9］ESA. European ministers ready ESA for a United Space in Europe in the era of Space 4. 0. http：//www. esa. int/About_Us/Ministerial_Council_2016/European_ministers_ready_ESA_for_a_United_Space_in_Europe_in_the_era_of_Space_4. 0［2016-12-02］.

［10］ESF. Searching for life beyond earth - the first scientific roadmap for European astrobiology released. http：//astromap. esf. org/astromap-roadmap. html［2016-03-21］.

［11］Roscosmos. Основные положения федеральной космической программы 2016-2025. http：// www. roscosmos. ru/22347/［2016-03-23］.

［12］NRC. New worlds，new horizons：A midterm assessment（2016）. http：//www. nap. edu/catalog/23560/new-worlds-new-horizons-a-midterm-assessment［2016-08］.

［13］新华网. 中科院报告提出 2016 至 2030 年中国空间科学发展路线图. http：// news. xinhuanet. com/politics/2016-03/17/c_1118366339. htm［2016-03-17］.

［14］中国科学院. 我国首颗微重力科学实验卫星实践十号返回地球. http：// www. cas. cn/zt/kjzt/sjshkxsywx/sjshkxsywxzxdt/201604/t20160419_4553348. shtml［2016-04-18］.

［15］ Science magazine. China takes microgravity work to new heights. http:// www. sciencemag. org/ news/2016/04/china-takes-microgravity-work-new-heights ［2016-04-05］.

［16］ Mail Online. One small step for mice, one giant leap for mankind: Chinese scientists grow mouse embryos in space, paving the way for humans to colonise other planets. http:// www. dailymail. co. uk/ sciencetech/article-3545538/One-small-step-mice-one-giant-leap-mankind-Chinese-scientists-grow-mouse-embryos-space-paving-way-humans-colonise-planets. html ［2016-04-18］.

［17］ Physics World. China launches world's first quantum science satellite. http://physicsworld. com/cws/ar-ticle/news/2016/aug/16/china-launches-world-s-first-quantum-science-satellite ［2016-08-16］.

［18］ Nature. Chinese satellite is one giant step for the quantum internet. http:// www. nature. com/ news/chinese-satellite-is-one-giant-step-for-the-quantum-internet-1. 20329 ［2016-08-16］.

［19］ 中国探月与深空探测网. 央视新闻：嫦娥三号公布最新科研成果. http:// www. clep. org. cn/ n5982019/c6638768/content. html ［2016-08-03］.

［20］ 中国载人航天. 天宫二号空间实验室发射圆满成功. http:// www. cmse. gov. cn/art/2016/9/15/ art_18_31049. html ［2016-09-15］.

［21］ NRC. Achieving science with cubeSats: Thinking lnside the box. http:// www. nap. edu/23503 ［2016-05-27］.

［22］ The White House. Harnessing the small satellite revolution to promote lnnovation and entrepre-neurship in space. https:// obamawhitehouse. archives. gov/the-press-office/2016/10/21/harness-ing-small-satellite-revolution-promote-innovation-and ［2016-10-21］.

Obervations on Development of Space Science

Yang Fan，Han Lin，Wang Haiming，GuoShijie，Fan Weiwei

In 2016, the scientific research of space science has attracted much attention, such as the gravitational wave detection, the discovery of Proxima b, the bacterium feeding on cosmic rays, the realization of DNA sequencingin microgravity and so on. These researches constantly refresh our understanding of the universe, laying the foundation for deep space exploration. European and Russian space science plans were gradually implemented, andwere expected to continue developing firm-ly. China's space science progressed smoothly, and a major breakthrough will be within insight. We recommended that small satellites can be used as a space sci-ence research platformin the future.

4.9 信息科技领域发展观察

房俊民 王立娜 唐 川 徐 婧 张 娟 田倩飞

（中国科学院成都文献情报中心）

加快发展信息科技早已成为世界各国的共同选择。当前，以云计算、移动互联网为代表的信息技术产业和应用创新进入成熟期，信息技术发展进入到以"大数据、智能计算、移动互联网、云计算、物联网"为代表的"第三代信息技术平台"的发展阶段，以量子信息、人工智能为代表的信息技术代表着未来的发展趋势，对软硬件发展将产生重大影响。未来一段时间将是信息技术持续高速发展的时期。

一、重要研究进展

2016 年，信息科技领域在存储技术、人工智能与神经形态芯片、量子信息器件研发方面取得了诸多的重大研究成果，现将各项重大研究进展简介如下。

1. 后摩尔定律时代半导体技术发展转向

2016 年 2 月，《自然》刊文称，主宰全球半导体产业发展的《国际半导体技术发展路线图》将放弃摩尔定律的指导原则，改变以往先改善芯片、软件随后跟进发展的规律，而是反过来根据软件和应用的运行需求开发相匹配的芯片[1]。7 月，《国际半导体技术路线图 2015》发布并预计半导体芯片延续了 50 多年的微型化趋势将在 5 年内迎来终点[2]。2021 年后，从经济的角度来看，公司不再需要继续缩小微处理器中的晶体管尺寸。芯片制造商会转而采用其他方法来提高密度，即将晶体管从水平结构转变为垂直结构，并建造多层电路。2017 年起，新的路线图将更名为"国际元件及系统技术路线图"（IRDS），会增加计算机系统结构方面的规划，从而实现"对计算生态系统端到端的全面认识，包括设备、组件、系统、系统结构及软件"。

2. 人工智能与神经形态芯片领域创新不断

谷歌公司开发的名为"AlphaGo"的人工智能程序以 4：1 的战绩击败了世界围棋冠军，还在和其他围棋程序的对抗中获得了 99.8% 的极高胜率，赢得了全球广泛关注。"AlphaGo"采用了决策网络和价值网络这两种核心的神经网络，类似人脑下棋时凭直觉快速锁定策略的思维方式[3]。美国麻省理工学院电子工程与计算机科学系研究人员开发出一款新型神经网络芯片"Eyeriss"，其运行效率是移动图形处理器的 10 倍，可直接在移动设备上运行功能强大的人工智能算法[4]。IBM 公司研制出全球首个基于相变材料的人工神经元[5]。该相变神经元的尺寸仅为 90 纳米，其信号传输速度快、能耗低，并具有类似生物神经元的随机特性，即在输入信号相同的情况下，不同相变神经元的输出将略有不同，非常适合研制高密度、低功耗的认知学习芯片。该公司还开发出能在神经形态处理器上对图像和语音进行分类的深度学习算法，其精度接近目前最先进水平，每秒可以处理 1200～2600 帧图像，能耗仅为 25～275 毫瓦[6]。该项进展首次解决了深度学习算法在神经形态处理器上高效运行的问题，可在当前智能手机上连续运行几天而无需充电，为研发下一代嵌入式智能终端奠定基础。

3. 量子信息器件研究成果显著

开发量子信息器件是实现量子计算机的瓶颈，2016 年这一领域取得了系列重要成果。中国科学技术大学郭光灿院士领导的中国科学院量子信息重点实验室在量子存储研究方向取得了系列进展，该实验室史保森教授小组实现了两个存储单元之间的高维纠缠及多自由度的超纠缠[7]。美国桑迪亚国家实验室和哈佛大学的研究人员研发出用于连接小型量子计算机的全球首个量子计算机桥[8]，通过利用在量子桥或网络上分配的量子数据阵列，有望实现新型的量子传感。美国罗彻斯特大学的研究人员丹尼尔·拉姆（Daniel Lum）及其团队首次验证了真正可行的量子恩尼格码机器[9]。该概念验证设备能十分安全地进行一次一密信息传输，其加密密钥则比信息本身简短。美国马里兰大学的研究人员研发出首台小型可编程重置的量子计算机[10]。新研制的量子计算机由 5 比特的量子信息组成，能执行一系列不同的量子算法，其中一些算法可以利用量子效应，一步完成一项数学计算，而传统计算机需要数次运算才能完成这一计算。

4. 存储技术研发取得新突破

世界生成数据的速度快于存储容量的增长，提高存储密度具有相当的紧迫性，各类新型存储技术研究取得重大突破。微软和华盛顿大学的研究人员宣布在人工合成 DNA 存储技术方面创造了新纪录，目前利用这项技术实现对约 200 兆字节数据的保存[11]。IBM 苏黎世研发中心的科学家首次实现了单个相变存储（PCM）单元存储 3 个比特的数据[12]。该研究成果有助降低 PCM 的成本，加快其产业化步伐，最终为物联网时代呈指数级增长的数据提供一种简单且快速的存储方式。美国威斯康星大学麦迪逊分校研究人员成功在 1 平方英寸①大小的基底上制作出碳纳米管晶体管阵列，获得的电流是硅晶体管的 1.9 倍，首次在性能上超越硅晶体管和砷化镓晶体管[13]。这一突破是碳纳米管发展的重大里程碑，将引领碳纳米管在逻辑电路、高速无线通信和其他半导体电子器件等技术领域大展宏图。

美国劳伦斯·伯克利国家实验室宣布了一项计算机领域的重大突破，将现有最精尖的晶体管制程从 14 纳米缩减到了 1 纳米[14]。目前该研究还停留在初级阶段，在 14 纳米的制程下，一个模具上就有超过 10 亿个晶体管，而要将晶体管缩小到 1 纳米，实现大规模生产仍然十分困难。不过，这一研究依然具有非凡的指导意义，新材料的使用将推动电脑计算能力的大幅提升。

中国科学技术大学潘建伟、包小辉等采用冷原子系综在国际上首次实现了百毫秒高效量子存储器，为远距离量子中继系统的构建奠定了坚实基础，第一次将存储寿命及读出效率提升至满足远距离量子中继的实际需求[15]。据估算，当前结果结合多模存储、高效通讯波段接口等技术，已原理上可支持通过量子中继实现 500 千米以上纠缠分发，并超越光纤直接传输极限。

二、重要战略规划

信息科技创新成为各国实现经济再平衡、打造国家竞争新优势的核心，在各个领域都深刻影响和改变着国家经济和军事力量对比，重塑产业结构和经济竞争格局。2016 年各国在人工智能、量子信息科技、高性能计算、5G、虚拟现实等领域提出了新的战略布局和战略规划，随着大型企业研发投入的同步增加，这些领域有望取得快速发展，竞争也将日益激烈。

（一）各国政企纷纷布局量子信息科技领域

1. 美国将量子信息科学提升到国家战略层面

2016 年 7 月，美国联邦政府公布美国国家科学技术委员会（NSTC）最新完成的报告《推进量子信息科学：国家的挑战与机遇》[16]。美国国家科学技术委员会建议美国将量子信息科学作为联邦政府投资的优先事项，呼吁政产研通力合作，确保美国在该领域的领导地位，增强国家安全与经济竞争力。

---

① 1 英寸＝2.54 厘米。

2. 欧盟投 10 亿欧元开展量子技术旗舰计划

2016 年 3 月，欧盟委员会发布《量子宣言（草案）》，呼吁欧盟成员国及欧盟委员会发起资助额达 10 亿欧元的量子技术旗舰计划[17]，并实现如下目标：①建立极具竞争性的欧洲量子产业，确保欧洲在未来全球产业蓝图中的领导地位；②增强欧洲在量子研究方面的科学领导力和卓越性；③面向量子技术的创新企业和投资，把欧洲打造为一个有活力和吸引力的区域；④充分利用量子技术进展，更好地解决能源、健康、安全和环境等领域的重大挑战。

3. 谷歌、微软、英特尔等在量子计算领域同台竞技

2016 年 9 月，谷歌提出"quantum supremacy"量子机研制计划，预期将在 2017 年或 2018 年的量子计算机上达到 40～50 量子比特[18]。11 月，微软投巨资研制量子计算机，将与谷歌和 IBM 同台竞争[19]。12 月，英特尔宣布将利用硅打造全新量子计算机，以利用传统微电子工业几十年来积累的大规模集成电路制造经验[20]。

（二）新一轮高性能计算仍是必争之地

1. 欧盟 H2020 资助高性能计算研发

欧盟新启动的欧洲极限数据与计算项目（EXDCI）将联合欧洲最重要的三大高性能计算（HPC）计划 PRACE、ETP4HPC 和 EESI，来协调欧洲的高性能计算生态系统。2016 年 5 月，欧盟委员会发布地平线 2020（H2020）高性能计算项目招标文件进一步落实相关技术研发工作[21]。

2. 日本再为超级计算机"京"的研发投入 76 亿日元

超级计算机"京"的研发被日本文部科学省列为"旗舰 2020 计划"，其目标是瞄准 2020 年，建成世界最先进的通用超级计算机。文部科学省 2016 年预算中，"京"获得了 76 亿日元的拨款，与 2015 年的 39 亿日元相比增加了近一倍。"京"需要解决的下一代技术挑战包括：①通过协同设计（各应用程序的算法改进与最佳架构设计同时进行），提高多数应用程序的运行性能并降低其功耗；②通过优化芯片内部电路，打造具备高能效的超算系统；③利用已有的开源软件开发先进的系统软件，同时通过国际合作，实现稳定、安全的软件开发，在开源软件群基础上构建高性能计算系统；④开发能用于超大规模（1000 万以上的内核）并行计算的高效系统软件；⑤构建适用于超大规模并行计算的高效编程环境。

3. 中国新一代百亿亿次超级计算机研制启动

2016 年 2 月，科技部分 3 个批次发布了国家重点研发计划 25 大重点研发专项申报指南，这标志着整合了多项科技计划的国家重点研发计划正式启动实施。其中，"高性能计算"重点专项将围绕 E 级（百亿亿次左右）高性能计算机系统研制、高性能计算应用软件研发、高性能计算环境研发三个创新链（技术方向）部署 20 个重点研究任务，专项实施周期为 5 年，即 2016～2020 年[22]。2016 年 7 月，由国防科技大学同国家超级计算天津中心联合开展的我国新一代百亿亿次超级计算机样机研制工作已经启动。在样机破解关键技术的基础上，下一阶段将开展具体的超算研发，届时它将成为国内自主化率最高的超算机[23]。

（三）人工智能与机器人技术进一步增加投入

1. 美国发布国家人工智能研发战略规划

2016 年 10 月，美国白宫发布《国家人工智能研发战略规划》和《为未来人工智能做好准备》报告，以期充分利用人工智能技术来增强国家经济实力并改善社会安全[24,25]。继美国于 2011 年启动的"国家机器人计划"（NRI）后，美国国家科学基金会（NSF）于 2016 年 11 月发布了"第二版国家机器人计划"（NRI-2.0）项目招标，旨在实现泛在协作机器人的愿景，使机器人如同现有的汽车、计算机和手机一样成为常见之物[26]。同月，美国机器人虚拟组织研究网络（Robotics VO）发布由产学界 150 多位专家共同完成的《2016 年版美国机器人路线图》[27]。美国首份机器人路线图发布于 2009 年，当时启发了奥巴马政府在 2011 年启动《国家机器人计划》。2016 年版机器人路线图更详尽，包含了更详细的技术建议，概述了目前社会在发展中的机遇和亟待解决的问题，同时介绍了美国政府为保持机器人产业领先地位所做的努力。

2. 欧盟发布机器人技术路线图与人脑 ICT 平台

欧洲机器人技术合作伙伴组织 SPARC 是全球最大的民用机器人创新计划，2014～2020年获得了欧洲委员会 7 亿欧元的资助，并将从欧洲产业界获得 21 亿欧元的配套资助。2015 年 12 月，针对欧盟 H2020 计划 2016 年机器人技术工作计划，SPARC 发布了机器人技术多年路线图，旨在为描述欧洲的机器人技术提供一份通用框架，并为市场相关的技术开发设定一套目标。2016 年 3 月 30 日，欧盟人脑计划（HBP）正式公开发布六大信息及通信技术（ICT）平台的最初版本，以促进神经科学、医学和计算领域的合作研究[28]。

3. 英国政府投 2000 万英镑开发无人驾驶车辆技术

2016 年 2 月，以英国商业、创新与技能部（BIS）为主的数家部门联合宣布投资 2000 万英镑开发下一代无人驾驶车辆技术，改善车辆与道路基础设施或城市信息系统的通信[29]。这是英国政府 1 亿英镑"智能移动性基金"的首轮资助，共有 8 个项目获得资助。

4. 日本提出机器人革命与超智能社会

日本政府继 2015 年发布未来五年"机器人革命"战略计划后，2016 年年初在最新发布的第 5 期科学技术基本计划中提出要实现领先于世界的"超智能社会"（即 Society 5.0）[30]。创建"超智能社会服务平台"所必需的基础技术：网络安全技术、物联网系统构建技术、大数据分析技术、人工智能技术、设备技术、网络技术、边缘计算等。实现新价值创造的核心技术：机器人技术、传感器技术、执行器技术、生物技术、人机接口技术、材料/纳米技术、光量子技术等。日本野村综合研究所也于 2016 年 3 月发布至 2020 年人工智能技术路线图，提出：2015～2017 年度，图像识别的实用化逐渐走向普及；2018～2019 年度，自然语言处理与其他识别技术的协作进一步深入；2020 年度及以后，自主学习功能迈入实用化阶段[31]。

5. 韩国斥巨资发展人工智能及大脑科学

韩国于 2016 年 3 月宣布，在接下来的 5 年中将投资 8.63 亿美元用于人工智能研究[32]。5 月，韩国未来创造科学部发布《大脑科学发展战略》报告，计划在 2023 年前发展成为脑研究新兴强国，预计未来十年内脑研究方面总财政投入将达到 3400 亿韩元[33]。

（四）网络安全与隐私备受重视

1. 美国发布《联邦网络安全研发战略计划》和人才战略

2016 年 2 月，作为美国网络安全国家行动计划的一部分，美国网络与信息技术研发计划（NITRD）发布了全面的《联邦网络安全研发战略计划》，旨在从内在提升网络空间的安全性，并于 6 月发布《国家隐私研究战略》[34]。7 月，白宫发布首个《联邦网络安全人才战略》，旨在为联邦政府和国家挑选、招募、培养、留住并扩大最优秀、最聪明以及最全能的网络安全人才[35]。

2. 欧盟启动网络安全公私合作伙伴关系计划

2016 年 7 月，欧盟委员会启动网络安全公私合作伙伴关系（PPP）计划，通过

"地平线 2020 研究和创新计划"投资 4.5 亿，预期至 2020 年将触发 18 亿欧元投资[36]。

3. 英国启动《国家网络安全战略 2016—2021》

2016 年 11 月，英国政府启动新一轮的《国家网络安全战略 2016—2021》，指出英国政府将在未来五年投资 19 亿英镑（约合 157 亿元人民币）加强互联网安全建设，旨在防范网络攻击，维护英国经济及公民信息安全，提升互联网技术，确保遭到互联网攻击时能够予以反击[37]。相比英国《国家网络安全战略 2011—2016》8.6 亿英镑的国家网络安全投入，新计划的投入翻了一番。

4. 韩国公布 ICT 安全 2020 计划

2016 年 6 月，韩国未来创造科学部公布了一项五年计划——"韩国 ICT 安全 2020 计划"，旨在推动 ICT 初创企业发展，加强国际合作，将信息安全相关程序和设备的出口额从目前的 1.6 万亿韩元（约合 13 亿美元）扩大至 2020 年的 4.5 万亿韩元（约合 36 亿美元)[38]。

（五）5G 无线通信技术渐行渐近

1. 美国推出先进无线研究计划

2016 年 7 月，奥巴马政府宣布推出由美国国家科学基金会牵头、总投资额度超过 4 亿美元的"先进无线研究计划"，以赢取并维持在下一代移动技术领域的领先地位[39]。这项新的计划将重点针对未来十年的先进无线研究，部署和应用四个城市规模的测试平台。根据该计划，美国国家科学基金会和 20 多家技术企业与协会将共同投资 8500 万美元建设先进无线测试平台，而未来 7 年美国国家科学基金会还将额外投资 3.5 亿美元支持利用这些测试平台的学术研究。此外，其他联邦机构也将做出相应规划和部署。这些平台以及由其支持的基础研究将允许学术界、企业和无线行业测试与开发先进无线技术理念，并有望在未来引发 5G 及超越 5G 的重大创新。

2. 欧盟公布 5G 合作伙伴计划及行动计划

欧盟继于 2015 年公布了 5G 合作伙伴计划（5G-PPP）第一阶段资助的首批 19 个项目后，于 2016 年 9 月公布了详细的 5G 行动计划，具体包括：于 2017 年 3 月公布具体的测试计划并开始测试[40]，年底前制定出完整的 5G 部署路线图；2018 年开始初期商用测试；2020 年各个成员国至少选择一个城市提供 5G 服务；2025 年各个成员国在城区和主要公路、铁路沿线提供 5G 服务[41]。

3. 中国建成全球最大 5G 试验网

我国已建成全球最大 5G 试验网,并计划于 2018 年进行大规模测试组网,然后在相关国际机构公布 5G 正式标准后,进入网络建设阶段,最快于 2020 年正式商用 5G 网络。此外,2016 年 11 月,华为极化码方案被国际无线标准化机构 3GPP 确定为 5G eMBB(增强移动宽带)场景的控制信道编码方案,标志着中国在 5G 移动通信技术研究和标准化上的重要进展。编码与调制被誉为通信技术的皇冠,体现着一个国家通信科学基础理论的整体实力[42]。

三、启示与建议

在当前阶段,人工智能对我国具有重大意义:《中国制造 2025》对人工智能提出重大需求;发展智能产业和智慧经济需要人工智能的持续创新;"机器换人"迫在眉睫,转型升级仍是当务之急;老龄化社会也为人工智能产业创造机遇。一些可行的建议包括:制定人工智能创新发展的战略规划;建设国家级综合研发中心与创新发展平台;加速法律法规制定与体系建设;加强前瞻性基础研究,深化技术推广应用;加强人工智能教育与科普,培养高素质人才队伍;支持人工智能社会学的研究。

目前,我国在量子通信方面引领世界步伐,为在未来激烈的国际量子信息科学竞赛中,稳固我国的领导地位、保障国家安全,我国可以考虑继续全方位加速量子信息科学发展:制定国家量子科技研发规划,全面布局量子科技领域创新;加强顶层设计和推动,深化合作体制创新;等等。

虚拟现实技术受到发达国家和巨头企业的再度关注,纷纷抢占虚拟现实核心技术的制高点。建议我国加大对这一领域的关注:加强战略规划和顶层设计,设计虚拟现实与各领域融合发展的路线图,为产业发展明确思路并提供政策引导;推动关键技术产品研发及产业化;加快推广行业应用示范,结合《中国制造 2025》和"互联网+人工智能"行动计划的实施,选取若干领域作为虚拟现实应用推广的突破口,逐步推广虚拟现实应用领域,设立应用示范区;推动标准化体系建设。

把握后摩尔定律时代的半导体技术发展机遇。在摩尔定律失效为半导体产业带来机遇与挑战的形势下,针对我国提出如下建议:自主研发与兼并收购并举,提升关键核心芯片自主可控能力;加大芯片设计业的研发力度,把握半导体产业变革新机遇;制定碳基纳电子国家战略,抢占未来半导体技术发展新的制高点。

参考文献

［1］Nature. The chips are down for Moore's law. http://www. nature. com/news/the-chips-are-down-for-moore-s-law-1. 19338［2016-02-09］.

［2］IEEE. Transistors will stop shrinking in 2021，Moore's law roadmap predicts. http://spectrum. ieee. org/tech-talk/computing/hardware/transistors-will-stop-shrinking-in-2021-moores-law-road-map-predicts［2016-07-08］.

［3］Nature. Mastering the game of Go with deep neural networks and tree search. http://www. nature. com/nature/journal/v529/n7587/full/nature16961. html［2016-01-27］.

［4］MIT. MIT neural network IC aims at mobiles. http://news. mit. edu/2016/neural-chip-artificial-intelligence-mobile-devices-0203［2016-02-03］.

［5］IBM. IBM scientists imitate the functionality of neurons with a phase-change device. http://www-03. ibm. com/press/us/en/pressrelease/50297. wss［2016-08-03］.

［6］PNAS. Convolutional networks for fast，energy-efficient neuromorphic computing. http://www. pnas. org/content/early/2016/09/19/1604850113. abstract? sid ＝ e62709c5-d2b9-4bd7-a95f-a4fac0 ee47dd［2016-09-19］.

［7］新华网. 我国学者实现多自由度超纠缠态量子存储. http://news. xinhuanet. com/2016-11/18/c_1119942594. htm［2016-11-18］.

［8］Sandia Labs. Diamonds aren't forever：sandia，harvard team create first quantum computer bridge. https：// share. sandia. gov/news/resources/news _ releases/quantum _ computing/＃ . WAm7g3q S2M8［2016-10-14］.

［9］MIT Technology Review. First experimental demonstration of a quantum enigma machine. https：// www. technologyreview. com/s/601625/first-experimental-demonstration-of-a-quantum-enigma-machine/ ［2016-06-04］.

［10］University of Maryland. New quantum computer module sets stage for general-purpose quantum computers. http://www. research. umd. edu/news/news_story. php? id＝9885［2016-08-04］.

［11］University of Washington. UW，Microsoft researchers break record for DNA data storage. http:// www. washington. edu/news/2016/07/07/uw-microsoft-researchers-break-record-for-dna-data-storage/［2016-07-07］.

［12］IBM. IBM scientists achieve storage memory breakthrough. https：//www-03. ibm. com/press/us/ en/pressrelease/49746. wss［2016-05-17］.

［13］University of Wisconsin. For first time，carbon nanotube transistors outperform silicon. https：// www. engr. wisc. edu/first-time-carbon-nanotube-transistors-outperform-silicon/［2016-09-02］.

［14］Lawrence Berkeley National Laboratory. Smallest. transistor. ever. http://newscenter. lbl. gov/ 2016/10/06/smallest-transistor-1-nm-gate/［2016-10-06］.

［15］中国科学技术大学. 中国科大在长寿命高效量子存储器研究中取得重要进展. http://

news. ustc. edu. cn/xwbl/201606/t20160602_246661. html［2016-06-02］.

［16］The White House. Advancing quantum information science：national challenges and opportunities. https：// www. whitehouse. gov/sites/whitehouse. gov/files/images/Quantum _ Info _ Sci _ Repcrt _ 2016_07_22% 20final. pdf［2016-07-22］.

［17］European Commission. Quantum manifesto-a new era of technology. http：//qurope. eu/system/ files/u567/Quantum% 20Manifesto. pdf［2016-03-01］.

［18］New scientist. Google's plan for quantum computer supremacy. https：//www. newscientist. ccm/ article/mg23130894-000-revealed-googles-plan-for-quantum-computer-supremacy/［2016-08-31］.

［19］Tom'shardware. Microsoft aims to create world's first topological quantum computer. http：// www. tomshardware. com/news/microsoft-first-topological-quantum-computer，33068. html［2016-11-21］.

［20］Digital Trends. Intel will leverage its chip-making expertise for quantum research. https：// www. digitaltrends. com/computing/intel-silicon-qubits-quantum-computer/［2016-12-22］.

［21］European Commission. Funding opportunities for HPC in Horizon 2020 Work Programme 2016-2017. https：// ec. europa. eu/digital-single-market/en/news/funding-opportunities-hpc-horizon-2020-work-programme-2016-2017［2016-05-10］.

［22］科技部. 科技部关于发布国家重点研发计划高性能计算等重点专项 2016 年度项目申报指南的通知. http：// www. most. gov. cn/mostinfo/xinxifenlei/fgzc/gfxwj/gfxwj2016/201602/t20160218_ 124155. htm［2016-02-16］.

［23］网信办. 我国新一代百亿亿次超级计算机研制启动将成国内自主化率最高超算. http：// www. cac. gov. cn/2016-07/26/c_1119285411. htm［2016-07-26］.

［24］The White House. THE national artificial intelligence research and developmet strategic plan. https：// www. whitehouse. gov/sites/default/files/whitehouse _ files/microsites/ostp/NSTC/national_ai_rd_strategic_plan. pdf［2016-10-12］.

［25］The White House. Preparing for the future of artificial intelligence. https：//www. whitehouse. gov/sites/default/files/whitehouse_files/microsites/ostp/NSTC/preparing_for_ the_future_of_ ai. pdf［2016-10-12］.

［26］NSF. National robotics initiative 2. 0：Ubiquitous collaborative robots（NRI-2. 0）. https：// www. nsf. gov/pubs/2017/nsf17518/nsf17518. htm？ WT. mc _ id ＝ USNSF _ 25&WT. mc _ ev ＝ click［2016-11-07］.

［27］Robotics V O. A roadmap for US robotics：From internet to robotics 2016 edition. http：// www. robotics-vo. us/sites/default/files/A% 20Roadmap% 20for% 20US% 20Robotics% 20From% 20Internet% 20to% 20Robotics% 202016% 20Edition 2011. 07. 2016% 20. pdf［2016-11-07］.

［28］European Commission. Human brain project platform release. https：// www. humanbrainproject. eu/ en/-/huma/? redirect ＝ https% 3A% 2F% 2Fwww. humanbrainproject. eu% 2Fhome% 3Bjessionid% 3D2gd2heupla3naf24wpp1xfo5% 3Fp_p_id% 3D101_INSTANCE_sSPR9s HVXNRc% 26p_p_lifecycle% 3D0% 26p_p_state% 3Dnormal% 26p_p_mode% 3Dview% 26p_p_col_id% 3Dcolumn-2% 26p_p_col_count% 3D1〔2016-03-30〕.

〔29〕UK Government. Driverless cars technology receives £20 million boost. https://www. gov. uk/government/news/driverless-cars-technology-receives-20-million-boost〔2016-02-01〕.

〔30〕内閣府. 第 5 期科学技術基本計画（平成 28～平成 32 年度）. http://www8. cao. go. jp/cstp/kihonkeikaku/index5. html〔2016-01-22〕.

〔31〕野村総合研究所. 2020 年までのITロードマップをとりまとめ. http://www. nri. com/Home/jp/news/2016/160317_1. aspx〔2016-03-17〕.

〔32〕Nature. South Korea trumpets $ 860-million AI fund after AlphaGo ´shock´. http://www. nature. com/news/south-korea-trumpets-860-million-ai-fund-after-alphago-shock-1. 19595〔2016-03-18〕.

〔33〕人民网. 韩计划构建大脑地图 2023 年欲跻身脑研究强国. http://korea. people. com. cn/n3/2016/0531/c205551-9065725. html〔2016-05-30〕.

〔34〕NITRD. 2016 federal cybersecurity research and development strategic plan. https://www. nitrd. gov/Publications/PublicationDetail. aspx? pubid＝61〔2016-02- 05〕.

〔35〕The White House. Strengthening the federal cybersecurity workforce. https://www. whitehouse. gov/blog/2016/07/12/strengthening-federal-cybersecurity-workforce〔2016-07-12〕.

〔36〕European Commission. Commission signs agreement with industry on cybersecurity and steps up efforts to tackle cyber-threats. http://europa. eu/rapid/press-release_IP-16-2321_en. htm〔2016-07-05〕.

〔37〕UK Government. Britains-cyber-security-bolstered-by-world-class-strategy. https://www. gov. uk/government/uploads/system/uploads/attachment_data/file/567242/national_cyber_security_strategy_2016. pdf〔2016-11-01〕.

〔38〕人民网. 网络安全互助联盟将成立推动全球网络安全合作. http://world. people. com. cn/n1/2016/0617/c1002-28452738. html〔2016-06-17〕.

〔39〕The White House. Administration announces an advanced wireless research initiative，building on president's legacy of forward-leaning broadband policy. https://www. whitehouse. gov/the-press-office/2016/07/15/fact-sheet-administration-announces-advanced-wireless-research〔2016-07-15〕.

〔40〕5G-Public Private Partnership. 5G action plan：From research to trials. https://5g-ppp. eu/wp-content/uploads/2017/01/5G-IA-Action-Plan-Event-Press-Release-_-MWC2017. pdf〔2017-03-01〕.

〔41〕The White House. Communication-5G for Europe：An action plan and accompanying staff working document. https:// ec. europa. eu/digital-single-market/en/news/communication-5g-europe-action-plan-and-accompanying-staff-working-document〔2016-09-14〕.

〔42〕人民网. 中国主推的极化码方案入选 5G 标准：打破欧美垄断. http://jx. people. com. cn/n2/2016/1120/c190271-29336739. html〔2016-11-20〕.

Observations on Science and Development of Information Technology

Fang Junmin，Wang Lina，Tang Chuan，Xu Jing，
Zhang Juan，Tian Qianfei

Accelerating the development of information technology (IT) has long been one of the common goals for the world. At present，IT industry and applications innovation represented by the Cloud Computing and Mobile Internet has gradually become mature. IT has reached the development stage known as "the third generation IT platform"，represented by the Big Data，Intelligent Computing，Mobile Internet，Cloud Computing，Internet of Things (IOT). The quantum information and artificial intelligence will be the primary directions and have a significant impact on the hardware and software development. In the future years，IT will continue to keep up with the pace of rapid development.

4.10 能源科技领域发展观察

陈 伟[1] 郭楷模[1] 赵黛青[2] 蔡国田[2] 赵晏强[1] 吴 勘[1]

（1. 中国科学院武汉文献情报中心；2. 中国科学院广州能源研究所）

2016 年，在全球能源革命方兴未艾的大背景下，各国能源战略调整和结构变革不断深化，能源技术创新高度活跃，新兴能源技术以前所未有的速度加快迭代，正孕育一批具有重大产业变革前景的颠覆性技术。能源生产端如可再生能源、先进安全核能、化石能源清洁高效利用等先进技术正在改变传统的能源开发利用方式；能源消费端致力于研发低能耗、高效能的绿色工艺与装备产品，工业生产向更绿色、更轻便、更高效的方向发展，交通运输向智能化、电气化方向转变；能源系统集成层面融合信息技术和能源技术的智慧能源发展应用正在引发全方位的变革。

一、重要研究进展

1. 太阳能转化利用新成果层出不穷

（1）钙钛矿太阳电池研究如火如荼。韩国化学研究所联合蔚山科技大学开发出光电转换效率达 22.1% 的钙钛矿太阳电池，创造新的世界纪录[1]。意大利都灵理工大学通过室温光诱导自由基聚合在钙钛矿电池表面包覆一层氟化光敏聚合物，大幅改善电池的稳定性，在 6 个月的老化测试中各个性能参数都得到完好保持[2]。叠层结构太阳电池被认为是能够获得超过 30% 光电转换效率的电池设计方案，英国牛津大学[3]、香港理工大学[4]和澳大利亚国立大学[5]均报道了钙钛矿/硅叠层太阳电池最新研究成果，而斯坦福大学[6]甚至制备出了全球首个全钙钛矿叠层太阳电池，获得高达 20.3% 的转换效率。

（2）自然-人工杂化的太阳能高效光合体系研究亮点频出。美国能源部人工光合作用联合研究中心[7]、哈佛大学[8]等机构均报道了由微生物细菌和半导体光催化剂组装的杂化光合体系的研究成果，为发展全光解水体系实现太阳能到化学能的高效转化奠定了基础。中国科学院生物物理研究所在国际上率先解析了高等植物菠菜光合作用超级复合物的高分辨率三维结构，破解了光合作用超分子结构之谜，为实现太阳能高效光解水提供具有启示性的方案[9]。

(3) 太阳能发电与储能/产氢一体化集成系统崭露头角。美国普渡大学联合瑞士洛桑联邦理工学院设计了全新的系统原型,可在利用太阳热能的同时实现发电和制氢[10]。以色列理工学院从菠菜中提取出具有光合作用功能的类囊体,并将其集成到全新设计的生物光电化学电池中,实现了太阳能到氢能和电能的同时转换[11]。

2. 下一代电化学储能技术有新突破

(1) 利用高时空分辨率先进科学装置深化对充放电循环物理化学过程的认知。斯坦福大学牵头的联合研究团队利用同步液态扫描透射 X 射线显微成像技术,首次在介观尺度上实现对锂离子电池充放电过程中单个纳米颗粒活动行为的原位实时观测和成像,为改善优化电池性能奠定了坚实的理论基础[12]。橡树岭国家实验室联合德雷塞尔大学利用先进扫描探针显微镜并借助密度泛函理论,首次实现对锂离子电池充放电循环过程电解质中阳离子的脱嵌、扩散迁移和嵌入等电化学行为的实时原位观测、量化表征和理论模拟,揭露了电池工作时电化学行为和材料物理机械性能之间的关系[13]。

(2) 发展高电导率的固态电解质材料。东京工业大学联合丰田公司合成了两种高性能固态电解质材料,相比于传统液态电解质呈现出更高的输出功率、能量密度、放电流特性和循环稳定性,并且具备了快速充放电特性和更宽的工作温度($-30 \sim$ 100℃)[14]。瑞士苏黎世联邦理工学院设计合成了高离子导电性的石榴石结构全固态电解质,将其与钛酸锂电极混合后制备梯级结构电极/电解质复合材料,大幅改善了两者之间的物理连接性,降低两者界面间的离子传输阻抗,提高了充放电性能[15]。劳伦斯伯克利国家实验室通过在玻璃颗粒上负载全氟聚醚链开发了一种新型固态电解质,经过优化聚合物和玻璃的比例,在室温下拥有高导电性和优秀的电化学稳定性,为设计优化新型固态电解质材料提供了新的思路[16]。

(3) 解决锂-空气电池循环稳定性难题。阿贡国家实验室牵头的联合研究团队设计并合成了一种铱纳米颗粒修饰的还原态石墨烯氧化物复合正极,解决了固态中间产物过氧化锂沉淀物阻塞电极孔洞引起的电池失效问题[17]。得克萨斯大学达拉斯分校联合韩国首尔大学开发了一种可溶性电解质催化剂二甲基吩嗪,可以高效分解放电产物过氧化锂,大幅提高了锂-空气电池的循环稳定性,其寿命延长了五倍[18]。耶鲁大学将生物血红素分子溶解到电解液中作为催化剂引入到锂-空气电池中,促进过氧化锂放电产物有效分解,提高电池循环稳定性,同时解决了放电时形成的过氧化锂覆盖住催化剂的重要问题[19]。

(4) 开发新型低成本液流电池。麻省理工学院开发并演示了一种全新的无泵"沙漏式"液流电池(也称重力驱动型液流电池),无需外加泵来驱动电解液流动,机械能量耗散极低,且结构更简单,成本更低,其能量转化效率超过 91%,能量密度约

1000毫安·时/克，放电电压约为2.05伏，有望开辟全新的液流电池技术方向[20]。哈佛大学从维他命B_2分子获得启发，采用一步法在室温常压下合成了喀嗪有机分子衍生物作为有机电解液，性能和稳定性突出，制备方法简单、产率高，有助于降低液流电池制造成本[21]。

3. CO_2资源化利用获普遍重视

CO_2资源化利用的研究重点在于开发高效催化剂驱动温和条件下的能量爬坡反应。美国南加利福尼亚大学将具有高沸点、高氮含量和优异碳捕集性能的多胺（PEHA）以及均相钌基催化剂（Ru-PNP）和磷酸钾混合溶解作为CO_2捕集液，首次实现温和条件下一步法CO_2到甲醇的转化，转化率高达79%[22]。得克萨斯大学阿灵顿分校首次实现通过光热催化（掺杂5%钴的二氧化钛催化剂）一步反应将CO_2和水直接转化成可使用的碳氢液体燃料，开辟了二氧化碳制燃料的新途径[23]。康奈尔大学设计开发了一种全新的电化学系统（氧气辅助铝/二氧化碳电池体系），能够捕集二氧化碳并转换为电力，同时产生有广泛工业应用价值的草铝酸副产品[24]。

4. 高效经济的先进生物燃料技术进展明显

发展非粮先进生物燃料是许多国家开发的重点。美国劳伦斯伯克利国家实验室对生物酶进行调控，成功抑制了植物体内木质素单体的生成，减少木质素产量而增加了糖产量，降低生物质转化为碳中性燃料的成本[25]。桑迪亚国家实验室、加利福尼亚大学伯克利分校联合研究团队利用基因工程设计合成了一种耐受酸性离子液体的大肠杆菌菌株，能够在更温和的条件下实现对木质素的高效分解，与耐酸性的纤维素酶和经过离子液体预处理的柳枝稷生物质置于反应器中，成功实现了一锅法纤维素制生物乙醇燃料，有助于提高生物燃料经济性[26]。

5. 核聚变取得重要进展

虽然国际热核聚变反应堆（ITER）建设严重滞后进程，但仍有其他核聚变装置取得了重要进展。德国马普学会等离子体物理研究所建造的世界最大仿星器聚变装置W7-X成功产出首个氢等离子体，正式启动科学实验，研究计划到2020年实现持续30分钟的等离子体[27]。麻省理工学院Alcator C-Mod核聚变反应堆装置在最后一次实验中，等离子体压强首次突破2个标准大气压达到了2.05个标准大气压，对应的温度达到3500万摄氏度，是太阳核心温度的2倍，突破了自己创造的原世界纪录[28]。中国科学院等离子体物理研究所"先进实验超导托卡马克"（EAST）在类似国际热核聚变实验堆ITER未来运行条件下，获得超过60秒的完全非感应电流驱动（稳态）

高约束模等离子体，成为世界首个实现稳态高约束模运行持续时间达到分钟量级的托卡马克核聚变实验装置[29]。

6. 超大规模风电技术前景可期

大型风电机组及部件关键技术是风电技术的重点研发方向之一。美国能源部桑迪亚国家实验室、弗吉尼亚大学、伊利诺伊大学、国家可再生能源实验室联合研究团队设计了一种超大尺寸分段式的可变形转子叶片，有助于建造叶片长达 200 米的 50 兆瓦海上风力涡轮机，是目前最大风力涡轮机（8 兆瓦）的 6 倍，有望给风电产业发展带来重大变革[30]。

二、重大战略布局

1. 发达国家能源科技战略推陈出新

日本经历福岛核事故之后，大幅调整了能源科技发展重点，提出未来的发展方向是压缩核能、发展新能源，掌控产业链上游。2016 年 4 月，日本相继公布了能源中期和长期战略方案：面向 2030 年能源产业改革，确定节能挖潜、扩大可再生能源和建立新型能源供给系统三大主题，以实现能源结构优化升级，构建可再生能源与节能融合型新能源产业[31]。面向 2050 年技术前沿发展，确定了五大技术创新领域：构建智能能源集成管理系统；创新制造工艺和先进材料开发实现深度节能；开发新一代储能电池和氢能制备、储存与应用技术；新一代光伏发电和地热发电技术；二氧化碳固定与有效利用[32]。

德国坚持以可再生能源为主导的能源结构转型，为了开发高比例可再生能源集成的系统解决方案，德国联邦教研部 2016 年 4 月宣布未来 10 年投资 4 亿欧元，集合 230 多家学术界和产业界机构组建产学研联盟，开展四大重点方向攻关：构建新的智慧电网架构；转化储存可再生能源过剩电力；开发高效工业过程和技术以适应波动性电力供给；加强能源系统的集成创新[33]。

2. 积极开发下一代先进动力循环发电系统

美国、日本等发达国家已将超临界 CO_2 动力循环发电系统作为革命性前沿技术积极研究，在实验室建成了小功率的试验机组，正在向工业示范电站迈进。美国和沙特阿拉伯在 2016 年 6 月宣布，双方将建立国际合作，促进超临界 CO_2 动力循环技术的研究、开发和示范[34]；7 月，美国能源部资助 3000 万美元加速先进涡轮机部件和超

临界 CO_2 动力循环技术开发；8月，资助 8000 万美元设计、建设和运营世界首个 10 兆瓦超临界 CO_2 动力循环中试设施项目[35]；11月，日本东芝公司开发完成了世界首个 25 兆瓦超临界 CO_2 动力循环燃机样机，将在 2017 年投运示范电站[36]。

3. 着力推动电力电网智能化转型升级

电力电网的转型升级是能源革命的核心和关键，主体发电能源的更替和电力生产消费传输模式的重大变革推动电力电网向低碳化、智能化转型。美国和欧洲均重点布局了相关研究工作：美国能源部在 2016 年 1 月发布电网现代化多年期计划[37]，提供 2.2 亿美元协调整合全部门的电网现代化研究工作，涉及六大核心主题领域：设备集成与系统测试，传感与量测，系统运行、电力流动和控制，设计与规划工具，安全性和灵活性，技术支持。欧洲智能电网技术平台 6 月发布《数字化能源系统 4.0》[38] 报告，指出数字化技术对于实现 21 世纪安全可靠、经济可行、气候友好的电力能源系统至关重要，通过监测、传输和分析各个参与者产生的数据来合理运行能源系统，发、输、配、售、用等各个环节的数字化转型将带来重大效益，并提出了相关建议。

4. 发展下一代安全高效先进核能

尽管部分国家提出了弃核战略，但核电因其高效、清洁及供能的稳定性仍是未来低碳能源结构的重要组成部分。美国出台了系列举措推动先进核能发展，包括：2016 年 1 月宣布 8000 万美元资助 X-energy 公司和南方公司牵头的两个研发团队分别开发小型模块化球床高温氦冷堆和氯化物熔盐快堆，解决第四代反应堆设计、建造和运行等方面的技术挑战，以期在 2035 年前进行示范[39]。9 月，美国能源部长咨询委员会提交了未来核电报告[40]，建议设立一个先进核能研发计划，在未来 25 年公私联合投入 115 亿美元，以支持多种先进反应堆的设计、开发、示范与首堆工程建设，能够在 2030～2050 年实现多种先进核能技术成规模部署，树立美国核能技术和核安全监管标杆。

5. 加快新能源和可再生能源规模替代

在气候变化和能源安全的双重压力下，加大可再生能源开发利用力度以提速能源转型步伐已成为国际社会的共识。

风能作为发展规模最大的可再生能源持续受到重视。2016 年 9 月初，美国能源部和内政部联合更新发布《国家海上风能战略》[41]，明确提出了三大主题领域的行动计划：降低海上风电技术成本与风险，实施高效的海洋资源管理，全面评估海上风电项目的成本和效益，以加速推动美国海上风能产业的发展。当月底，欧洲风能技术创新平台发布了《风能战略研究与创新议程》[42]，提出了五大优先领域：改善电力系统、基础设施和并网集成方案，风电系统的运营和维护，推进风电产业化进程，促进海上风电的发展，研发新一代的风电技术，以维持欧洲风能技术全球领先地位。

在太阳能领域，美国、欧洲、日本等发达国家和地区着眼于深化布局光伏发电全产业链创新，以降低发电成本实现平价上网目标。2016年5月，美国能源部发布太阳能Sunshot计划中期评估报告[43]，确定了在太阳能系统集成、技术发展和市场改革等方面未来五年的研发与商业化机遇；11月份提出2030年愿景，要将太阳能发电成本降至3美分/（千瓦·时）以下，比2020年目标再降低50%，体现了美国加速推进太阳能光伏更广泛应用部署的决心[44]。日本新能源产业技术综合开发机构（NEDO）于6月28日宣布启动主题研究项目[45]，旨在提高和改善太阳能发电系统的安全性，并开发低成本、高效的太阳能电池板分类、维修和循环回收利用技术，确保太阳能发电系统长期的稳定性和可靠性。

动力和电力规模储能技术是未来能源系统必不可少的关键组成部分，也是各国竞相布局的重点领域。日本NEDO在2016年5月启动革新型动力电池研究项目第二阶段[46]，旨在五年内推动性能超过锂离子电池的革新型动力电池实用化，到2030年能量密度达到目前的5倍（500瓦·时/千克），成本降至1万日元/（千瓦·时），续航里程达到500千米，项目投资150亿～180亿日元。同月，欧盟公布了下一代电池开发项目概况[47]，通过集成高比容量硅合金负极、高压尖晶石结构正极活性材料和能在高压运行的电解质开发5伏高压高能量密度锂离子电池，相比于现有电池能量密度提高28%、成本降低20%。美国能源部7月宣布资助5000万美元建立动力锂电池研发联盟[48]，开发新型锂金属电池（锂金属负极和锂三元材料正极），在未来五年将能量密度提高至500瓦·时/千克，充电次数可达1000次，电池组成本控制在100美元/（千瓦·时）以内。

6. 推动开展能源、水与粮食关联问题研究

深入研究粮食、能源、水乃至气候、生物多样性等领域之间的耦合关系，对于保障能源安全、粮食安全和水源安全至关重要。2016年多个国际组织均对粮食、能源和水耦合系统问题开展了一系列研究。2016年1月，世界资源研究所和美国通用电气公司联合发布《能源与水资源两难问题》报告[49]，指出需开发经济的解决方案降低或转移需求，提高利用效率和开发规模化替代品，并对水资源估价及碳排放定价；3月，世界能源理事会发布《能源-水-粮食关联风险管理》报告[50]，建议分析能源技术方案的水足迹，评估系统风险，基于水资源稀缺性合理定价，并制定透明和可预测的监管和法律框架；11月，国际能源署《世界能源展望2016》报告[51]认为，需要统筹考虑

能源和水资源政策制定和基础设施共建，开发废水内含能，发展节水高能效技术，利用替代水资源。美国国家科学基金会于 2016 年 9 月资助 7200 万美元开展粮食、能源和水系统关联研究[52]，综合考虑自然、社会和人类因素的跨学科研究，来建立模型理解、设计与模拟粮食、能源和水系统相互关联性，确保人类在城市化、迁徙和应对气候变化过程中科学合理利用粮食、能源和水资源。

三、启示与建议

1. 以大系统观把握能源技术变革优先发展重点

能源行业不是孤立发展的个体，需要从可持续发展的大系统观角度来审视能源问题，高度关注能源相关领域（生态、资源、环境、化工、交通等）产生的关联影响。从满足我国经济社会发展的多重目标需求出发来考虑重大技术变革的发展重点，遵循能源领域特点与创新规律，从技术/资源战略储备角度确定技术发展优先级。通过能源技术创新加快化石能源高效清洁利用，大力发展新能源和可再生能源，大幅减少终端用能部门的能耗和污染排放，加强废弃物能源化、资源化综合利用，构建多种能源协调发展的清洁、高效、智能、多元的能源技术体系。

2. 分布式和集中式融合互补作为推动能源革命的突破口

在信息技术和智能电网技术不断发展的支撑下，随着高比例可再生能源战略的实施，结合智能微网靠近负荷侧"自发自用、就近消费"的分布式供能将成为一种重要的应用方式，与传统能源集中式生产利用形成互补，在能源生产端和消费端均产生重大变革。需要积极布局分布式能源技术和系统集成，形成对大电网能源系统的替代和补充。利用"互联网＋"智慧能源技术来改造能源生产、加工转化、传输配送以及终端利用环节，加强能源互联网基础设施，建设能源生产消费的智能化体系、多能协同综合的能源网络，实现在不同应用领域能源分布式和集中式利用的融合互补。

3. 着眼于能源科技创新全价值链进行研究体系布局

把握世界能源科技发展方向，结合国家战略需求，有重点、有步骤调整面向 2020 年、2030 年和 2050 年各阶段的能源转型战略，适时更新中长期发展战略/行动计划，并利用技术和产业路线图指导技术研发和产业创新。以应用目标为导向，增加低碳高效新能源技术以及能源系统集成技术的公共研发、示范工程的资源投入，特别关注颠覆性技术前瞻布局，在高效低成本可再生能源（太阳能为主）、先进核能系统、氢能与燃料电池、战略性能源材料等领域组织筹划新的国家重点研发计划和重点专项。

4. 全链条贯通全面加强能源技术创新政策的落实

树立"能源大格局"的发展理念，建立统筹全局的创新工作体系，调动各创新主体的积极性，政产学研用全链条结合推动能源技术创新政策的落实。尽快建立能源领域国家实验室，牵头组织优势力量开展重大关键技术集成化创新和联合攻关；深化能源领域科研院所分类改革和高等院校科研体制机制改革，强化源头创新主力军地位；建立、健全企业主导的能源技术创新机制，推动企业成为能源技术与能源产业紧密结合的重要创新平台。在能源生产端、消费端、系统集成等重大技术突破过程中鼓励重大技术研发、重大装备研制、重大示范工程和技术创新平台四位一体创新，整合资源、协同作战。

致谢：中国科学院广州分院陈勇院士、中国科学院大连化学物理研究所刘中民院士、中国科学院青岛生物能源与过程研究所郑永红研究员、中国科学院山西煤炭化学研究所韩怡卓研究员、广东省科技信息与发展战略研究所张军研究员等审阅了本文并提出了宝贵的修改意见，特致谢忱。

参考文献

[1] National Renewable Energy Laboratory. Best research-cell efficiencies. http：// www. nrel. gov/ ncpv/images/efficiency_chart. jpg ［2016-12-02］.

[2] Bella F，Griffini G，Correa-Baena J P，et al. Improving efficiency and stability of perovskite solar cells with photocurable fluoropolymers. Science，2016，DOI：10. 1126/science. aah4046.

[3] McMeekin D P，Sadoughi G，Rehman W，et al. A mixed-cation lead mixed-halide perovskite absorber for tandem solar cells. Science，2016，351（6269）：151-155.

[4] The Hong Kong Polytechnic University. Poly U develops perovskite-silicon tandem solar cells with the world's highest power conversion efficiency. http://www. polyu. edu. hk/web/en/media/media_releases/index_id_6208. html ［2016-04-12］.

[5] Peng J，Dong T，Zhou X Z，et al. Efficient indium-doped TiO_x electron transport layers for high-performance perovskite solar cells and perovskite-silicon tandems. Advanced Energy Materials，2016，DOI：10. 1002/aenm. 201601768.

[6] Bella F，Griffini G，Correa-Baena J P，et al. Improving efficiency and stability of perovskite solar cells with photocurable fluoropolymers. Science，2016，DOI：10. 1126/science. aah4046.

[7] Liu C，Colón B C，Ziesack M，et al. Water splitting-biosynthetic system with CO_2 reduction efficiencies exceeding photosynthesis. Science，2016，352（6290）：1210-1213.

[8] Lim J，Li Y Y，Alsem D H，et al. Origin and hysteresis of lithium compositional spatiodynamics

within battery primary particles. Science,2016,353 (6299):566-571.

[9] Wei X Y,Su X D,Cao P,et al. Structure of spinach photosystem Ⅱ－LHC Ⅱ supercomplex at 3.2Å resolution. Nature, 2016,534 (7605):69-74.

[10] Gencer E,Mallapragada D S,Maréchal F,et al. Round-the-clock power supply and a sustainable economy via synergistic integration of solar thermal power and hydrogen processes. Proceedings of the National Academy of Sciences,2015,112 (52):15821-15826.

[11] Pinhassi R I,Kallmann D,Saper G,et al. Hybrid bio-photo-electro-chemical cells for solar water splitting. Nature Communications,2016,7:12552.

[12] Lim J,Li Y Y,Alsem D H,et al. Origin and hysteresis of lithium compositional spatiodynamics within battery primary particles. Science,2016,353(6299):566-571.

[13] Come J,Xie Y,Naguib M,et al. Nanoscale elastic changes in 2D $Ti_3C_2T_x$ (MXene) pseudocapacitive electrodes. Advanced Energy Materials,2016,6 (9):1502290.

[14] Kato Y,Hori S,Saito T,et al. High-power all-solid-state batteries using sulfide superionic conductors. Nature Energy,2016,DOI:10.1038/nenergy.2016.30.

[15] van den Broek J,Afyon S,Rupp J L M. Interface-engineered all-solid-state Li-Ion batteries based on garnet-type fast Li^+ conductors. Advanced Energy Materials,DOI:10.1002/aenm.201600736 [2016-07-12].

[16] Villaluenga I,Wujcik K H,Tong W,et al. Compliant glass-polymer hybrid single ion-conducting electrolytes for lithium batteries. Proceedings of the National Academy of Sciences,2016,113 (1):52-57.

[17] Lu J,Lee Y J,Luo X Y,et al. A lithium-oxygen battery based on lithium superoxide. Nature, 2016,529 (7586):377-382.

[18] Lim H D,Lee B,Zheng Y P,et al. Rational design of redox mediators for advanced $Li-O_2$ batteries. Nature Energy,DOI:10.1038/nenergy.2016.66 [2016-05-23].

[19] Ryu W H,Gittleson F S,Thomson J M,et al. Heme biomolecule as redox mediator and oxygen shuttle for efficient charging of lithium-oxygen batteries,Nature Communications, 2016, DOI: 10.1038/ncomms12925.

[20] Liu T B,Wei X L,Nie Z,et al. A total organic aqueous redox flow battery employing a low cost and sustainable methyl viologen anolyte and 4-HO-TEMPO catholyte. Advanced Energy Materials,2015,DOI:10.1002/aenm.201501449.

[21] Lin K X,Gómez-Bombarelli R,Beh E S,et al. A redox-flow battery with an alloxazine-based organic electrolyte. Nature Energy,2016,1:16102.

[22] Kothandaraman J,Goeppert A,Czaun M,et al. Conversion of CO_2 from air into methanol using a polyamine and a homogeneous ruthenium catalyst. Journal of the American Chemical Society, 2016,138 (3):778.

[23] Chanmanee W,Islam M F,Dennis B H,et al. Solar photothermochemical alkane reverse combustion. Proceedings of the National Academy of Sciences,2016,DOI:10.1073/pnas.1516945113.

［24］Sadat W I A，Archer L A．The O₂-assisted Al/CO₂ electrochemical cell：A system for CO₂ capture/conversion and electric power generation．Science Advances，2016，2（7）：e1600968．

［25］Eudes A，Pereira J H，Yogiswara S，et al．Exploiting the substrate promiscuity of hydroxycinnamoyl-coa：shikimate hydroxycinnamoyl transferase to reduce lignin．Plant & Cell Physiology，DOI：10.1093/pcp/pcw016［2016-02-08］．

［26］Frederix M，Mingardon F，Hu M，et al．Development of an E. coli strain for one-pot biofuel production from ionic liquid pretreated cellulose and switchgrass．Green Chemistry，DOI：10.1039/C6GC00642F［2016-04-11］．

［27］Max-Planck-Institut für Plasmaphysik．Wendelstein 7-X fusion device produces its first hydrogen plasma．http://www.ipp.mpg.de/4010154/02_16［2016-02-03］．

［28］Massachusetts Institute of Technology．New record for fusion．http://news.mit.edu/2016/alcator-c-mod-tokamak-nuclear-fusion-world-record-1014［2016-10-14］．

［29］経済産業省．エネルギー革新戦略（概要）．http://www.meti.go.jp/press/2016/04/20160419002/20160419002-1.pdf［2016-04-19］．

［30］中国科学院．EAST 物理实验实现世界最长稳态高约束模．http://www.cas.cn/syky/201611/t20161102_4579989.shtml［2016-11-02］．

［31］DOE．Enormous blades for offshore energy．http://www.energy.gov/articles/enormous-blades-offshore-energy［2016-02-08］．

［32］総合科学技術・イノベーション会議．「エネルギー・環境イノベーション戦略（案）」の概要．http://www8.cao.go.jp/cstp/siryo/haihui018/siryo1-1.pdf［2016-04-19］．

［33］Bundesministerium für Bildung und Forschung．Kopernikus-projekte für die energiewende．https://www.bmbf.de/de/kopernikus-projekte-fuer-die-energiewende-2621.html［2016-04-05］．

［34］DOE．U.S.，Saudi Arabia announce international collaboration on supercritical CO₂ tech development．http://www.energy.gov/fe/articles/us-saudi-arabia-announce-international-collaboration-supercritical-co2-tech-development［2016-06-03］．

［35］DOE．DOEannounces $80 million investment to build supercritical carbon dioxide pilot plant test facility．http://www.energy.gov/under-secretary-science-and-energy/articles/doe-announces-80-million-investment-build-supercritical［2016-10-17］．

［36］Toshiba．Toshiba ships turbine for world's first direct-fired supercritical oxy-combustion CO₂ power cycle demonstration plant to U.S．http://www.toshiba.co.jp/about/press/2016_11/pr0101.htm♯PRESS［2016-11-01］．

［37］DOE．Grid modernization multi-year program plan．http://energy.gov/sites/prod/files/2016/01/f28/Grid% 20Modernization% 20Multi-Year% 20Program% 20Plan.pdf［2016-01-14］．

［38］Smart Grids European Technology Platform．Thedigital energy system 4.0．http://www.smartgrids.eu/documents/ETP% 20SG% 20Digital% 20Energy% 20System% 204.0% 202016.pdf［2016-05-30］．

［39］DOE．Energy department announces new investments in advanced nuclear power reactors to help meet America's carbon emission reduction goal. http://www. energy. gov/articles/energy-department-announces-new-investments-advanced-nuclear-power-reactors-help-meet [2016-01-15].

[40] DOE. Report of the task force on the future of nuclear power. http://www. energy. gov/sites/prod/files/2016/10/f33/9-22-16_SEAB% 20Nuclear% 20Power% 20TF% 20Report% 20and% 20transmittal. pdf [2016-09-22].

[41] DOE, DOI. National offshore wind strategy: facilitating the development of the offshore wind industry in the united states. http://www. energy. gov/sites/prod/files/2016/09/f33/National-Offshore-Wind-Strategy-report-09082016. pdf [2016-09-08].

[42] European Technology & Innovation Platform on Wind Energy. Strategic research and innovation agenda 2016. https://etipwind. eu/files/reports/ETIPWind-SRIA-2016. pdf [2016-09-27].

[43] DOE. New study examines progress toward sunshot initiative goals, identifies emerging solar energy R&D opportunities for 2020 and beyond. http://www. energy. gov/articles/new-study-examines-progress-toward-sunshot-initiative-goals-identifies-emerging-solar [2016-05-18].

[44] DOE. Energy department announces more than 90% achievement of 2020 sunshot goal, sets sights on 2030 affordability targets. http://energy. gov/eere/articles/energy-department-announces-more-90-achievement-2020-sunshot-goal-sets-sights-2030 [2016-11-14].

[45] 新エネルギー・産業技術総合開発機構（NEDO）. 太陽光発電の大量導入社会を支えるプロジェクトを拡充—設計・維持管理の安全確保ガイドラインを作成、低コストリユース技術も開発へ— . http://www. nedo. go. jp/news/press/AA5_100592. html [2016-06-28].

[46] NEDO. 革新型蓄電池の実用化に向けた共通基盤技術の開発に着手 . http://www. nedo. go. jp/news/press/AA5_100570. html [2016-05-18].

[47] European Commission. Developing the next generation of batteries. https://ec. europa. eu/jrc/en/news/fivevb [2016-05-18].

[48] Pacific Northwest National Laboratory. Battery 500 consortium to spark EV innovations. http://www. pnnl. gov/news/release. aspx? id=4295 [2016-07-27].

[49] World Resources Institute, GE. Water-energy nexus: Business risks and rewards. http://www. wri. org/sites/default/files/Water-Energy_Nexus_Business_Risks_and_Rewards. pdf [2016-01-26].

[50] World Energy Council. The road to resilience-managing the risks of the energy-water-food nexus. http://www. worldenergy. org/wp-content/uploads/2016/03/The-road-to-resilience-managing-the-risks-of-the-energy-water-food-nexus_-early-findings-report. pdf [2016-03-16].

[51] International Energy Agency (IEA). Worldenergy outlook 2016. http://www. iea. org/publications/freepublications/publication/WorldEnergyOutlook2016ExecutiveSummaryEnglish. pdf [2016-11-16].

[52] National Science Foundation (NSF). NSF invests $72 million in innovations at nexus of food, energy and water systems. https://www. nsf. gov/news/news_summ. jsp? cntn_id=189898&org=NSF&from=news [2016-09-28].

Observations on Science and Development of Energy Science and Technolog

Chen Wei，Guo Kaimo，Zhao Daiqing，Cai Guotian，Zhao Yanqiang，Wu Kan

In 2016，Global energy technology innovation is highly active，which makes emerging technologies accelerate by unprecedented rate. The scientists have madeplenty of innovative achievements in newelectrochemicalenergy storage，solar technology，advanced biofuels，CO_2 utilization，large-scale nuclear fusion experimental facilities，etc. Major countries all tend to put more emphasis on the innovation for the whole value chain when they develop strategic planning or organize research activities. Finally，it proposed several constructive implications and suggestions for the development of energy science and technology in China.

4.11　材料制造领域发展观察

万　勇　姜　山　冯瑞华　黄　健

（中国科学院武汉文献情报中心）

材料的创新发展在很大程度上推动了各领域的重大科技突破，成为现代科技发展之本。从设计、制备、表征、应用的链条看，2016 年材料领域成果丰硕。以增材制造等为代表的先进制造技术实现了诸多令人兴奋的突破，生物制造的异军突起俨然成为未来生物技术竞争的制高点。

一、重要研究进展

2016 年，材料基因组的相关研究得以深化，涌现出多种新型材料，新的合成制备技术也取得重要的进展，先进表征技术在新材料的研究和发现方面发挥了重要的作用，新材料的应用和制造更是推动了电子器件和产品的升级改造。需要强调的是，材料可持续利用、3D 打印（增材制造）等依旧保持较高的研究热度。

1. 材料基因组研究越发受到重视

材料基因组研究以集成化的"多尺度计算-高通量实验-数据库技术"为核心，实现研发周期及成本均减半的目的，越来越受到人们的重视。美国洛斯阿拉莫斯国家实验室与西安交通大学从实验中相对较小的数据集开始，采用基于信息学的适应性设计策略，迭代引导后续实验，通过紧密关联实验数据，加速了具有特定目标性质的新材料的发现[1]。哈佛大学与麻省理工学院、三星的联合研究团队结合理论与实验化学、机器学习及化学信息学等，开发出名为"分子空间梭"的大规模计算机辅助筛选过程，用来快速找出性能可媲美或优于现有产业标准的新的 OLED 分子，最终选定了数百个能够超出当前无金属 OLED 水平的分子[2]。

2. 新型材料合成制备取得系列进展

2016 年，研究人员制备出多种新的一维、二维材料，以及在微尺寸下构建出性能卓越的新型材料。奥地利维也纳大学制备出最长的稳定线性碳链，该碳链由 6400 多个碳原子组成，打破此前仅约 100 个碳原子的纪录，是目前最接近一维碳材料——碳炔的结构[3]。美国犹他大学的材料学家制备出仅有一个原子厚度的新型二维半导体材料——一氧化锡，是第一个稳定存在的 P 型二维半导体材料，为开发更快速、更节能的电脑和手机等打开了大门[4]。德国慕尼黑工业大学与中国香港、西班牙学者将锌与有机化合物进行结合开发出一种制备二维准晶的新方法，有望深化对准晶独特结构的理解[5]。美国阿莫斯国家实验室物理学家发现了拓扑金属 $PtSn_4$，这种材料具有非常独特的电子结构，有助于制造更高能效、更快运行速度、更高数据存储速度的计算机[6]。美国劳伦斯·伯克利国家实验室率领的国际合作团队利用螺旋形有机丝线，在原子及分子层面首次编织得到三维共价有机框架，并显著提升了结构柔韧性、弹性及可逆性[7]。斯坦福大学利用金刚烷将各种原子组装成只有三个原子宽的迄今最纤细的导线，这是第一种能够制造具有固态晶体核芯且拥有良好电性能纳米线的自组装方法[8]。法国科学研究中心将分子肌肉整合到高分子链中，还完成了这种高分子材料的分层自组装[9]。

3. 表征技术助力材料研究

在材料表征领域，多种先进技术手段帮助研究人员开展微观尺度下物质的结构与性能的表征。美国明尼苏达大学的研究人员采用最先进的超快电子显微镜，首次视频记录了纳米尺度上热能如何以声速运行穿过材料。该发现可以帮助开发更好、更高效的电子产品和替代能源材料[10]。欧洲团队以前所未有的空间分辨率，利用来自同步加速器的"白色"X 射线照射样品，通过计算使 X 射线光子能转换为原本缺失的第三维信息，开发出用于测定晶体结构的三维 X 射线衍射技术，深化了对晶体结构的分析[11]。北京大学研发出"针尖增强的非弹性电子隧穿谱"技术，首次获得单个水分子的高分辨振动谱，并测得单个氢键的强度[12]。

4. 新型材料推动器件发展

低维纳米材料推动电子与光电器件向更小尺度发展，新的材料结构使器件的性能得到进一步提升。美国劳伦斯·伯克利国家实验室利用二硫化钼和碳纳米管设计出 1 纳米的门电路晶体管，突破了晶体管尺寸极限 5 纳米的限制，让原本面临失效的摩尔定律又重燃希望[13]。韩国基础科学研究院的研究团队利用二硫化钼与石墨烯形成的三明治结构开发出世界上最薄的光电探测器，厚度仅为 1.3 纳米，是当前标准的硅二极管的 1/10，有望用于物联网、智能设备、可穿戴电子产品和光电子产品等[14]。哈佛大学开发的超薄平面透镜，可分辨小于 400 纳米的结构特征，比目前先进的商业镜头具有更好的聚焦性，并能在可见光谱区域高效工作[15]。德国斯图加特大学利用双光子激光直写技术在光纤顶端约 100 微米的尺度范围内加工出成像效果良好的透镜组，制成了世界上最小的内窥镜[16]。加利福尼亚大学圣迭戈分校的研究团队借助于超材料研制出首个无半导体的、光学控制的微电子器件，利用低电压、低功率激光激活后，其导电性有 10 倍提升[17]。伊利诺伊大学香槟分校采用标准的半导体生长技术，在硅衬底上制造方形氮化镓用于绿光 LED 发射，有可能让 LED 达到零光衰[18]。南京工业大学科研团队设计并制备了一种具有多量子阱结构的钙钛矿 LED，器件外量子效率达 11.7％，是目前钙钛矿 LED 的最高纪录[19]。

5. 材料可持续利用不断提升

使用替代原材料和新工艺制造传统产品，降低其生产成本或实现可持续化发展，是材料科学领域的重要议题。麻省理工学院首次使用无烟煤制造出薄膜电子元件，这种技术使用价格低廉、资源丰富的煤作为原材料，得到的产品在电子设备、太阳能面板以及电池领域具有非常好的发展前景[20]。斯坦福大学利用二氧化碳和不可食用植物材料（如农业废料和草等）制造塑料，为目前用石油制成的塑料制品提供了低碳替代方案[21]。美国、法国的研究人员制备出一种碳薄膜，有望用于微型超级电容器，嵌入到微芯片中提高芯片的能量存储能力，目标是制造一种能量存储装置，成为微芯片的一部分，并易于集成到现有的硅芯片制造工艺中[22]。台湾清华大学研究者以碱金属锶为基础搭建了金属有机框架，再结合石墨烯等材料，构成了不含稀土元素的可以直接发出白光的 LED[23]。

6.3D 打印技术发展日新月异

在 3D 打印方面，3D 打印技术不仅被用于制造传统方法难以实现的新型结构与材料，还被应用于特殊功能器件的快速制造，3D 打印技术也被越来越多地用于制造复杂的部件和系统。美国布法罗大学、堪萨斯州立大学和哈尔滨工业大学组成的合作团队利用 3D 打印技术，制备出石墨烯气凝胶，解决了石墨烯较难形成三维结构的问题[24]。日立公司和日本东北大学打印出高强度、防腐蚀高熵合金，拉伸强度和点蚀电位分别提高了 1.2 倍和 1.7 倍。苏黎世联邦理工学院将金、银等纳米颗粒制成的墨水以液滴的形式打印出 80～500 纳米厚的"纳米墙"，制出透明度和导电性远高于氧化铟锡材质的触摸屏。哈佛大学造出世界上首个完全 3D 打印的、集成了传感功能的器官芯片，该新方法有望用于快速设计器官芯片，可匹配某种疾病甚至个别病人细胞的特性，为体外组织工程学、毒理学及药物筛选研究开辟了新的路径[25]。空中客车公司推出全球第一架 3D 打印小飞机，重量只有 21 千克，长度不到 4 米[26]。麻省理工学院采用"可打印液压"技术一次性打印出一个完整的可行走的机器人[27]。

二、重要战略规划

美国、欧洲、日本等历来高度重视材料制造的研究和发展，2016 年出台了多项重要战略规划，确定未来的战略布局和发展方向，以保持其在材料基础研究、应用研究、技术商品化、生产制造等各方面的世界领先地位。在重点技术层面，生物制造、增材制造等受到特别关注。

1. 美国——跨界联合，加速技术转移

2016 年 4 月，美国国家科学技术委员会先进制造分委员会发布《先进制造：联邦政府优先技术领域速览》报告，列举了先进制造技术研发的五大优先领域，其中四个与生物制造有关，另一个为先进材料制造[28]。

2016 年，美国制造业创新网络［2016 年 9 月更名为"美国制造"（Manufacturing USA)][29]相继成立了 5 家研究所，分别关注变革性的纤维与纺织技术、智能制造、化工过程强化、生物制药、组织生物制造等领域。2 月发布的《制造业创新网络战略规划》列出了战略发展目标，可概括为提升竞争力、促进技术转化、加速培养劳动力、确保稳定及可持续的基础结构等方面[30]。

2016 年 2 月，美国能源部宣布启动"能源材料网络"建设，将整合材料开发从功能设计、制造规模放大到最终应用的所有阶段和环节，进而推动材料基因组计划、先进制造业计划以及技术转移等一系列联邦计划项目目标的实现。

特别是在增材制造领域，多项路线图规划了其未来的发展。2016 年 3 月，宾夕法尼亚州立大学发布《下一代增材制造材料战略路线图》，为未来 10 年构建必要的基础知识、加快材料设计及应用提供了战略指引[31]。11 月，美国增材制造创新研究所与德勤公司共同制定了一系列增材制造技术发展路线图，涉及综合方面以及重要技术关键领域[32]。12 月，美国国家标准与技术研究院出台《面向基于聚合物的增材制造测量科学路线图》，分析了材料表征、工艺建模、现场测量以及绩效等领域聚合物增材制造所面临的挑战，总结了未来优先研究主题[33]。12 月，由增材制造创新研究所与美国国家标准协会组成的工作组发布了《增材制造标准化路线图初步草案 1.0》，在设计、工艺及材料、质量及认证、非破坏性评估以及维护五大领域提出了相应的建议[34]。

2. 欧盟——石墨烯旗舰计划取得阶段性进展

2016 年 3 月，为期 10 年、总投入 10 亿欧元的欧盟石墨烯未来与新兴技术旗舰计

划为期 30 个月的起步阶段收官。同年 10 月，欧盟委员会发布了针对石墨烯计划的总结报告，从旗舰计划研究设施的推动作用、监管与实施、伙伴合作三个方面阐述了取得的经验教训[35]。2017 年 1 月发布的中期评估报告认为，旗舰计划是欧洲研究与创新战略的有机组成部分，并且有潜力产生巨大影响[36]。

原材料的战略地位历来受到重视。2016 年 7 月，欧盟委员会发布第一版《原材料记分牌》，由 5 组主题集群共 24 个指标组成，旨在为欧洲创新联盟总体目标以及原材料政策背景提供量化数据。该记分牌阐述了整个原材料价值链中的各项挑战和机遇，并强调了原材料对欧盟经济，尤其是就业与增长的重要性[37]。

3. 英法——通过新部署着力提升科技实力

"脱欧"公投后，英国持续构建科技创新实力，并计划在未来 5 年设立总额为 230 亿英镑的"国家生产力投资基金"，把科技创新与基础设施建设等列为优先投资领域[38]。该基金还准备在 2021 年前额外提供 47 亿英镑研发经费，资助机器人、人工智能、生物科技、卫星、先进材料制造等英国擅长的新兴科技领域。

2016 年 5 月，法国对"新工业法国"战略进行阶段性盘点，提出进一步优化布局、加大投资力度。其中，特别强调将"增材制造"和"物联网"两项颠覆性技术作为推进数字技术新行动计划的重点。

4. 日本——审视制造业，推进物联网和生物制造发展

日本重力推动材料产业化和制造的发展。2016 年 5 月，日本政府批准了由经济产业省、厚生劳动省和文部科学省共同完成的《2015 财年制造技术提升举措》。该报告也被称为"制造业白皮书"，分析了日本制造业面临的挑战以及未来的发展趋势。报告认为，日本企业应加速在物联网等先进技术方面的部署，以应对工业 4.0 挑战[39]。

同年 10 月，日本经济产业省发布了物联网 106 项技术及工具清单，帮助中坚及中小制造企业识别现阶段可用技术及工具[40]。11 月，日本专利局领先于世界其他国家首次为物联网技术专门创建了专利分类体系。从 2017 年开始，用户可以通过相关平台全面收集和分析物联网技术的专利信息[41]。

生物技术与信息技术及其他技术融合给社会带来的变革会进一步加速。考虑到制造业的创新、对医疗领域及区域经济的影响，日本希望从宽泛的角度来审视这些变革。2016 年 3 月，经济产业省相关委员会召开了第一次讨论会，就利用生物技术创立新产业征询政府、企业和学术界的需求。智能细胞（利用活细胞进行物质生产）、药物研究等是关注重点[42]。

5. 中国——成立国家新材料产业发展领导小组

为贯彻实施制造强国战略，加快推进新材料产业发展，2016 年 12 月 23 日，国务院决定成立国家新材料产业发展领导小组，其主要职责是审议推动新材料产业发展的总体部署、重要规划，统筹研究重大政策、重大工程和重要工作安排，协调解决重点难点问题，指导督促各地区、各部门扎实开展工作[43]。

三、发展启示与建议

1. 重视关键矿物原材料安全，提升关键矿物原材料的识别与评估能力

对于我国在新材料领域的战略发展规划，建议重视上游关键矿物原材料的供给与建设。资源安全不仅是经济问题，更是政治问题，需要上升为国家战略。组织相关部门研究我国的关键矿物原材料评估方法，建立能够反映资源稀缺程度、市场供求关系和环境成本等要素的评估方法机制，助力我国相关政策和规划的制定。

2. 推动与先进制造技术相关的材料技术发展

增材制造发展的关键技术在于其所采用的原料、装备的研制、制造的成本与效率、制造精度和制造零件的性能等。集中力量开展包括增材制造技术、生物制造技术、智能制造技术等在内的先进制造技术所需的新材料，并重视制造过程的材料工艺技术，还要关注制造产品的性能评价。

3. 实现更深层次的交叉融合

在材料领域，随着学科发展越来越具有综合性，在信息、能源、医疗、交通等的应用越来越广泛；同样在制造领域，信息技术在制造业各环节的应用进一步深化，制造技术和信息技术的融合不断加快。建议建立学科交叉团队或实验室，确定前瞻性战略性科研项目，开展协同创新研究。

致谢：中国科学院沈阳自动化所王天然院士、科技促进发展局唐清研究员、宁波材料技术与工程研究所张驰研究员、金属研究所谭若兵研究员、宁波材料技术与工程研究所何天白研究员、长春应用化学研究所王鑫岩处长对本文初稿进行了审阅并提出了宝贵的修改意见，在此表示感谢。

参考文献

［1］ Los Alamos National Laboratory. Machine learning accelerates the discovery of new materials. http://www. lanl. gov/discover/news-release-archive/2016/May/05. 09-machine-learning-accelerates-new-materials. php ［2016-05-09］.

［2］ Harvard University. Towards a better screen: New molecules promise cheaper, more efficient OLED displays. https://www. seas. harvard. edu/news/2016/08/towards-better-screen ［2016-08-08］.

［3］ University of Vienna. Unraveling truly one dimensional carbon solids. https://medienportal. univie. ac. at/presse/aktuelle-pressemeldungen/detailansicht/artikel/unraveling-truly-one-dimensional-carbon-solids/ ［2016-04-04］.

［4］ Utah University. Engineering material magic: Utah engineers discover groundbreaking semiconducting material that could lead to much faster electronics. http:// unews. utah. edu/engineering-material-magic/ ［2016-02-15］.

［5］ Technical University of Munich. Tiny works of art with great potential. http://www. tum. de/en/about-tum/news/press-releases/short/article/33259/ ［2016-07-13］.

［6］ Ames Laboratory. Ames laboratory physicists discover new type of material that may speed computing. https:// www. ameslab. gov/news/news-releases/ames-laboratory-physicists-discover-new-type-material-may-speed-computing ［2016-04-08］.

［7］ Lawrence Berkeley National Laboratory. First materials to be woven at the atomic and molecular levels created at berkeley. http:// newscenter. lbl. gov/2016/01/21/weaving-a-new-story-for-cofs-and-mofs/ ［2016-01-21］.

［8］ Stanford University. Researchers use world's smallest diamonds to make wires three atoms wide. https:// www6. slac. stanford. edu/news/2016-12-26-researchers-use-worlds-smallest-diamonds-make-wires-three-atoms-wide. aspx ［2016-12-26］.

［9］ Goujon A, Du G Y, Moulin E, et al. Hierarchical self-assembly of supramolecular muscle-like fibers. Angewandte Chemie International Edition, 2016, 55(2): 703-707.

［10］ University of Minnesota. First-ever videos show how heat moves through materials at the nanoscale and speed of sound: Groundbreaking observations could help develop better, more efficient materials for electronics and alternative energy. http:// discover. umn. edu/news/science-technology/first-ever-videos-show-how-heat-moves-through-materials-nanoscale-and-speed ［2016-04-15］.

［11］ Grünewald T A, Rennhofer H, Tack P, et al. Photon energy becomes the third dimension in crystallographic texture analysis. Angewandte Chemie International Edition, 2016, 55(40): 12190- 12194.

［12］ Guo J, Lü J T, Feng Y X, et al. Nuclear quantum effects of hydrogen bonds probed by tip-enhanced inelastic electron tunneling. Science, 2016, 352(6283): 321-325.

［13］ Lawrence Berkeley National Laboratory. Smallest. Transistor. Ever. Berkeley Lab-led research breaks major barrier in transistor size by creating gate only 1 nanometer long. http:// newscenter. lbl. gov/2016/10/06/smallest-transistor-1-nm-gate/［2016-10-06］.

［14］ Institute for Basic Science. The thinnest photodetector in the world. http://www. ibs. re. kr/cop/ bbs/BBSMSTR_000000000611/selectBoardArticle. do？nttId＝13808&kind＝&mno＝sitemap_ 02&pageIndex＝1&searchCnd＝&searchWrd［2016-11-09］.

［15］ Harvard University. A thinner, flatter lens. http://news. harvard. edu/gazette/story/2016/06/a- thinner-flatter-lens/［2016-06-02］.

［16］ Gissibl T, Thiele S, Herkommer A, et al. Two-photon direct laser writing of ultracompact multi- lens objectives. Nature Photonics, 2016, 10: 554-560.

［17］ University of California San Diego. Semiconductor-free microelectronics are now possible, thanks to metamaterials. http://jacobsschool. ucsd. edu/news/news_releases/release. sfe？id＝2060［2016- 11-07］.

［18］ Universityof Illinois. New method for making green LEDs enhances their efficiency and bright- ness. http://engineering. illinois. edu/news/article/18214［2016-07-29］.

［19］ 科技日报. 我钙钛矿 LED 器件效率创世界纪录. http://digitalpaper. stdaily. com/http_www. kjrb. com/kjrb/html/2016-09/29/content_350607. htm？div=-1［2016-09-29］.

［20］ MIT. Making electronics out of coal. http://news. mit. edu/2016/making-electronics-out-coal-0419 ［2016-04-04］.

［21］ Stanford University. Stanford scientists make renewable plastic from carbon dioxide and plants. http://news. stanford. edu/news/2016/march/low-carbon-bioplastic-030916. html［2016-03-09］.

［22］ Drexel University. Research reveals carbon films can give microchips energy storage capability. http://drexel. edu/now/archive/2016/February/carbon-films/［2016-02-11］.

［23］ Haider G, Usman M, Chen T P, et al. Electrically driven white light emission from intrinsic metal- organic framework. ACS Nano, 2016, 10（9）: 8366-8375.

［24］ University at Buffalo. The secret to 3-D graphene? Just freeze it. http://www. buffalo. edu/news/ releases/2016/03/009. html［2016-03-03］.

［25］ Harvard University. 3D-printed heart-on-a-chip with integrated sensors. http://www. seas. har- vard. edu/news/2016/10/3d-printed-heart-on-chip-with-integrated-sensors［2016-10-24］.

［26］ Airbus. Airbus tests high-tech concepts with an innovative 3D-printed mini aircraft. http:// www. airbus. com/newsevents/news-events-single/detail/airbus-tests-high-tech-concepts-with-an- innovative-3d-printed-mini-aircraft/［2016-06-13］.

［27］ MIT. First-ever 3-D printed robots made of both solids and liquids. http://news. mit. edu/2016/ first-3d-printed-robots-made-of-both-solids-and-liquids-0406［2016-04-06］.

［28］ Whitehouse. Advanced manufacturing: A snapshot of priority technology areas across the federal government. https://www. whitehouse. gov/sites/whitehouse. gov/files/images/Blog/NSTC%20S AM%20technology%20areas%20snapshot. pdf［2016-04-01］.

［29］ Department of Commerce. U. S. secretary of commerce penny pritzker announces manufacturing

USA：New brand for national network for manufacturing innovation. https：//www. commerce. gov/news/press-releases/2016/09/us-secretary-commerce-penny-pritzker-announces-manufacturing-usa-new[2016-09-12].

[30] Department of Commerce. U. S. secretary of commerce penny pritzker submits annual report and strategic plan. https：// www. commerce. gov/news/press-releases/2016/02/us-secretary-commerce-penny-pritzker-submits-annual-report-and-strategic[2016-02-19].

[31] Pennsylvania State University. Penn state releases roadmap for advancement of additive manufacturing materials. http：// news. psu. edu/story/397498/2016/03/15/research/penn-state-releases-roadmap-advancement-additive-manufacturing[2016-03-15].

[32] America Makes. Department of defense additive manufacturing roadmap. https：//www. americamakes. us/images/publicdocs/DoD% 20AM% 20Roadmap% 20Final% 20Report. pdf[2016-11-30].

[33] NIST. NIST releases roadmap for polymer-based additive manufacturing. https：//www. nist. gov/news-events/news/2016/12/nist-releases-roadmap-polymer-based-additive-manufacturing [2016-12-12].

[34] America Makes. America makes and ansi release preliminary final draft of additive manufacturing. https：// www. americamakes. us/news-events/press-releases/item/950-america-makes-and-ansi-release-preliminary-final-draft-of-additive-manufacturing[2016-12-14].

[35] European Commission. FET flagships：lessons learnt. https：// ec. europa. eu/digital-single-market/en/news/fet-flagships-lessons-learnt[2016-10-24].

[36] European Commission. The FET flagships receive positive evaluation in their journey towards ground-breaking innovation. https：// ec. europa. eu/digital-single-market/en/news/fet-flagships-receive-positive-evaluation-their-journey-towards-ground-breaking-innovation[2017-01-15].

[37] European Institute of Innovation and Technology. Raw materials：Commission highlights need for security of supply and investment. http：// eit. europa. eu/newsroom/raw-materials-commission-highlights-need-security-supply-and-investment[2016-07-14].

[38] Gov. UK. autumn statement 2016. https：//www. gov. uk/government/publications/autumn-statement-2016-documents/autumn-statement-2016[2016-11-23].

[39] METI. FY 2015 measures to promote manufacturing technology（White paper on manufacturing industries）released. http：//www. meti. go. jp/english/press/2016/0520_01. html[2016-05-20].

[40] METI. Information on tools for supporting smart monodzukuri targeting mid-ranking companies and smes in the manufacturing industry compiled. http：//www. meti. go. jp/english/press/2016/1004_03. html[2016-10-04].

[41] METI. World-first and new patent classification created for iot-based technologies. http：// www. meti. go. jp/english/press/2016/1114_01. html[2016-11-14].

[42] METI. METI to start discussion on new trends brought about by biotechnology. http：//www. meti. go. jp/english/press/2016/0322_07. html[2016-03-22].

[43] 中国政府网．国务院办公厅关于成立国家新材料产业发展领导小组的通知．http://www.gov.cn/zhengce/content/2016-12/28/content_5153721.htm[2016-12-28]．

Progress in Advanced Materials and Manufacturing

Wan Yong，Jiang Shan，Feng Ruihua，Huang Jian

In 2016, some novel low-dimensional materials emerged, and new synthetic preparation technology made important progress, and characterization technology played an important role in the research and discovery of new materials. The application of new materials and manufacturing promoted the electronic devices and product upgrades. Additive manufacturing, bio-manufacturing, material genome, etc. still maintain a high degree of research heat. Some developed countries attached great importance to the research and development of materials and manufacturing, and drew up important strategic planning to maintain their leadership. Several implications and suggestions for the field development in China were proposed in the end.

第五章

中国科学发展概览

A Brief of Science Development
in China

5.1　加速赶超引领　开启基础研究发展新征程

崔春宇　李　非　周　平　陈文君

（科技部基础研究司）

基础研究是整个科学体系的源头，是所有技术问题的总机关。党中央、国务院高度重视基础研究，党的十八大提出实施创新驱动发展战略，统筹部署以科技创新为核心的全面创新，进一步要求全面提升原始创新能力。科技部会同有关部门采取了一系列措施，加强基础研究。

一、以改革为动力，打造基础研究发展新引擎

1. 系统部署基础研究

国发〔2014〕64 号文件对国家科技计划管理改革进行了全面部署。在新的 5 类计划中，基础研究的部署占有重要地位。国家自然科学基金资助自由探索的基础研究，强调学科均衡发展，为人才培养和团队建设提供支持；"科技创新 2030—重大项目"聚焦重大战略目标，其中包含"脑科学与类脑研究""量子通信与量子计算"等科学目标导向的基础研究类重大项目；国家重点研发计划设置"战略性前瞻性重大科学问题"领域，加强前瞻性、战略性、基础性部署，启动干细胞及转化研究、纳米科技、量子调控与量子信息、蛋白质机器与生命过程调控、大科学装置前沿研究、全球变化及应对 6 个重点专项，同时还启动了国家质量基础、磁约束核聚变 2 个重点专项，在其他全链条设计的重点专项中对基础研究也进行了部署。

2. 优化科技创新基地布局

为落实十八届五中全会精神，党中央决定在重大创新领域组建一批国家实验室，这是实施创新驱动发展战略、提升国家创新能力和竞争力的重大举措。科技部会同相关部门，经过多方调研和论证，研究制订了国家实验室组建方案。同时，按照《关于深化中央财政科技计划（专项、基金等）管理改革方案》（国发〔2014〕64 号）的要

求，科技部会同发改委、财政部制定了《国家科技创新基地建设优化整合方案》，将国家科技创新基地优化整合为科学与工程研究、技术创新与成果转化、基础支撑与条件保障三类，形成以国家实验室为引领的国家科技创新基地体系。

3. 推动科技基础条件资源开放共享

积极落实《国务院关于重大科研基础设施和大型科研仪器向社会开放的意见》（国发〔2014〕70号），会同有关部门在建立健全政策制度、建设科研设施与仪器国家网络管理平台和在线服务平台、实施开放共享后补助机制和创新券政策等方面大力推动科研设施与仪器开放共享。科技部、财政部会同相关部门和地方，重点推动公共财政支持形成的科学数据、生物种质资源和实验材料等科技资源向社会开放，目前已经形成28个国家科技资源共享服务平台，开通"中国科技资源共享网"并实现了全国科技资源导航与检索，形成面向科技人员和社会公众的网络信息服务体系。

同时，国务院相关部门相继制定了一批重要政策措施，研究形成开展扩大高校院所自主权改革试点工作方案，发布《关于进一步完善中央财政科研项目资金管理等政策的若干意见》《关于优化学术环境的指导意见》《关于实行以增加知识价值为导向分配政策的若干意见》《关于加强和改进教学科研人员因公临时出国管理工作的指导意见》《统筹推进世界一流大学和一流学科建设总体方案》，中国科学院发布卓越创新中心建设计划等。这些政策的实施，为我国的基础研究发展打造了新引擎，提供了新动力。

二、加速赶超引领，基础研究发展进入新阶段

1. 基础研究投入不断增加

"十二五"以来，我国不断优化财政性科技投入结构，基础研究经费投入持续增长。基础研究投入从2011年的411.8亿元增长到2015年的716.1亿元，增长了73.9%，年均增幅14.8%。中央财政仍然是基础研究投入的主体。2015年，中央本级财政基础研究支出500.45亿元，占中央本级财政科技支出的20%。

从事基础研究的全时人员总量逐年增加，由2011年的19.3万人年增加到2015年的25.3万人年，增长了31.1%。2015年，我国留学归国人员比2011年增加了119.7%，已经翻倍。2016年我国"高被引学者"数量增加到197人，占世界总数的6.0%，数量超越德国，位居第三位。我国基础研究队伍的人员规模已与美国等少数

科技大国相当，中青年科学家已经成为基础研究的主力，后备人才队伍逐步成长，一大批优秀团队正在崛起。

2. 国际影响力显著提升

我国国际科技论文数量连续多年居世界第 2，总被引用次数已经连续 3 年位居第 4 位。2015 年，18 个学科论文的被引用次数进入世界前 10 位，农业科学、化学、物理学等 8 个学科领域的论文被引用次数排名世界第 2 位。2015 年我国国际合作产生论文 7.5 万篇，占我国发表 SCI 论文总数的 25.4%，其中我国作者为第一作者的国际合著论文占 69.1%，合作伙伴涉及 148 个国家（地区）。我国科学家越来越多地参与国际热核聚变实验堆（ITER）、大型强子对撞机（LHC）、全球海洋观测计划（ARGO）等国际大科学研究计划，发挥了重要作用。王贻芳研究团队获 2016 年基础物理学突破奖，潘建伟、方忠团队多次获评美国、欧洲物理学十大年度突破。在国际学术组织和国际知名科技期刊担任重要职务的人数明显增加。

3. 基础前沿加速赶超引领

我国基础研究一些重要领域已经开始并跑或领跑。基础物理领域连续三年获得国家自然科学奖一等奖，取得了量子反常霍尔效应、拓扑半金属、外尔费米子、中微子震荡等大批原创性成果，我国科学家发现的铁基超导材料占世界一半以上，并且保持着国际最高超导转变温度，多次刷新并始终保持多光子纠缠世界纪录，成功发射墨子号量子通信实验卫星并圆满完成实验任务，为我国继续引领世界量子通信发展和量子物理基本问题检验奠定了基础。

干细胞研究保持国际前列。我国科学家率先实现小分子化合物诱导体细胞重编程和转分化，首次证实非胚胎来源的诱导多能性干细胞具有发育全能性，首次构建出小鼠-大鼠异源杂合二倍体胚胎干细胞，破解了种间杂交的天然资源限制。

纳米研究整体实力处于国际前列。我国科学家开辟了国际梯度纳米结构材料研究新领域，为发展高性能金属结构材料提供了新途径；运用"纳米限域催化"的新概念，实现了甲烷一步高效生产高值化学品，有望颠覆煤化工近百年来传统的费-托反应路线；成功制备出 5 纳米栅长碳纳米管晶体管，实现速度和动态功耗超越硅基器件，已经接近电子开关的物理极限。

在蛋白质研究领域首次解析了 RNA 剪接体的结构和分子机理；揭示埃博拉病毒糖蛋白和其受体蛋白相互作用机制；解析了菠菜主要捕光复合蛋白质机器的结构，在国际上受到广泛关注。

4. 科技创新基地创新能力大幅提升

世界最大单口径、最灵敏的 500 米口径球面射电望远镜（FAST）落成启用，大幅提升了我国的深空测控能力。上海超强超短激光实验装置达到国际最高激光脉冲峰值功率，合肥稳态强磁场装置实现了 40 万高斯稳态强磁场，全超导托卡马克装置（EAST）创造聚变等离子体稳态高约束模大于 60 秒的世界纪录，大亚湾中微子实验发现了新的中微子振荡并精确测量了其振荡几率。我国建成了大型先进光源、散裂中子源和强磁场等一批大科学装置，这批"国之重器"为从微观和宇观两个层次研究物质结构提供了最先进的技术手段，将支撑国内外科学家开展物质基本结构、宇宙起源与演化、生命起源等重大科学问题的探索。

在数理、化学、生物、医学、地学、信息、材料和工程 8 个领域建成 255 个学科类国家重点实验室，依托企业和行业转制科研院所建设了 177 个企业国家重点实验室，建设了 24 个省部共建国家重点实验室、17 个军民共建国家重点实验室和 18 个国家重点实验室港澳伙伴实验室。这些实验室是我国开展基础研究、应用基础研究的重要基地，在承担国家基础研究任务、培养领军人才、产出原创成果等方面取得了新进展，大多数国家自然科学奖项和科学前沿成果诞生于此，为推动科技进步，提升自主创新能力、保障经济社会发展提供了重要支撑。

5. 资源共享服务成效显著

国家重大科技基础设施已基本形成了与国际接轨的开放共享运行机制，国家重点实验室积极推动科研仪器的开放共享，平均每台科研仪器对外服务的机时数将近 40%。教育部和中国科学院分别建立了包括部属高校和科研院所的科研设施与仪器开放共享管理系统。科技部建成了科研设施与仪器国家网络管理平台，全国 3100 家单位的 58 个重大科研基础设施和原值总额达 670 亿元的 4.7 万台（套）大型科研仪器已经纳入平台对外开放共享，基本覆盖了全国绝大多数高校和科研机构。据不完全统计，全国科研设施与仪器的开放率达到 71.2%，各类在线服务平台服务用户超过 6.2 万个，总服务次数突破 130 万次，开放共享服务的质量和数量以及科研仪器的利用率都得到了明显提高。全国已有 20 个省份实施创新券政策支持科研仪器开放共享，为近 1.5 万家中小微企业及创新团队发放创新券超过 7.8 亿元，为中小微企业节约了大量的仪器购置成本，有力地支持了双创。大型科研仪器购置必要性评议效果明显，累计减少重复购置经费近 192 亿元，从源头上避免了科研仪器闲置浪费并促进了开放共享。

国家科技资源共享服务平台推动科学数据、生物种质资源和实验材料等科技资源开放共享并发挥了重要作用。气象、农业、地球系统、人口与健康等领域的科学数据平台已经成为国内本领域数据资源体量最大、开放共享程度很高、管理较为规范的科学数据中心，为相关学科研究提供了海量的科学数据支撑；农作物种质、微生物菌种、西南野生生物种质等资源平台已经发展成为国内资源规模最大、保藏水平最高、具有较大影响力的综合性资源保藏中心，为农作物育种、生物多样性保护以及生物技术研究提供大量的生物种质和实验材料。

三、着力补短板，开启基础研究发展新征程

建设世界科技强国，基础研究任重道远。科技部按照全国科技创新大会的要求，把基础研究作为当前科技工作"补短板"的重点和切入点，摆在优先位置，做出切实安排。将进一步加强顶层设计和总体部署，优化学术环境，主动挑战科学难题，鼓励探索和协同创新，宽容失败，推进我国基础研究实现从量变向质变的跃升，为建设世界科技强国奠定基础。

1. 着力打造国家战略科技力量

按照中央部署在重大创新领域启动组建一批国家实验室，探索建立适应国家重大目标和战略任务需求的管理和运行机制。推进国家科技创新基地优化整合，推进国家重点实验室改革发展，完善国家重点实验室体系建设。

2. 着力在重要战略领域赶超引领

抓紧组织实施"脑科学与类脑研究""量子通信与量子计算"重大项目；在战略性、前瞻性重大科学问题领域，继续推进干细胞及转化研究、纳米科技、量子调控与量子信息、蛋白质机器与生命过程调控、大科学装置前沿研究、全球变化及应对、合成生物学、发育编程及其代谢调节等重点专项部署，加强变革性技术关键科学问题研究。

3. 着力推进科技资源开放共享

进一步大力推动科研设施与仪器开放共享，建立开放共享评价体系和激励制度。在重要领域新建一批共享服务平台，积极推动科学数据和信息、生物种质和实验材料等科技资源开放共享。强化各类国家科技创新基地对社会的开放。

4. 着力营造全社会支持基础研究的局面

建立基础研究多元化资助体系，加大中央财政对基础研究的支持力度，引导和鼓励地方、企业和社会力量增加对基础研究的投入，提高基础研究占全社会研发投入比例。

5. 着力培育基础研究创新文化

改善学术环境，建立符合基础研究特点和规律的评价机制。强化分类评价和第三方评价，建立长效评价机制，确立以学术贡献和创新价值为核心的评价导向，让学术评价回归学术。建立以原创性和学术水平评价考核人才的机制，探索科研人员代表作制度，避免以"头衔"评价考核科研人员。

Accelerating Catching Up with and Leading the World and Embarking on a New Journey in Boosting Basic Research in China

Cui Chunyu，Li Fei，Zhou Ping，Chen Wenjun

In this article，progresses in basic research work of Ministry of Science and Technology of China（MOST）in 2016 are reviewed and future plans and arrangements of MOST are introduced. First of all，new engines for driving basic research development in China have been created taking reform as motivation. Secondly，China has caught up with or even led the world in some basic research areas and its basic research development is embarking on a new stage. Thirdly，great effort will be taken on strengthening weak links in embarking on a new journey to boost basic research in China in the near future.

5.2　2016 年度国家自然科学基金项目申请和资助情况

李志兰　谢焕瑛

（国家自然科学基金委员会计划局项目处）

2016 年，在党中央、国务院的坚强领导下，国家自然科学基金委员会（以下简称基金委）认真贯彻十八大，十八届三中、四中、五中、六中全会和习近平总书记系列重要讲话精神，深入落实全国科技创新大会精神，统筹实施"十三五"规划，以资助各类项目为载体，全面部署基础研究，更加聚焦基础、前沿和人才，更加注重促进交叉融合和协同创新，大力营造源头创新环境，着力培育原始创新能力。

一、项目申请与受理情况

1. 申请情况

2016 年，基金委共接收各类项目申请 182 334 项，比 2015 年的 173 017 项增加 5.39%。

在项目申请集中接收期间，共接收各类项目申请 172 843 项，超过此前同期申请量最高的 170 792 项（2012 年），比 2015 年同期（165 598 项）增加 7 245 项，增幅 4.38%。面上项目、重点项目、重点国际（地区）合作研究项目等项目类型的申请量基本与 2015 年持平。人才类项目则呈现出申请数增幅较大、竞争更趋激烈的特点。优秀青年科学基金项目增幅 25.37%，国家杰出青年科学基金项目增幅 13.27%，地区科学基金项目、青年科学基金项目的增幅也均超过 7%。有关统计数据见表 1。

表 1　2016 年度部分科学基金项目按项目类型统计申请情况

项目类型	2015 年申请项数/项	2016 年申请项数/项	与 2015 年同比增幅/%
面上项目	73 025	74 048	1.40
重点项目	2 805	2 782	—0.82
青年科学基金项目	65 722	70 399	7.12
地区科学基金项目	13 170	14 156	7.49

续表

项目类型	2015 年 申请项数/项	2016 年 申请项数/项	与 2015 年 同比增幅/%
优秀青年科学基金项目	3 520	4 413	25.37
国家杰出青年科学基金项目	2 148	2 433	13.27
创新研究群体项目	249	257	3.21
海外及港澳学者合作研究基金项目	399	386	−3.26
重点国际（地区）合作研究项目	618	610	−1.29
外国青年学者研究基金项目	188	240	27.66
数学天元青年基金项目	659	637	−3.34
国家重大科研仪器研制项目（自由申请）	606	588	−2.97
国家重大科研仪器研制项目（部门推荐）	59	62	5.08

2. 受理情况

在项目集中接收期间，经各项目管理部门初审、计划局复核，共受理项目申请169 832项，不予受理项目申请3011 项，占申请总数 172 843 项的 1.74%，不予受理率为近 5 年来最低。在不予受理的项目申请中，"不属于本学科资助范畴"（459 项）、"依托单位或合作研究单位未盖公章或是非法人公章，或所填单位名称与公章不一致"（408项）、"中级职称且无博士学位人员推荐信只有一封或无推荐信"（306 项）为数量前三位的原因。因人员超项而导致的不予受理申请数 128 项，比 2015 年的 173 项进一步下降。

3. 不予受理项目复审申请及审查情况

在规定期限内，各项目管理部门共收到复审申请 545 项，占全部不予受理项目（3011 项）的 18.10%。经审核，共受理复审申请 440 项。各项目管理部门对受理的复审申请进行了审查，维持原不予受理决定的 423 项；认为原不予受理决定有误、重新送审的 17 项，占全部不予受理项目的 0.56%，其中 4 项通过评审建议资助。

二、项目评审与批准资助情况

1. 项目评审情况

各类项目通讯评审指派专家数量及有效通讯评审意见数量均符合相关项目管理办法的要求。在京及京外召开的评审会议均使用了会议评审系统，有答辩环节的按规定进行了录音、录像并归档保存。

2. 项目批准资助情况

经过规定的评审与审批程序，批准资助项目 41 184 项，直接费用 227.06 亿元，完成全部直接费用资助计划的 96.32%。

促进各学科均衡协调发展，保持自由探索项目的经费占比。资助面上项目 16 934 项，直接费用 1 017 527 万元，平均资助强度约 60.09 万元/项，平均资助率 22.87%。近几年来，面上项目负责人呈年轻化趋势。2016 年，年龄在 45 岁以下的面上项目负责人占 64.23%，比"十二五"初期（2011 年）的 58.37% 增长近 6 个百分点。资助青年科学基金项目 16 112 项，直接费用 311 670 万元，平均资助率 22.89%，平均资助强度约 19.34 万元/项。其中，女性申请人资助 6 577 项，占 40.82%。资助地区科学基金项目 2872 项，直接费用 109 050 万元，平均资助强度约 37.97 万元/项，平均资助率 20.29%。其中，女性申请人资助 963 项，占 33.53%。以上三类项目的资助规模、资助强度和资助率与 2015 年相比基本保持稳定。

围绕国家重大需求和学科前沿，加强对重点领域的前瞻部署，资助重点项目 612 项，直接费用 171 535 万元，平均资助强度约 280.29 万元/项。其中，资助强度最高 350 万元/项，最低 197 万元/项。

坚持把推动学科交叉融合、破解复杂难题作为战略重点，引导科学家结合国家需求和学科前沿开展交叉研究。资助重大项目 23 项，直接费用 35 076.73 万元。实施 28 个重大研究计划，资助项目 502 项，直接费用 71 447.48 万元。

坚持以开放合作促开放创新，加强实质性国际（地区）合作研究。加强组织间双边合作与交流，资助国际（地区）组织间合作研究项目 251 项，直接费用 54 103 万元。持续推进实质性国际合作研究，资助重点国际（地区）合作研究项目 105 项，直接费用 25 000 万元。加大对外国青年学者的吸引力度，资助外国青年学者研究基金项目 117 项，直接费用 3000 万元。资助海外及港澳学者合作研究基金两年期资助项目 115 项，直接费用 2070 万元；资助四年期延续资助项目 20 项，直接费用 3600 万元。

大力培养优秀青年人才，促进人才队伍年轻化。资助优秀青年科学基金项目 400 项，直接费用 52 000 万元。其中，女性获资助 77 人，占 19.25%，比去年的 16.50% 提高 2.75 个百分点。资助国家杰出青年科学基金项目 198 项，直接费用 67 935 万元。其中，女性获资助 27 人，占 13.64%，比去年的 7.58% 提高 6.06 个百分点。

稳定支持优秀团队，促进人才团队的交叉融合。资助创新研究群体项目 38 项，直接费用 38 955 万元，分布在 32 个单位。其中，学术带头人中 2 位为中国科学院院士，34 位获得过国家杰出青年科学基金资助；平均年龄为 49.90 岁，其中最大为 54 岁，最小为 41 岁。为推动学科深度交叉融合，探索对跨部门、跨单位、跨学科的人才团队的资助模式，基金委试点启动实施基础科学中心项目，共资助首批 3 个基础科学中心项目，资助直接费用 51 170 万元。

加强联合资助工作，统筹实施 23 个联合基金，资助项目 739 项，直接费用 112 870 万元。

强化对原始创新研究的条件支撑，资助国家重大科研仪器研制项目（自由申请）85 项，直接费用 55 381.73 万元，平均资助强度约 651.55 万元/项；资助国家重大科研仪器研制项目（部门推荐）4 项，直接费用 27 025.03 万元。

为提升我国数学创新能力，培育青年人才，资助数学天元基金项目 253 项，直接费用 2500 万元。

三、申请、 评审与资助工作新举措

1. 科学实施资助计划，高效配置创新资源

2016 年统筹年度资助计划安排，调整形成探索、人才、工具、融合四个项目系列的资助格局，强化全面培育源头创新能力的战略布局。推动学科协调发展，着力提升"蓝绿"学科研究水平，加强蓝色经济和生态文明发展的科学基础。保持面上项目、青年科学基金项目、地区科学基金项目三类项目合理资助规模，持续营造鼓励自由探索的宽松环境。着眼"十三五"规划优先发展领域，加强重点项目部署。试点支持基础科学中心项目，推动交叉融合，汇聚优秀人才，增强创新能力，建设科学高地。

2. 强化改革责任担当，优化人才资助模式

2016 年进一步优化人才资助政策，努力营造适合人才成长的有利环境，提高科学基金整体资助效益。一是为进一步推进基础研究薄弱地区人才的稳定与培养，从 2016 年起将陕西省延安市和榆林市纳入地区科学基金资助范围。二是从 2016 年起，在保持总资助规模相对稳定的前提下，规定科研人员作为项目负责人获得地区科学基金资助累计不超过 3 次，引导促进基础研究欠发达地区的优秀科研人员积极参与到全国竞争的平台上来，进而实现对地区科研人员更广泛、更均衡的倾斜支持。三是为加速优秀青年科研人员的成长，加快人才年轻化的趋势，进一步扩大优秀青年人才的遴选范围，自 2016 年起，优秀青年科学基金项目申请时不列入限项范围，更多优秀青年有了参与该项目竞争角逐的机会。四是继续关注女性优秀科研人才的成长。2016 年优秀青年科学基金项目和国家杰出青年科学基金项目中女性负责人所占比例较往年均有明显提高。

3. 加强战略合作研究，持续推进协同创新

坚持引导投入、聚焦特色、集成优势、强化协同，加强联合基金统筹规划与科学分类管理。一是发挥科学基金的平台和导向作用，关注地方、行业、企业需求，吸引企业和社会资源加大对基础研究的投入，继续做好与部门、行业企业和地方政府的联合资助和协同创新工作。与深圳市人民政府签署联合资助机器人基础研究中心项目的协议，与山东省人民政府、新疆维吾尔自治区人民政府、中国铁路总公司、雅砻江流域水电开发有限公司续签联合基金协议。二是实施战略合作，关注国家安全领域重大科学问题，推进基础研究领域的军民融合。2016 年 8 月，基金委与军委科技委签署战略合作协议，探索军民融合的新机制及新途径，促进基础研究与国防建设的有机结合，推进军民协同创新。应对大规模网络直播视频流实时分析与监管的严峻挑战，与中央网信办共同资助大规模网络直播视频流实时分析项目，双方资助经费共约 2 000 万元。

4. 稳步深化开放合作，营造开放创新环境

2016 年基金委进一步拓展全球视野，充分利用全球科技资源，营造开放创新环境，强化国际交流与合作。目前基金委已与 44 个国家（地区）的 86 个境外科学基金组织或研究机构签署了合作协议或谅解备忘录。为进一步拓展与"一带一路"国家的合作网络，扩大实质性合作，与斯里兰卡科学基金会签署了合作谅解备忘录；首次与巴基斯坦科学基金会启动合作研究项目联合资助工作。参与贝尔蒙特论坛多边合作联合资助机制，2016 年在"山地科学"和"气候服务"两个领域完成评审和资助工作。加入金砖国家科技创新计划资助方，首次与金砖国家资助机构共同征集了科技创新合作框架计划多边合作研究项目。

5. 规范评审加强监督，完善资助管理机制

科学基金长期致力于建设具有持久公信力的评审制度平台，不断完善资助管理机制。一是认真执行《国家自然科学基金条例》及相关管理办法，保障项目评审的科学性、公正性、创新性，进一步对通讯评审专家指派、项目评审方式和投票程序进行规范。二是拓展评审专家范围。按照评审专家选聘要求，不断吸纳具有良好的科学道德和较高的学术水平的科研人员加入评审专家队伍，到 2016 年年底，评审专家库中专家数量已超过 172 400 人；进一步推进评审国际化，持续提高海外评审专家的占比。三是强化评审监督。将《国家自然科学基金项目评审回避与保密管理办法》《国家自然科学基金项目评审专家工作管理办法》《国家自然科学基金项目评审专家行为规范》

等列入会议评审材料，进一步要求专家应依规自律并加强行为规范约束。四是完善经费管理。依据《关于进一步完善中央财政科研项目资金管理等政策的若干意见》（中办发〔2016〕50号）精神，财政部与基金委共同发布了《财政部 国家自然科学基金委员会关于国家自然科学基金资助项目资金管理有关问题的补充通知》（财科教〔2016〕19号），提出了预算编制要求、调整劳务费开支范围，取消绩效支出比例限制等改革措施。

全国科技创新大会吹响了建设世界科技强国的号角，基金委将深入贯彻习近平总书记重要讲话精神，认真履行资助基础研究和科学前沿，支持人才和团队建设，加强交叉研究，增强源头创新能力的重要职责，落实全国科技创新大会的任务分工，为实现我国建设世界科技强国的"三步走"战略目标奠定坚实基础。

Projects Granted by National Natural Science Fund in 2016

Li Zhilan，Xie Huanying

This paper gives a summary of funding activities of the National Natural Science Fund in 2016. In FY 2016，the total amount of direct cost is about 22.71 billion Yuan，and funding statistics for various kinds of projects are listed.

5.3　科学热点前沿及中国研究态势分析
——基于优质期刊论文的科学前沿图谱

王小梅　李国鹏　陈　挺

（中国科学院科技战略咨询研究院）

　　为把握最新的科学研究热点前沿，本文基于优质期刊的论文数据构建了科学前沿图谱，尝试通过分析 2016 年优质期刊发表的论文而从一个侧面揭示当前科技界关注的热点及重点研究方向。在此基础上，对比分析了中国与美国、德国、英国、日本、法国等论文世界份额排名靠前的国家在全球科学热点前沿中的科研产出、学科布局、合作及优势领域等，以诠释中国在科学热点前沿的科研表现。同时，通过时序对比分析了中国的科研发展态势。

一、研究方法

　　本文以 2016 年 68 种期刊发表的论文为分析数据①。首先，通过论文聚类得到了研究主题。为了提升主题识别的准确性，结合引文和文本相似关系进行了混合聚类，将 52 378 篇论文聚类形成 3 418 个研究主题。其次，为了展现科学领域的层级结构，根据可视化布局和主题相似性，结合机器学习算法和人工判读方式对主题再次聚类，划分为 37 个研究主题群（图 1）。

图 1　研究方法与研究流程

　　① 论文下载于 Web of Science，下载时间为 2017 年 2 月 27 日，共下载论文 56 947 篇。聚类后包含在研究主题中 52 378 篇。

优质期刊选用"自然指数"（Nature index，NI）遴选的 68 种期刊。自然指数由自然出版集团（NPG）于 2014 年年底推出，定位于全球优质研究综合指标（A global indicator of high-quality research）。NI 采用的 68 种优质期刊由自然科学界主要学科中卓有建树的专家遴选，并向全世界 100 000 名科学家发送网上问卷验证。虽然被选出的 68 种期刊还不到期刊引用报告（Journal Citation Reports）所收录期刊数的 1%，但是这些期刊论文贡献了接近 30% 的被引用次数。

二、2016 科学热点前沿图谱

1. 科学前沿图谱

科学前沿图谱（图 2）以可视化形式揭示当前热点研究前沿，展现研究主题间的

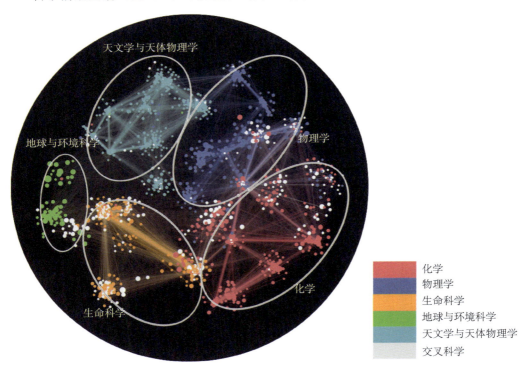

图 2　科学前沿图谱 2016

图中每一个圆点代表一个研究主题，其大小与包含的论文数量成正比。圆点之间的相对位置反映出
研究主题之间的关联程度，距离越近，关联程度越高。连线也代表研究主题之间具有关联

关联关系，反映物理学、化学、地球与环境科学、生命科学 4 个基础研究学科领域的宏观结构。由于天文学与天体物理学在物理学中所占论文数量比重较大（图 3），为更好地突出物理学其他研究主题，本文将其从物理学中分出来单独为一个学科领域。因此，下文分析均从 5 个学科领域进行。

图 2 中每一个圆点代表一个研究主题，由若干相关论文组成。若干圆点聚集成研究主题群，多个研究主题群构成学科领域（椭圆形）。如果研究主题超过 60% 的论文属于单一学科，该研究主题属于该学科，否则为交叉学科。通过计算按研究主题所属学科附上不同颜色。天文学与天体物理学（图 2 左上方）研究主题的论文量较小，包含 12.8% 的论文却覆盖 24.5% 的研究主题（图 3），交叉研究主题较少（灰色圆点）。相反，生命科学的主题聚集度较高，包含 22.2% 的论文，覆盖 15.3% 的研究主题，交叉研究主题最多、分布最广。化学（图 2 右下方）、物理学（图 2 右上方）与生命科学（图 2 左下方）交叉融合的研究主题比较多，因此分界线不明显。地球与环境科学体量较小（6.9%，图 2 左侧）。

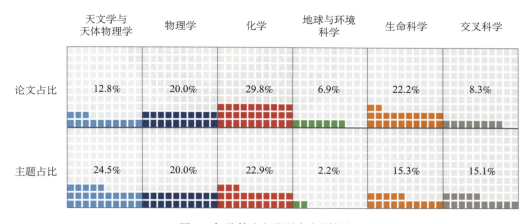

图 3　各学科论文及研究主题份额

2. 研究主题群划分

为了展现科学领域的层级结构，增加理解和后续分析使用，对研究主题再次聚类，划分为 37 个研究主题群（图 4），经过人工判读，对研究主题群进行了归纳命名。

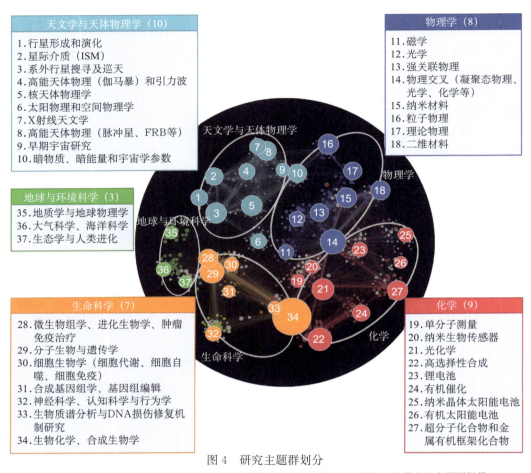

天文学与天体物理学（10）
1. 行星形成和演化
2. 星际介质（ISM）
3. 系外行星搜寻及巡天
4. 高能天体物理（伽马暴）和引力波
5. 核天体物理学
6. 太阳物理和空间物理学
7. X射线天文学
8. 高能天体物理（脉冲星、FRB等）
9. 早期宇宙研究
10. 暗物质、暗能量和宇宙学参数

物理学（8）
11. 磁学
12. 光学
13. 强关联物理
14. 物理交叉（凝聚态物理、光学、化学等）
15. 纳米材料
16. 粒子物理
17. 理论物理
18. 二维材料

地球与环境科学（3）
35. 地质学与地球物理学
36. 大气科学、海洋科学
37. 生态学与人类进化

生命科学（7）
28. 微生物组学、进化生物学、肿瘤免疫治疗
29. 分子生物与遗传学
30. 细胞生物学（细胞代谢、细胞自噬、细胞免疫）
31. 合成基因组学、基因组编辑
32. 神经科学、认知科学与行为学
33. 生物质谱分析与DNA损伤修复机制研究
34. 生物化学、合成生物学

化学（9）
19. 单分子测量
20. 纳米生物传感器
21. 光化学
22. 高选择性合成
23. 锂电池
24. 有机催化
25. 纳米晶体太阳能电池
26. 有机太阳能电池
27. 超分子化合物和金属有机框架化合物

图 4　研究主题群划分

图中圆代表一个研究主题群，圆的大小与主题群中的论文量成正比，圆边上的数字为主题群标号

三、中国研究态势分析

（一）中国与科技强国的整体科研表现

1. 中国在科学热点前沿中的论文总量稳居世界第二位，增长强势

中国的科学前沿的论文总量稳居世界第二位。连续两年表现强增长势头（表1），2015 年的年增长率达 9.06%，2016 年的年增长率仍高达 7.89%，远超其他 5 个科技强国。同期美国的论文份额增长率则为 2015 年下降 2.17%，2016 年有 0.72% 的微幅

增长。其中，分数计数^①中国的论文量已经远超德国、英国、日本、法国，但论文计数^②情况下 2014 年、2015 年中国的论文量与德国、英国的差距不大，2016 年开始也明显高于德国、英国。

表 1　中国与科技强国论文数量、份额及排名（三年）

项目 ＼ 国家		美国	中国	德国	英国	日本	法国
论文量（FC）/篇	2014 年	18 621	6 022	4 292	3 516	3 245	2 530
	2015 年	17 594	6 342	4 260	3 538	2 999	2 394
	2016 年	17 464	6 743	4 189	3 553	2 927	2 271
论文量（AC）/篇	2014 年	25 674	8 304	8 252	7 313	4 788	5 079
	2015 年	24 596	8 762	8 188	7 493	4 541	4 872
	2016 年	24 636	9 431	8 309	7 609	4 544	4 912
论文份额（FC）/%（排名）	2014 年	33.8（1）	10.9（2）	7.8（3）	6.4（4）	5.9（5）	4.6（6）
	2015 年	33.1（1）	11.9（2）	8.0（3）	6.7（4）	5.6（5）	4.5（6）
	2016 年	33.3（1）	12.9（2）	8.0（3）	6.8（4）	5.6（5）	4.3（6）
论文份额年增长率（FC）/%	2015 年	−2.17	9.06	2.77	4.20	−4.29	−2.0
	2016 年	0.72	7.89	−0.22	1.89	−0.96	−3.74

2. 中国的网络科研影响力指数位居世界第三位

因论文发表时间较短，被引次数尚未形成规模，本文采用补充计量学（Altmetrics）分值表征论文的网络科研影响力。Altmetrics 是对传统引文指标的补充计量指标，通过利用主流媒体报道、F1000 论文评选、维基百科和公共政策文件中的引用、博客讨论、Mendeley 等引用管理工具中的书签数量、Twitter 等社交网络转发等互联网量化数据，提供了有关期刊论文和其他学术成果在世界各地探讨和应用情况的信息，目前已被应用于《自然》《科学》《柳叶刀》等期刊网站，以及许多机构数据库和研究者个人网站中。

本文用国家的 Altmetrics 影响力指数来代表一个国家的科研影响力，定义为每个

---

① 分数计数（fractional count，FC）：按每篇论文中每个国家或机构的作者占全部作者的比例计数。一篇论文的 FC 总分为 1。本研究中以 FC 计数为主。

② 论文计数（article count，AC）：每篇论文的作者中只要有 1 名作者属于这个国家或机构，该国或机构的论文数量加 1。

国家的论文 Altmetrics 总分值占世界论文 Altmetrics 总分值的份额。

2016 年，中国的 Altmetrics 影响力指数有所增长，从 2015 年的世界第四位升至第三位。中国 Altmetrics 影响力指数从 2014 年的 6.50 增长到 7.07，微弱超过了德国，低于英国的 8.51，远低于美国 42.88。日本、法国的 Altmetrics 影响力指数较美国、中国、德国、英国的差距较大（表2）。

表 2   中国与科技强国的 Altmetrics 影响力指数（FC）

年份 \ 国家	美国	中国	德国	英国	日本	法国
2014	42.33	6.50	6.85	7.72	4.36	4.21
2015	42.47	6.57	7.02	8.36	3.77	4.11
2016	42.88	7.07	6.97	8.51	3.96	3.91

（二）中国与科技强国的优势研究主题分布

1. 中国在科学热点前沿中的主题覆盖率世界排名第四

尽管中国在科学热点前沿中论文量世界排名第二，但中国的主题覆盖率在世界排名第四，为 61.2%（图5），比德国、英国略低，比 2015 年 61.8% 的主题覆盖率略微下降。同期，除日本外，其他四个科技强国的研究主题覆盖率也都有微弱下降。

图 5   中国与科技强国的研究主题覆盖率

2. 中国研究主题的学科分布不均衡

本文用国家的学科均衡指数[①]来分析一个国家科学研究主题的学科分布情况。为了消除学科的不均衡性，笔者将目标国家各学科的论文世界份额进行了归一化[②]。学科均衡指数越高，表示学科越不均衡，学科均衡指数越低，代表学科越均衡。同时，以科学前沿图谱为基图，叠加了中国和其他 5 个科技强国在各个研究主题上的论文份额，分析了各国在各学科领域的布局。

从叠加图（图 6）、研究主题群论文份额（图 7）、学科均衡指数（图 8）中均可看出，中国的学科分布不均衡，物理学、化学领域的优势明显，论文份额、主题覆盖率都高，但在天文学与天体物理学、生命科学、地球与环境科学中多数研究主题群的论文份额不超过 10%。在天文学与天体物理学领域的主题覆盖率低，甚至许多研究主题没有论文。

美国大部分研究主题群中的论文份额都超过 20%，特别是生命科学、地球与环境科学的优势明显。其中"合成基因组学、基因组编辑""神经科学、认知科学与行为学"两个主题群中的世界论文份额超过 50%，"微生物组学、进化生物学、肿瘤免疫治疗""分子生物与遗传学"两个主题群的世界论文份额也将近 50%。

在学科均衡指数及叠加图中都可看出，德国在各学科领域中的科研最均衡，物理学、化学、天文学与天体物理学中表现较好，在生物学、地球与环境科学中的某些研究主题群中的论文份额在 5% 左右。

英国在各学科的科研也比较均衡；日本与中国相似，物理学、化学为优势学科。法国在各研究主题群中的论文份额较小，但在天文学与天体物理学、地球与环境科学中有几个明显突出的研究主题群。

---

① 计算公式如下：$G_j = 1 - \dfrac{1}{n}(2\sum\limits_{i=1}^{n-1} W_{ij} + 1)$，其中 i 代表学科数，n 代表学科，j 代表国家，W_{ij} 为将 j 国各学科论文的世界份额按升序排列后，第 i 个学科的累积世界份额的归一化值，该归一化值等于 j 国家第 i 个学科的累积世界份额除以 j 国 n 个学科的世界份额总和。

② 《中国基础研究竞争力分析》课题组，2015，《中国基础研究竞争力蓝皮书 2015》。

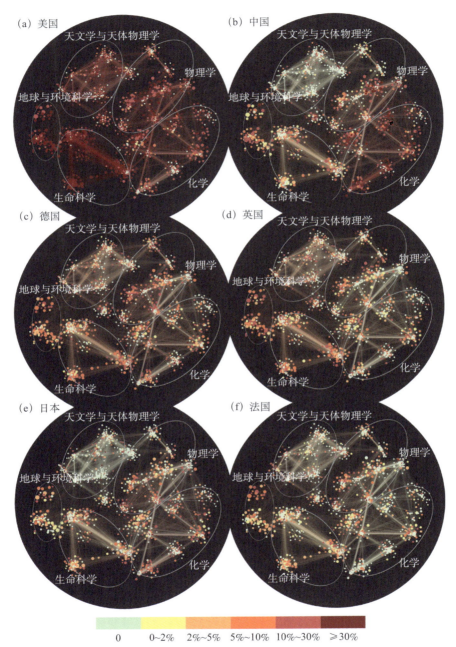

(a) 美国　(b) 中国　(c) 德国　(d) 英国　(e) 日本　(f) 法国

0　　0~2%　2%~5%　5%~10%　10%~30%　≥30%

图 6　中国与科技强国在各个研究主题中的论文份额分布

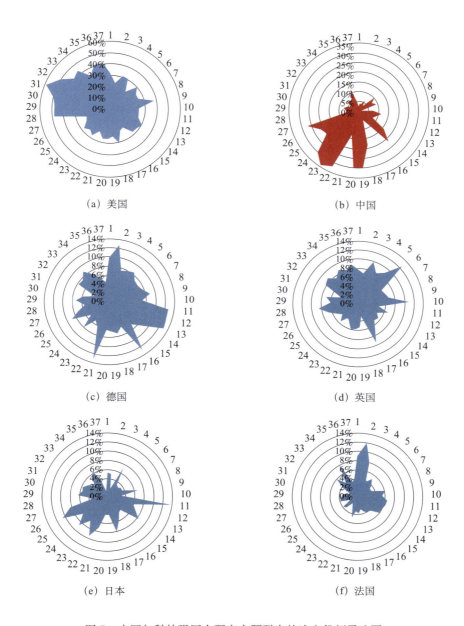

图 7　中国与科技强国在研究主题群中的论文份额雷达图

　　1~10 为天文学与天体物理学，11~18 为物理学，19~27 为化学，28~34 为生命科学，35~37 为地球与环境科学。美国的坐标轴最大值为 60%；中国为 35%；其他国家为 14%

图 8　中国与科技强国的学科均衡指数

3. 中国在各个研究主题群的科研表现

中国在化学领域的优势极为明显，在 9 个化学研究主题群中 6 个主题群的论文份额世界排名第一，2 个排名第二，1 个排名第三（表 3）。中国论文份额排名前 10 的主题群中，有 8 个是化学主题群。

中国在物理学领域也有不俗的表现，其中 3 个研究主题群的论文份额位列世界第二，"纳米材料"和"光学"两个研究主题群中的主题覆盖率超过 80%。

中国在其余三个学科领域中份额较低，以天文学与天体物理学领域、生命科学领域的份额最低，10 个天文学与天体物理学领域主题群中有 5 个在中国研究主题群排名的后 10 位，7 个生命科学领域的研究主题群中也有 3 个在中国研究主题群排名的后 10 位。虽然在"合成基因组学基因组编辑""微生物组学、进化生物学、肿瘤免疫治疗"2 个研究主题群中排名世界第二和第三，但与美国的差距较大。

表 3　中国研究主题群的世界排名情况

中国论文份额最高的 10 个研究主题群					中国论文份额最低的 10 个研究主题群				
	主题群名称	主题覆盖率	论文份额	世界排名	主题群名称	主题覆盖率	论文份额	世界排名	
化学	锂电池	98.1%	33.8%	1	早期宇宙研究	16.1%	1.0%	14	天文学与天体物理学
化学	高选择性合成	87.9%	31.5%	1	行星形成与演化	28.0%	2.5%	9	天文学与天体物理学
化学	单分子测量	81.3%	29.9%	1	核天体物理学研究	28.0%	3.3%	10	天文学与天体物理学
化学	纳米生物传感器	97.1%	29.4%	1	神经科学认知科学与行为学	74.6%	3.5%	7	生命科学

续表

中国论文份额最高的 10 个研究主题群				中国论文份额最低的 10 个研究主题群				
	主题群名称	主题覆盖率	论文份额	世界排名	主题群名称	主题覆盖率	论文份额	世界排名	
化学	有机催化	86.4%	29.3%	1	系外行星搜寻及巡天研究	36.0%	3.9%	6	天文学与天体物理学
化学	超分子化合物和金属有机框架化合物	86.7%	26.9%	1	星际介质（ISM）	33.7%	4.3%	6	天文学与天体物理学
物理学	纳米材料	79.2%	21.9%	2	生态学与人类进化	96.2%	4.5%	6	地球与环境科学
化学	有机太阳能电池	89.5%	19.6%	2	理论物理	43.3%	5.2%	6	物理学
化学	纳米晶体太阳能电池	60.0%	19.6%	2	合成基因组学、基因组编辑	82.4%	5.7%	2	生命科学
物理学	二维材料	62.5%	18.1%	2	微生物组学、进化生物学、肿瘤免疫治疗	73.6%	5.8%	3	生命科学

4. 中国通讯作者论文量排名第一的研究主题量稳居世界第二位，远超德国、英国、日本、法国

通常，论文的通讯作者是一项科研工作的主要负责人，因此通讯作者论文可以在一定程度上反映出科研的主导性。

中国通讯作者论文量排名第一的研究主题量稳居世界第二位（图 9），远超德国、英国、日本、法国。2016 年各国通讯作者论文量排名第一研究主题的主题份额基本与2014 年、2015 年相近。

图 9　中国与科技强国通讯作者论文量排名第一研究主题的主题份额统计

在通讯作者论文量排名第一的研究主题中，各国与美国的差距进一步加大。美国通讯作者论文量排名第一主题的论文量是其他 5 个国家论文量之和的 2.5 倍，而在科学前沿热点中的总论文量方面，美国是其他国家论文量之和的 0.7 倍。在通讯作者论文量排名第一的研究主题中，中国的论文量仅是美国的 1/5，但在总论文量方面中国是美国的 1/3（图 10）。

图 10　中国与科技强国通讯作者论文量排名第一研究主题的论文份额统计

通讯作者论文量排名第一的研究主题的本国占比中，中国也是排位第二，说明中国具有主导性的研究主题比例还是比较高的。同时中国的主题占比与论文占比的比值最小（0.74），说明中国的研究范围相对比较集中（图 11）。

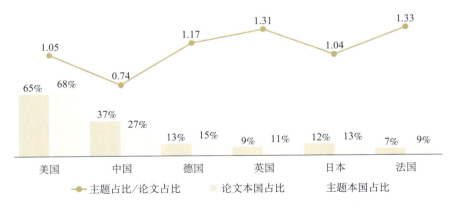

图 11　中国与科技强国通讯作者论文量排名第一研究主题的本国占比

论文本国占比指通讯作者论文量排名第一研究主题内的该国论文量与该国总论文量的比例；
主题本国占比为该国通讯作者论文量排名第一的研究主题数与该国参与的总研究主题数的比例

（三）中国与科技强国在高影响力研究主题的科研表现

高影响力研究主题定义为 Altmetrics 总分高的研究主题。为排除不同学科、不同主题群的不均衡性，根据主题群内的主题量，分别在 37 个研究主题群中选取 Altmetrics 分值 TOP 排名研究主题。主题量超过 100 的群选取 TOP10，主题量在 50～100 的群选取 TOP5，小于 50 的群选取 TOP3，共选出 235 个高影响力主题。

1. 在高影响力研究主题中，中国通讯作者论文量排名第一主题的论文量及主题覆盖率都位于世界第二

在高影响力研究主题中，中国的主题覆盖率排名世界第四，低于美国、德国、英国，仅高于日本和法国。但中国通讯作者论文量排名第一主题的论文量及主题覆盖率都位于世界第二（表4）。从表4中分析可以得出，在高影响力主题里，中国不论在参与、论文量第一、论文量前三以及通讯作者论文量第一的主题覆盖率都有所上升，在世界上的影响力继续扩大。

高影响力研究主题中，美国与其他国家的差距进一步拉大，论文总量是其他 5 个国家的 5.3 倍。但中国在 2016 年与 2015 年相比有了很大的提高，高影响力论文量是美国的 1/6，2015 年仅是美国的 1/10。

表 4　按高影响力研究主题 FC 论文量统计的六国科研表现

	高影响力主题数	天文学与天体物理学主题数	物理学主题数	化学主题数	地球与环境科学主题数	生命科学主题数
2016 年	235	68	60	54	9	44
2015 年	212	56	61	51	16	28

统计尺度		高影响力主题：FC 论文数量										
		2016 年						2015 年				
	国家	美国	中国	德国	英国	日本	法国	美国	中国	德国	英国	日本	法国
参与	研究主题数/个	233	196	217	213	181	180	208	168	187	184	147	156
	主题覆盖率/%	99.2	83.4	92.3	90.6	77.0	76.6	98.1	79.3	88.2	86.8	69.3	73.6
论文量第一名	研究主题数/个	179	26	13	5	3	2	163	17	10	5	7	2
	主题覆盖率/%	76.2	11.1	5.5	2.1	1.3	0.9	76.9	8.0	4.7	2.4	3.3	0.9
论文量前三名	研究主题数/个	225	87	86	91	47	29	191	73	77	81	41	35
	主题覆盖率/%	95.7	37.0	36.6	38.7	20.0	12.3	90.1	34.4	36.3	38.2	19.3	16.5
通讯作者第一	研究主题数/个	180	26	20	11	5	3	160	20	16	12	6	6
	主题覆盖率/%	76.6	11.1	8.5	4.7	2.1	1.3	75.5	9.4	7.6	5.7	2.8	2.8

2. 中国在 26 个高影响力主题中通讯作者排名第一，在 39 个高影响力主题无发文

中国在 26 个高影响力主题中通讯作者排名第一。其中，物理学 9 个、化学 13 个、天文学与天体物理学 4 个。其中"纳米材料""超分子化合物和金属有机框架化合物""高选择性合成"等领域包含 3 个以上的研究主题。

中国在 39 个高影响力主题无发文，其中天文学与天体物理学 28 个、物理学 7 个、化学 3 个、生命科学 1 个。天文学与天体物理学主要分布在"系外行星搜寻及巡天研究""星际介质（ISM）研究""暗物质、暗能量和宇宙学参数研究"，物理学中主要分布在"粒子物理"与"二维材料"领域。

（四）中国与科技强国的国际合著分析

1. 中国的国际合著率六国最低，持续微弱上升

中国的国际合著率六国最低，无国际合作的研究主题比例远高于其他国家（图12）。从 3 年时序分析，中国的国际合著率持续微弱上升，六个国家的国际合著率都持续微弱的上升，说明世界范围内的国际合作越来越广泛。

图12　中国与科技强国的国际合著率（3年）

2. 中国的国际合著在各个学科中最不均衡

图 13 为世界范围内研究主题内的国际合著率分布图，图 14 是以科学前沿图谱为

基图，叠加中国和其他 5 个科技强国在各个主题上的国际合著份额分布图。从国际合著率分布图中看出，比起其他国家，中国的国际合著在各个学科中最不均衡。在强势的化学、物理学领域国际合著较少，在比较弱势的天文学与天体物理学、生命科学、地球与环境科学中国际合著相对较多。

　　美国的国际合著率在各个主题的分布与世界的分布基本一致（图 13、图 14）。欧盟国家的国际合著率普遍较高。

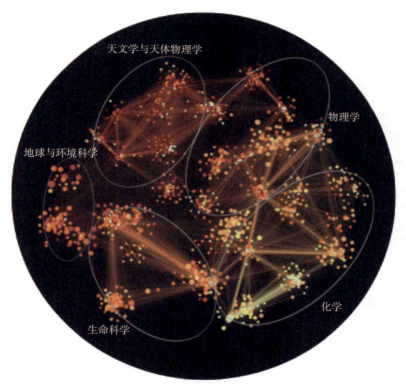

图 13　世界范围内研究主题的国际合著率

3. 中国无国际合著率的研究主题比例六国第二

　　从中国与科技强国国际合著率的研究主题分布比例来看（图 15），中国无国际合著率的研究主题比例除日本外最高（19.3%），但比 2015 年的 22% 有所降低。美国在国际合著率为 100% 的研究主题比例最低，相对而言，欧盟国家国际合著率为 100% 的研究主题比例最高。

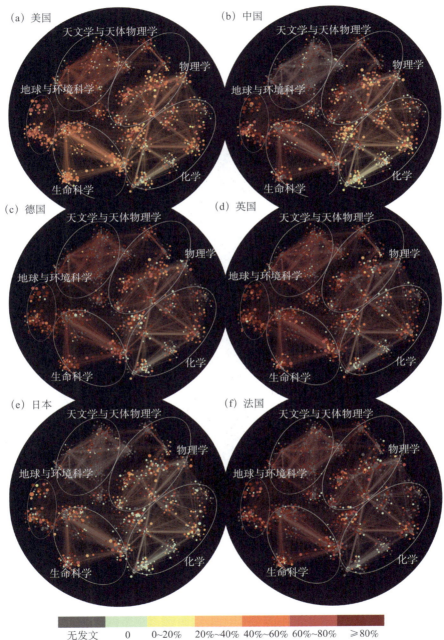

(a) 美国
天文学与天体物理学
物理学
地球与环境科学
生命科学
化学

(b) 中国
天文学与天体物理学
物理学
地球与环境科学
生命科学
化学

(c) 德国
天文学与天体物理学
物理学
地球与环境科学
生命科学
化学

(d) 英国
天文学与天体物理学
物理学
地球与环境科学
生命科学
化学

(e) 日本
天文学与天体物理学
物理学
地球与环境科学
生命科学
化学

(f) 法国
天文学与天体物理学
物理学
地球与环境科学
生命科学
化学

无发文　0　0~20%　20%~40%　40%~60%　60%~80%　≥80%

图 14　中国与科技强国在研究主题的国际合著率分布图

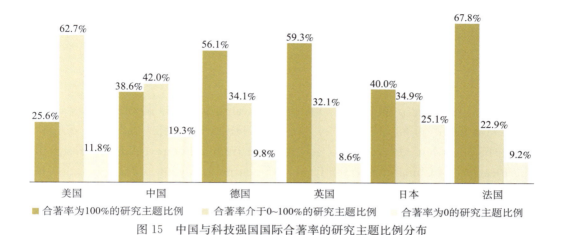

合著率为100%的研究主题比例　　合著率介于0~100%的研究主题比例　　合著率为0的研究主题比例

图 15　中国与科技强国国际合著率的研究主题比例分布

四、结　　语

基于科学热点前沿的中国研究态势分析表明，中国在 2014～2016 年科学热点前沿中持续保持快速增长的发展特征。中国在科学前沿图谱中的论文总量稳居世界第二位，连续两年表现强增长势头，2015 年的年增长率达 9.06%，2016 年的年增长率仍高达 7.89%，远超其他 5 个科技强国。中国的 Altmetrics 影响力以微弱优势高于德国，排名世界第三。中国在高影响力研究主题、表征主导性的通讯作者论文量排名第一的研究主题、国际合著等方面与美国等发达国家的差距进一步缩小。

与上述成绩相比，中国在 Altmetrics 影响力、学科分布、国际合作等方面存在与论文量排名第二不相适应的差距。尽管中国的 Altmetrics 影响力指数（分数计数）位居世界第三位，较 2015 年提高一个排名，但在论文计数方式下，影响力指数远低于美国、英国、德国。中国的科学前沿主题覆盖率仅排名世界第四，并且中国的学科分布不均衡，无国际合作的研究主题比例远高于其他国家。中国从科学大国发展到科学强国，任重而道远。

致谢：中国医学科学院医学信息研究所杜建、首都医科大学谢秀芳、中国科学院文献情报中心郭世杰、中国科学院科技战略咨询研究院黄龙光和王海名分别解读了 5 个学科的研究主题群并命名，中国科学院青藏高原研究所丁林研究员对地球与环境科学的解读进行了审核修订。在此一并表示感谢。

China's Research Trends Analysis in Scientific Fronts
—Based on Science Map of Nature Index High-quality Research

Wang Xiaomei，Li Guopeng，Chen Ting

In order to grasp the latest scientific research fronts，this report created a science map based on 68 high quality journals selected by Nature Index，It discovered the latest hot research areas and research fronts. For revealing the research performance of China in research fronts，the outputs，layout and collaboration in research fronts were compared based on the science map between China and the US，Germany，the UK，Japan and France. In the meantime，China's scientific development trend was compared through timing analysis.

第六章

中国科学发展建议

Suggestions on Science
Development in China

6.1　关于我国科学教育标准存在的问题及建议

中国科学院学部"符合国情的中国科学教育
标准问题研究"咨询课题组[①]

科学教育是以培养和提高科学素养为基本目标的教育，是影响国家科技竞争力和创新型人才培养的重要因素。近年来，全球科学教育面临青少年对科技兴趣的下降、有关科学课程的国际测评结果不佳、科技领域劳动力不足等挑战和危机，主要国家和地区日益重视科学教育，纷纷制订和调整战略规划和计划，促进科学教育的发展和变革。

我国科学教育经历了 21 世纪初的第八次全国基础教育课程改革后，逐渐建立了与国际科学教育接轨的正规科学教育课程标准体系。科学教育标准是科学教育理念在教育实践中的具体体现，国家层面的科学教育标准对一个国家科学教育的发展具有引领作用，聚焦我国科学教育标准存在的问题，进而提出具有针对性的建议，正是本咨询项目关注科学教育改革的切入点和研究的主要内容。

一、国外科学教育标准及其调整与变革思想

制定或变革科学教育标准是各国推动科学教育改革的重要行动之一。美国、英国、德国、法国和日本 5 国近年来都不同程度地调整和变革科学教育标准（或科学课程标准），突出反映在科学教育的目标、内容、学科整合、学科交叉、学习进阶过程等方面，并表现出下述主要变化趋势。

1. 注重国家科学教育标准的顶层设计，引领科学教育标准的制定

面对科学教育的危机，美国近年来对 1996 年首次推出的《科学教育标准》的实践进行了反思和改革，系统设计了《K—12 年级科学教育框架》（2012 年）（以下简称《框架》），作为制订美国新的科学教育标准的纲领性指南。《框架》提出"学科核心概念""跨学科概念"和"科学与工程实践"三大维度，期望学生通过从

[①]　咨询课题组组长为中国科学院院士、北京大学教授周其凤。

幼儿园到高中的进阶学习，运用跨学科概念加深对各学科领域核心概念的理解，并积极参加科学与工程实践。德国 2001 年系统设立了由"学科知识内容""能力方面"和"能力等级"构成的三维能力模型作为国家科学教育标准的框架，以此为基础确定了科学教育的目标、能力模型和评价体系，并指导制定了多个科目的国家科学教育标准。

2. 注重科学课程的整合设计

各国科学教育标准的变革呈现出"整合"设计的特征。美国《下一代科学教育标准》（2013 年）一方面基于学习进阶理念，设计从幼儿园到高中各阶段学生的期望表现水平，整合学生的学习过程，另一方面通过学科核心概念体系的构建、跨学科概念的渗透以及科学与工程实践的结合，整合学生对科学本质及相关环境、社会问题的理解。法国中学科学教育标准将数学、物理、化学、生命科学与地球科学这 5 个领域课程与"科技课程"整合设计，这 5 个学科除了各自设有核心课程外，必须遵循通用的6 大主题内容。

3. 围绕学科核心概念组织科学教育内容

学科核心概念是各国在组织科学教育课程内容时的核心，它不仅注重从幼儿园到高中各年级在科学与工程实践的课程内容、教学内容和评测内容的联系，也注重与其他标准的相互联系。学科核心概念的确立，旨在使学生正确理解核心思想的价值和意义，掌握有效的科学和工程领域的核心知识及技能，并能运用证据解释相关现象。美国、德国和日本的科学教育标准均明确提出了学科核心概念的理念，注重学科核心概念的遴选和调整，关注科学技术和工程领域的发展变化。

4. 强调科学探究及科学与工程实践的结合

各国科学教育普遍重视科学探究，也比以往更加重视科学与工程实践。例如，美国《下一代科学教育标准》提出的"科学与工程实践"维度强调了科学家在研究、建模和形成理论过程中的实践与工程师在设计、构建系统时重要工程实践的结合，强调了学生亲身参与科学探究的教学方法和参加科学与工程实践的重要性。英国在国家科学教育课程标准中将科学探究作为学生学习计划的核心内容之一。

二、我国科学教育标准的现状

1. 21世纪我国国家科学课程标准体系的建立

我国的科学课程标准是指导正规科学教育的基本依据和质量标准，教育部 2001 年和 2003 年分别颁布了义务教育阶段（小学和初中）和高中阶段的科学课程标准实验版，形成了科学课程计划：小学阶段高年级（3～6 年级）开始设立综合科学课，初中阶段（7～9 年级）设立分科科学课（物理、化学、生物和地理）或综合科学课，其中综合科学课只在浙江等个别省区进行实验；高中阶段开设物理、化学、生物和地理分科课程，开设技术类课程，每门课程设立必修课及选修课。

实验版小学、初中和高中阶段的科学课程标准均以培养学生科学素养为总体目标，基本上从"知识与技能""过程与方法"和"情感态度与价值观"三个维度确立课程目标，以分领域、分主题的形式呈现课程内容。此外，还提出了实施建议，包括学习、评价、课程资源的开发与利用、教材编写、教师队伍建设、科学教学设备和教室配置等方面的建议。

2. 我国科学课程标准的修订与内容变化

教育部建立了课程标准的"试行-推广-调查-修订"机制。经过 10 年的实践，有力地推进了国家科学教育发展和改革的步伐。

教育部 2011 年颁布了初中阶段（7～9 年级）的综合和分科科学课程标准修订版，其中综合科学课程标准与实验版相比基本框架保持一致，修订版尤其强调了对科学本质和科学探究的细致表达，注重重要的科学概念和学科共同的概念，适当调整部分知识内容并注意难易程度，调整课程内容表述，以便学生理解和实际操作。

小学科学课程标准修订工作在 2016 年已经进入意见征询阶段。与实验版相比，课程的设置由 3～6 年级变为 1～6 年级，强调了激发 1～2 年级低学龄儿童的科学兴趣，增加"科学、技术、社会与环境"作为课程分目标，课程目标和内容以分段形式（1～2 年级、3～4 年级、5～6 年级）呈现，体现学习进阶的思想，课程内容围绕 4 个领域（物质科学、生命科学、地球与宇宙科学、技术与工程）的 18 个主要概念组织，融入工程学教育内容。

2014 年年底启动了高中科学课程标准的修订，修订组在研究的基础上提出了"核心素养"理念，并基于此制定了学业质量标准，将两者落实到高中课程中。

三、我国科学教育标准存在的问题

与国际上一些国家制定的科学教育标准相比，我国的科学教育课程标准按小学、初中和高中分别制定，缺乏全时段统一的科学教育标准顶层设计，由此产生了诸多问题。

1. 我国科学教育标准缺乏系统的顶层设计

我国现有的科学课程标准仅是课程的质量标准，缺乏相应的支持系统和配套政策，而科学课程标准与评价考试制度（特别是高考）、人才选拔制度（特别是高校招生制度）、科学教师培养培训制度、教学资源配置政策等之间的协调性有待提高，尤其是"科学课程标准—考试评价—高校招生"之间的配合不佳，考试制度的风向标作用影响了科学探究和科学精神培养的真正落实；我国的科学教育标准缺乏将小学、初中和高中进行全时段的系统衔接，缺乏指导科学课程标准的研制、课程研发、教学和学业评价、科学教育管理、科学教师培养和培训以及非正规的科学教育活动等的顶层设计；相关标准的前瞻性、系统性科学研究支撑不足。

2. 科学家和工程师在科学课程标准制定和修订中的参与度相对不高

在科学课程标准的制定过程中，师范类院校从事学科教育或学科研究的学者以及一线教研、教学人员在专家工作组中占有比重较大，而从事科研工作和工程实践的科学家和工程师的比例相对较低；科技界、工程界和教育界合作推动科学教育发展的组织协调机制还存在沟通不畅和效率不高的问题。

3. 对科学素养内涵的理解存在差异，科学教育标准的目标和宗旨不甚明确

我国的科学课程标准以培养学生科学素养为宗旨和目标，但科学素养在具体解读过程中存在认识上的差异性，"科学素质"与"科学素养"的概念并存，中小学阶段的科学素养基准不甚明确。在实践中，科学课程标准的实施仍偏重于科学知识、方法和技能，科学探究方法程序化，缺乏对科学原理、科学思维方式和科学精神的重视。

4. 科学课程标准存在各学段衔接不畅和学科分割化问题

我国小学、初中和高中各学段的科学课程标准制定和修订缺乏整体性，呈现方式不一致；综合科学课程体系尚不够完善，与分科科学课程的衔接不畅，阻碍了其有效

实施；缺乏跨学科概念，存在各学科的分割化和学科本位思想；高中阶段仅有分科模块化教学一种形式，学习方式过度统一，难以与大学专业学习有效衔接。

5. 科学教育的专业研究机构数量不足和研究团队地位不高，继而难以有效支撑科学课程标准的研制

我国科学教育的学科发展基础薄弱且发展曲折，目前从事科学教育研究的有关团队总体情况不容乐观。相关研究人员主要集中在师范类院校，他们在教育学领域的地位有待提升；科学教育对口专业的设置不足，在高考招生中有削减现象，从而影响科学教育专业人才的培养；科学教育研究缺乏专门的经费支持，相关学术团体、刊物、学术会议均严重不足，科学教育研究缺乏系统性和长期的研究与实践，很多基础性工作需要依赖国外的研究成果，继而对我国科学课程标准研制有效支撑不足。

6. 科学课程在中小学课程体系中受重视不够，实施科学教育课程标准的师资和办学条件严重不足

科学课程在我国未受到足够重视，甚至在基础教育阶段被认为是"副科"；科学课程教师队伍基础薄弱，尤其缺乏小学综合科学课程的专职教师；科学课程教师接受继续教育培训和交流的机会相对较少；我国高校科学教育本科专业培养的学生难以满足中小学综合科学课程教学的需要。我国设有科学教育本科专业的高校学生多接受单一科目的理科教育培养模式，教学以书本知识为主，少有实践操作训练，相关技能不足，这种模式培养的学生难以满足中小学综合科学课程教学的需要；科学课程师资和基础设施存在区域不平衡问题，科学课程的基础设施有待改善。实验室及仪器配备各地参差不齐，整体缺口较大，农村和偏远地区科学课程师资和基础设施不足的问题尤为突出。

四、相 关 建 议

综合上述对主要国家科学教育标准（科学课程标准）的调整或变革理念的分析，对我国科学教育发展中的国情、科学教育标准的现状及存在的主要问题的研究，我们提出几点建议。

1. 将发展科学教育上升到国家战略高度，进一步推动科学教育的相关立法

将发展科学教育上升到国家战略高度，将科学教育纳入下一轮《国家中长期教育

改革和发展规划纲要》《国家中长期科学和技术发展规划纲要》《国民经济和社会发展规划纲要》和《教育发展规划》等全国性的科技和教育战略规划中，或制定专门的科学教育战略，确立科学教育和科学课程的重要地位，进一步促进科学教育的有效发展。在下一轮《中华人民共和国教育法》《中华人民共和国义务教育法》和《中华人民共和国教师法》等相关法律修订时，考虑科学教育问题，将科学教育纳入核心课程，明确规定所有公立学校必须开设的核心科学教育课程，要求所有适龄儿童和学生都必须接受科学教育，推动科学教育走上法制化和正规化道路。

2. 在研究和广泛讨论的基础上做好科学教育标准的顶层设计

建议由国家教育体制改革领导小组牵头，系统设计"中国科学教育标准框架"，作为统领国家科学教育标准制定的顶层设计框架。该框架应明确阐述我国科学教育的内涵、理念、愿景和目标，科学教育标准的多个维度，如科学知识、学科核心概念、跨学科概念，科学技能和工程实践、科学思想和科学文化等，统筹规划科学教育标准的支持系统、操作系统、评价系统和资源配置系统等。同时，该框架设立科学教育目标时还要兼顾普适教育和英才教育，在考虑大部分学生各学段能达到的能力的同时，也为具有突出特长的学生提供更多的学习内容，为培养未来的科学家和工程师打下良好基础。

3. 进一步完善科学教育标准制定的管理体制和运行机制

在顶层设计的"中国科学教育标准框架"下，由国家教育体制改革领导小组办调教育部、科技部、基金委、中国科学院、中国工程院、中国科协等单位在科学教育标准制定和修订中的职能和作用，吸纳科学教育研究者、科学家、工程师、科学教师、教育管理者等多元化主体参与科学教育标准的制定、修订和评估，进一步提升学术性和专业性；完善科学教育的监测评估体系，定期进行全国范围内学生科学素养调查、科学教育教师情况调查和科学教育基础设施情况调查等；积极参与国际科学教育测评，监测我国科学教育在国际上的相对水平及其与发达国家的差距，为我国科学教育标准（科学教育课程标准）的下一轮修订提供数据支撑和决策依据；确保科学教育标准制定、相关咨询及研究的资金、人员和环境等支持。

4. 以"中国科学教育标准框架"引领和指导高考方案的改革，提升科学教育质量与学生的科学探究及科技和工程实践能力

高考对中国教育内容和方式的影响是决定性的，只有高考方案做出相应改革，科学教育标准的顶层设计和理念才能在实践中落地。建议科学科目考试命题要以"中国

科学教育标准框架"下的新课标为依据，体现科学教育学科考核的内容；调整科学课程考试科目在高考总分中所占的比重；调整考试内容，增加检测应用性和能力性题目的比重，重视考查考生分析问题和解决实际问题的能力，实现从考查书本知识向综合评测考生解决科学与工程实际问题的能力与素质的转变。

5. 科学教育标准应重点关注学科核心概念和跨学科概念，并使之前后连贯、由浅入深的贯穿从幼儿园到高中各年级

科学教育必须从幼儿抓起，建立从幼儿园到高中的连贯一致的科学教育标准对保证科学教育的质量非常重要。科学教育标准应突出学科核心概念和跨学科概念，需要遴选科学与工程领域的学科核心概念和跨学科概念作为科学教育课程内容的主体，要考虑到同一学科核心概念和跨学科概念在各年级、各学段由浅入深的发展过程，结合儿童心理发展特征和学习进阶设立学习目标，施以针对性的教学方法，使学生持续加深对核心概念和跨学科概念的理解，并在实践中加以应用。

6. 加大对科学教育研究、教师培训和教学配套设施等的投入力度，确保科学教育标准的落实

增加科学教育研究的投入，在国家自然科学基金中设立科学教育研究基金，加强课题研究的经费支持，特别是针对科学教育理念、教育方法和标准制定的理论与实践研究；加大对科学教育学术团体举办相关学术活动的支持力度，特别是周期性的国际会议，为科学教育先进理念的交流提供平台，扩大我国科学教育的影响力；增设科学教育专业刊物，提高相关刊物的质量，为科学教育的研究与传播奠定基础，为承担科学教育的教师提供分享研究成果的天地；进一步重视高等和中等院校科学教育教师人才的培养，调整和优化培养制度，提高教师指导实践的能力，培养能够满足科学教育综合科学课程教学的专职教师；保证高等院校科学教育专业研究生的招生，扩大专业研究人才队伍，增强其研究能力；加大对现有专职和兼职科学教师的培训投入，提高"国培计划"中科学课程培训的比例，开展其他形式的继续教育或教学交流活动；改善科学教师的工作认定和评价考核方式，为其职业生涯提供更好的发展空间；有序扩大中小学科学实验室等建设，尤其是农村偏远地区学校的基本配备，缩小地区间的差距，为科学探究和工程实践活动提供良好的基础设施支持。

Problems and Countermeasures
for China's Science Education Standards

Consultative Group on 'Research on Science Education Standards According to China's National Conditions', CAS Academic Divisions

The underlying ideas for science education reforms in major developed countries, such as US, UK, Germany, France and Japan, are summarized. The status quo as well as existing problems of China's science education standards are introduced, based on which suggestions are proposed: levelling up science education to national strategy based on which a supporting law system can be formed; An improved administrative and operating mechanism for development of science education standard; Reforming the college entrance examination system guided by the 'Science Education Standards Framework of China' to improve the quality of science education, especially the ability for science exploration, and application of technology and engineering; et al.

6.2 关于发展人工智能产业的若干建议

中国科学院学部"人工智能科技与产业化"学科发展战略研究课题组①

近年来，人工智能有了迅猛的发展，受到各国的高度关注，特别对其产业化的前景抱有很高的期望。人工智能技术究竟发展到什么地步，它的产业前景如何，根据我国的国情该如何发展人工智能产业，本文给予了相关分析和建议。

一、人工智能技术发展现状与产业化

1. 人工智能技术的发展现状

1956 年，麦卡锡（John McCarthy）在达特茅斯学院（Dartmouth College）召开的首届夏季研讨会上创立了"人工智能"的概念。会议将"人工智能"界定为：研究与设计智能体（Agent），而且把智能体定义为能够感知环境，并采取行动使成功机会最大化的系统。遵循该领域创建者的上述设想，人工智能一直是一个重视应用的研究领域。20 世纪 60~80 年代，人工智能的主流研究方向是人类的高级思维活动，提出来以知识与经验为基础的推理计算模型，形成了以启发式搜索为核心的人工智能技术。但是这种技术当时只能解决一些规模和范围都较小的问题，如专家咨询与决策支持系统等。同样，早在 20 世纪 70 年代人工神经网络技术就被作为人类感知行为的计算模型，但这种模型当时只能解决小规模的模式识别问题，如图像与语音识别等。进入 20 世纪 90 年代，由于概率统计方法及优化技术在人工智能中的广泛应用，无论在搜索技术（如蒙特卡洛树搜索等）还是在以多层神经网络为核心的深度学习上，其算法均取得了迅速的改进和发展。进入 21 世纪，特别是 2012 年以来，在日新月异的"互联网＋"时代，基于大数据、高性能图形处理器（GPU）计算上也取得很大成就，有力地推动着认知智能、机器视觉、语音识别和自然语言理解等感知智能的深度发展，人工智能正进入所谓"大数据＋深度学习"时代。这些变化使得人工智能技术走

---

① 研究课题组组长为中国科学院院士、清华大学教授张钹。

向实用，极大地缩短了人工智能学术研究与实际应用之间的距离，使人工智能技术的产业化成为可能。

2. 人工智能产业

随着人工智能与机器人、（移动）互联网、物联网、大数据及云平台等的深度融合，人工智能技术与产业开始扮演着基础性、关键性和前沿性的核心角色。智能机器正逐步获得更多的感知与决策能力，更具自主性，环境适应能力更强；"互联网—"时代的智能服务与智能环境下的舒适生活，也开始体现出更加自然的人机交互、人机协作与人机共生（Symbiosis）的发展趋势。与此同时，智能机器的应用范围从制造业不断地扩展到家庭、医疗、康复、娱乐、教育、军事、空间、航空、地面、水面、水下、极地、核能以及微纳操作等专业服务领域，人工智能开始占据现代服务业的核心地位，与人们的日常生活息息相关，以满足"互联网＋"时代人们对智能服务的渴望。总之，人工智能的学术与产业距离正在不断缩短，人工智能与智能机器之间已经变得密不可分。以环境适应性为标志的人工智能技术，高度体现了新一轮产业变革的主要特征。由此进化出的智能机器则有可能推动 21 世纪最重要的"第三次工业革命"，带来深刻的社会变革。

二、我国在发展人工智能产业中面临的挑战与机遇

1. 严峻挑战

在金融危机之后，无论是美国的再工业化计划（2011 年），还是德国的工业 4.0 计划（2012 年）以及日本的机器人新战略计划（2015 年），其核心都是力图重振本土制造业，强化高端优势。为达到上述战略目标，亟需生产与服务流程的进一步信息化（数字化、网络化）与智能化。在制造业中，传统的机械加工设备（如关节型工业机器人）目前技术虽然已经成熟，但是全球产业布局已在事实上形成日本发那科（FANUC）公司、安川电机（YASKAWA）、德国库卡（KUKA）公司和瑞士 ABB等"四大家族"。这些垄断性跨国集团在核心零部件、系统集成、市场占有率等各个产业链环节均具有明显的竞争优势。我国在精密减速器（RV、谐波、行星齿轮）、高精度伺服电机、伺服驱动器、高性能嵌入式控制器等核心零部件方面，一直受制于国外垄断性产品。国产关节型工业机器人整机产品，其性价比与平均无故障间隔时间等，至少落后于世界先进水平 5～10 年。国产自动导引运输车（Automated Guided Vehicle，AGV）系列产品长期处于价值链低中端，市场份额低，激光雷达等关键传

感器还必须从日本、德国、美国进口。此外，传统工业机器人利用示教编程，只能替换某些工位或工种设定的简单及重复性工作。目前电子制造业中的工业机器人主要应用于前端的高精度贴片和后端的装配、搬运等环节，但在绝大多数中间环节还无法真正实施"机器换人"。要实现"中国制造2025"，迫切需要研制一批具有一定环境适应能力的新一代智能制造机器。

　　另一方面，智能服务机器人有望成为继电视、个人电脑、游戏机、智能手机之后的第五大类智能机器。服务机器人包括个人/家庭服务机器人和专业服务机器人（也称特种机器人）。近年来，主要发达国家将服务机器人的发展上升为国家战略，并制定技术发展路线图。作为机器人技术的发源地，美国长期关注于军事、医疗等专业服务机器人和清洁等家政服务机器人的研发，一直保持着国际领先的技术水平。2013年3月，美国发布了《机器人路线图·从互联网到机器人》，将机器人定位于与20世纪互联网同等重要的地位。近期，日本将机器人的研发和生产重点转向能够护理病人、料理家务和陪伴老人的家庭服务机器人，以此作为迎接老龄化社会和解决劳动力短缺的重要技术途径。韩国也将服务机器人技术列为引领国家未来发展的十大发动机产业，侧重于通过融合服务业与下一代信息技术实现快速扩张，拟重点发展救援、康复和医疗等服务机器人。与此同时，欧盟也启动了全球最大的机器人研发计划SPARC，涵盖了农业、健康、交通、安全和家庭服务等领域。

　　目前全球共有400多家企业从事服务机器人研发，国际服务机器人产业的市场竞争激烈。这表明，互联网时代的IT巨头，利用雄厚的资本实力，通过并购的方式在全球快速整合传统服务机器人企业。服务机器人的多样化应用，使其对人工智能技术与产业的发展具有迫切的需求。与此同时，这些跨国IT企业意识到，未来必须向智能硬件和实体经济发展，因而具有跨界进军的强烈意愿。服务机器人属于前沿新兴产业，技术的先进性和成熟度决定了企业能否在激烈的市场竞争中占据一席之地。纵观全球领先的服务机器人龙头企业，均具备一流的科研团队和强大的研发实力，创始人多为机器人领域的专家、教授，且已掌握关键零部件和核心技术，占据了全球服务机器人的绝大部分市场份额。中国近期虽然出现了如科沃斯机器人有限公司、深圳市优必选科技有限公司、北京图灵科技有限公司、未来伙伴机器人有限公司等创新企业，但关键技术不多，所占全球市场份额很小，在服务机器人全产业链的上游（关键零部件或材料，核心是传感器）、中游（系统集成、操作系统与云平台，核心是人工智能）和下游（包括家用、个人、娱乐、教育、医疗、物流、军事等行业）等各个方面，均面临严峻的挑战。

　　总体而言，中国正处于工业化中后期阶段，自动化、信息化（数字化、网络化）的历史任务还没有全面完成，工业基础与能力尚待强化，先进传感器、精密减速器等核心零部件还受制于人。同时，智能化的产业发展趋势日益明显，人工智能等共性关键技术亟待突破。中国"制造强国"之梦与"互联网＋"时代对发展新一代智能服务机器的刚性需求，确实存在着愿景与现实、补课与超越的双重挑战。

2. 历史新机遇

随着信息革命的不断深入，特别是近期"互联网＋"经济/社会的发展，信息化（数字化、网络化）与智能化已成为产业的主要发展方向。正在迅速增长的对人工智能核心关键技术的巨大需求，使人工智能的科学价值与应用价值得到高度统一，学术与产业距离不断缩小。紧扣以深度神经网络为标志的弱人工智能新突破，有望令面临严峻挑战的中国制造业实现弯道超车，并带来跨越式发展。

中国在历史上痛失工业革命与20世纪的信息革命，但好在这两次革命对于生产力的解放来讲只产生了大约5%的人力替换。目前，智能制造、智能服务与智能生活才刚刚开始，智能机器的应用领域还在不断拓展，新的产业发展方向正在逐步形成之中。

目前，中国工业机器人保持着年均35%的增长率，远高于德国的9%、韩国的8%和日本的6%。据统计，中国应用工业机器人最多的制造行业包括汽车与汽车零部件产业（61%）、机械加工行业（8%）、电子制造业（7%）、橡胶及塑料产业（7%）、食品工业（2%）等。

时至今日，产业升级的刚性需求，"中国制造2025"国家战略下的智能机器发展以及"互联网＋"新常态下人们对智能服务或智能生活的渴望，都有望转化为推动中国智能机器发展的历史新机遇，出现更多的消费类数字化机器产品（如消费类无人机、电动自平衡车与自动吸尘器），或研发新一代智能机器产品（如具有环境适应能力的新一代智能机器，其"机器换人"的可替换率高达60%），或实现智能服务的网络化（如智能家居、智能交通、养老助残、医疗保健等惠民工程）。

我国人工智能研究始于1978年，距美国创建人工智能领域晚了20年。这20年中，由于人工智能研究进展缓慢，因此我们与国际水平的差距并不大。总体而言，在人工智能研究与应用上，我们基本上与世界各国站在同一起跑线上。

总之，目前，中国人工智能的发展进入了一个重要的历史时刻，必须有一个顶层设计来决定其发展方向。人工智能、智能机器、智能制造、（移动）互联网与云服务的深度融合，有可能引发一轮新的技术革命和产业变革。在传统工业机器人领域，通过关键技术与核心关键零部件的重点突破，参与"四大家族"的国际竞争之路或许仍然艰难。但在智能机器领域，我们与发达国家差不多在相同的起跑线上，如果能抓住这个历史机遇，就很有可能实现齐头并进乃至超越引领。

三、对策与建议

1. 加强顶层设计与统筹协调

目前，我国普遍重视人工智能系统的研发，即人工智能技术在各个行业中的推广和应用，如智能制造、智能交通、智能家居以及互联网智能服务等，但对人工智能系统中共性的关键技术以及基础硬件、软件与接口的研发重视不够。建议加强顶层设计与统筹协调，以"类脑计算与类脑计算机"的研究为切入点，一方面探索人工智能系统的工作原理与体系结构，一方面突破它的核心技术与关键零部件。类脑计算机比传统计算机更适合解决人工智能问题，它的研制成功为人工智能系统提供共性的基础硬件与软件，将带来像英特尔（芯片）、IBM（整机）和微软（软件）这样的大产业，可以避免重蹈核心技术与关键零部件受制于人的历史覆辙。

2. 加快推进我国人工智能产业发展

选择一批对国家安全、支柱产业具有重大战略意义的典型项目，以产业化示范为龙头牵引，瞄准前沿基础、共性关键、社会公益（民生）和战略高技术属性，"有所为有所不为"，发挥我国"集中力量办大事"的优势，全链条布局，以"产学研"结合的方式，推进人工智能产业的示范任务。这些典型项目有：具有国家重大战略需求的智能制造业，如国防与军事工业中的先进战机、先进舰船的装配生产线等；与民生密切相关的现代智能化的服务业，如教育娱乐、医疗康复、居家养老、智能交通等。

3. 强化工业基础

在面向制造业的工业机器人领域，我国存在长期刚性需求，应抓住"机器换人"中对数字智能或环境适应性升级换代的发展机遇，积极培育本土关键零部件、整机与应用工程集成企业，特别是以政策支持"专定特"（专业化、定制、特殊）企业，完善全产业链布局，解决核心零部件瓶颈，如精密减速器、高功率密度一体化液/电驱动控制、精密伺服电机、一体化复合关节、高性价比嵌入式微小型通用控制器/电压驱动双腿步行机构、仿生灵巧手/灵巧足、低成本激光雷达等先进传感器，努力实现新一代智能工业机器人产业的弯道超车。相对而言，在人工智能与智能服务机器领域，我国与发达国家同处产业发展起步阶段，在研究基础与技术积累等方面差距不大，在市场需求与政策支持等方面还具有一定优势。经过努力，确实存在由"并跑"到"领跑"的机会窗口。

加强对中小微"专定特"企业的政策支持力度，培育工匠精神，使其长期专精于智能机器零部件或功能模块，强化工业基础与能力。

4. 创新驱动，走中国自己的路

建立创新体制机制，组建或利用已有的国家级人工智能与智能机器协同创新中心或国家实验室，以国际化视野，通过人工智能引领技术创新与创业。全链条布局、一体化实施人工智能与智能机器的产业发展、典型目标产品研发。同时，开展脑科学、认知科学、心理学/计算机科学和人工智能等跨学科科学问题的研究。

走计算机发展之路，实现标准化、模块化、通用化，集中攻克卡脖子的核心关键零部件或智能模块以及新一代智能机器发展中涉及的重大核心共性关键技术；加强智能机器基础数据与大数据的标准化采集和利用；同时与新一代信息技术，特别是与移动互联网、大数据及云平台进行深度融合。

5. 着力加强交叉学科人才培养

人工智能与智能机器是典型的多学科、多技术交叉领域，亟需培养和引进大批从事该领域研发，特别是创新、创业的复合型人才。同时，在一流高校或者中国科学院成立多学科交叉的研究与教育机构以及跨学科的研究团队，努力促成信息科学与脑科学以及其他学科的结合。

Suggestions on the Development of China's Artificial Intelligence Industry

Discipline Development Strategy Research Group of "Artificial Intelligence Science, Technology, and Industry",
CAS Academic Divisions

An overview of artificial intelligence technology and industry development is presented. The challenges as well as the opportunities for China's artificial intelligence industry development are analyzed, based on which some countermeasures are proposed, including: strengthening top-layer design and overall coordination; promoting the artificial intelligence industry development with priorities of strategic significance; improving the industry infrastructure; creating an industry innovation system with Chinese characteristics; cultivating the talents of cross-disciplinary research.

6.3　农村煤与生物质燃料使用对环境 和健康的危害及对策建议

中国科学院学部"中国农村固体燃料使用的环境-健康 危害及对策建议"咨询课题组[①]

近年来，我国区域大气污染问题受到高度关注，伴随着新版《环境保护法》于 2015 年 1 月 1 日正式施行，中央和各级地方政府采取了一系列更严格的治理措施，电力、交通和工业等高耗能行业造成的污染有望逐渐得到控制。相比之下，广大农村家庭使用燃料和生物质燃料（薪柴和秸秆等）所造成的居民点室内外空气污染没有得到应有的重视，对居民点住户身体健康带来极大危害。

一、调查结论

1. 农村家庭仍以煤和生物质燃料为主要能源

家庭煤和生物质燃料的使用比例是实现联合国千禧年目标的参考指标之一。近 20 年来，随着农村居民生活水平的提高，用于烹饪的清洁能源占比有明显提高，但取暖能源仍以煤和生物质燃料为主，这在经济欠发达地区和北方地区尤为明显。2012 年，全国农村家庭煤和生物质燃料用量分别高达 0.93 亿吨和 2.8 亿吨。

2. 农村家庭燃料的使用是大气污染物的重要排放源

等量煤或生物质燃料在家庭炉灶中燃烧释放的污染物比在工业和电厂锅炉中高数千至数万倍，因此生活源能耗总量虽然远低于工业和发电，却是许多污染物的重要排放源。我国农村室内煤和生物质燃料燃烧排放的一次 $PM_{2.5}$、一氧化碳、黑炭、有机碳和一类致癌物苯并芘分别高达我国人为源排放总量的 20%、17%、36%、47% 和 64%。

---

① 咨询课题组组长为中国科学院院士、北京大学教授陶澍。

3. 对区域和居民点大气污染的贡献不可忽视

农村家庭煤和生物质燃料燃烧排放的污染物不仅会造成北方农村居民点室外空气的局地污染，也会对区域大气质量有重要影响。此外，数亿北方打工人群仍大量使用散煤做饭和取暖，由此排放的污染物对城市大气质量有重要影响。

4. 造成严重的室内空气污染

使用煤和生物质燃料的农村家庭室内空气中的 $PM_{2.5}$、二氧化硫、一氧化碳、黑炭和苯并芘等污染物浓度可超标数十至数百倍，远高于使用清洁燃料的家庭。排放到室外的污染物也会对周围民居的室内空气产生严重影响。据初步估计，使用煤和生物质燃料的北方农村居民年均 $PM_{2.5}$ 暴露水平为 170～190 $\mu g/m^3$，比北京市 2015 年的室外大气 $PM_{2.5}$ 的平均浓度（80.6 $\mu g/m^3$）高一倍以上。

5. 对人体健康构成严重危害

室内空气污染暴露可以导致一系列健康危害，包括呼吸系统疾病、心血管疾病、肺癌、神经管缺陷和免疫系统功能障碍等。据世界卫生组织的最新估计，每年我国煤和生物质燃烧导致的室内空气污染造成的居民过早死亡人数超过百万，对全死因贡献约为 9%，接近室外空气污染的贡献（11%）。

6. 对气候变化也有重要影响

虽然家庭煤和生物质燃料燃烧对二氧化碳排放贡献相对较小（5.5%），但大量排放的颗粒物和黑炭对气候变化有重要影响。因此，控制家庭煤和生物质燃料燃烧排放的污染物具有健康和气候双重效应。虽然污染物减排和碳减排有相通之处，但不同目的和不同措施的效果大不相同。譬如，燃煤电厂改气减碳效果好，但对污染物的减排效率却不如用清洁能源替代家庭煤和生物质燃料。

二、存在主要问题和相关政策建议

目前存在的主要问题是对农村室内空气污染及其健康危害认识不足；现行法规、标准、监测、监管和研发集中针对城市室外空气；没有在扶贫和新农村建设等工作中给予应有关注；基础资料欠缺；相关研究和研发滞后；农民基本不了解这方面的危害等。鉴于农村家庭用煤和生物质燃料对环境、健康和气候变化的重要影响，建议尽快采取以下措施：

1. 提高认识、加强管理、完善法规

改变目前无牵头部门进行总体协调的局面。例如，可以由环境保护部牵头，加强农村室内外空气管理。在相关法规修订时增加农村室内空气质量控制条款，建立更有针对性的室内空气标准。

2. 推行相关政策、强化风险沟通

将相关工作纳入扶贫和新农村建设框架，从政策层面鼓励使用电、气、太阳能等清洁型生活能源和清洁炉灶；利用媒体和公众参与等手段，加强农村空气污染危害的宣传，鼓励居民自觉使用清洁能源，严控生产和销售低劣燃煤，推广农村秸秆等生物质燃料的清洁有效利用技术，同时保持室内空气流通，降低健康危害。

3. 加强基础资料收集、开发家庭清洁取暖技术

在人口普查等各类调查中加强家庭能耗的数据采集，系统监测农村室内空气质量，为决策提供更多科学依据；结合技术研发和市场调研，研发可推广的北方农村清洁能源和符合环保标准的燃具取暖系统解决方案，在开展示范研究的基础上逐步推广。

4. 加强相关基础和应用研究

目前需关注的重点有：查清生活源污染物排放的动态特征，分析影响生活能源结构更替和污染物排放的主要因素，阐明对区域空气污染的相对贡献，揭示室内暴露与疾病的定量关系，评估室内空气污染的暴露风险，分析相关控制措施的成本效益等。

Effect of Coal and Biomass Fuel Use in Rural China on Environment and Human Health and Corresponding Countermeasures and Suggestions

Consultative Group of "Effect of Solid Fuel Use in Rural China on Environment and Human Health and Corresponding Countermeasures and Suggestions", CAS Academic Divisions

Based on the results of a nationwide survey, we point out that coal and biomass fuels are the main energy source of Chinese rural residents and this is particularly true for less-developed regions. We find that rural household fuel use is a major source of many air pollutants, especially incomplete combustion products including carcinogenic polycyclic aromatic hydrocarbons. The strong emission not only contributes significantly to the ambient air pollution, but also causes severe household air pollution, both of which can lead adverse health effects. In addition, climate forcing can be affected by the emission. Accordingly, it is suggested to raise awareness of all these issues among rural residents, tightening up the management, and improving related laws and regulations; carrying out relevant policies and strengthening risk communication; strengthening collection of basic data and developing household cleaning and heating technology.

6.4　关于塑料制品中限制使用有毒有害物质的建议

中国科学院学部"塑料制品安全使用"咨询课题组[①]

一、塑料是重要的基础材料

塑料由于具有优异的理化性能、良好的可成型加工性以及很高的性价比，在国民经济建筑、市政工程、家电制造、电线电缆、农业、医疗卫生等诸多领域得到了极其广泛的应用，其中高性能工程塑料及其复合材料在微电子系统以及航天、核能系统等尖端国防军工领域发挥着不可替代的作用。

过去十年，我国塑料加工业一直保持两位数的增长速度。2003～2014 年中国塑料制品年产值的增长率达到 20.62%，远高于全国工业平均增长率。2015 年我国塑料制品的产量达到 7560.7 万吨，产量和消费量稳居世界第一。塑料成为当之无愧的重要基础材料。

二、塑料制品中有毒有害物质的现状及危害

1. 塑料制品中有毒有害物质的来源

在塑料合成和成型加工产业链的不同阶段和环节，一般都需要向塑料原料中添加多种助剂和添加剂，以满足其合成、成型加工及塑料制品使用性能的要求。常用的塑料助剂、添加剂及合成加工过程的副产物涉及 13 大类 2 000 余种，其中涉及有毒有害的物质逾 100 种，主要包括催化剂、热稳定剂、润滑剂、增塑剂、抗氧剂、引发剂和阻燃剂等。

---

① 咨询课题组组长为中国科学院院士、北京化工大学教授段雪。

2. 塑料制品中有毒有害物质的危害所引发的重大社会事件

塑料制品中有毒有害物质对人类健康和环境安全构成威胁，其影响面大、作用持久，尤其是对婴幼儿和年老体弱人员的影响更显著。近十年，已经引发多起国内外重大社会事件，如 2007 年的毒玩具事件、2011 年 5 月的塑化剂风波、双酚 A 奶瓶事件以及 2014 年曝光的毒跑道事件等。

三、国内外应对塑料制品中有毒有害物质的法规和标准现状

1. 发达国家相关法规和标准体系

欧盟构建了逐步完善的法规框架和标准体系。自 2003 年，欧盟相继发布了 RoHS 指令和 REACH 法规，先后涉及 30 000 多种化学品，如食品接触材料、电子电器设备、儿童玩具、报废电子电器设备、纺织品和相关辅料等，且限制标准日趋严格。一方面显著提高了各类化学品有毒有害物质的监管和限制水平，另一方面也为包括中国在内的非欧盟国家大量商品进入欧盟设立了越来越高的绿色壁垒。

欧盟于 2003 年颁布的 RoHS 指令，明确限制含有铅、汞、镉、六价铬、多溴二苯醚和多溴联苯 6 种有害物质的电子电器产品进入欧盟市场。仅该指令实施当年就波及我国工业企业近 3 万家，就业岗位近 700 万个，对我国商品出口造成巨大影响。2007 年颁布的 REACH 法规的影响面更远远大于 RoHS 指令。

2. 我国相关法规和标准体系的现状

我国相关法规和标准主要是追踪欧盟、美国等发达国家。例如，欧盟颁布 RoHS 指令后，工业和信息化部先后颁布了《电子信息产品中有毒有害物质限量要求》《电子信息产品污染控制标识要求》等。但总体而言，还不能满足国家在战略层面上的有效监管和限制要求，具体体现在政出多门导致的不系统和不统一，消极应对导致的受制于人，监测手段落后导致的监管乏力，最主要是缺乏国家层面上对有毒有害物质限制的统领性法规，以及变被动应对为主动限制的顶层设计。

四、我国塑料制品中有毒有害物质替代技术的研发和应用现状

为了解决塑料制品中有毒有害物质对人类健康和环境安全的危害，我国科学家和工程技术人员已开展了相关的基础和应用研究，研发了系列塑料绿色合成和成型加工

工艺，开发出一些无毒或低毒塑料加工助剂和添加剂。但以往的研发内容和目标受到研究者视野的局限，缺乏导向性的战略规划；在国家重大计划中，基础研究和产业应用研究也缺乏统一部署，严重制约了技术成果的推广应用。

五、塑料制品中限制使用有毒有害物质的建议

为了在塑料制品中有效限制使用有毒有害物质，促进塑料产业结构调整及关联产业的绿色化和可持续发展，提出下列三点建议。

1. 做好顶层设计

（1）强化组织保障。由中国石油和化学工业联合会、中国塑料加工工业协会牵头，联系国家发展和改革委员会、工业和信息化部、科学技术部、国家自然科学基金委员会和相关行业协会，成立联合工作小组，统筹开展相关法规、规划、标准制定和研发工作。

（2）制订中长期发展规划和建立应急预警机制。制订替代有毒有害物质的发展规划与路线图，推动并监督相关计划实施；衔接上下游研究和应用链条，将创新成果推向产业化；为应对塑料制品中有毒有害物质引发的社会事件，建立和完善应急预警机制。

2. 推进创新驱动发展

（1）基础研究。在国家自然科学基金中安排重大研究计划或重大项目，联合行业成立研究中心，系统研究替代技术中的基础科学问题，开展原创性和导向性科学研究。

（2）技术开发。在科技部重点研发计划中安排相关专项，组织行业重点攻关，重点发展 3 大类 15 项重大关键技术，在工信部和发改委相关计划中安排替代技术产业化项目，详见表1。

表1　建议研发的 15 项重大关键技术

类别		重大关键技术
共性技术	1	有毒有害物质作用机制及其替代技术原理的共性科学问题
	2	塑料原料及制品中微量有毒有害物质的测量表征技术与专用仪器
	3	塑料制品生产过程中有毒有害物质的在线监测及智能化控制技术
	4	面向全寿命周期的塑料制品安全性和可追溯性的标准化与信息化技术
	5	无氟超临界二氧化碳发泡制品挤出成型和注塑成型生产装备

类别		重大关键技术
合成技术	1	无汞氯乙烯催化剂成套技术
	2	无锑聚酯催化剂技术
	3	烯烃中（低）压聚合绿色催化关键制备技术
	4	无机-有机复合高气密性绿色轮胎技术
	5	三醇酸甘油酯等可生物降解增塑剂的规模化生产及有毒增塑剂的替代技术
加工技术	1	无机高抑烟无卤阻燃剂开发及专用料技术
	2	无毒抗紫外复合材料规模化生产技术与应用技术
	3	塑料复合材料中偶联剂的低毒和无害化替代技术
	4	新型高效无铅热稳定剂开发与规模化生产技术
	5	聚合物基纳米复合材料高效分散混炼装备及无毒母料技术

（3）产业布局。根据塑料制品所用树脂种类和应用范围，统筹上游树脂合成到下游制品成型加工全产业链，建立 4 大类 10 个塑料加工绿色产业示范基地，对全行业绿色产业链的构建起示范和引领作用，详见表 2。

表 2　建议建设的 10 个塑料加工绿色产业示范基地

类别		示范基地
原料类	1	合成树脂绿色制造示范基地
	2	塑料改性料示范基地
制品类	1	塑料包装材料及制品示范基地
	2	塑料建筑材料及制品示范基地
	3	塑料管材管件制品示范基地
	4	塑料家电材料及制品示范基地
	5	塑料医用材料及制品示范基地
	6	塑料儿童制品示范基地
	7	塑料农用制品示范基地
装备类	1	绿色塑料加工装备示范基地

3. 强化政策保障

（1）检测方法与规范。紧密追踪国际相关法规和标准的发展趋势，针对我国的应对措施，及时制定或修订塑料制品中有毒有害物质的检测方法与规范。

（2）标准化体系。及时制定与国际接轨的相关标准，引导产品升级，突破发达国家绿色技术壁垒；构建完整的标准化体系，全面提升技术水平，逐步实现主动替代。

（3）政策与法规。制定塑料制品中限制使用有毒有害物质名录，构建完善的奖惩制度，鼓励企业采用新技术和开发新产品。

Suggestions on Limiting Use of Poisonous and Harmful Substance in Plastic Products

Consultative Group on "Safe Use of Plastic Products", CAS Academic Divisions

Plastic is one kind of the important fundamental materials that is widely used in many areas of national economic development and some most advanced defense industry fields. In this article, the authors summarize the present situation and the harm of poisonous and harmful substance used in plastic products, introduce the corresponding laws and standards in China and abroad, describe current status on related development and application of alternative technologies for reducing the use of poisonous and harmful substance in plastic products, and then put forward suggestions for limiting the use of poisonous and harmful substance in plastic products as follows: making good top-level design; propelling innovation-driven development; and providing policy support.

6.5 加强和促进我国高层次科技创新人才队伍建设的政策建议

中国科学院学部"影响我国高层次科技人才培养与成长相关问题的研究"咨询课题组[①]

实施人才强国战略，建设创新型国家和世界科技强国，关键在人才。高层次科技创新人才是一个国家人才队伍的核心，是推动经济社会发展的重要力量，是建设创新型国家和增进国家竞争力的决定性因素。世界各国之间日益激烈的综合国力竞争，其实质就是高层次科技创新人才的竞争。大力培养高层次科技创新人才，是世界各国提升综合国力和国际竞争力的重大战略选择。

本文中的高层次科技创新人才主要指以下四类人群：第一，在高等院校、科研单位从事尖端科学研究的人才；第二，在自然科学领域内进行创造性劳动并取得创新性成果的科技人才；第三，具有深厚的理论基础或实践经验的高水平的科技人才；第四，具有创新意识、创新精神和创新能力，能直接参与或开展科技活动，为取得创新性成果不断奋进，为科技发展和社会进步做出重要贡献的人才。但考虑到研究生与大学生中的拔尖（创新）人才是我国高层次科技创新人才队伍的重要后备力量，青年科技人才是未来科技人才队伍的中坚力量，已有突出贡献的科学家是高层次科技创新人才队伍的核心力量，因此，研究对象的范围根据研究工作的实际需要，适当做了一些调整，将本科生和研究生、杰出科学家也纳入进来。

一、我国高层次科技创新人才队伍建设存在的主要问题

调研和分析发现：高层次科技创新人才的成长和培养是一个系统性工程，遗传基因和个体努力是高层次科技创新人才成长的前提性因素；家庭教育、幼儿教育、中小学教育和高等教育等阶段的学习是影响高层次科技创新人才成长的基础性因素；丰富的学术涵养、厚实的专业基础、严格的科研规范与研究方法训练，扎实的科研创新实

[①] 咨询课题组组长为中国科学院院士、华东师范大学教授何积丰。

践，是影响高层科技创新人才成长的关键因素。博士后科研流动站建设和博士后培养是高层次科技创新人才夯实研究基础进而脱颖而出的重要平台；科研体制、科研管理机制、科研工作环境在很大程度上影响着青年创新能力的发挥和创造活力的释放；各类人才支持计划、基金、奖励等因素是激励和促进高层次科技创新人才持续成长的重要支持条件；有效的国际学术交流与科研合作是提升高层次科技创新人才科研竞争力的重要动力。

但是，当前我国人才发展的总体水平，尤其是高层次科技创新人才水平，同世界先进国家相比仍存在较大差距，与我国创新驱动发展战略和创新体系建设的目标还有一定距离。总体而言，我国高层次科技创新人才队伍建设存在的主要问题表现在：高层次科技创新人才匮乏，人才创新创业能力不强，人才结构和布局不尽合理，人才成长的体制机制障碍尚未消除，人才资源开发投入不足等。具体而言，当前我国高层次科技创新人才培养与成长中主要存在以下几方面问题：

1. 学校教育功利化，违背了人才的成长规律

改革开放 30 多年来，伴随着社会各领域改革的不断深入，我国经济社会快速发展。在效率理性和技术理性的驱使下，社会各领域都对人才有急切的需求，由此导致学校教育的功利价值和外在社会价值不断放大。在中小学教育阶段，存在教育功能错位、功利性价值放大的严重现象，导致科技创新人才的培养缺乏坚实的教育基础。目前我国普通高校在人才培养中也面临着培养目标单一、专业划分过细、教学重灌输、学习方式过死、评价过于片面等问题；研究生培养过程中也存在诸多弊端，教学过程重灌输轻启发，重记忆轻实践，重知识积累轻实验创新；教育评价重结果轻过程，重分数轻能力，严重阻碍了学生尤其是研究生的创新意识、创新思维的养成及创新性实践能力的提升。

2. 学校教育与社会需求矛盾

我国高校科技教育经过多次改革逐渐趋于合理，但在与经济社会的衔接上还不够有效，高校科技教育理念明显滞后，工程科技人才培养有待进一步改进。主要因为：第一，高校育人理念和办学定位千篇一律，就业取向成为我国高校人才培养的重要"指挥棒"，科技创新人才培养被大学生就业率"绑架"，导致学生在入学之初就把目光锁定在"找工作""找高薪岗位"；第二，高校在专业培养计划、课程设置和招生规模等方面的设计与执行，没有从人才培养目标的专业化发展要求和社会经济与科学技术发展的实际需求出发，而是从大学自身发展和现有教师工作需要出发，导致国内科技人才培养的层次和结构不尽合理；第三，学制设置不尽合理，普通高校学制一般为

四年，而学生真正用于基础知识学习的时间却不到三年，导致大学生的基础知识储备严重不足；第四，我国科技教育知识分割过细，工学门类专业划分过细，过分强调专业知识而忽略基础知识，这种"碎片化"的知识教育势必会导致工程教育与当前大工程背景下社会工程状况的脱节；第五，社会与企业对人才的培养与选用意识不强，企业只注重直接使用"成品"人才，导致高校中的科技人才与市场社会之间产生养和用的鸿沟。

3. 博士后研究人员的科研中坚作用尚未发挥

改革开放以来，我国博士后事业取得了巨大成就。随着社会的发展，博士后管理制度不断面临各种新的机遇和挑战：第一，过多的统一规定限制了博士后工作发展的活力。这种带有强烈"计划"色彩的博士后管理模式与高等学校办学自主权不断扩大的教育综合改革趋势背道而驰，越来越难以适应不同的地区、部门、单位、学科、利益主体对博士后工作多样化的需求，从而限制了博士后招收单位管理与发展的自主权。第二，博士后工作的行政管理与学术管理关系有待优化。大学与科研院所博士后工作管理部门既负责对博士后人员进行选拔、福利待遇、住房安排、职称评定、户口与人事关系、配偶与子女安排等行政性工作，也掌控了大部分学术权力，直接管理学术性事务，以统一的标准或量化指标衡量不同学科、专业的博士后人员的科研评估，造成博士后管理部门与相关专业院系、合作导师及博士后人员之间关系紧张，从而影响各方的积极性。第三，博士后管理制度僵化，流于形式。博士后制度非常重视对高层次科技创新人才的培养，类似于博士生培养模式，看似管理有序、严格，但实际上流于形式；相关博士后工作管理制度，主要关注对博士后人员的管理，对导师及流动站的管理缺乏明确、具体的要求。第四，博士后人员的研究水平与作用有待提高。博士后人员的进出站考核具有"宽进宽出"的特点，合作导师的责任不明，疏于指导，量化指标难以激发博士后人员的创造性，他们在科研中的中坚作用尚未显现。第五，博士后工作经费保障有待提高。国家对博士后的经费投入不足，渠道单一，严重影响了博士后研究工作的吸引力；博士后科学基金难以满足在站博士后人员的日常生活与高质量科学研究需要。

4. 行政化逻辑超越甚至替代了学术研究逻辑

首先，科研活动中业务管理趋于行政化，日常科研过程中的诸多项目申报、考评等都极大地分散了科研人员宝贵的时间和精力。科研经费中的人员经费管理缺乏科学合理的规定，既有悖于国际惯例，也不利于调动科研人员的科研创新积极性。其次，高层次科技创新人才的行政化任用失当。随着行政权力在资源获取、学术晋升过程中的作用日益突出，"研而优则仕"已成为目前我国部分科研人才实现自身价值的主要途径之一。然而，科技创新人才的行政化任用严重阻碍了高层次科技创新人才的培养与成长。

5. 科学研究自身的制度设计存在偏差

首先，科研氛围浮躁。在浮躁的学术生态中，部分科研人员出现了投机取巧的心态，急功近利，科研成果粗制滥造，学术不规范与学术不端行为时有发生。另外，浮躁的学术氛围，导致一些科研创新项目周期短，难以持续，研究成果没有达到应有的广度和深度。此外，量化的学术评价体系也导致了科研质量下降，科研活动功利性增加，急功近利的风气加剧。其次，学术评价的过度指标化。过度量化的评价体系使得高校在评价教师学术成果时有意加重论文数、课题数和各类奖励的权重，直接导致教师的科研活动和教学工作受到干扰；过于强调科研成果的刊发等级、论文数量、影响因子等，导致部分青年科技创新人才专业晋升动机错位，也生产出大量盲目追求"短平快"的科研成果。再次，青年科技创新人才薪酬水平偏低。面对现有的薪酬待遇与其社会价值和贡献不相匹配的现实状况，部分科研人员不得不投入大量时间和精力申请项目、课题，进行无实质性贡献的科研论文发表。

6. 科研奖励制度存在目的性偏差

首先，重大科研奖项的设置存在本末倒置现象。科技创新人才的科研成果奖励体制与激励机制存在偏差，过于注重物质激励；各类奖项在创新人才计划申报中的功利效应被片面放大；科研奖励评审过程中"透消息""打招呼""走门子""买选票"等不良现象盛行。科研奖励体制与活动中的种种功利化倾向导致学术浮躁，科研奖励目的与价值错位，其激励作用随之削弱。科研人员难以从中获得持久的发展动力。其次，各类人才支持计划的实施过于简单化。目前我国的科技人才支持计划种类繁多，标准不一，且呈叠加递进关系，优秀青年科技人才必须层层申报，"过关斩将"，费时又费力。更为值得关注的是，部分高层次科技创新人才支持计划大都有"45周岁"的年龄限制。人才支持计划过度强调年龄限制等相关政策，已成为高层次科技创新人才成长与持续发展的严重障碍。

7. 国际交流与科研合作成效不显著

改革开放以来，我国积极推进国际人才的交流与合作并取得了很大进展。但是，随着国际交流与合作事业的日益发展，高层次科技创新人才的国际交流与合作仍显现出诸多不完善之处：第一，留学人员派出结构不尽合理，派出人员种类主要集中在高校，国家建设亟需的科学技术、工业企业、农业、商业等领域，老少边贫地区的派出力度有待提高。第二，留学生派出重遴选审查，轻过程管理与绩效评估。第三，联合培养研究生成效有待进一步提高。大学公派留学计划派出的联合培养研究生，由于大部分派出人员的双方导师缺乏实质性的学术联系，派出人员的外语与专业水平限制、与国外导师之间并无契约意义上的指导关系、对国外科研资源利用不足、国内导师疏于过程管理等诸多原因，联合培养成效并不显著。第四，人员交流多，科研合作少。许多国际交流往往限于签署框架性合作协议，缺乏基于共同的科研合作项目、由双方科研人员参与的实质性合作，更缺乏持续的长效合作机制。第五，人才引进缺乏制度保障。人才引进工作缺乏长远规划，导致人才引进的格局在学科、专业与方向上存在张力，更被高校和科研院所当成盲目攀比的"指标"；相关人才引进政策与制度往往侧重科研条件、薪酬待遇、子女入学等当下的配套条件，缺乏对公民权利、社会保障、医疗保险等长效性保障条件的系统化设计；人才引进过程中，复杂、繁琐的行政化手续与管理事务缺乏明确要求与明晰的管理流程，严重牵制了引进（归国）人员的时间与精力。

二、解决思路与政策建议

高层次科技创新人才的培养与成长是一项长期性、综合性、复杂性的系统工程，需要高层次科技创新人才自身、社会、政府等不同主体多方联动，形成协同创新力量，共同探索新机制和新方法。对此，我们提出以下策略与建议：

1. 深化教育领域综合改革，为高层次科技创新人才成长奠定坚实基础

措施1：把握和遵循创新人才培养规律。首先，要加强宣传和引导，充分发挥政策和媒体舆论的引导作用，在全社会形成尊重知识、尊重人才、尊重劳动、尊重创新、包容理解的社会氛围，为高层次科技创新人才成长营造一个宽松和谐的社会环境；要提高知识分子的地位和待遇，在全社会形成尊重知识、尊重人才的风尚。其次，正确认识和科学把握高层次科技创新人才的成长规律，克服急功近利、拔苗助长的倾向，着眼于高层次科技创新人才培养的长期性、系统性、复杂性，以足够的耐心给予高层次科技创新人才成长充裕的时间和空间，科学合理地建构促进科技创新人才成长的体制与长效机制；建立和完善教育系统与经济社会系统之间、基础教育与高等教育之间、不同学科与不同专业之间的联动机制，形成具有中国特色的普通教育和高层次科技创新教育相融合的科技创新人才培养分层与分类结构体系。

措施2：夯实中小学生人文与科学底蕴。中小学校要坚持教育家办学，注重校长

在办学中的核心作用。首先，中小学校要营造一种鼓励质疑、独立思考的氛围；强化人文教育，注重学生人文素养的提升；可借鉴美国 STEM（科学、技术、工程、数学）教育的成功经验，进一步加强科学教育、技术教育与工程教育；倡导启发式教学，释放学生创造活力；着力培养学生良好的生活习惯和学习习惯；加强思维训练，充分尊重学生个性化发展需求，培养学生科研与创新志趣，提高学生自主学习与探究能力。其次，注重大、中小学教育在创新人才培养上的一体化有机衔接。人才培养是一个系统工程，子系统之间必须加强衔接，共同致力于高层次科技创新人才的培养。教育改革应该着眼于从人才培养的"创新链"系统设计教育领域综合改革。注重基础教育与高等教育的衔接性，把高层次科技创新人才培养的理念贯穿到整个教育系统，践行于家庭教育、幼儿教育、中小学教育、高等教育和研究生教育的整个过程之中。

措施3：优化人才（学生）选拔机制。深化高等学校考试招生与录取制度改革，以上海、浙江高考综合改革试点为契机，积极探索基于学生综合素质评价、甄别发现具有科技创新潜质的优秀青年人才的教育选拔机制；扩大高校招生自主权，拓宽优秀青年人才脱颖而出渠道；改革研究生招生考试制度，进一步完善博士研究生申请入学制改革，探索优秀青年人才脱颖而出的新机制。

措施4：深化高校课程与教学改革。全面革新专业教育内容，注重基础研究，辅之以当代科技发现的最新成果，使科研渗透课程，扎实学生基础；加强跨学科课程和方法论课程建设，鼓励和支持高水平专家、学者积极为本科生开设学科导引课程、科研渗透课程和学科前沿讲座，拓宽学生的学术视野，培养学生追求真理、严谨治学、献身科学的精神，着力培养学生的跨学科学术视野与科研创新能力；深化高等学校课程改革，使学生在接受通识教育、夯实基础知识的基础上，培育和确立科技创新志趣；在加强专业知识指导的同时，培养学生探索自然、追求真理、献身科学、严谨治学的精神，引导学生在较高的起点上领悟科学的真谛，帮助学生找到人生的目标。积极创造宽松和谐的科研创新氛围，充分尊重学生个性化发展需求，以科研成果反哺教学，促进科研与教学相结合。

措施5：完善高校人才培养与评价体系。拓宽学生知识面和研究视野，强化严格规范的专业训练，促进学生在大学期间形成终身受益的学习与研究习惯；鼓励学生在内在科研兴趣的驱动下，自主开展学习与探究活动，提升多学科知识分析和解决现实问题的能力；加强社会实践，为高层次科技创新人才成长打下坚实基础；注重学生科技创新思维品质、科技创新潜质、科技创新能力以及综合学术素养的养成，注重科研创新过程评价，鼓励科研团队合作。

2. 加强政产学研合作，协同培养高层次科技创新人才

措施 6：大力引进市场资源。加强基础研究，强化原始创新、集成创新和引进消化吸收再创新，对加快提升我国的创新能力，解决制约发展的关键和瓶颈问题，为经济社会发展提供更加坚实的知识基础和更加强劲的发展动力；建立优秀青年科技创新人才风险投资机制，制定和完善高新科技公司培养计划和给予优惠政策等一系列"诱导性"政策；加大发展创业投资、完善科技风险投资市场，为科技创新人才的发展提供一个良好的市场环境和发展平台；鼓励国内外"猎头公司"等科技服务机构在中国市场的健康发展，改进科技技术服务、管理咨询服务、人力资源服务、信息服务等，为高层次科技创新人才队伍的建设提供有力的信息技术和服务环境；借鉴国外经验，建立高水平的开放性科研创新中心、创新教育基地、科技创业基地。

措施 7：推进校企合作和政产学研合作。鼓励企业和社会机构以人员双聘、项目合作等多种合作模式，主动参与大学和科研院所的科技创新和人才培养；政府要制定和完善科技创新优惠政策，提升高校中高层次科技创新人才将科技与产品相结合的意识与能力；应进一步重视通过贷款、税收、委托研究、政府定向采购等措施，加强政府、高校、研究机构和企业的科技合作，鼓励企业和社会机构以人员双聘、项目合作等多种合作模式，主动参与大学和科研院所的科技创新和人才培养；鼓励高校和科研机构采用技术转让、合作开发和共建实体等产学研合作活动。

3. 进一步完善和优化博士后制度，吸收有潜力、有决心进行探索研究的拔尖人才进入博士后流动站

措施 8：健全以国家投入为主体的多元化博士后投入保障体系。进一步加大国家财政投入力度，建立与完善多元化博士后投入体制，探索与多元化博士后投入体制相适应的运行机制与管理模式。取消通过设立流动站、分配资助计划指标并按人头下拨经费的方法，建立与完善基于国家重大发展战略需求的博士后研究重点投入机制；鼓励地方政府、企业、高校及其他科研单位自筹经费，设立博士后研究基金，支持基于地方经济社会发展、企业创新和重大科研项目的博士后研究；建立与国际接轨的"博士后资助金"，实现与同行业副教授级人员同等待遇。

措施 9：优化博士后研究工作治理体系。扩大大学和科研院所博士后工作的管理自主权，改变国家统一计划、直接管理的运作方式，减少行政干预，取消统一设立博士后流动站、向各单位分配招收计划指标的做法，取消对基层单位和博士后人员在学科、年龄、任期等方面的统一规定；鼓励各地区、各高校着眼于科技创新后备人才的培养，因地制宜地制定本地区、本单位的博士后发展规划；转变大学和科研院所博士

后工作管理部门的管理职能，下放博士后学术管理重心，努力为专业学院（系、研究所）的博士后工作及博士后人员的科学研究提供良好的支持性服务。

措施10：健全博士后研究质量保障体系。加强对博士后招收单位及合作导师的考核评估，确保招收单位及合作导师能够为博士后人员提供必备的科研条件，明确合作导师的学术指导责任，建立与完善"多对一"的联合指导模式；依托国家重大科研项目和重大工程、重点学科和重点科研基地、国际学术交流合作项目，鼓励和支持博士后人员在站独立申请、承担科研项目，建立基于重大研究项目的合作研究与人才培养机制，促进博士后研究人员的科研创新；完善评估机制和创新、创业激励政策，资助创业孵化和科技成果转化；积极搭建国际化交流平台，鼓励和支持博士后研究人员的国际学术交流与合作研究；大力吸引海外留学博士回国、外籍博士后来华从事博士后研究；改进对博士后人员的学术考核，探索多元化学术评价机制。

4. 逐步推进"去行政化"改革，健全和完善科研治理体系

措施11：倡导"去行政化"的科研过程。一是规范杰出科学家和顶尖科技创新人才的行政任职，区分科研管理与科学研究事业的不同职能，分离高层次科技创新人才的科研角色和行政管理角色，规范和限制高层次科技创新人才的行政任职；适度限制担任党政领导职务的科研人员以主持人或首席专家身份申报重大科研项目。二是改变行政过多干涉科研项目管理现状。变革行政干涉科研管理事务现状，减少频繁的科研评估和检查，尤其要减少对项目的直接检查；提高成果验收的深度和效果，改变"重立项、轻验收"或"重形式、轻效果"的不合理现象；切实减少行政主导的鉴定、报奖和评优，强化科技成果评价的"创新"标准。三是健全同行评审制度，确保同行真正参与评审，保证科研项目按其课题性质、研究领域分配至该领域真正的专家来领导；避免行政管理过多介入项目评审，遏制游说、公关等非学术性因素的影响，坚持以原创性科技成果创新、促进科技创新人才的培养与成长为立项的根本标准。四是建立与完善科研服务与支持体系。将科技管理的职责从科学研究事务中剥离出来，建立一支相对稳定的科技管理职业化队伍，提高科研效率和科技管理水平；切实保障科研人员充足的科研时间，使科研人员 5/6 的时间可以用于科研。

措施12：探索更科学合理的经费投入机制。加强科研预算管理，适度增加研究平台公共经费和人员经费；经费预算管理按照不同学科开展科学研究的特点，允许按科研工作的实际需要调整科研经费支出结构；提高科研经费预算的人员费用比例，设置特定的创新科研岗位，聘用海外学者、国内同行和研究生，组建科技创新团队；尝试建立基于市场化的薪酬制度，推进基于年薪制的高层次科技创新人才薪酬制度改革；

设立青年科学家专项基金；提高博士和博士后研究生待遇，激励、保障优秀青年人才和高层次科技创新人才潜心科学研究。

5. 改革科研评价制度，完善科研支持与激励机制

措施13：优化以质量和实际贡献为核心的科研评价制度。改变以往仅根据发表成果的期刊杂志等级、课题与论文数量、经费额度、获奖情况等因素进行学术评价的做法，综合考虑科研条件支持情况、科研投入水平、特定学科或科研领域的科学知识发展特点，科研人员的科研过程等因素，注重科研成果的原创性与创新性、解决重大科学技术问题的贡献度等因素；变革以第一作者和通讯作者发表科技创新成果为依据的学术评价体系；鼓励团队协同科技攻关，尤其支持青年科学家参与国家重大科研项目；建立和完善科学认定每一位团队成员的科研贡献的机制与方法。引入第三方评价，力求公正、科学地评价其科技创新能力和科研业绩。

措施14：畅通优秀青年人才专业晋升渠道。根据青年科技创新人才的专业特长、专业志趣和研究方向，鼓励青年科技创新人才参与杰出科学家的实验室和研究项目；为青年科技创新人才搭建合适的研究与交流平台，鼓励人才合理流动，创造更多的研究、表达和发展机会，拓宽专业晋升渠道；鼓励符合条件的青年科技人才独立承担或参加各类科技项目；安排更多的青年科技人才参与或担纲科技领军人才领衔的国家重大项目；进一步完善青年人才专项培养计划，为青年科研人员提供更多与国内外同行交流协作以及海外访学的机会。此外，要参照国内外市场行情和物价水平，适当调整和提升科研人员的薪酬待遇，尝试建立基于市场化的薪酬制度，推进基于年薪制的高层次科技创新人才薪酬制度改革，激励和保障优秀青年人才和高层次科技创新人才潜心科学研究。

6. 优化国家科技奖励和人才支持计划，促进高层次科技创新人才队伍可持续发展

措施15：整合国家科技奖励计划（奖项）。完善国家科技奖励制度，逐步淡化和消解各类奖项中的功利化价值，整合和优化国家不同系统、不同部门、不同专业的科技奖励计划（奖项）；适当减少人才支持计划的考核指标，逐步取消年龄限制，关注和保护青年学者的"事业生命期"，根据人才成长的实际需要，设置针对不同年龄段的人才支持计划，避免高层次科技创新人才的专业成长因年龄限制而中断；持续释放青年创新人才的创造活力，保证人才培养的连续性。

措施16：优化奖励评价机制。简化评奖流程，去除繁琐的申报材料环节，建立健全公正、公平、公开的奖励评价机制，逐步实现由行业的杰出专家根据科研成果的创

新性及同行认可水平，直接提名和评选；注重团队激励，更加强调对科研团队（课题组）的奖励，奖励配合默契、工作成绩突出的科研团队（课题组），激发团队的荣誉感和成就感，尤其重视对优秀青年科技人才和高层次科技创新人才的激励和宣传。

7. 进一步加大人才国际交流与合作力度，提升高层次科技创新人才的国际化水平

措施 17：加大国际人才交流规划与治理力度。立足提高科学技术事业的国际化水平，实施国家高层次科技创新人才成长的国际化战略，开展多层次、宽领域的教育交流与合作，引进优质教育资源和提高交流合作水平，提高我国高层次科技创新人才培养的国际化水平；根据产业发展、区域发展的实际需要和发展趋势，编制产业和区域国际化人才开发规划，建立国际人才市场与服务资源库，构建以大数据为基础的海内外高层次科技创新人才信息中心、人才需求信息发布平台和公共服务平台。

措施 18：优化国家公派出国留学和来华留学政策。完善资助海外学者的各类基金支持计划，完善出国（境）科研合作与培训管理制度和措施，加强公派出国的过程管理与绩效评估，多渠道开发国（境）外优质教育与培训资源，建立与完善基于研究生导师合作研究的研究生联合培养机制，提高国家公派留学成效；进一步完善来华留学教育政策，提高来华留学生质量。

措施 19：加强国际科研合作，提高国际合作研究实效。改善国际学术交流与合作的结构，由重学术交流转向学术交流与科研合作并重，建立、健全基于双方科研人员共同学术志趣的双边、多边科研合作项目，支持和保障科研人员实质性地参与国际重大科研合作项目，支持高等学校、科研院所与海外高水平教育、科研机构建立联合研发基地；充分利用国际知名的全球化科研创新平台，推动我国企业设立海外研发机构，进一步发挥中外合作交流计划、中外合作办学机构、国内外科技机构和"科技企业孵化器"在促进创新人才培养与成长方面的作用。

措施 20：进一步优化人才引进政策的系统化设计，改善人才引进环境，加大引进国外智力工作力度，吸引海外高层次科技创新人才归国（来华）创新创业。围绕国家建设重点需求，科学规划人才引进的学科、专业布局；加强人才引进政策的系统化顶层设计，进一步梳理不同地区、不同部门引进（归国）的人才政策、社会保障政策之间的矛盾与冲突，公平、公正地系统化设计引进（归国）人员的居民（公民）权利、社会保障、医疗保险等长效性保障机制，改善人才引进（归国）环境；推进专业技术人才职业资格国际、地区间互认，促进高层次科技创新人才的合理流动，鼓励、支持海外留学人员、华人学者回国工作、创业或以多种方式为国服务，吸引外籍高层次科技创新人才来华（归国）工作。

Policy Suggestions on the Cultivation of innovative Science and Technology Talents in China

Consultative Group on "Issues Related to High-level S&T Talent Cultivation and Their Development", CAS Academic Divisions

The status quo and issues of innovative Science and technology (S&T) talents development and cultivation in China are analyzed, after a brief introduction of research background and significance. A series of policy suggestions are proposed, including: deepening the comprehensive reform of education system to provide a solid base for innovative S&T talents' development; strengthening the cooperation of government, industry, university and institute to provide a synergetic cultivation of talents; optimizing the postdoctoral system to attract potential and determined talents in science and technology exploration; promoting the "de-administration" reform to provide a sound management and governance system for S&T research and development.

（因篇幅有限，本章文章均有删节）

附　录

Appendix

附录一　2016年中国与世界十大科技进展

一、2016年中国十大科技进展

1. 成功发射世界首颗量子科学实验卫星"墨子号"

2016年8月16日1时40分，长征二号丁运载火箭成功将世界首颗量子科学实验卫星"墨子号"发射升空。这将使我国在世界上首次实现卫星和地面之间的量子通信，构建天地一体化的量子保密通信与科学实验体系。首席科学家潘建伟院士率领团队完成自主研发的量子卫星突破了一系列关键技术，包括高精度跟瞄、星地偏振态保持与基矢校正、星载量子纠缠源等。工程由中国科学院国家空间科学中心、中国科学技术大学、中国科学院上海微小卫星创新研究院、中国科学院上海技术物理研究所、中国科学院对地观测与数字地球科学中心等单位联合完成。量子卫星的成功发射和在轨运行，将有助于我国在量子通信技术实用化整体水平上保持和扩大国际领先地位，实现国家信息安全和信息技术水平跨越式提升，对于推动我国空间科学卫星系列可持续发展具有重大意义。

2. 全球最大单口径射电望远镜在贵州落成启用

有着超级"天眼"之称的500米口径球面射电望远镜2016年9月25日在贵州省平塘县的喀斯特洼坑中落成，开始接收来自宇宙深处的电磁波，这标志着我国在科学前沿实现了重大原创突破。该工程由我国天文学家于1994年提出构想，从预研到建成历时22年，是具有我国自主知识产权、世界最大单口径、最灵敏的射电望远镜。众多独门绝技让其成为世界射电望远镜中的佼佼者，也将为世界天文学的新发现提供重要机

遇。作为国家重大科技基础设施，"天眼"工程由主动反射面系统、馈源支撑系统、测量与控制系统、接收机与终端及观测基地等几大部分构成。主动反射面是由上万根钢索和 4450 个反射单元组成的球冠型索膜结构，其外形像一口巨大的锅，接收面积相当于 30 个标准足球场。

3. 长征五号首飞成功

2016 年 11 月 3 日 20 时 43 分，我国最大推力新一代运载火箭长征五号首次发射成功，标志着我国运载能力已经进入国际先进行列，中国正由航天大国迈向航天强国。长征五号代表了我国运载火箭科技创新的最高水平，填补了大推力、无毒、无污染液体火箭发动机的空白，实现了异型发动机起飞技术的重大突破。它也是实现未来探月工程三期、载人空间站、首次火星探测任务等国家重大科技专项和重大工程的重要基础和前提保障。2017 年嫦娥五号落月采样返回、2018 年发射空间站核心舱、2020 年发射火星探测器等任务都将依靠长征五号来实现。

4. 神舟十一号飞船返回舱成功着陆

2016 年 11 月 18 日 13 时 59 分，神舟十一号飞船返回舱在内蒙古中部预定区域成功着陆，执行飞行任务的航天员景海鹏、陈冬身体状况良好，天宫二号与神舟十一号载人飞行任务取得圆满成功。神舟十一号飞船于 10 月 17 日 7 时 30 分发射升空，随后与天宫二号对接形成组合体，两名航天员进驻天宫二号，进行了为期 30 天的驻留。

在执飞期间，两名航天员完成了一系列空间科学实验和技术试验。这是我国组织实施的第 6 次载人航天飞行，也是改进型神舟载人飞船和改进型长征二号 F 运载火箭组成的载人天地往返运输系统第二次应用性飞行。天宫二号与神舟十一号载人飞行任务圆满成功，标志着我国载人航天工程实验室阶段任

务取得具有决定性意义的重要成果，为后续空间站建造运营奠定了更加坚实的基础。

5. 领衔绘制全新人类脑图谱

中国科学院自动化研究所脑网络组研究中心蒋田仔团队联合国内外其他团队成功绘制出全新的人类脑图谱——脑网络组图谱，在国际学术期刊《大脑皮层》上在线发表。研究团队突破了 100 多年来传统脑图谱绘制的瓶颈，提出"利用脑结构和功能连接信息"绘制脑网络组图谱的全新思路和方法。图谱包括 246 个精细脑区亚区，比传统的 Brodmann 图谱精细 4～5 倍，具有客观精准的边界定位，第一次建立了宏观尺度上的活体全脑连接图谱。脑网络组图谱为理解人脑结构和功能开辟了新途径，并对未来类脑智能系统的设计提供了重要启示，也将为神经及精神疾病的新一代诊断、治疗技术奠定基础，并为脑中风损伤区域及癫痫病灶的定位、神经外科手术中的脑胶质瘤精确切除等提供帮助，提高诊断质量与治疗效果。

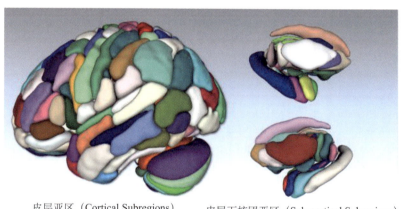

皮层亚区（Cortical Subregions）　　　　皮层下核团亚区（Sub-cortical Subregions）

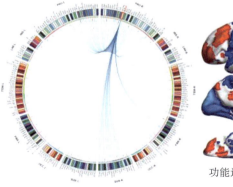

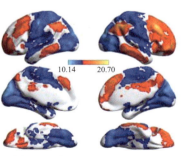

功能连接（Functional Connectivity）

解剖连接（Anatomical Connectivity）

脑网络组图谱
Brainnetome Atlas

6. 我国首获超算应用最高奖

由中国科学院软件研究所与清华大学、北京师范大学等单位合作的"千万核可扩展全球大气动力学全隐式模拟"获得国际高性能计算应用领域最高奖——"戈登贝尔奖"。科研团队提出了一套适应于异构众核环境的全隐式求解器算法，一方面可以带来长时间数值模拟效率的提升，另一方面也充分发掘了"神威·太湖之光"的强大计算能力。"神威·太湖之光"系统自 2016 年 6 月 20 日发布以来，国内外多个应用团队项目通过使用该系统获得突破，已取得 100 多项应用成果，涉及气候气象、海洋、航空航天、生物、材料、高能物理、药物、生命科学等 19 个应用领域。首次获得超算应用最高奖标志着我国科研人员正将超级计算的速度优势转化为应用优势，表明中国超算取得速度优势的同时，在应用领域也正在不断缩小与世界先进水平的差距。

7. 率先破解光合作用超分子结构之谜

中国科学院生物物理所的研究团队在光合作用研究中获得了重要突破，在国际上率先解析了高等植物菠菜光合作用超级复合物的高分辨率三维结构。该项研究工作发表于 2016 年 5 月出版的《自然》期刊上。基于结构的光合作用机理研究重要的理论意义，同时也将为解决能源、粮食、环境等问题提供启示性的方案。研究团队通过单颗粒冷冻电镜技术，利用最新的单颗粒冷冻电镜技术，在 3.2 埃①分辨率下解析了高等植物（菠菜）光系统Ⅱ—捕光复合物Ⅱ超级膜蛋白复合体的三维结构，率先破解了光合作用超分子结构之谜，获得了其与外周捕光天线之间相互装配原理

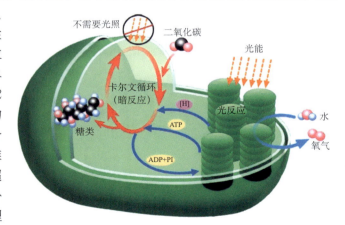

---

① 1 埃＝0.1 纳米。

和能量传递过程相关的重要结构信息，为实现光能向清洁能源氢气转换提供启示性的方案。

8. 海斗号无人潜水器创造深潜纪录

探索一号科考船于 2016 年 6 月 22 日～8 月 12 日在马里亚纳海沟挑战者深渊开展了我国首次综合性万米深渊科考。我国自主研制的海斗号无人潜水器成功进行了一次 8 000 米级、两次 9 000 米级和两次万米级下潜应用，最大潜深达 10 767 米，创造了我国无人潜水器的最大下潜及作业深度纪录，使我国成为继日本、美国两国之后第三个拥有研制万米级无人潜水器能力的国家。此项成果取得了一系列重要突破，表明万米深海已不再是我国海洋科技界的禁区，是继蛟龙号 7 000 米海试成功后又一个海洋科技的里程碑。我国首次万米深渊科考的成功宣示了我国深海科技创新能力正在实现从"跟踪"为主向"并行""领先"为主转变，为全面实现国家"十三五"重点研发计划部署的万米载人/无人深潜的战略目标迈出了第一步。

9. 利用超强超短激光成功获得"反物质"

中国科学院上海光学精密机械研究所强场激光物理国家重点实验室利用超强超短激光，成功产生反物质——超快正电子源。这一发现将在材料的无损探测、激光驱动

正负电子对撞机、癌症诊断等领域具有重大应用。相关研究成果已于 2016 年 3 月发表在《等离子体物理》期刊上。此次反物质的获得经历了一个相对复杂的过程和优化，解决了伽马射线带来的噪声问题，利用正负电子在磁场中的不同偏转特性，最终成功观测到正电子。未来，在高能物理、材料无损探测、癌症诊断领域有应用前景，由于其

脉宽只有飞秒量级，可使探测的时间分辨大大提高，进而研究物质性质的超快演化。

10. 首次揭示水的核量子效应

中国科学院院士王恩哥与北京大学教授江颖领导的课题组在国际上首次揭示了水的核量子效应，从全新的角度诠释了水的奥秘。相关研究成果于 2016 年 4 月 15 日刊发在《科学》期刊上。氢核的量子化研究无论对于实验还是理论都非常具有挑战性。研究团队在相关实验技术和理论方法上分别取得突破，实现了单个水分子内部自由度的成像和水的氢键网络构型的直接识别，并在此基础上探测到氢核的动态转移过程。

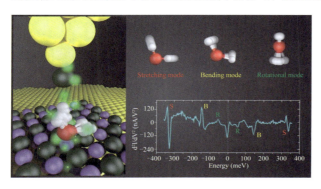

研发了一套"针尖增强的非弹性电子隧穿谱"技术，在国际上首次获得了单个水分子的高分辨振动谱，并由此测得了单个氢键的强度。氢核的"非简谐零点运动"会弱化弱氢键，强化强氢键，这个物理图像对于各种氢键体系具有相当的普适性，澄清了学术界长期争论的氢键的量子本质。

二、2016 年世界十大科技进展

1. 科学家宣布发现引力波 广义相对论最后预言获证

美国科学家 2016 年 2 月 11 日宣布第一次直接探测到引力波的存在。引力波是爱因斯坦广义相对论实验验证中最后一块缺失的"拼图"，它的发现是物理学界里程碑式的重大成果。美国和欧洲的两个引力波探测项目的研究人员 2016 年 6 月 15 日在加利福尼亚州圣迭戈再一次宣布，他们"非常清晰"地再次探测到"时空涟漪"——引力波的存在。之所以探测到引力波信号与宣布发现之间隔了一段时间，是因为科学家还要分析和确认相关数据。在美国《物理学评论通讯》期刊上发表的研究结果中，科学家探测到来自两个黑洞合并而产生的引力波信号。

这两个黑洞位于距地球 14 亿光年外，在合并前的质量分别相当于大约 8 个和 14 个太阳，合并后的总质量相当于约 21 个太阳，其中约 1 个太阳的质量变成能量，在合并过程中以引力波的形式释放。

2. 迄今最精确银河系三维地图问世——发现银河系面积大于预期

科学家以前所未有的精度绘制了银河系三维地图。这一研究成果标明，人类所处的这个星系的面积比科学家之前预想的大得多。欧洲空间局（ESA）于 2016 年 9 月 14 日在位于西班牙马德里的欧洲空间天文学中心，发布了盖亚星相图项目的第一批数据。新的目录包含了 11 亿颗恒星在宇宙中的位置，而其中的 4 亿颗恒星是之前从未观测到的。对于许多恒星而言，

其定位精度达到了 300 毫角秒——相当于在 30 千米的距离外观看一根头发的宽度，这将帮助天文学家更好地确定银河系的三维布局。通过将新的测量结果和之前欧洲空间局的依巴谷卫星的数据相结合，研究人员能够获得一个由 200 万颗恒星构成的子集的准确距离和运动方式，从而为研究其物理特性及银河系重力场提供更精确的信息。

3. 新技术可让数据存储时间逼近"永恒"

英国南安普敦大学的研究人员发明了一种称作"五维数据存储"的技术，不仅可以存储海量数据，存储时间还可以超过百亿年，可以说是逼近"永恒"。使用这种技

术的单个存储介质数据容量高达 360 太字节，远远高于目前主流硬盘的容量。这项技术利用飞秒激光在透明的石英介质中写入数据。飞秒激光是一种以脉冲形式运转的激光，持续时间非常短，只有几个飞秒[①]。石英介质中有纳米结构点，这些结构点的空间三维位置、大小和朝向这 5 个性质都能被用来储存信息，因此被称作"五维数据存储"。光在经过这些结构点时，其偏振特性等性质会被

---

① 1 飞秒 = 10^{-15} 秒。

改变，因此借助光学显微镜和偏振镜就能读取相关数据。

4. 碳纳米晶体管性能首次超越硅晶体管

美国研究人员于 2016 年 9 月 6 日宣布，他们成功制备出一种碳纳米晶体管，其忄能首次超越现有硅晶体管，有望为碳纳米晶体管将来取代硅晶体管铺平道路。硅是目前主流半导体材料，广泛应用于各种电子元件。但受限于硅的自身性质，传统半导体技术被认为已经趋近极限。碳纳米管具有硅的半导体性质，科学界希望利用它来制造速度

更快、能耗更低的下一代电子元件，使智能手机和笔记本电脑等设备的电池寿命更长、无线通信速率和计算速度更快。但长期以来，碳纳米管用作晶体管面临一系列挑战，其性能一直落后于硅晶体管和砷化镓晶体管。美国威斯康星大学麦迪逊分校的研究人员在美国《科学进展》期刊上介绍了他们克服的多重困难。

5. 3D 生物打印新技术向人造器官移植迈出一大步

研究人员在《自然·生物技术》期刊上报告说，利用新开发的 3D 生物打印系统打印出的人造耳朵、骨头和肌肉组织，移植到动物身上后都能保持活性。这项技术未来发展成熟后，可能解决人造器官移植难题。当前，3D 生物打印技术打印出来的器官组织通常在结构上非常不稳定、过于脆弱，无法用于外科移植手术，并且由于这些成品

缺乏血管构造、尺寸也偏小，即便移植，器官也不容易获取氧和营养物质，很难存活。针对上述问题，研究团队改进了现有 3D 生物打印技术，开发出"组织和器官集成打印系统"（ITOP）。这一新开发的 3D 生物打印系统，可将含有活性人体或动物细胞的水基凝胶与可生物降解的聚合材料结合作为打印材料，有助于人造器官形成稳定结构。

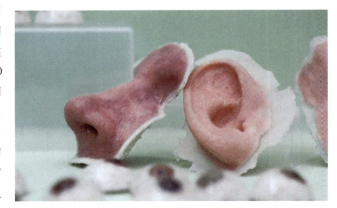

6. 科学家首次用化合物把皮肤细胞转化为心脑细胞

美国研究人员利用化合物把皮肤细胞成功转化为心肌细胞与脑细胞，这一重要突破为将来利用化学药物修复和再生组织器官奠定基础。这项研究由加利福尼亚大学旧金山分校华人科学家丁胜教授领导，其成果以两篇论文的形式分别发表在美国《科学》期刊与《细胞·干细胞》期刊上。把皮肤细胞转化为心肌细胞或脑细胞，从前用转基因方法做到过，但用小分子药物不仅可以大大提高效率和速度，还可以避免给细胞添加基因可能导致的潜在危险，如产生肿瘤。

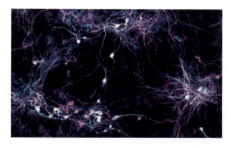

7. 科学家首次实现同处两地的"薛定谔猫"——量子双模式猫态

美国《科学》期刊 2016 年 5 月 26 日发表一项研究，科学家在实验中制造出一种状态更加奇异的"薛定谔猫"，它同时存在于两个箱子之中，这项成果朝研制实用可靠的量子计算机迈出了又一步。奥地利物理学家薛定谔在1935 年提出了著名的"薛定谔猫"佯谬。既死又活的猫在现实世界是荒谬的，但随着量子力学的发展，科学家已经成功使多粒子构成的系统达到这种难以理解的量子"薛定谔猫"态。这项研究第一次给单模式猫态引入量子纠缠的元素，首次实现一种双模式猫态。这是一个 20 年前就有所展望但是至今终于得以解决的难题。这项成果的实际用途在于量子计算，并对其他量子信息技术有所帮助，如量子通信、量子精密测量等。

8. 科学家彻底改写细菌基因组　成功减少大肠杆菌遗传密码子

合成生物学家日前报告了迄今意义最深远的一项细菌基因组重写结果。这一进展包括重新利用了大肠杆菌 3.8% 的碱基对。研究人员在 2016 年 8 月 18 日出版的美国《科学》期刊上发表了这一研究成果。研究人员换下了大肠杆菌 64 个遗传密码子（为氨基酸指定遗传代码的序列）中的 7 个。他们如今能够通过在 55 个片段（每一

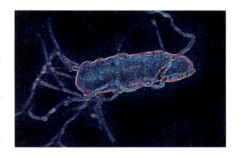

个片段的长度为 5 万个碱基对）中合成脱氧核糖核酸（DNA）从而减少遗传密码子的数量。研究人员还将这些碎片组装到一个有功能的大肠杆菌中。这项研究是推动设计具有新属性的生物体的重要一步，如抵抗病毒的传染性。这项研究是一个示范，表明此类彻底的再造工程是可行的。

9. 天文学家在太阳系外发现潜在宜居行星

一个国际团队于 2016 年 8 月 24 日在英国《自然》期刊网络版上发表报告说，他们通过长期观测发现，一颗环绕比邻星运行的行星可能具有适合生命繁衍的环境。比邻星是距太阳系最近的恒星，或许在不久的将来人类能够发射探测器到这颗潜在宜居行星上探索生命痕迹。比邻星位于半人马座，是一颗红矮星，距离太阳系约 4.2 光年。由于其表面温度较低且颜色暗淡，人类无法用肉眼观测到这颗"邻居"恒星。由英国、美国、法国、德国、智利等多国研究人员组成的国际团队利用欧洲南方天文台望远镜及其他机构设施观测发现，比邻星附近有行星运行的痕迹；随后的多次观测最终证实这颗名为"比邻星 b"的行星确实存在。

10. 美火箭首次在船上软着陆　充气式太空舱飞往空间站

美国太空探索技术公司的"龙"飞船 2016 年 4 月 8 日携带首个试验性充气式太空舱飞向国际空间站。这是该飞船在 2015 年 6 月的爆炸事故后首次给空间站运送物资。同样受关注的是，此次发射的运载火箭第一级在一艘无人船上成功实现软着陆，这在火箭回收史上还是第一次。与以往发射一样，太空探索技术公司再次尝试将"猎鹰 9"火箭第一级垂直降落在大西洋中一艘名为"当然，我依旧爱你"的无人船上。此前的 4 次类似试验均告失败。该公司网上发布的视频显示，此次当火箭接近无人船时，它的速度逐渐减慢并不断调整降落姿态，最后在箭体与甲板成 90 度角的那一刻稳稳降落，着陆点与船正中心位置仅有很小偏差。

附录二　香山科学会议 2016 年学术讨论会一览表

序号	会次	会议主题	执行主席		会议日期
1	553	自旋波电子学物理、材料与器件	潘建伟　沈保根 李树深　俞大鹏		2 月 23～24 日
2	S30	发育/生殖基础研究领域若干重大科学问题	孟安明　裴　钢 朱作言　乔　杰 段恩奎		2 月 26～27 日
3	554	医学分子探针关键技术	樊代明　张玉奎 陈思平　赵宇亮 戴志飞		3 月 1～2 日
4	S31	变革性技术科学基础	于　渌　裴　钢 孙家广　骆清铭		3 月 21～22 日
5	555	深层地热能系统理论与系统工程的集成创新	李廷栋　多　吉 曹耀峰　王焰新 李德威		4 月 7～8 日
6	556	光合作用、光能利用与生物质能源——前沿科技重要问题	匡廷云　邓兴旺 赵进东　张立新		4 月 12～13 日
7	557	生物大数据和精准医学的生物信息学核心问题与理论体系	陈润生　孙之荣 陈洛南		4 月 14～15 日
8	558	聚集诱导发光	唐本忠　田　禾 张德清		4 月 26～27 日
9	559	土木工程可持续发展面临的挑战和应对技术路径	聂建国　肖绪文 滕锦光　王元丰 肖建庄		4 月 27～28 日
10	560	丝绸之路经济带自然灾害与重大工程风险	秦大河　陈运泰 王光谦　崔　鹏		5 月 11～12 日
11	561	空间辐射生物交叉学科研究	柴之芳　顾逸东 张先恩　Tom K. Hei 邓玉林　周平坤		5 月 17～18 日
12	S32	寨卡病毒致病机制及综合防治策略	高　福　李德新 曹力春　唐　宏		5 月 21～22 日
13	562	中国地基大口径光学/红外望远镜的科学与技术发展战略	严　俊　崔向群 赵　刚　朱永田 白金明　周济林		5 月 24～25 日

续表

序号	会次	会议主题	执行主席	会议日期
14	563	深层油气藏地球物理探测理论与技术	贾承造　杨文采 朱日祥　金之钧 陈晓非　王尚旭	6月7～8日
15	564	基因编辑技术的研究与应用	许智宏　朱作言 强伯勤　周　琪 裴端卿	6月7～8日
16	565	草地农业与农业结构转型的关键科学及实践问题	南志标　方精云 任继周　张福锁	6月21～22日
17	566	月基对地观测前沿问题	郭华东　严　俊 李　明　林杨挺	6月23～24日
18	567	各向异性地球物理与矢量场技术	王　赟　杨顶辉 殷长春　高　原	7月5～6日
19	568	实验动物科技创新的关键科学问题与技术	孟安明　周　琪 高　翔　秦　川 贺争鸣　田　勇	8月30～31日
20	569	"DARPA"的启示与科技创新	黄晓庆　胡志宇 黄大年　吴明曦 胡　斌	9月20～21日
21	570	高功率高光束质量半导体激光技术发展战略	周炳琨　王占国 周寿桓　吕跃广 王立军	9月22～23日
22	571	沉积学发展战略国际研讨会*	王成善　殷鸿福 林畅松 Adrian Immen- hauser Judith McKenzie	9月25～28日
23	572	高能环形正负电子对撞机——中国发起的大型国际科学实验	王乃彦　张焕乔 赵光达　张　闯 王贻芳	10月18～19日
24	573	空间碎片监测移除前沿技术与系统发展	孙家栋　包为民 姚建铨　李　明 严　俊	10月20～21日
25	574	发展人工智能，引领科技创新	李德毅　郑南宁 钟义信	10月25～26日

序号	会次	会议主题	执行主席		会议日期
26	575	幼龄反刍动物早期培育的关键科学问题及实践应用	刁其玉　刘建新 金　海　刘书杰 屠　焰		10 月 30～31 日
27	576	数字科技文献资源长期保存的前沿及重大问题研讨	张晓林　杨国桢 张智雄　李广建		11 月 3～4 日
28	577	农业生态功能评估与开发	任天志　朱有勇 骆世明		11 月 10～11 日
29	578	心理学与社会治理	杨玉芳　游旭群 郭永玉　许　燕 张建新		11 月 15～16 日
30	579	中药安全性研究基础与方法	张伯礼　杨　威 高　月		11 月 17～18 日
31	580	热电转换：分子材料的新机遇与挑战	朱道本　田　禾 帅志刚　陈立东		11 月 22～23 日
32	581	创新驱动新食品资源健康产业发展	蔡木易　贾敬敦 孙宝国　陈君石 李　宁　陈历俊		11 月 24～25 日
33	582	中国微生物组研究计划	赵国屏　陈润生 邓子新　方荣祥		12 月 1～2 日
34	583	生命分析化学	陈洪渊　张玉奎 叶朝辉　杨胜利 张先恩		12 月 6～7 日
35	584	中子散射在材料科学与工程中的应用	陈和生　卢　柯 曹春晓　王海舟 王循理　钟　掘		12 月 13～14 日
36	585	公共安全中的 CBRNE 先进防御技术	陈冀胜　乔延利 陈　薇　范维澄 李济生　祁家毅		12 月 15～16 日

＊为国际会议。

附录三　2016 年中国科学院学部
"科学与技术前沿论坛"一览表

序号	会次	论坛名称（主题）	执行主席/召集人	会议日期
1	54	后基因组时代的理论物理生物学	杨玉良	5 月 7～8 日
2	55	新一次科技革命浪潮	郑兰荪	5 月 27～28 日
3	60	中国科技类学术期刊发展战略研究	朱作言	10 月 28 日
4	61	核物理与等离子体物理发展战略研究	王乃彦	10 月 27～28 日
5	62	遗传发育与进化	金　力 张亚平	12 月 17～18 日
6	58	代谢科学	邓子新	7 月 25～26 日
7	57	地下水资源	林学钰	6 月 28～29 日
8	59	量子计算	郭光灿	10 月 21～23 日
9	56	强磁场科学与技术前沿	沈保根	5 月 12～13 日